高职高专“十二五”规划教材

土建专业系列

建筑工程计量与计价

（第 2 版）

主　编　胡　洋　孙旭琴　蔡立勤
副主编　肖毓珍　陈　正　左丽萍
　　　　尹海文　黄　晟
主　审　龚桂林

南京大学出版社

内容提要

本书结合建筑工程计量与计价的教学实践，融入了作者在该领域的精品课程改革研究成果，全书共分十一个项目：建筑工程计量与计价基本知识、建筑工程计量与计价依据、建筑安装工程费用、建筑工程预算、建筑工程装饰装修工程预算、房屋建筑与装饰工程工程量清单编制、房屋建筑与装饰工程量清单计价、建筑工程结算、建筑工程计量与计价软件、建筑及装饰工程施工图预算编制技能实训、建筑及装饰工程工程量清单编制及工程量清单计价技能实训。

本书及时采用新规范，突出实用性和提高学生岗位职业能力。本书为高职高专建筑工程技术、工程造价及工程监理专业教材，也可供相关从业人员参考。

图书在版编目(CIP)数据

建筑工程计量与计价 / 胡洋，孙旭琴，蔡立勤主编.
-- 2版. -- 南京 ：南京大学出版社，2015.8 (2017.8重印)
高职高专“十二五”规划教材·土建专业系列
ISBN 978-7-305-15606-9

Ⅰ.①建… Ⅱ.①胡… ②孙… ③蔡… Ⅲ.①建筑工程-计量-高等职业教育-教材②建筑造价-高等职业教育-教材 Ⅳ.①TU723.3

中国版本图书馆CIP数据核字(2015)第170175号

出版发行 南京大学出版社
社　　址 南京市汉口路22号　　　邮　编 210093
出 版 人 金鑫荣

丛 书 名 高职高专“十二五”规划教材·土建专业系列
书　　名 建筑工程计量与计价(第2版)
主　　编 胡 洋 孙旭琴 蔡立勤
责任编辑 蒋佳红 蔡文彬　　　编辑热线 025-83596997

照　　排 南京南琳图文制作有限公司
印　　刷 南京理工大学资产经营有限公司
开　　本 787×1092 1/16 印张27 字数657千
版　　次 2015年8月第2版 2017年8月第3次印刷
ISBN 978-7-305-15606-9
定　　价 56.00元

网址：http://www.njupco.com
官方微博：http://weibo.com/njupco
官方微信号：njupress
销售咨询热线：(025) 83594756

前　言

《建筑工程计量与计价》(第2版)是高职高专“十二五”规划教材,同时也是土建类“建筑工程计量与计价”精品课程教学改革研究成果之一。

本书依据国家颁布的建筑工程新标准、新规范[《国家建筑标准设计图集》(11G101—1)],按照国家二级建造师、施工员、造价员、监理员等岗位标准的要求,以学生职业技能培养和职业素养形成为重点,以实际工程项目为载体,坚持“教,学,做”相结合的教学理念,突出把建筑工程计量与计价工作过程、工作岗位内容、实训规律作为教学主线,按照工作项目、学习情境、技能训练等方面组织编写。教材内容划分为多项学习情境、多项行动领域和综合案例等11个项目。教材追求工程真实情境,强化实训,螺旋上升,全面提升学生就业上岗的竞争能力,以充分展现高职高专“建筑工程计量与计价”精品课程教学改革实践特色。

本书内容翔实,理论体系完整,实践性强,体现了工学结合的特色,符合教学及自学的特点和需要,不仅适用于高职高专建筑工程技术、工程造价、工程监理等专业学生学习,也适用于建筑施工一线工作人员使用。

本书采用的国家规范和定额主要有:GB 50500—2013《建设工程工程量清单计价规范》;GB 50854—2013《房屋建筑与装饰工程工程量计算规范》;GB/T 50353—2013《建筑工程建筑面积计算规范》;《国家建筑标准设计图集》11G101等规范;2004年《江西省建筑工程及装饰装修工程消耗量定额及统一基价表》和《江西省建筑安装工程费用定额》等标准。

本书由江西建设职业技术学院胡洋、孙旭琴,江西省建筑设计研究总院蔡立勤担任主编;江西省建设工程造价管理局龚桂林担任主审。江西省建设职业技术学院肖毓珍、陈正、黄晟,江西理工大学左丽萍,萍乡学院尹海文担任副主编;江西建设职业技术学院徐瑛、吴水珍、刘小亮、伍昕茹,江西中邦工程咨询管理有限公司王慧、江西省建筑有限公司郃静参与了编写。本书由胡洋负责统稿审定。

编者在编写本书时参考了书后所附参考文献的部分资料,在此向所有参考文献的作者表示衷心的感谢。

由于编写时间较紧,教材中仍可能存在不足,恳请读者批评、指正。

编者

2015年7月于南昌

目　录

绪　论

建筑产品是指建筑业经过勘察设计、建筑施工以及设备安装等一系列劳动而最终形成的，具有一定功能，可供人类使用的最终产品。它包括生产性固定资产和非生产性固定资产。在我国通常把建筑工程分为工业建筑、民用建筑（包括居住建筑、公用建筑、特殊建筑、车库、冷库等）、其他建筑、构筑物（水塔、烟囱、水池等）。

建筑产品的生产过程同其他物质的生产过程一样，存在产品质量、数量和资源消耗的质量、数量的关系问题。而资源的消耗必然体现着产品的价值或投资费用问题，任何一个建筑产品或一项工程的建设，不论是国家投资还是私人投资，对于投资者来说，在满足使用功能的基础上，更多关注的是工程项目的投资费用；对于项目承包者来说，在履行项目合同规定的质量要求、进度的条件下，更多关注的是工程项目的生产费用或项目成本。因此工程项目的费用如何确定，或者说建筑产品的价格如何计量就显得非常重要。

1. “建筑工程计量与计价”课程的性质与作用

建筑工程计量与计价是土建类专业的主要职业技术核心课程之一，是培养土建类专业实践技能的课程。通过本课程的教学训练，学生基本能够具备建筑工程技术专业、工程造价专业、工程监理等专业的知识，锻炼毕业生施工员、造价员、审计员、监理员岗位工作所需的各项专业能力，形成比较全面可靠的职业能力。

本课程是前修课程建筑制图与识图、建筑 CAD、建筑构造、建筑材料、建筑施工技术、建筑施工组织、地基与基础、建筑结构等课程的综合应用课程。培养学生绘制施工图纸及进行图纸会审的能力；编制施工图预算、编制工程量清单、编制招标控制价和投标报价的能力；形成施工员、造价员、监理员等岗位基本职业能力，为其后续课程建筑工程计价实务课程、工程造价软件等课程教学奠定基础。

本课程在课程体系中起承前启后的作用，是前修课程的综合提升，对后续课程则起服务和支撑的作用。

2. “建筑工程计量与计价”课程的研究对象与任务

“建筑工程计量与计价”课程的研究对象：建筑企业的劳动产物——建筑产物的价格，即研究建筑产品生产成果与施工生产消耗之间的“量价”关系，以求达到减少资源消耗，降低工程成本，降低投资费用，提高企业经济效益和社会效益等目的。

“建筑工程计量与计价”课程任务：建筑工程计量与计价在土建类专业毕业生的职业能力培养中起着重要的作用。通过本课程的学习，使学生认识建筑产品的价格内涵，把握建筑产品价格实质，掌握建筑工程计量计价程序、计价过程，依据建筑工程计价新规范、新标准，合理确定建筑产品的价格。

具体的任务：了解基本建设计价的分类及基本建设程序与计价之间的关系；熟悉消耗量定额、企业定额的编制原理；熟悉建设项目工程造价原理与方法；掌握定额计价、工程清单的编制及工程量清单的计价方法；能熟练编制各类建筑工程的计价文件（利用手工计算和工程造价软件进行编制）。

3.“建筑工程计量与计价”课程的学习重点、难点

“建筑工程计量与计价”是一门技术性、专业性、综合性、实践性很强的课程。课程的学习重点一部分从统一的定额工程计算规则的应用和定额基价的套用与换算转变为施工企业定额的编制,工程造价的确定和影响要素分析以及投标决策为主,即要求学生针对给定的工程条件,依据2013版《建设工程工程量清单计价规范》,在具备对施工方案评价、优化能力的基础上,考虑风险因素,综合投标策略,确定最为合理的工程造价。

本课程作为重要专业基础课,努力在教学内容上完整体现建筑工程计量与计价的科学体系,以及建设行业发展的最新理念,使学生对建筑工程计量与计价有全面了解的基础上突出重点内容,并给学生讲述最新的工程造价理论研究和实践成果,重视课堂实训,注意理论的实践一体化,采用项目教学法,深化基于工作过程的教学手段和教学方法。

课程重点有:工程计量计价基本原理、工程计价依据,2013版《建设工程工程量清单计价规范》、《建筑面积计算规范》、土建工程计量与计价、装饰工程计量与计价、措施项目计量与计价等内容。

定额计价法与清单计价法的区别,特别是如何结合工程实际情况准确开列工程项目、工程计量和报价,是学生学习的难点。

具体难点主要有:

(1) 课程内容听得懂,看得懂,但是不容易理解和掌握;

(2) 学生建筑空间形象思维基础较薄弱,建筑识图能力较弱;

(3) 本课程涉及众多相关课程知识,不容易建立相关课程和教学内容之间的联系;学生缺乏实际工程经验。因此要加强学生应用所学知识分析和解决实际工程问题,并进行准确报价。

针对课程难点,要重视课堂和校内外技能实训,指导学生注意相关课程的学习与复习。否则看不懂建筑结构施工图,就不能正确进行建筑及装饰工程计量。此外不仅要多参观,参与已建成或正在施工的工程,以求了解工程施工工艺和熟悉施工环境,还要亲自进行工程实训,参与施工现场计量计价的编制工作,通过实践发现问题,解决问题,正确理解消耗量定额、工程量清单计价规范,掌握计算规则,掌握工程造价软件的应用,为毕业后走向工作岗位打下坚实的职业技能基础。

项目一　建筑工程计量与计价基本知识

【学习目标】

（1）了解基本建设的概念。

（2）熟悉建设项目的概念及组成。

（3）掌握建筑工程计量与计价的概念。

（4）掌握建设项目工程造价的原理与方法。

【能力要求】

（1）理解建设项目的基本内容。

（2）理解建筑工程计量与计价的基本内容与计价方式。

学习情境　基本建设与建筑工程计量与计价

行动领域 1　基本建设概述

一、基本建设

（一）基本建设的概念

人们使用各种施工机具对各种建筑材料、机械设备进行建造和安装，使之成为固定资产的过程，叫做基本建设。

（二）基本建设的目的

基本建设的目的是为国民经济部门提供新的固定资产和生产能力，或改进技术装备，以不断提高劳动生产率，发展社会生产，增强社会物质、技术、经济基础，满足人民日益增长的物质和文化生活的需要。

（三）基本建设的内容

基本建设是通过勘察、设计和施工等一系列经济活动来实现的，具体包括资源开发、规划，确定基本建设规模、投资结构、建设布局、技术结构、环境保护措施、项目决策，进行项目的勘察、设计，设备生产，建筑安装施工，竣工验收联合试运转等。

二、基本建设的项目划分

为了便于计划、统计、定额、管理、计算和确定工程造价，需要对建设工程进行科学统一的项目划分。

基本建设工程项目，从大到小，划分为建设项目、单项工程、单位工程、分部工程、分项工程五个项目层次。

（一）建设项目

建设项目一般是指在一个总体设计或初步设计范围内，建一个或几个单项工程，经济上实行独立核算，行政上实行统一管理的建设单位，如一座工厂、一所学院、一所医院、一座商场等。

（二）单项工程

单项工程又称工程项目，是建设项目的组成部分。一般是指有独立的设计文件，建成后能够独立发挥生产能力和使用效益的工程，如一所学院的教学楼、办公楼、图书馆、学生食堂、宿舍、实训大楼等。

（三）单位工程

单位工程是单项工程的组成部分，是指具有单独设计，可以独立组织施工，但建成后一般不能独立发挥生产能力和使用效益的工程。如学院教学楼是一个单项工程，而该教学楼的土建工程、电气照明工程、给排水工程等，则属于单位工程。

（四）分部工程

分部工程是单位工程的组成部分，是指在一个单位工程中，按工程部位及使用的材料和工种进一步划分的工程。如一般土建单位工程的土石方工程、桩与地基基础工程、砌筑工程、混凝土及钢筋混凝土工程、厂库房大门及木结构工程、金属结构工程、屋面及防水工程、混凝土及钢筋混凝土模板工程等。

（五）分项工程

分项工程是分部工程的组成部分，是指在一个分部工程中，按不同的施工方法，不同的材料和工种、规格分解为若干个分项工程，如土石方工程（分部工程）可划分为平整场地、挖土方、挖基坑（槽）、回填土及运土方等分项工程；砌筑工程（分部工程）可划分为砖基础、砖砌体、砖构筑物、砌块砌体、石砌体、砖明沟等多个分项工程。

分项工程是可用适当的计量单位计算和估价的建筑或安装工程产品，它是便于测量或计算的工程基本构造要求，是工程划分的基本单元，因此，工程款均按分项工程计算。

三、基本建设程序

基本建设程序是指建设项目从策划、评估、决策、设计、施工安装到竣工验收、交付使用的全过程中，各项工作必须遵循的先后次序和科学规律。时间证明，基本建设只有实实在在地按照基本建设程序执行，才能做到速度快、质量好、工期短、造价低、投资效益高。

按照我国现行规定，一般大中型项目的建设程序可分为以下几个阶段：

项目建议书⟶可行性研究⟶初步设计⟶施工图设计⟶工程招投标⟶施工安装⟶竣工验收⟶交付使用。

行动领域2　建筑工程计量与计价概述

一、建筑工程计量与计价的概念

建筑工程计量，是指根据工程建设定额及国家工程量清单计价规范中项目划分和规定的工程量计算规则，各计算分项工程实物数量。工程实物量是计价的基础。

建筑工程计价，是指按照规定的计算程序和方法，用货币的数量表示建设项目（包括拟建、在建和已建的项目）的价值。

建筑工程计量与计价是基本建设文件的重要组成部分，它是根据不同建设阶段的具体内容、建筑工程定额、指标、国家清单计价规范和各项费用取费标准、价差等计算和确定建设工程项目，从筹建至竣工验收全过程所需投资额的经济文件。

二、建筑工程造价的分类

建筑工程造价按照建设阶段可分为投资估算、设计概算、施工图预算、工程量清单及投标报价、合同价、工程结算、竣工决算等。

（一）投资估算

投资估算是指在项目建议书和可行性研究阶段，由建设单位或其委托的咨询机构估计计算，用以确定建设项目投资控制额的工程建设的计价文件。投资估算是项目决策、筹资和控制造价的主要依据。

（二）设计概算

设计概算是在投资估算的控制下，设计单位根据初步设计图纸及设计说明，概算定额、取费标准及设备、材料的价格，建设地点的自然、技术经济条件等资料，用科学的方法计算、编制和确定建设项目从筹建到交付使用所需的全部费用的文件，是设计文件的重要组成部分。设计概算是根据设计要求对工程造价进行概略计算。

（三）施工图预算

施工图预算是在施工图设计完成并经过图纸会审之后，工程开工之前，根据施工图纸，图纸会审记录，预算定额，计价规范，费用定额，工程所在地的设备、人工、材料、机械台班等预算价格编制和确定单位工程全部建设费用的建安工程造价文件。施工图预算确定的工程造价更接近工程实际造价。

（四）工程量清单、工程量清单计价

工程量清单是指建设工程的分部分项工程项目、措施项目、其他项目、规费项目和税金项目的名称和相应数量等的明细清单。

工程量清单是工程量清单计价的基础，应作为编制招标控制价、投标报价、计算工程量、支付工程款、调整合同价款、办理竣工结算以及工程索赔等的依据之一。

分部分项工程量清单应采用综合单价计价。采用工程量清单计价，建设工程造价由分部分项工程费、措施项目费、其他项目费、规费和税金组成。

（五）工程估算

工程估算是指施工单位在工程实施过程中，依据承包合同中有关付款条件的规定和已经完成的工程量，按照规定的程序向建设单位收取工程价款的一项经济活动。

（六）工程结算

工程结算是指工程的实际价格，是支付工程价款的依据。

工程结算分为中间结算、年终结算和竣工决算。

（七）竣工决算

竣工决算是指在工程竣工验收交付使用后，由建设单位编制的建设项目从筹建到竣工

验收、交付使用全过程中实际支付的全部建设费用。

竣工决算时整个建设项目的最终价格，是作为建设单位财务部门汇总固定资产的主要依据。

行动领域3　建设项目工程造价计价原理与方法

一、工程造价计价基本原理

（一）工程造价计价基本原理

工程造价计价的基本原理在于项目的分解与组合。建设项目具有单位性与多样性组成的特点，每一个建设项目的建设都需要按业主的特定需要进行单独设计、单独施工，因而不能批量生产和按整个项目确定价格，只能采用特殊的计价程序和计价方法，即整个项目进行分解，划分为可以按有关技术经济参数测算价格的基本构造要素（分项工程），这样就能很容易地计算出基本构造要素的费用。一般来说，分解结构层次越多，基本子项也越细，计算也更精确。

目前我国同时存在两种工程造价计价方法，分别为定额计价法和工程量清单计价法，称为双轨制。简单来说，我国工程造价计价的主要思路也是将建设项目细分至最基本的构成单位（如分项工程）（见图1-3-1），用其工程量与相应单价相乘后汇总，即为整个建设工程造价（见图1-3-2）。

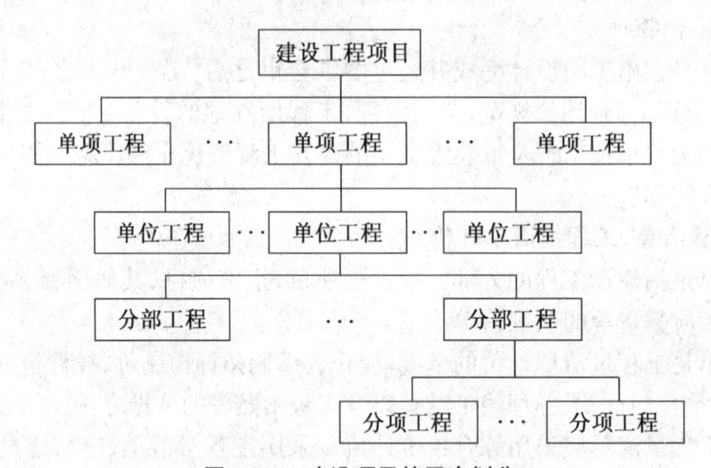

图1-3-1　建设项目的层次划分

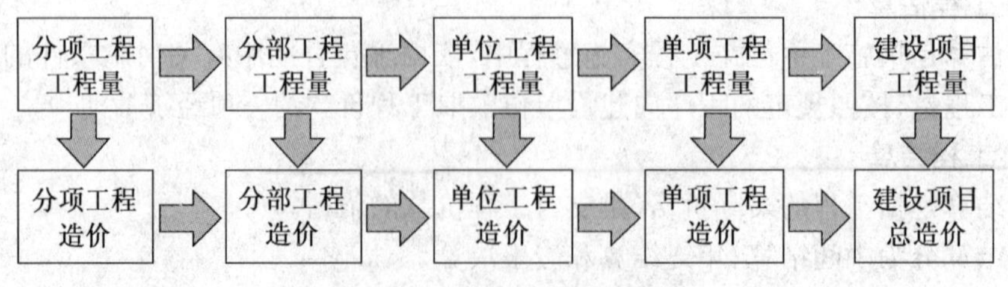

图1-3-2　工程造价计价顺序

工程造价计价的基本原理是：

$$建筑安装工程造价 = \sum[单位工程基本构造要素工程量(分项工程) \times 相应单价]$$

式中：单位工程基本构造要素即为分项工程。定额计价时，是指按工程建设定额划分的分项工程；清单计价时是指清单项目。

（二）工程量

工程量是指根据工程建设定额的项目划分和工程量计算规则计算分项工程实物量。工程实物量是计价的基础。

目前，工程量计算规则包括两大类：

（1）国家标准2013版《建筑工程工程量清单计价规范》各附录中规定的计算规则（清单计价工程量）；

（2）各类工程建设定额规定的计算规则（定额计价工程量）。

（三）相应单价

相应单价是指与分项工程相对应的单价。定额计价时是指定额基价，即包括人工、材料、机械台班费用；清单计价时是指综合单价，除包括人工、材料、机械台班费以外，还包括企业管理费、利润和风险因素。

（四）定额分项工程单价

定额分项工程单价是定额消耗量与其相应单价的乘积。用公式表示：

$$定额分项工程单价 = \sum(定额消耗量 \times 相应单价)$$

（1）定额消耗量：包括人工消耗量、各种材料消耗量、各种机械台班消耗量。消耗量的大小决定定额水平。定额水平的高低，只有在两种以上的定额相比较的情况下，才能区别。对于消耗相同生产要素的同一分项工程，消耗量越大，定额水平越低，反之则越高。但是，有些工程项目（单位工程或分项工程），因为在编制定额时采用的施工方法、技术装备不同，而使不同定额分析出来的消耗量之间没有可比性，则应以同一水平的生产要素单价分别乘以不同定额的消耗量，经比较确定。

（2）生产要素单价：是指某一时期内的人、材、机单价。同一时期内的人、材、机单价的高低，反映出不同的管理水平。在同一时期内，人、材、机单价越高，则表明该企业的管理技术水平越低；人、材、机单价越低，则表明该企业的管理技术水平越高。

二、定额计价法与清单计价法的区别

（一）采用单价不同

定额计价采用的单价是定额人、材、机（定额单价）；而清单计价采用的单价是综合单价。清单计价的综合单价，从工程内容角度来看，不仅包括组成清单项目主体工程项目，还包括与主体项目有关的辅助项目。也就是说，一个清单项目可能包括多个分项工程。例如，砖基础这个清单项目，砖基础就是主体项目，而垫层、防潮层等就是辅助项目。从费用内容的角度看，清单计价下的综合单价不仅包括人工费、材料费、机械使用费，还包括管理费、利润和风险费用。

（二）编制工程量的主体不同

在定额计价方法中，建设工程的工程量分别由招标人和投标人分别按图计算。而在清单计价方法中,工程量由招标人统一计算或委托有关工程造价咨询单位统一计算,各投标人根据招标人提供的工程量清单,根据自身的技术装备、施工经验、企业成本、企业定额、管理水平自主填写单价和合价。

(三) 采用的定额不同

定额计价的建设工程(含定额计价的招标投标工程)一律采用具有社会平均水平的预算定额(或消耗量定额)计价,计算的工程造价不反映企业的实际水平;清单计价的建设工程,编制标底时,采用具有社会平均水平的消耗量定额计价,投标报价时,采用或参照消耗量定额计价,也可以采用企业定额自主报价,投标人计算的工程造价反映出企业的实际水平。

(四) 采用的生产要素价格不同

定额计价的建设工程(含定额计价的招标投标工程),人、材、机价格一律采用取定价,对于材料的动态调整,其调整的依据也是取定的、平均的市场信息价格,不同的施工承包商,均采用同一标准调价,生产要素价格不反映企业的管理技术能力。清单计价的建设工程,编制标底时,生产要素价格采用定额取定价,动态调整时,采用同一标准的、平均取定的市场信息价调价;投标报价时,可以采用或参照定额取定价,也可采用企业自己的人、材、机价格报价。生产要素价格应反映企业实际的管理水平。

可以看出,这两种计价理念是完全不一样的,两者并存的局面是我国社会主义计划经济向社会主义市场经济转变下的产物,随着我国社会主义市场化的深入进行,工程量清单计价方法由于能真实反映市场经济活动规律越来越受到重视。尽管定额计价法带有浓重的计划经济色彩,但由于在我国长期采用,对人们的思维和习惯产生了深远影响,因此现阶段还是两者并存的局面。

【案例分析 1-3-1】　某工程综合楼底层平面图如图 1-3-3 所示。已知建筑物外墙外边线的尺寸为 38.24 m× 8.24 m,试计算:(1) 该工程平整场地定额计价工程量;(2) 平整场地清单计价工程量及清单综合单价。(38.0 m 为墙中心线长度,8.0 m 为墙中心线宽度)

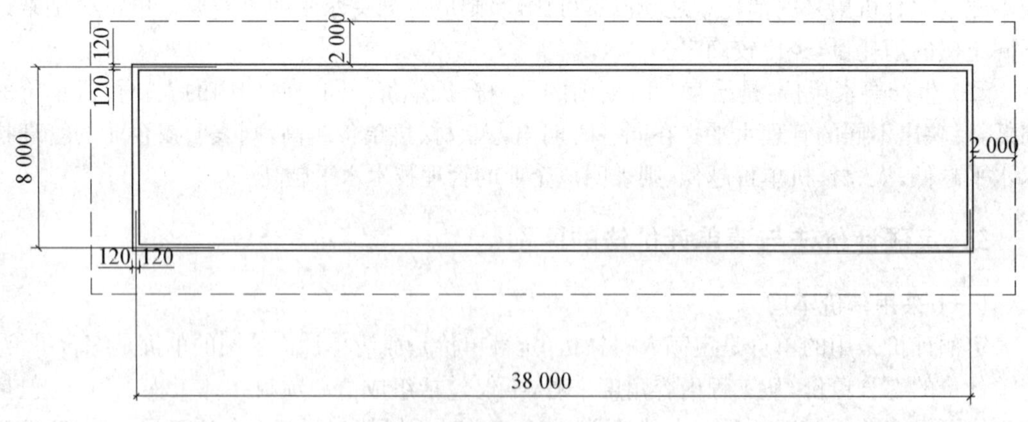

图 1-3-3

【解】　(1) 依据《江西省建筑工程消耗量定额及统一基价表》的工程量计算规则

平整场地定额计价工程量为:$S=(a+4)(b+4)=(38.24+4)\times(8.24+4)=517.02(\text{m}^2)$ (a,b 均为建筑物外墙外边线),

① 查《预算定额》得知,A1－1:平整场地的定额基价为 238.53 元/100 m²,

② 直接工程费＝工程量×定额基价＝5.170 2×238.53＝1 233.25(元)

表 1-3-1　建筑工程预算表

工程名称:综合楼

序号	定额编号	项目名称	单位	工程量	定额基价/元	合价/元
1	A1－1	平整场地	100 m²	5.170 2	238.53	1 233.25

(2) 已知:本工程按建筑三类工程取费,查《费用定额》得知,企业管理费 5.45%,利润 4%,求清单计价平整场地工程量及工程量清单综合单价。

① 依据国家标准 2013 版《建筑工程工程量清单计价规范》各附录中规定的计算规则:

招标人计算:平整场地清单计价工程量 S＝38.24×8.24(m²)＝315.10(m²)

② 投标人计算:直接工程费＝5.170 2×238.53(元)＝1 233.25(元)

企业管理费＝直接工程费×管理费率＝1 233.25×5.45%(元)＝67.21(元)

利润＝(直接工程费＋企业管理费)×利润率＝(1 233.25＋67.21)×4%(元)＝52.02(元)

合计:直接费＋管理费＋利润＝1 233.35＋67.21＋52.02(元)＝1 352.48(元)

③ 工程量清单综合单价＝(直接费＋管理费＋利润)÷清单工程量＝1 352.48÷315.10(元/m²)＝4.293 3(元/m²)(暂不考虑风险费用)

见表 1-3-2。

表 1-3-2　分部分项工程和单价措施项目计价表

工程名称:综合楼

序号	项目编码	项目名称	项目特征描述	计量单位	工程量	金额/元	
						综合单价/元	合价/元
1	010101001001	平整场地	三类土壤	m²	315.10	4.293 3	1 352.48

实训课题

模拟情境,结合专业知识,完成以下工作任务:

某工程建筑物基础平面图及剖面图如图 1－1 所示,基础配筋表见表 1－1,自然地坪标高－0.300 m,根据国家 2013 版《建筑工程工程量清单计价规范》,作为招标人编制(J－4,J－5)土方工程工程量清单,并列出分部分项工程量清单计价表。

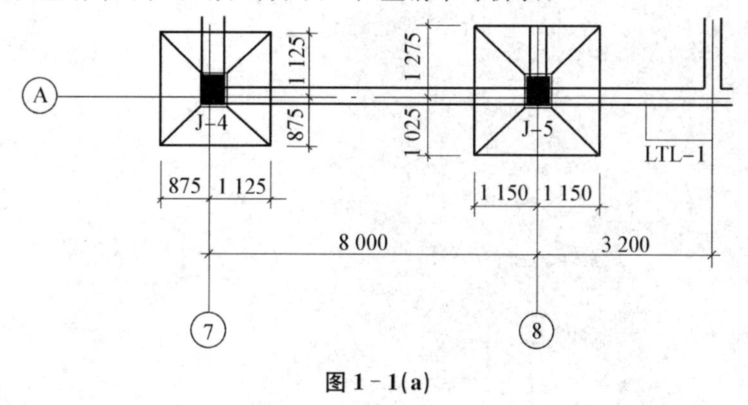

图 1－1(a)

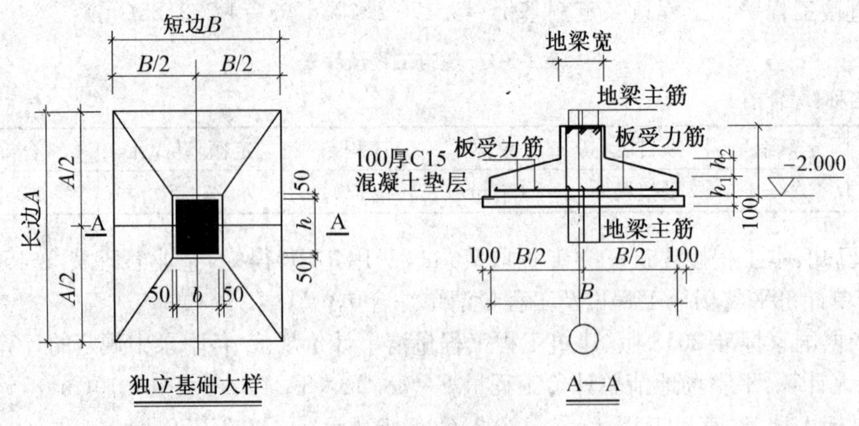

图 1-1(b)

表 1-1(c)　基础配筋表

基础编号	短边 B/mm	长边 A/mm	板受力筋	板受力筋 b	h_1/mm	h_2/mm
J-4	2 000	2 000	Φ12@100	Φ12@100	300	200
J-5	2 300	2 300	Φ14@150	Φ14@150	300	300

复习思考题

1. 基本建设的概念及内容是什么?
2. 基本建设的项目如何划分? 试举例说明。
3. 简述建筑工程计量与计价的概念及建筑工程造价的分类。
4. 简述施工图预算的概念,并举例说明。
5. 简述工程量清单、工程量清单计价的概念,并举例说明。

项目二　建筑工程计量与计价依据

【学习目标】

（1）了解建筑工程定额的分类及编制原则、编制方法。

（2）了解施工定额、企业定额及概算定额。

（3）熟悉建筑工程定额的概念、作用。

（4）掌握建筑工程预算定额的使用方法。

（5）掌握工程量清单计价规范及应用。

【能力要求】

（1）会使用建筑及装饰工程预算定额进行换算、套用。

（2）会使用《建设工程工程量清单与计价规范》进行工程量清单与计价。

学习情境1　建筑工程定额

行动领域1　建筑工程定额概述及分类

一、定额的概念

所谓定，即规定；额，即额度或数额。定额就是规定的数额或额度，是社会物质生产部门在生产经营活动中，根据一定时期的生产水平和产品的质量要求，制定的完成一定数量的合格产品所需消耗的人力、物力和财力的数量标准。由于不同的质量要求和安全规范要求，因此定额不单纯是一种数量标准，而是数量、质量和安全要求的统一体。

二、建筑工程定额的概念

建筑工程定额是指在正常施工生产条件下，完成单位合格建筑安装产品所必需消耗的人工、材料、机械台班以及费用的数量标准。

例如，砌工程量是为 10 m^3 砖基础需消耗人工 12.84 工日，砖 5 236 块，M5 水泥砂浆 2.36 m^3，水 1.05 m^3，200 L 灰浆搅拌机 0.39 台班。

例如，浇筑工程量为 10 m^3 现浇混凝土单梁、连续梁需消耗人工 16.67 工日，现浇混凝土(C20/40/32.5) 10.15 m^3，草袋 5.95 m^2，水 10.19 m^3，400 L 混凝土搅拌机 0.63 台班，混凝土振捣器 1.25 台班。

建筑工程定额是建筑工程中各类定额的总称，可按不同的标准进行分类。

三、建筑工程定额的水平

建筑工程定额的定额水平,反映了当时的生产力发展水平。一般把定额所反映的资源(人工、材料、机械、资金等)消耗量的大小称为定额水平,它是衡量定额消耗量高低的指标。定额水平受一定时期的生产力发展水平的制约。一般来说,生产力发展水平高,则生产效率高,生产过程中的消耗量就少,定额所规定的资源消耗量就相应降低,称为定额水平高;反之,生产力发展水平低,则生产效率低,生产过程中的消耗就多,定额所规定的资源消耗量就相应提高,称为定额水平低。

目前定额水平有平均先进水平和社会平均水平两类。采用先进水平编制的定额是不常见的,它更多用于企业内部管理。

四、建筑工程定额的作用

(1) 定额是进行工程计量与计价的重要依据;
(2) 定额是节约社会劳动、提高劳动生产率的重要手段;
(3) 定额是国家宏观调控的依据;
(4) 定额是衡量工人的劳动成果及其所创造的经济效益的尺度;
(5) 定额是编制计划的基础、可行性研究的依据;
(6) 定额是加强企业科学管理、进行经济核算的依据。

五、建筑工程定额的分类

建筑工程定额的种类很多,可以按照不同的原则和方法对它进行科学分类,如图 2-1-1 所示。

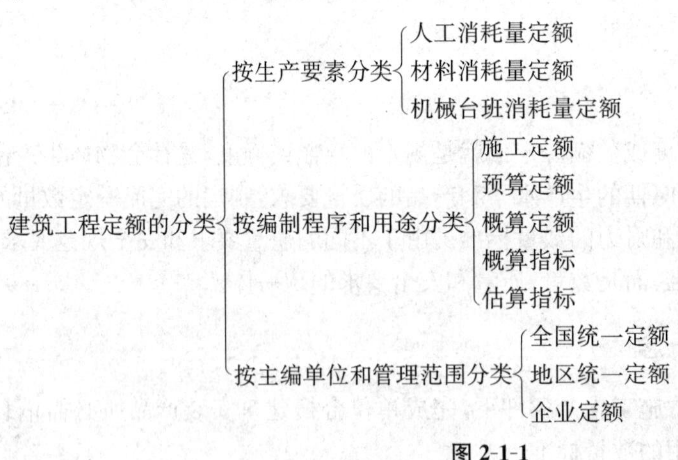

图 2-1-1

行动领域 2　施工定额与企业定额

一、施工定额的概念

施工定额是施工企业为了组织生产和加强管理,在企业内部使用的一种定额,是施工企业编制施工组织设计的依据。施工定额是指建安工人或班组，在正常施工条件下生产单位合格产品所需要消耗的人工、材料和机械台班的数量标准。施工定额由劳动定额、材料定额和机械台班定额三个相对独立的部分组成。其定额水平是平均先进水平。

施工定额的主要作用是用于施工管理，是施工企业编制施工组织设计、施工计划、施工预算的依据。

二、企业定额

企业定额是指建筑安装企业根据本企业的技术装备和管理水平，编制完成单位合格产品所必需的人工、材料和机械台班的消耗量以及其他经营要素消耗的数量标准。

企业定额反映建筑安装企业的施工生产与生产消费之间的数量关系，是建筑安装企业的生产力水平的体现，每个企业都应该编制反映自身能力的企业定额。

三、企业定额的编制原则

（一）平均先进原则

企业应以平均先进水平基准编制企业定额，在正常的施工条件下使多数职工经过努力能够达到或超过这个水平，以保持定额的先进性和可靠性。

（二）简明适用原则

企业定额是企业加强内部管理的重要依据，必须具备可操作性，因此在编制企业定额时，应贯彻简明适应原则，即做到定额项目设置完整，项目划分粗细适当，步距比例合理。

（三）以专家为主编制原则

企业定额的编制应以经验丰富、技术与管理知识全面、有一定政策水平的专家队伍为主，同时也要注意搜集群众的意见及有关工程造价管理的规章制度办法等。

（四）独立自主编制原则

企业应自主确定定额水平，自主划分定额项目，根据需要自主确定新增定额项目，同时也要注意对国家、地区及有关部门编制的定额的继承性。

（五）动态管理原则

企业定额毕竟是一定时期企业生产水平的反映，在一段时间内可以表现出比较稳定的状态，但这种稳定是有时效性的，当其不再适合市场竞争时，就应该进行重新修订，实行动态管理。

（六）保密原则

企业根据自己的工程资料并结合自身的技术管理水平编制的企业定额，是施工企业进行施工管理和投标报价的基础和依据，是企业核心竞争力的表现，是施工企业的技术成果，具有一定的保密性。企业应对其负有保密责任。

四、企业定额的作用

企业定额的作用有以下几点：

（1）企业定额是企业计划管理的依据；

（2）企业定额是编制施工组织设计的依据；

（3）企业定额是企业激励工人的条件；

(4) 企业定额是计算劳动报酬、实行按劳分配的依据；

(5) 企业定额是编制施工预算、加强企业成本管理的基础；

(6) 企业定额有利于推广先进技术；

(7) 企业定额是编制预算定额和补充单位估价表的基础；

(8) 企业定额是施工企业进行工程投标、编制工程投标报价的依据。

五、企业定额的编制方法

企业定额编制过程是一个系统而复杂的过程，主要包括以下编制步骤：

(一) 制定企业定额编制计划书

(1) 企业定额的编制目的。企业定额的编制目的决定了企业定额的适用性，同时也决定了企业定额的表现形式。例如，企业定额的编制目的是为了控制工耗和计算工人劳动报酬，应采取劳动定额的形式；如果是为了企业进行工程成本核算，则应采取施工定额或定额估价的形式。

(2) 定额水平的确定原则。企业定额水平的确定是实现编制目的的关键。如果定额水平过高，背离企业现有水平，企业内部多数施工队、班组和工人通过努力仍达不到定额水平，则会挫伤管理者和劳动者双方的积极性，不利于定额在企业内部的推行；定额水平过低，则起不到鼓励先进推动后进的作用，对项目的成本核算和企业的竞争不利。因此，编制计划书时，必须对定额水平进行确定。

(3) 确定编制方法的定额形式。定额的编制方法有多种，不同形式有不同的编制方法，究竟采用哪种方法应根据具体情况而定。企业定额通常采用定额测算法和方案测算法来进行编制。

(4) 成立企业定额编制机构。企业定额的编制是一项系统工程，需要一批高素质的专业人才，在高效率的组织机构的统一指挥下协调工作。因此在编制企业定额时，必须设置一个专门机构，配置一批专业人员。

(5) 明确应收集的数据和资料。定额的编制需要收集大量的基础数据和各种法律、法规、标准、规程等作为编制的依据，尤其要注意收集一些适合本企业使用的基础性数据资料。在编制计划书时，应编制一份资料分类明细表。

(6) 确定编制期限及进度。定额是有时效性的，为了能尽快地投入使用，为企业服务，在编制时就应确定一个合理的期限及进度安排表，以利于编制工程的开展，保证编制工作的效率。

(二) 收集资料，进行调查、分析、测算和研究

收集资料包括：

(1) 现行定额，包括基础定额和预算定额。

(2) 国家现行法律、法规、经济政策、劳动制度等与工程建设有关的各种文件。

(3) 有关建筑安装工程的设计规范、施工及验收规范、工程质量检验评定标准和安全操作规程。

(4) 现行的全国通用建筑标准设计图集、安装工程标准安装图集、定型设计图纸、具有代表性的设计图纸、地方建筑配件通用图集和地方结构构件通用图集，并根据上述资料计算工程量，作为编制定额的依据。

(5) 有关建筑安装工程的科学实验、技术测定和经济分析数据。

(6) 高新技术、新型结构、新研制的建筑材料和新的施工方法等。

(7) 现行人工工资标准和地方材料预算价格。

(8) 现行机械效率、寿命周期和价格,机械台班租赁价格行情。

(9) 本企业近几年各工程项目的财务报表、公司财务总报表,以及历年收集的各类经济数据。

(10) 本企业近几年各工程项目的施工组织设计、施工方案以及工程结算资料。

(11) 本企业近几年发布的合理化建议和技术成果。

(12) 本企业目前拥有的机械设备状况和材料库存状况。

(13) 本企业目前工人技术素质、构成比例、家庭状况和收入水平。

收集完资料后,要进行分类整理、分析、对比、研究和综合测算,提取可供使用的各种技术资料数据。内容包括:企业整体水平和定额水平的差异;现行法律、法规以及规程规范对定额的影响;新材料、新技术对定额水平的影响等。

(三) 拟定编制企业定额的工作方案与计划

工作方案与计划包括以下内容:

(1) 根据编制目的,确定企业定额的内容与专业划分。

(2) 确定企业定额的册、章、节的划分和内容的框架。

(3) 确定企业定额的结构形式及步距划分原则。

(4) 具体参编人员的工作内容、职责、要求。

(四) 企业定额初稿的编制

(1) 确定企业定额的定额项目及其内容。根据定额的编制目的及企业自身的特点,本着内容简明适用、形式结构合理、步距划分合理的原则,将一个单位工程,按工程性质划分为若干个分部工程,然后将分部工程划分为若干个分项工程,最后,确定分项工程的步距,并根据步距将分项工程进一步地详细划分为具体项目。步距参数的设定一定要合理,不应过粗或过细,如可根据土质和挖掘深度确定步距参数,对人工挖土方进行划分。同时应对分项工程的工作内容做简要的说明。

(2) 确定定额计量单位。分项工程的计量单位一定要合理。设置时应根据分项工程的特点,遵循准确、贴切、方便计量的原则进行。

(3) 确定企业定额指标。确定企业定额指标是企业定额编制的重点和难点。企业定额指标的编制,应根据企业采用的施工方法、新材料的替代以及机械设备的装备和管理模式,结合搜集整理的各类基础资料进行确定。企业定额指标的确定包括人工消耗指标、材料消耗指标和机械台班消耗指标的确定。

(4) 编制企业定额项目表。企业定额项目表是企业定额的主体部分,它是由表头、人工栏、材料栏和机械栏组成。表头部分具体表述各分项工程的结构形式、材料做法和规格档次等;人工栏是以工种表示的消耗工日数及合计;材料栏是按消耗的主要材料和消耗性材料依主次顺序分列出的消耗量;机械栏是按机械种类和规格型号分列出的机械台班使用量。

(5) 企业定额的项目编排。企业定额项目表中大部分是以分部工程为章,把单位工程中性质相近且材料大致相同的施工对象编排在一起。每章中再按工程内容施工方法和使用的材料类别的不同,分成若干节,即分项工程;在每节中又可以根据施工要求、材料类别和机械设备型号的不同，再细分为不同的子目。

(6) 企业定额相关项目的编制。企业定额相关项目的说明包括前言、总说明、目录、分部说明、建筑面积计算规则、工程量计算规则、分部分项工作内容等。

(7) 企业定额估价表的编制。企业根据投标报价的需要，可以编制企业定额估价表。其中的人工单价、材料单价、机械台班单价是通过市场调差，结合国家有关法律文件及有关规定，按照企业自身的特点来确定。

(五) 评审、修改及组织实施企业定额

通过对比分析、专家论证等方法，对定额水平、使用范围、结构及内容的合理性，以及存在的缺陷进行综合评估，并根据评审结果对定额进行修正。经过评审和修改，企业定额即可组织实施。

行动领域3　预算定额(消耗量定额及统一基价表)

一、预算定额的概念

预算定额是指确定完成一定计量单位的合格的分项工程或结构构件的人工、材料和机械台班消耗量的数量标准，是计算建筑安装产品价格的基础。

预算定额一般是将施工定额中的劳动定额材料消耗量定额、机械台班消耗定额，经合理计算并考虑其他一些合理因素综合编制而成的。

预算定额的主要作用是编制施工图预算，确定建筑产品价格。既然是产品价格，所以预算定额水平是社会平均水平。另外预算定额是编制概算定额和概算指标的基础。

(二) 预算定额作用

预算定额的作用有以下几方面：

(1) 预算定额是编制施工图预算，确定和控制建筑安装工程造价的基础。施工图预算是施工图设计文件之一，是控制和确定建筑安装工程造价的必要手段。

(2) 预算定额是对设计方案进行技术经济比较、分析的依据。设计方案在设计工作中居于中心地位，通过预算定额对不同方案所需的人工、材料和机械台班消耗量、材料重量、材料资源进行比较，就可以判断不同方案对工程造价的影响；材料重量对荷载、基础工程量和材料运输量产生影响，从而对工程造价产生影响。对于新结构、新材料的应用和推广，也需要借助预算定额进行技术经济分析和比较，从技术与经济的结合上考虑普遍采用的可能性和效益。

(3) 预算定额是施工企业进行经济活动分析的依据。企业可根据预算定额，对施工中的劳动、材料、机械的消耗情况进行具体分析，以便找出低工效、高消耗的薄弱环节及其原因。为实现经济效益的增长由粗放型向集约型转变，提供对比数据，促进企业提高在市场上竞争的能力。

(4) 预算定额是编制招标控制价、投标报价的基础。这是由其本身的科学性和权威性所决定的。

(5) 预算定额是编制概算定额、概算指标的基础。

三、预算定额的编制方法

(一) 预算定额的编制步骤

预算定额的编制，大概可分为五个阶段：

1. 第一阶段：准备工作阶段

(1) 拟定编制方案。

(2) 根据专业需要划分编制小组。

2. 第二阶段：收集资料阶段

(1) 普遍收集资料。在确定的编制范围内，采取表格化方式收集定额编制基础资料，注明所需要的资料内容、填表要求和时间范围。

(2) 专题座谈会。邀请建设单位、设计单位、施工单位及管理单位的专业人员开座谈会，从不同角度对定额存在的问题谈各自意见和建议，以便在编制新定额时改进。

(3) 收集现行规定、规范和政策法规资料。

(4) 收集定额管理部门积累的资料。

(5) 专项查定及试验。

3. 第三阶段：定额编制阶段

(1) 确定编制细则。

(2) 确定定额的项目划分和工程量计算规则。

4. 第四阶段：定额审核阶段

(1) 审核定稿。审稿主要内容如下：

① 文字表达确切通顺，简明易懂。

② 定额数字准确无误。

③ 章节、项目之间无矛盾。

(2) 预算定额水平测算。测算方法如下：

① 按工程类别比重测算。在定额执行范围内，选择有代表性的各类工程，分别以新旧定额对比测算，并按测算的年限以工程所占比例加权，以考察宏观影响程度。

② 单项工程比较测算法。以典型工程分别用新旧定额进行对比测算，以考察定额水平的升降及其原因。

5. 第五阶段：定稿报批，整理资料阶段

(1) 征求意见。

(2) 修改整理报批。

(3) 撰写整理报批。

(4) 立档、成卷。

(二) 预算定额的编制方法

1. 确定预算定额的计量单位

预算定额的计量单位，主要根据分部分项工程的形体和结构构件特征及其变化来确定。一般来说，结构的三个度量都经常发生变化时，以“立方米”为计量单位，如混凝土工程、砌筑工程、土方工程；如果结构的三个度量中有两个度量经常发生变化，选用“平方米”为计量单位，如楼地面工程、墙面工程、天棚工程；当物体截面形状基本固定或者是没有规律性变化时，采用"延长米"、"千米"为计量单位，如管道、线路安装工程、楼梯栏杆等；如果工程量主要取决于设备或材料额重量时，还可以以"吨"、"千克"为计量单位，如钢筋工程。

预算定额的计量单位按物理或自然计量单位确定，所选择的计量单位要根据工程量计算规则规定并确切反映定额项目所包含的内容，具有综合的性质。

预算定额中的各项人工、机械、材料的计量单位选择，相对比较固定。人工和机械按"工日"或"台班"计量；各种材料按自然计算单位确定。

预算定额中计量单位小数位数的确定，取决于定额的计量单位和精确要求。

2. 按典型设计图纸和资料计算工程数量

通过计算典型设计图纸所包含的施工过程的工程量，就有可能利用施工定额或劳动定额中的人工、材料和机械台班的消耗量指标来确定预算定额所包含的各工序的消耗量。

3. 人工工日消耗量的确定

预算定额中人工工日消耗量是指为完成该定额单位分项工程所需的用工数量，确定方法有以劳动定额中的人工消耗量指标来确定和用计时观察法两种方法。

(1) 以劳动定额中的人工消耗量指标来确定。

预算定额中的人工消耗量内容分两部分：

1) 基本用工。基本用工指完成某一项合格分项工程所必需消耗的技术工种用工。按技术工种相应劳动定额工时计算，以不同工种列出定额工日，即

$$\text{基本用工} = \sum(\text{综合取定的工程量} \times \text{劳动定额})$$

2) 其他用工：

① 辅助用工。指技术工种劳动定额内不包括而在预算定额内又必须考虑的用工，如机械土方工程配合用工、材料加工用工(如筛浆)、电焊点火用工等。

② 超运距用工。指预算定额的平均运距超过劳动定额规定水平运距部分，即

$$\text{超运距} = \text{预算定额取定运距} - \text{劳动定额已经包括的运距}$$

$$\text{超运距用工} = \sum(\text{超运距材料数量} \times \text{劳动定额})$$

③ 人工幅度差。指在劳动定额中未包括而在预算定额中又必须考虑的用工。人工幅度差是在正常施工情况下不可避免但又很难准确计量的用工和各种工时损失。如土建各工种之间的工序搭接及土建与水、暖、电之间的交叉作业相互配合或影响所发生的停歇；施工机械在单位工程之间转移及临时水电线路移动所造成的停工；工程质量检查和隐蔽工程验收工作；场内班组操作地点转移影响工人的操作时间；工序交接时对前一工序不可避免的修整用工等。人工幅度差和人工消耗量可表示为

$$\text{人工幅度差} = (\text{基本用工} + \text{辅助用工} + \text{超运距用工}) \times \text{人工幅度差系数}$$

$$\begin{aligned}\text{人工消耗量} &= \text{基本用工} + \text{辅助用工} + \text{超运距用工} + \text{人工幅度差} \\ &= (\text{基本用工} + \text{辅助用工} + \text{超运距用工}) \times (1 + \text{人工幅度差系数})\end{aligned}$$

(2) 用计时观察法来确定人工消耗量。

计时观察法是研究工作时间消耗的一种技术测定方法，以研究工作时间消耗为对象，以观察测时为手段，确定人工消耗量的方法。一般遇到劳动定额缺项时，采用此法。

4. 材料消耗的确定

预算定额中的材料消耗量是指在正常施工条件下，生产单位合格产品所需消耗的材料、

成品、半成品、构配件及周转性材料的数量标准。

建筑材料是企业完成建筑产品的物质条件。建筑材料品种繁多，耗用量大，按材料消耗方式可分两类：一类是实体性材料，它是一次性的，构成工程实体的材料。如砌筑用的标准砖，浇筑构件用的混凝土。另一类是周转性材料，它是周转使用，其价值是分批分次转移而一般不构成工程实体的耗用材料，它是为了有助于工程实体形成（如模板及支撑材料），或辅助作业（如脚手架材料）而使用并发生消耗的材料。

（1）预算定额的实体性材料消耗量，是由材料的净用量和损耗量所构成，即

材料消耗量＝材料净用量＋损耗量
＝材料净用量×(1＋损耗率)

材料损耗率＝消耗量/净用量×100％

材料损耗量＝材料净用量×损耗率

材料损耗量包括由工地仓库、现场堆放地点或施工现场加工地点到施工地点的运输消耗、施工操作地点的堆放消耗、施工操作时的损耗等，包括二次搬运的消耗、规格改装的加工消耗，场外运输消耗包括在材料预算价格内。

预算定额中的实体性材料消耗量的确定方法与施工定额中实体性材料消耗量的确定方法一样，但是预算定额中材料的损耗率与施工定额中的损耗率不同，预算定额中材料损耗率的损耗范围比施工定额中材料损耗范围更广，必须考虑整个施工现场范围内材料堆放、运输、制备及施工过程中的损耗。

（2）预算定额中的周转性材料消耗量是指周转性材料在每一次使用中的摊销数量。

摊销量＝(一次使用量＋损耗量)/周转次数

5. 机械台班消耗量的确定

预算定额中的机械台班消耗量是指在正常施工条件下，生产单位合格产品必须消耗的某种型号施工机械的台班数量。预算定额中的机械台班消耗量指标，一般是按施工定额中的机械台班产量，并考虑一定的机械幅度差进行计算的，即

预算定额机械台班消耗量＝施工定额机械台班消耗量×(1＋机械幅度差系数)

预算定额中的机械幅度差包括：施工技术原因引起的中断及合理停置时间；因供电供水故障及水电线路移动检修而发生的运转中断及合理停置时间；因气候原因或机械本身故障引起的中断时间；各工种之间的工序搭接及交叉作业相互配合或影响所发生的机械停歇时间；施工机械在单位工程之间转移所造成的机械中断时间；因质量检查和隐藏工程验收工作的影响而引起的机械中断时间；施工中不可避免的其他零星的机械中断时间等。

6. 预算定额基价的确定

预算定额基价由人工费、材料费、机械费组成，计算公式如下：

分项工程定额基价＝分项工程人工费＋分项工程材料费＋分项工程机械费

式中：分项工程人工费＝$\sum$(分项工程定额用工量×工日单价)；

分项工程材料费＝$\sum$(分项工程定额材料用量×相应的材料单价)；

$$\text{分项工程机械费} = \sum(\text{分项工程定额机械台班用量} \times \text{相应机械台班单价})。$$

四、附录

附录主要包括人工工资单价，施工机械台班预算价格，混凝土、砂浆、保温材料配合比表，建筑材料名称、规格、质量及预算价格，定额材料损耗率等。附录是提供定额换算和工料分析用的，是使用定额的重要补充资料。

预算定额手册的使用主要包括预算定额的套用、预算定额的换算和预算定额的补充三方面的工作内容。

（一）预算定额的套用

预算定额的套用包括直接使用定额项目中的各种人工、材料、机械台班用量及基价、人工费、材料费、机械费。

当施工图设计要求与定额的项目内容完全一致时，可以直接套用预算定额，大多数的分项工程基本上可以直接套用预算定额。当施工图的设计要求与定额项目规定的内容不一致时，定额规定不允许换算和调整的，也应直接套用定额。

套用预算定额时应注意以下几点：

(1) 根据施工图、设计说明、标准图做法说明，选择预算定额项目。

(2) 对每个项目分项工程的内容、技术特征、施工方法进行仔细核对，确定与之相对应的预算定额项目。

(3) 每个分项工程的名称、工作内容、计量单位应与预算定额项目一致。

（二）预算定额的换算

当分项工程的设计内容与定额项目的内容不完全一致时，不能直接套用定额，而定额规定又允许换算的，则可以采用定额规定的范围、内容和方法进行换算，从而使定额子目与分项工程内容保持一致。经过换算的定额项目，应在其定额编号后加注“换”字，以表示区别。

定额换算包括乘系数换算、强度换算、配合比换算和其他换算。

1. 乘系数换算

此类换算是根据定额的分部说明或附注规定，对定额基价或其中的人工费、材料费、机械费乘以规定的换算系数，从而得出新的定额基价。

$$\begin{aligned}\text{换算后的定额基价} &= \text{定额基价} \times \text{调整系数}\\ &= \text{定额基价} + \sum \text{调整部分金额} \times (\text{调整系数} - 1)\end{aligned}$$

2. 强度换算

当预算定额中混凝土或砂浆的强度等级与施工图设计要求不同时，定额规定可以进行强度换算。

换算步骤如下：

(1) 查找两种不同强度等级的混凝土或砂浆的预算单价。

(2) 计算两种不同强度等级材料的单价差。

(3) 查找定额中该分项工程的定额基价及定额消耗量。

(4) 进行调整，计算该分项工程换算后的定额基价。

其换算公式为

换算后的定额基价＝换算前的定额基价＋(换入材料基价－换出材料基价)×定额材料消耗量

3. 砂浆配合比换算

砂浆配合比不同时的换算与混凝土强度等级不同时的换算计算方法基本相同。

4. 其他换算

除了以上三种，由于材料的品种、规格发生变化而引起的定额换算，由于砌筑、浇筑或抹灰等厚度发生变化而引起的定额换算等，都可以参照以上方法执行。

五、《江西省建筑工程消耗量定额及统一基价表》(摘录)

(一) 人工土方

1. 平整场地、人工挖土方、淤泥、泥沙

表 2-3-1 单位：100 m^3

定额编号				A1－1	A1－2	A1－3	A1－4
项目				平整场地 100 m^2	人工挖土方一、二类土深度		
					2 m 内	4 m 内	6 m 内
基价(元)				238.53	617.82	994.29	1 262.19
其中	人工费(元)			238.53	617.82	994.29	1 262.19
	材料费(元)			—	—	—	—
	机械费(元)			—	—	—	—
名称		单位	单价(元)	数量			
人工	综合人工	工日	23.50	10.15	26.29	42.31	53.71

(续表) 单位：100 m^3

定额编号				A1－5	A1－6	A1－7	A1－8	A1－9	A1－10
项目				人工挖土方三类土深度			人工挖土方三类土深度		
				2 m 内	4 m 内	6 m 内	2 m 内	4 m 内	8 m 内
基价(元)				1 025.07	1 401.54	1 669.44	1 555.23	1 931.70	2 199.60
其中	人工费(元)			1 025.07	1 401.54	1 669.44	1 555.23	1 931.70	2 199.60
	材料费(元)			—	—	—	—	—	—
	机械费(元)			—	—	—	—	—	—
名称		单位	单价(元)	数量					
人工	综合人工	工日	23.50	43.62	59.64	71.04	66.18	82.20	93.60

2. 人工挖沟槽

表 2-3-2　　单位：100 m³

定额编号				A1－15	A1－16	A1－17
项目				一、二类土深度		
				2 m内	4 m内	6 m内
基价(元)				835.19	1 157.38	1 429.51
其中	人工费(元)			835.19	1 157.38	1 429.51
	材料费(元)			—	—	—
	机械费(元)			—	—	—
名称		单位	单价(元)	数量		
人工	综合人工	工日	23.50	35.54	49.25	60.83

(续表)　　单位：100 m³

定额编号				A1－18	A1－19	A1－20	A1－21	A1－22	A1－23
项目				三类土深度			四类土深度		
				2 m内	4 m内	6 m内	2 m内	4 m内	6 m内
基价(元)				1 469.22	1 723.49	1 987.87	2 236.03	2 381.02	2 624.48
其中	人工费(元)			1 469.22	1 723.49	1 987.87	2 236.03	2 381.02	2 624.48
	材料费(元)			—	—	—	—	—	—
	机械费(元)			—	—	—	—	—	—
名称		单位	单价(元)	数量					
人工	综合人工	工日	23.50	62.52	73.34	84.59	95.15	101.32	111.68

3. 人工挖基坑

表 2-3-3　　单位：100 m³

定额编号				A1－24	A1－25	A1－26
项目				一、二类土深度		
				2 m内	4 m内	6 m内
基价(元)				924.49	1 258.66	1 529.38
其中	人工费(元)			924.49	1 258.66	1 529.38
	材料费(元)			—	—	—
	机械费(元)			—	—	—
名称		单位	单价(元)	数量		
人工	综合人工	工日	23.50	39.34	53.56	65.08

（续表）　　单位：100 m³

定额编号				A1-27	A1-28	A1-29	A1-30	A1-31	A1-32
项目				三类土深度			四类土深度		
				2 m内	4 m内	6 m内	2 m内	4 m内	6 m内
基价(元)				1 647.12	1 923.48	2 188.09	2 519.91	2 708.14	2 959.36
其中	人工费(元)			1 647.12	1 923.48	2 188.09	2 519.91	2 708.14	2 959.36
	材料费(元)			—	—	—	—	—	—
	机械费(元)			—	—	—	—	—	—
名称		单位	单价(元)	数量					
人工	综合人工	工日	23.50	70.09	81.85	93.11	207.23	115.24	125.93

4．土石方回填

表2-3-4　　单位：100 m³

定额编号				A1-180	A1-181	A1-182
项目				回填土		原土打夯
				松填	夯填	
				100 m³		100 m²
基价(元)				250.98	832.96	63.86
其中	人工费(元)			250.98	642.96	50.53
	材料费(元)			—	—	—
	机械费(元)			—	190.00	13.33
名称	单位	单价(元)		数量		
人工	综合人工	工日	23.50	10.68	27.36	2.15
机械	电动打夯机	台班	23.81	—	7.98	0.56

5．土石方运输

表2-3-5　　单位：100 m³

定额编号		A1-191	A1-192	A1-193	A1-194
项目		人工运土方		人工运淤泥	
		运距20 m内	200 m内 每增加20 m	运距20 m内	200 m内 每增加20 m
基价(元)		518.88	115.62	1 034.00	155.10
其中	人工费(元)	518.88	115.62	1 034.00	155.10
	材料费(元)	—	—	—	—
	机械费(元)	—	—	—	—

（续表）

定额编号				A1－191	A1－192	A1－193	A1－194
名称	单位	单价(元)		数量			
人工	综合人工	工日	23.50	22.08	4.92	44.00	6.60

（续表）　　单位：100 m³

定额编号				A1－195	A1－196
项目				单(双)轮车运土方	
				运距 50 m 内	500 m 内每增加 50 m
基价(元)				428.64	70.50
其中	人工费(元)			428.64	70.50
	材料费(元)			—	—
	机械费(元)			—	—
名称	单位	单价(元)		数量	
人工	综合人工	工日	23.50	18.24	3.00

（二）砖基础

表 2-3-6　　单位：10 m³

定额编号				A3－1
项目				砖基础
基价(元)				1 729.71
其中	人工费(元)			301.74
	材料费(元)			1 409.82
	机械费(元)			18.15
名称		单位	单价(元)	数量
人工	综合人工	工日	23.50	12.84
材料	水泥砂浆 M5	m³	90.64	2.36
	普通黏土砖	千块	228.00	5.236
	水	m³	2.00	1.05
机械	灰浆机搅拌机 200 L	台班	46.55	0.39

（续表）

单位：10 m³

定额编号			A3-7	A3-8	A3-9	A3-10	A3-11	A3-12
项目			混水砖墙					
			1/4 砖	1/2 砖	3/4 砖	1 砖	1 砖半	2 砖及2 砖以上
基价（元）			2 191.24	1 946.51	1 926.58	1 823.52	1 812.95	1 803.50
其中	人工费（元）		688.55	499.14	486.69	398.56	387.28	383.05
	材料费（元）		1 493.38	1 432.01	1 423.60	1 407.27	1 407.05	1 401.36
	机械费（元）		9.31	15.36	16.29	17.69	18.62	19.09
名称	单位	单价（元）	数量					
人工 综合人工	工日	23.50	293.30	21.24	20.71	16.96	16.48	16.30
材料 主体砂浆（M2.5 混合砂浆）	m³	73.64	1.18	1.95	2.04	2.16	2.30	2.35
普通黏土砖	千块	228.00	6.158	5.641	5.51	5.40	5.35	5.309
附加砂浆（M5 混合砂浆）	m³	84.79	—	—	0.09	0.09	0.10	0.10
松木模版	m³	642.00	—	—	0.01	0.01	0.01	0.01
铁钉	kg	3.80	—	—	0.22	0.22	0.22	0.22
水	m³	2.00	1.23	1.13	1.10	1.06	1.07	1.06
机械 灰浆搅拌机 200 L	台班	46.55	0.20	0.33	0.35	0.38	0.40	0.41

（三）现浇混凝土基础

表 2-3-7

单位：10 m³

定额编号			A4-13	A4-15	A4-16	A4-17	A4-18	A4-19
项目				带形基础		独立基础		杯形基础
			混凝土垫层	毛石混凝土	混凝土	毛石混凝土	混凝土	
基价（元）			1 754.06	1 865.23	1 979.89	1 872.62	2 006.81	199.20
其中	人工费（元）		309.26	211.27	241.35	218.62	267.20	250.98
	材料费（元）		1 348.15	1 558.77	1 626.15	1 559.11	1 627.22	1 627.83
	机械费（元）		96.65	95.19	112.39	95.19	112.39	112.39
名称	单位	单价（元）	数量					
人工 综合人工	工日	23.50	13.16	8.99	10.27	9.29	11.37	10.68

(续表)　　单位：10 m^3

定额编号				A4－13	A4－15	A4－16	A4－17	A4－18	A4－19
材料	现浇混凝土 C20/40/32.5	m^3	158.12	10.10 (C10/40/32.5)	8.63	10.15	8.63	10.15	10.15
	毛石	m^3	64.60		2.72	—	2.72	—	—
	草袋	m^2	1.13		2.39	2.52	3.17	3.26	3.67
	水	m^3	2.00	5.00	7.89	9.19	7.62	9.31	9.38
机械	机动翻斗车 1 t	台班	90.81		0.66	0.78	0.66	0.78	0.78
	混凝土搅拌机 400 L	台班	84.46	1.01	0.33	0.39	0.33	0.39	0.39
	混凝土振捣器（插入式）	台班	11.19	0.85	0.66	0.77	0.66	0.77	0.77

(四) 柱、梁

表 2-3-8　　单位：10 m^3

定额编号				A4－29	A4－30	A4－31	A4－32
项目				矩形柱	圆形、异形柱	构造柱	基础梁
基价(元)				2 255.99	2 275.44	2 356.19	2 035.97
其中	人工费(元)			546.38	566.35	646.96	336.36
	材料费(元)			1 641.50	1 640.98	1 641.12	1 632.01
	机械费(元)			68.11	68.11	68.11	67.20
名称	单位	单价(元)		数量			
人工	综合人工	工日	23.50		23.25	27.53	14.33
材料	现浇混凝土 C20/40/32.5	m^3	158.12		9.86	9.86	10.15
	水泥砂浆 1∶2	m^3	203.66		0.31	0.31	
	草袋	m^3	1.13		1.00	0.84	6.03
	水	m^3	2.00		9.09	8.99	10.14
机械	灰浆搅拌机 200 L	台班	46.55		0.04	0.04	
	混凝土搅拌机 400 L	台班	84.46		0.62	0.62	84.46
	混凝土振捣器（插入式）	台班	11.19		1.24	1.24	11.19

(五) 板

表 2-3-9　　单位:10 m³

定额编号				A4-43	A4-44	A4-45	A4-46	A4-47
项目				有梁板	无梁板	平板	拱板	双层拱形屋面板
基价(元)				2 137.93	2 117.07	2 156.64	2 293.24	2 308.62
其中	人工费(元)			329.94	308.32	341.22	494.44	501.49
	材料费(元)			1 739.32	1 740.08	1 756.75	1 730.13	1 738.46
	机械费(元)			68.67	68.67	68.67	68.67	68.67
名称		单位	单价(元)	数量				
人工	综合人工	工日	23.50	14.04	13.12	14.52	21.04	21.34
材料	现浇混凝土 C20/40/32.5	m³	167.97	10.15	10.15	10.15	10.15	10.15
	草袋	m²	1.13	9.95	10.51	14.22	4.50	6.36
	水	m³	2.00	11.59	11.65	12.89	10.07	11.49
机械	混凝土振捣器(平板式)	台班	13.35	0.63	0.63	0.63	0.63	0.63
	混凝土搅拌机 400 L	台班	84.46	0.63	0.63	0.63	0.63	0.63
	混凝土振捣器(插入式)	台班	11.19	0.63	0.63	0.63	0.63	0.63

(六) 其他

表 2-3-10　　单位:10 m²

定额编号				A4-48	A4-49	A4-50	A4-51
项目				楼梯		雨篷	阳台
				直形	弧形		
基价(元)				592.38	429.96	255.51	356.22
其中	人工费(元)			145.23	123.14	62.51	87.66
	材料费(元)			419.37	288.54	185.64	257.87
	机械费(元)			27.78	18.28	7.36	10.69
名称		单位	单价(元)	数量			
人工	综合人工	工日	23.50	6.18	5.24	2.66	3.73
材料	现浇混凝土 C20/20/32.5	m³	167.97	—	—	1.07	1.50
	现浇混凝土 C20/40/32.5	m³	158.12	2.60	1.78	—	—
	草袋	m²	1.13	2.18	2.31	2.29	2.29
	水	m³	2.00	2.90	2.24	1.66	1.66

(续表)

定额编号				A4－48	A4－49	A4－50	A4－51
机械	混凝土搅拌机 400 L	台班	84.46	0.26	0.17	0.07	0.10
	混凝土振捣器(插入式)	台班	11.19	0.52	0.35	0.13	0.20

(七) 卷材屋面

表 2-3-11 单位:100 m²

定额编号				A7－22	A7－23	A7－24	A7－25	A7－26
项目				石油沥青玛蹄脂卷材屋面				
				一毡二油	三毡四油	三毡四油一砂	每增减一毡二油	干铺油毡一层
基价(元)				1 524.51	2 850.89	3 068.85	666.50	352.79
其中	人工费(元)			82.02	179.78	208.68	48.88	31.96
	材料费(元)			1 442.49	2 671.11	2 860.17	617.62	320.83
	机械费(元)			—	—	—	—	—
	名称	单位	单价(元)	数量				
人工	综合人工	工日	23.50	3.49	7.65	8.88	2.08	1.36
材料	钢筋Φ10 以内	kg	3.01	5.22	5.22	5.22	—	—
	木柴	kg	0.27	205.70	309.64	365.42	64.24	—
	粒砂	m³	48.00	—	—	0.52	—	—
	石油沥青玛蹄脂	m³	1 863.00	0.46	0.76	0.84	0.15	—
	石油沥青油毡 350＃	m²	2.82	124.17	351.71	351.71	113.77	113.77
	冷底子油 30∶70	kg	3.33	48.96	48.96	48.96	—	—
	铁钉	kg	3.80	0.28	0.28	0.28	—	—

注:附加层用量为 10.3 m²。附加层石油沥青玛蹄脂用量 0.001 48 m³/m² 卷材。

(八) 模板工程(措施项目)

表 2-3-12 单位:100 m²

定额编号	A10－13	A10－14	A10－15	A10－16	A10－17	A10－18
项目	独立基础					
	毛石混凝土			钢筋混凝土		
	组合钢模版	九夹钢模版	木模板	组合钢模版	九夹钢模版	木模板
	木支撑					
基价(元)	1 880.91	1 866.73	1 594.53	1 940.11	1 856.80	1 582.76

（续表）

定额编号				A10－13	A10－14	A10－15	A10－16	A10－17	A10－18
其中	人工费(元)			646.02	571.99	649.54	647.90	573.64	651.19
	材料费(元)			1 120.43	1 247.60	892.91	1 174.36	1 232.64	876.11
	机械费(元)			114.46	47.14	52.08	117.85	50.52	55.46
名称		单位	单价(元)	数量					
人工	综合人工	工日	23.50	27.49	24.34	27.64	27.57	24.41	27.71
材料	水泥砂浆 1∶2	m^3	203.66	0.012	0.012	0.012	0.012	0.012	0.012
	松木模板	m^3	642.00	0.697	0.697	0.762	1.118	0.74	1.139
	九夹板模板	m^3	30.00	—	21.75	—	—	21.72	—
	镀锌铁丝 12＃	kg	3.21	23.74	—	9.80	25.42	—	—
	镀锌铁丝 22＃	kg	4.72	0.18	0.18	0.18	0.18	0.18	0.18
	零星卡具	kg	3.21	24.16	—	—	25.89	—	—
	嵌缝料	kg	1.73	—	—	10.00	—	—	—
	隔离剂	kg	5.74	10.00	10.00	10.00	10.00	10.00	10.00
	铁钉	kg	3.80	11.88	17.98	17.29	12.72	17.49	17.60

（九）脚手架工程(措施项目)

表 2-3-13　　单位：100 m^2

定额编号				A11－1	A11－2	A11－3
项目				7 m 内单排	15 m 内双排	24 m 内双排
基价(元)				218.75	476.47	629.23
其中	人工费(元)			97.29	159.80	199.52
	材料费(元)			103.95	288.22	399.08
	机械费(元)			17.51	28.45	30.63
名称		单位	单价(元)	数量		
人工	综合工日	工日	23.50	4.14	6.80	8.49
材料	镀锌铁丝 8＃	kg	2.96	—	0.66	0.85
	松木板方材	m^3	642.00	—	0.004	0.007
	竹脚手杆 75	根	7.96	3.185	8.974	13.559
	竹脚手杆 90	根	7.96	3.50	10.234	18.018
	竹篾	百根	3.88	6.46	13.95	12.82

(续表)

定额编号				A11-1	A11-2	A11-3
材料	竹脚手板(平编)	m^2	4.87	4.921	11.641	14.532
	竹脚手板(侧编)	m^2	17.18	—	0.77	0.798
	铁钉	kg	3.80	0.45	1.78	1.71
机械	载重汽车 6 t	台班	312.60	0.056	0.091	0.098

(十) 找平层

表 2-3-14　　单位:100 m^2

定额编号				B1-1	B1-2	B1-3
项目				水泥砂浆		
				混凝土或硬基层上	填充材料上	每增减 5 mm
				厚 20 mm		
基价(元)				665.18	706.49	135.00
其中	人工费(元)			280.73	287.77	50.59
	材料费(元)			368.62	399.17	80.22
	机械费(元)			15.83	19.55	4.19
名称		单位	单价(元)	数量		
人工	综合工日	工日	157.30	8.38	8.59	1.51
材料	1∶3 水泥砂浆	m^3	157.30	2.02	2.53	0.51
	素水泥浆	m^3	496.66	0.10	—	—
	水	m^3	2.00	0.60	0.60	—
机械	灰浆搅拌机 200 L	台班	46.55	0.34	0.42	0.09

(十一) 整体面层

表 2-3-15　水泥砂浆　　单位:100 m^2

定额编号		B1-6	B1-7	B1-8
项目		水泥砂浆		
		楼地面	楼梯	台阶
		厚 20 mm		
基价(元)		839.21	2 049.82	1 706.76
其中	人工费(元)	369.51	1 426.10	1 010.70
	材料费(元)	453.87	602.77	672.78
	机械费(元)	15.83	20.95	23.28

（续表）

定额编号				B1－6	B1－7	B1－8
名称		单位	单价（元）	数量		
人工	综合工日	工日	33.50	11.03	42.57	30.17
材料	1∶2.5水泥砂浆	m^3	184.03	2.02	2.69	2.99
	素水泥浆	m^3	496.66	0.10	0.13	0.15
	草袋	m^2	1.13	22.00	29.26	32.56
	水	m^3	2.00	3.80	5.05	5.62
机械	灰浆搅拌机200 L	台班	46.55	0.34	0.45	0.50

注：水泥砂浆楼地面面层厚度每增减5 mm，按水泥砂浆找平每增减5 mm项目执行。

（续表）　　单位：见表

定额编号				B1－9	B1－10
项目				水泥砂浆	
				加浆抹光随捣随抹厚5 mm	踢脚线底12 mm面8 mm
				100 m^2	100 m
基价（元）				443.00	233.76
其中	人工费（元）			271.02	179.90
	材料费（元）			167.79	51.53
	机械费（元）			4.19	2.33
名称		单位	单价（元）	数量	
人工	综合工日	工日	33.50	8.09	5.37
材料	1∶1水泥砂浆	m^3	265.35	0.51	—
	1∶2.5水泥砂浆	m^3	184.03	—	0.12
	1∶3水泥砂浆	m^3	157.30	—	0.18
	草袋	m^2	1.13	22.00	—
	水	m^3	2.00	3.80	0.57
机械	灰浆搅拌机200 L	台班	46.55	0.09	0.05

（十二）铝合金门窗

表2-3-16(a)　铝合金门制作安装　　单位：100 m^2

定额编号	B4－221	B4－222	B4－223	B4－224
项目	单扇地弹门		双扇地弹门	
	无上亮	带上亮	无上亮 无侧亮	无上亮 带侧亮
基价（元）	21 027.82	20 601.15	18 615.92	17 588.38

（续表）

定额编号				B4－221	B4－222	B4－223	B4－224
其中	人工费（元）			2 694.07	2 701.78	2 757.39	2783.52
	材料费（元）			18 029.85	17 595.47	15 549.04	14 491.64
	机械费（元）			303.90	303.90	309.49	313.22
名称		单位	单价（元）	数量			
人工	综合工日	工日	33.50	80.42	80.65	82.31	83.09
材料	铝合金型材 1.2 mm	kg	19.30	596.79	574.54	545.54	500.55
	浮法玻璃 5 mm	m^2	18.64	100.00	100.00	100.00	100.00
	密封毛条	m	0.06	193.81	152.59	161.10	107.41
	密封油膏	kg	14.43	55.06	42.17	28.25	21.66
	玻璃胶 350 g/支	支	13.00	36.23	43.19	39.79	50.64
	软填料	kg	3.00	44.07	52.71	35.30	27.06
	拉杆螺栓	kg	7.50	13.06	13.09	13.36	13.49
	自攻螺钉	百个	2.50	3.801	10.361	4.237	9.887
	膨胀螺栓	套	1.00	240.00	260.00	94.00	06.00
	地脚	个	3.00	620.00	630.00	397.00	353.00
	其他材料	元	1.00	31.00	31.50	19.85	17.65
机械	机械费	元	1.00	303.90	303.90	309.49	313.22

表 2-3-16(b)　铝合金窗制作安装　　单位：100 m^2

定额编号				B4－234	B4－235	B4－236
项目				双扇平开窗		
				无上亮	带上亮	带顶窗
基价（元）				18 887.29	16 310.72	17 844.50
其中	人工费（元）			2 067.29	2 097.44	2 097.44
	材料费（元）			16 523.56	13 913.11	15 446.89
	机械费（元）			296.44	300.17	300.17
名称		单位	单价（元）	数量		
人工	综合工日	工日	33.50	61.71	62.61	62.61
材料	铝合金型材 1.2 mm	kg	19.30	443.59	365.83	443.35
	浮法玻璃 5 mm	m^2	18.64	100.00	100.00	100.00
	密封毛条	m	0.06	941.67	627.78	944.40
	密封油膏	kg	14.43	59.33	49.44	49.44

（续表）

定额编号				B4－234	B4－235	B4－236
材料	玻璃胶 350 g/支	支	13.00	62.50	63.89	63.90
	软填料	kg	3.00	27.72	23.10	23.10
	自攻螺钉	百个	2.50	33.33	24.07	31.48
	膨胀螺栓	套	1.00	1 666.00	1 298.00	1 298.00
	地脚	个	3.00	833.00	649.00	649.00
	其他材料费	元	1.00	296.44	300.17	300.17
机械	机械费	元	1.00	296.44	300.17	300.17

（十三）喷（刷）刮涂料

表 2-3-17　　　　单位：100 m²

定额编号				B5－308	B5－309	B5－310	B5－311
项目				外墙 JH801 涂料		仿瓷涂料	
				清水墙	抹灰面	二遍	每增一遍
基价（元）				533.83	611.65	357.03	109.00
其中	人工费（元）			220.43	220.43	234.50	67.00
	材料费（元）			269.27	347.09	122.53	42.00
	机械费（元）			44.13	44.13	—	—
名称		单位	单价（元）	数量			
人工	综合工日	工日	33.50	6.58	6.58	7.00	2.00
材料	涂料 JH801	kg	2.64	100.00	100.00	—	—
	117 胶	kg	1.00	—	—	80.00	28.00
	水	m³	2.00	0.70	0.14	—	—
	色粉	kg	12.18	—	3.40	—	—
	双（白）灰粉	kg	0.20	—	—	200.00	70.00
	107 胶	kg	1.06	—	34.60	—	—
	其他材料费	元	1.00	3.87	4.72	2.53	—
机械	电动空气压缩机 1 m³/min	台班	80.24	0.55	0.55	—	—

(十四)陶瓷地砖(彩釉砖)

表 2-3-18 单位:100 m²

定额编号				B1-84	B1-85	B1-86	B1-87
项目				楼地面			
				周长在( )以内(mm)			
				800	1 200	1 600	2 000
基价(元)				3 911.19	4 541.87	5 096.92	6 180.21
其中	人工费(元)			1 002.66	1 006.34	1 048.89	1 107.18
	材料费(元)			2 843.32	3 470.32	3 982.82	5 007.82
	机械费(元)			65.21	65.21	65.21	65.21
名称		单位	单价(元)	数量			
人工	综合工日	工日	33.50	29.93	30.04	31.31	33.05
材料	陶瓷地面砖 200×200	m²	24.00	102.00	—	—	—
	陶瓷地面砖 300×300	m²	30.00	—	102.50	—	—
	陶瓷地面砖 400×400	m²	35.00	—	—	102.50	—
	陶瓷地面砖 500×500	m²	45.00	—	—	—	102.50
	水泥砂浆 1∶3(20 mm)	m³	157.30	2.02	2.02	2.02	2.02
	素水泥浆	m³	496.66	0.10	0.10	0.10	0.10
	石料切割锯片	片	30.00	0.32	0.32	0.32	0.32
	白水泥	kg	0.51	10.30	10.30	10.30	10.30
	棉纱头	kg	4.05	1.00	1.00	1.00	1.00
	锯木屑	m³	6.33	0.60	0.60	0.60	0.60
	水	m³	2.00	2.60	2.60	2.60	2.60
机械	灰浆搅拌机 200 L	台班	46.55	0.35	0.35	0.35	0.35
	石料切割机	台班	32.40	1.51	1.51	1.51	1.51

(十五)定额附录

表 2-3-19 混凝土、砂浆等配合比表 单位:m³

定 额 编 号				026	027	028	029
项 目				现浇卵石混凝土,粒径 40 mm			
				C10	C15	C20	
				水泥 32.5			水泥 42.5
基 价(元)				132.49	145.00	158.12	160.26
名称		单位	单价(元)	数量			
材料	水泥 32.5	kg	0.33	216.00	252.00	269.00	—
	卵石 40	m³	60.00	0.82	0.85	0.83	0.85

（续表）

定　额　编　号				026	027	028	029
材料	水	m^3	2.00	0.16	0.16	0.16	0.16
	中(粗)砂	m^3	19.48	0.60	0.54	0.53	0.54
	水泥 42.5	kg	0.38	—	—	—	259.00

（续表）　　单位：m^3

定额编号				030	031	032	033
项　目				现浇卵石混凝土，粒径 40 mm			
				C25		C30	
				水泥 32.5	水泥 42.5	水泥 32.5	水泥 42.5
基价(元)				170.04	169.50	183.01	182.49
名称		单位	单价(元)	数量			
材料	水泥 32.5	kg	0.33	332.00	—	370.00	—
	卵石 40	m^3	60.00	0.85	0.83	0.88	0.86
	水	m^3	2.00	0.16	0.16	0.16	0.16
	中(粗)砂	m^3	19.48	0.47	0.53	0.40	0.48
	水泥 42.5	kg	0.38	—	287.00	—	319.00

表 2-3-20　抹灰砂浆　　单位：m^3

定　额　编　号				259	260	261	262	263	264
项目				水泥砂浆		白水泥砂浆	水泥砂浆		
				1∶1	1∶1.5		1∶2	1∶2.5	1∶3
基价(元)				265.35	229.45	344.29	203.66	184.03	157.30
名称		单位	单价(元)	数量					
材料	水泥 32.5	kg	0.33	758.00	638	—	551.00	485.00	404.00
	粗砂	m^3	19.48	0.75	0.94	0.94	1.09	1.20	1.20
	水	m^2	2.00	0.30	0.30	0.30	0.30	0.30	0.30
	白水泥	kg	0.51	—	—	638.00	—	—	—

（续表）　　单位：m^3

定　额　编　号	265	266	267
项　目	石灰砂浆		石膏砂浆
	1∶2.5	1∶3	
基价(元)	62.98	57.22	337.39

(续表)

定额编号				265	266	267
名称		单位	单价(元)	数量		
材料	中砂	m^2	19.48	1.20	1.20	1.20
	水	m^3	2.00	0.6	0.6	0.3
	生石灰	kg	0.16	240.00	204.00	—
	石膏粉	kg	0.93	—	—	337.00

六、案例分析

(一) 构件混凝土换算

【案例分析 2-3-1】 某工厂现浇 C10/40/32.5 混凝土地面垫层，工程量为 28 m^3。试求：(1) 混凝土地面垫层直接工程费为多少。(2) 28 m^3 混凝土垫层所需的人工费、材料费、机械费各为多少。(3) 浇筑混凝土垫层 28 m^3 所需的人工、材料、机械台班各为多少。(分析工、料、机)

【解】 (1) 查《江西省建筑工程消耗量定额及统一基价表》第四章 A4－13 子目，得知混凝土 C 10/40/32.5 定额基价为 1 754.06 元/10 m^3。

分析：设计要求与定额的项目内容一致，所以可直接套用。

计算：A4－13，C10/40/32.5 混凝土地面垫层的直接工程费。

直接工程费＝28 m^3×175.406 元/ m^3＝4 911.37 元

(2) 人工费＝28 m^3×30.926 元/ m^3＝865.928 元

材料费＝28 m^3×134.815 元/ m^3＝3 774.82 元

机械费＝28 m^3×9.665 元/ m^3＝270.62 元

(3) 分析工、料、机

人工工日分析：28 m^3×1.316 工日/ m^3＝36.85 工日

材料分析：C 10/40/32.5 混凝土，28 m^3×1.01 m^3/ m^3＝28.28 m^3

查定额：

水泥 32.5 级：28.28 m^3×216 kg/ m^3＝6 108.48 kg

卵石：28.28 m^3×0.82 m^3/ m^3＝23.19 m^3

砂：28.28 m^3×0.6 m^3/ m^3＝16.97 m^3

机械台班分析：

混凝土搅拌机：28 m^3×0.110 1 台班/ m^3＝3.08 台班

混凝土振捣器：28 m^3×0.085 台班/ m^3＝2.38 台班

【案例分析 2-3-2】 某工程综合楼现浇 C15/40/32.5 基础混凝土垫层工程量 120 m^3，试计算：(1)基础垫层直接工程费；(2)分析 C15/40/32.5 的工、料、机。

【解】 (1) 分析：查预算定额第四章说明得知

A4－13 子目(C10/40/32.5)混凝土垫层用于浇筑基础垫层时，人工乘以 1.2 系数。

第一步：先计算混凝土垫层 C10/40/32.5 的换算后的基础垫层基价。

A4－13换：定额基价＝309.26×1.2＋1 348.15＋96.65(元/10 m^3)＝1 815.912(元/10 m^3)

第二步：根据混凝土换算公式计算C 15/40/32.5基础垫层(C 15混凝土：145元/ m^3，C 10混凝土132.49元/ m^3)

换算后定额基价＝原定额基价＋定额混凝土×(换入混凝土基价－换出混凝土基价)＝1 815.912元/10 m^3＋10.1 m^3/10 m^3×(145元/ m^3－132.49)

C 15/40/32.5基础垫层＝1 942.263元/10 m^3

浇注120 m^3 混凝土C 15/40/32.5基础垫层所需直接工程费＝120 m^3×194.226 3元/ m^3＝23 307.16元

(2) 分析C 15/40/32.5基础混凝土垫层120 m^3 的工料机

人工工日＝120 m^3×1.316工日/ m^3×1.2系数＝189.5工日

材料分析：C 15/40/32.5混凝土：120 m^3×1.01＝121.2 m^3

32.5级水泥：121.2 m^3×252kg/ m^3＝30 542.4 kg

卵石：121.1 m^3×0.85 m^3/ m^3＝103.02 m^3

砂：121.1 m^3×0.54 m^3/ m^3＝65.45 m^3

机械台班分析：

搅拌机：120 m^3×0.101＝12.12台班

振捣器：120 m^3×0.085＝10.2台班

【案例分析2-3-3】　试计算现浇C 25/40/32.5混凝土矩形梁的定额基价。

【解】　查建筑工程定额(下)附录一第334页混凝土C 25/40/32.5的单价为170.04元/ m^3

换算后定额基价＝原定额基价＋定额混凝土用量×(换入混凝土基价－换出混凝土基价)

A4－33换：2 090.97＋10.15×(170.04－158.12)

＝2 090.97＋10.15×11.92

＝2 211.96元/10 (m^3)

(二) 砌筑砂浆换算

【案例分析2-3-4】　工程采用M15水泥砂浆砌筑砖基础，试确定此砖基础单价。

【解】　查建筑工程定额(下)附录(第416页)M15水泥砂浆的单价122.98元/ m^3，M5水泥砂浆的单价为90.64元/ m^3。

A3－1换：原定额砂浆用量×(换入砂浆基价－换出砂浆基价)

＝1 729.71＋2.36×(122.98－90.64)

＝1 729.71＋2.36×32.34

＝1 806.03(元/10 m^3)

(三) 抹灰砂浆换算

第一种情况：当抹灰厚度不变只换配合比时，只调整材料单价。

【案例分析2-3-5】　工程采用1∶2.5水泥砂浆底厚14厚，1∶2水泥砂浆6厚抹砖墙。试确定此墙面抹灰单价。

【解】　1∶2.5水泥砂浆的单价为184.03元/ m^3，1∶3水泥砂浆的单价157.30元/ m^3

B2－22换：926.17＋0.69×(203.66－184.03)＋1.62×(184.03－157.3)

＝926.17＋0.69×19.63＋1.62×26.73

$=983.02$(元/100 m²)

第二种情况：当抹灰厚度，配合比变化时，砂浆用量按比例换算，人工费，机械费不调整。

【案例分析 2-3-6】 工程用 1∶2.5 水泥砂浆底 16 厚，1∶2 水泥砂浆面层 8 厚抹砖墙。试确定此墙面抹灰单价。

【解】 B2－22 换：

$926.17-0.69\times184.03+0.69\times8/6\times203.66-1.62\times157.30+1.62\times16/14\times184.03$(元/100 m²)

$=926.17-126.9+187.38-254.83+340.22$(元/100 m²)

$=1\ 072.54$(元/100 m²)

【案例分析 2-3-7】 根据图 2-3-1 所示尺寸和条件计算现浇独立基础垫层(C15/40/32.5)工程量，并套用定额基价计算其直接工程费。已知：独立基础 J－1 有 4 个，J－2 有 12 个，J－3 有 5 个，J－4 有 2 个。

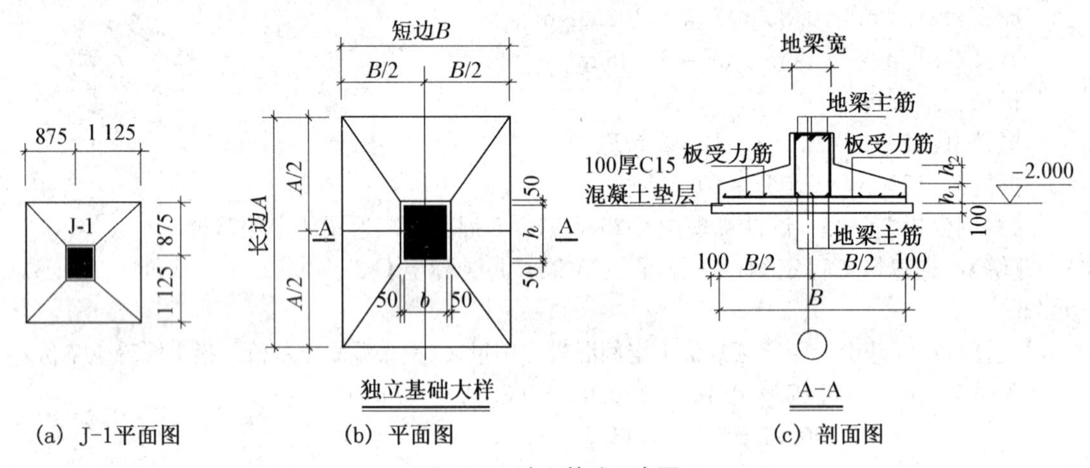

(a) J-1平面图　　(b) 平面图　　(c) 剖面图

图 2-3-1　独立基础示意图

表 2-3-21　基础配筋表

基础编号	短边 B/mm	长边 A/mm	板受力筋	板受力筋 b	h_1/mm	h_2/mm
J－1	2 000	2 000	Φ12@150	Φ12@150	300	200
J－2	2 300	2 300	Φ12@150	Φ12@150	300	300
J－3	2 800	2 800	Φ14@150	Φ14@150	400	300
J－4	1 900	1 900	Φ12@150	Φ12@150	300	200

(d) 基础尺寸及配筋表

【解】 独立基础 C15 混凝土垫层

(1) 计算工程量。

J－1：$V_1=2.2\times2.2\times0.1\times4(m^3)=1.94\ (m^3)$

J－2：$V_2=2.5\times2.5\times0.1\times12(m^3)=7.5\ (m^3)$

J－3：$V_3=3\times3\times0.1\times5(m^3)=4.5\ (m^3)$

J-4: $V_4=2.1\times2.1\ 0.1\times2(\mathrm{m}^3)=0.88(\mathrm{m}^3)$

$\sum V_{独基垫层}=V_1+V_2+V_3+V_4=14.82(\mathrm{m}^3)$

(2) 列项、套定额基价并换算,计算直接工程费。

A4-13 换:独立基础垫层(C15/40/32.5)直接工程费$=14.82\times194.2263$(元)$=2878.43$(元)

【案例分析 2-3-8】 已知独立基础钢筋工程量:$\Phi12$:1 022.818 kg,$\Phi14$:620.381 kg,试计算该工程钢筋材料差价

【解】 钢筋工程量为 $1022.818+620.381=1643.199$ (kg) $=1.643199$ (t)

按 $\Phi20$ 以内:信息价为 5 115 元/t,定额单价为 3 025.69 元/t

差价$=1.643199\times1.02\times(5115-3025.69)=3501.815$(元)

【案例分析 2-3-9】 计算现浇独立基础混凝土(工程量为 56.94 m^3)

C25/40/32.5 的人工材料及机械用量。

【解】 $V_{独}=56.94(\mathrm{m}^3)$

(1) 人工用量:人工工日$=1.137$ 工日$/\mathrm{m}^3\times56.94\mathrm{m}^3=64.74$ 工日

(2) 机械用量:

机动翻斗车 1 t:0.078 台班$/\mathrm{m}^3\times56.94\ \mathrm{m}^3=4.44$ 台班

混凝土搅拌机 400 L:0.039 台班$/\mathrm{m}^3\times56.94\ \mathrm{m}^3=2.22$ 台班

混凝土振捣器:0.077 台班$/\mathrm{m}^3\times56.94\ \mathrm{m}^3=4.38$ 台班

(3) 主材料用量:

现浇混凝土 C25/40/32.5:$1.015\ \mathrm{m}^3/\mathrm{m}^3\times56.94\ \mathrm{m}^3=57.79\ \mathrm{m}^3$

水泥 32.5:$332\ \mathrm{kg/m}^3\times57.79\ \mathrm{m}^3=18904.08\ \mathrm{kg}=19.19\ \mathrm{t}$

石:$0.85\ \mathrm{m}^3/\mathrm{m}^3\times57.79\ \mathrm{m}^3=49.12\ \mathrm{m}^3$

砂:$0.47\ \mathrm{m}^3/\mathrm{m}^3\times57.79\ \mathrm{m}^3=27.16\ \mathrm{m}^3$

合计水:$53.01\ \mathrm{m}^3+9.11\ \mathrm{m}^3=62.12\ \mathrm{m}^3$

学习情境 2　建设工程工程量清单计价规范(2013 版)及应用

行动领域 4　建设工程工程量清单计价规范

为规范建设工程造价计价行为,统一建设工程工程量清单的编制和计价方法,根据《中华人民共和国建筑法》、《中华人民共和国合同法》、《中华人民共和国招标投标法》法律法规,制定《建设工程工程量清单计价规范》(GB 50500—2013)规范。以下简称《2013 规范》。

《2013 规范》是 2012 年 12 月 25 日由"中华人民共和国住房与城乡建设部和中华人民共和国质量监督检验检疫检测总局"联合发布代号"GB 50500—2013",从 2013 年 7 月 1 日起施行。

《2013 规范》是在总结了我国实施工程量清单计价以来的实践经验和最新的理论研究

成果的基础上，顺应市场要求，结合建设工程行业特点，为在新时期统一建设工程工程量清单的编制和计价行为，实现了“政府宏观调控、部门动态监督、企业自主报价、市场形成价格”的目标而颁布。

2013 新规范包括：

(1)《建设工程工程量清单计价规范》GB 50500—2013

(2)《房屋建筑与装饰工程工程量计算规范》GB 50854—2013

(3)《仿古建筑工程工程量计算规范》GB 50855—2013

(4)《通用安装工程工程量计算规范》GB 50856—2013

(5)《市政工程工程量计算规范》GB 50857—2013

(6)《园林绿化工程工程量计算规范》GB 50858—2013

(7)《矿山工程工程量计算规范》GB 50859—2013

(8)《构筑物工程工程量计算规范》GB 50860—2013

(9)《城市轨道交通工程工程量计算规范》GB 50861—2013

(10)《爆破工程工程量计算》GB 508622—2013

《建设工程工程量清单计价规范》主要内容如下：

一、总则

(1) 为规范工程造价计价行为，统一建设工程计价文件的编制原则和计价方法，根据《中华人民共和国建筑法》、《中华人民共和国合同法》、《中华人民共和国招标投标法》，制定本规范。

(2)本规范适用于建设工程发承包及其实施阶段的计价活动。

(3) 建设工程发承包及其实施阶段的工程造价由分部分项工程费、措施项目费、其他项目费、规费和税金组成。

(4) 招标工程量清单、招标控制价、投标报价、工程计量、合同价款调整、合同价款结算与支付以及工程造价鉴定等工程造价文件的编制与核对应由具有专业资格的工程造价人员承担。

(5) 承担工程造价文件的编制与核对的工程造价人员及其所在单位，应对工程造价文件的质量负责。

(6) 建设工程发承包及其实施阶段的计价活动应遵循客观、公正、公平的原则。

(7) 建设工程发承包及其实施阶段的计价活动，除应遵守本规范外，尚应符合国家现行有关标准的规定。

二、术语

1. 工程量清单

载明建设工程分部分项工程项目、措施项目和其他项目的名称和相应数量以及规费和税金项目等内容的明细清单。

2. 招标工程量清单

招标人依据国家标准、招标文件、设计文件以及施工现场实际情况编制的，随招标文件发布供投标报价的工程量清单，包括对其的说明和表格。

3. 已标价工程量清单

构成合同文件组成部分的投标文件中已标明价格，经算术性错误修正（如有）且承包人已确认的工程量清单，包括对其的说明和表格。

工程量清单编制，由于新增计量规范，有关项目编码、项目名称、项目特征、计量单位、工程量计算的条文移入计量规范。

4. 分部分项工程

分部工程是单位工程的组成部分，系按结构部位、路段长度及施工特点或施工任务将单位工程划分为若干分部的工程；分项工程是分部工程的组成部分，系按不同施工方法、材料、工序及路段长度等将分部工程划分为若干个分项或项目的工程。

5. 措施项目

为完成工程项目施工，发生于该工程施工准备和施工过程中的技术、生活、安全、环境保护等方面的项目。

6. 项目编码

分部分项工程和措施项目清单名称的阿拉伯数字标识。

“项目编码”栏应按相关工程国家计量规范项目编码栏内规定的9位数另加3位顺序吗填写。

个位数字的含义是：一、二位为专业工程代码（01—房屋装饰装修工程、02—仿古建筑工程、03—通用安装工程、04—市政工程、05—园林绿化工程、06—矿山工程、07—构筑物工程、08—城市轨道交通工程、09—爆破工程。以后进入国家标准的专业工程计量规范代码以此类推，顺序编列）；三、四位为专业工程附录分类顺序码；五、六为分部工程顺序码；七、八、九为分部分项工程顺序码；十至十二为清单项目名称顺序码。

当同一标段（或合同段）的一份工程量清单中含多个单位（项）工程且工程清单是以单位（项）工程为编制对象时，在编制工程量清单时应特别注意对项目编码十至十二位的设置不得有重码的规定。

例如，一个标段（或合同段）的一份工程量清单中含有三个单位工程，每一单位工程中都有项目特征相同的实心砖墙砌体，在工程量清单中又需反应三个不同单位工程的实心砖墙砌体的工程量时，则第一单位工程的实心砖墙的项目编码应为010401003001第二单位工程的实心砖墙项目编码010401003002第三单位工程的实心砖墙的项目编码010401003003，并分别列出各单位工程实心砖墙的工程量。

7. 项目特征

构成分部分项工程项目、措施项目自身价值的本质特征。

8. 综合单价

完成一个规定清单项目所需的人工费、材料和工程设备费、施工机具使用费和企业管理费、利润以及一定范围内的风险费用。

9. 风险费用

隐含于已标价工程量清单综合单价中，用于化解发承包双方在工程合同中约定内容和范围内的市场价格波动风险的费用。

10. 工程成本

承包人为实施合同工程并达到质量标准，必须消耗或使用的人工、材料、工程设备、施工机械台班及其管理等方面发生的费用。

11. 单价合同

发承包双方约定以工程量清单及其综合单价进行合同价款计算、调整和确认的建设工程施工合同。

12. 总价合同

发承包双方约定以施工图及其预算和有关条件进行合同价款计算、调整和确认的建设工程施工合同。

13. 成本加酬金合同

发承包双方约定以施工工程成本再加合同约定酬金进行合同价款计算、调整和确认的建设工程施工合同。

14. 工程造价信息

工程造价管理机构根据调查和测算发布的建设工程人工、材料、工程设备、施工机械台班的价格信息，以及各类工程的造价指数、指标。

15. 工程变更

合同工程实施过程中由发包人提出或由承包人提出经发包人批准的合同工程任何一项工作的增、减、取消或施工工艺、顺序、时间的改变；设计图纸的修改；施工条件的改变；招标工程量清单的错、漏从而引起合同条件的改变或工程量的增减变化。

16. 工程量偏差

承包人按照合同工程的图纸（含经发包人批准由承包人提供的图纸）实施，按照现行国家计量规范规定的工程量计算规则计算得到的完成合同工程项目应予计量的工程量与相应的招标工程量清单项目列出的工程量之间出现的量差。

17. 暂列金额

招标人在工程量清单中暂定并包括在合同价款中的一笔款项。用于工程合同签订时尚未确定或者不可预见的所需材料、工程设备、服务的采购，施工中可能发生的工程变更、合同约定调整因素出现时的合同价款调整以及发生的索赔、现场签证确认等的费用。

18. 暂估价

招标人在工程量清单中提供的用于支付必然发生但暂时不能确定价格的材料、工程设备的单价以及专业工程的金额。

19. 计日工

在施工过程中，承包人完成发包人提出的工程合同范围以外的零星项目或工作，按合同中约定的单价计价的一种方式。

20. 总承包服务费

总承包人为配合协调发包人进行的专业工程发包，对发包人自行采购的材料、工程设备等进行保管以及施工现场管理、竣工资料汇总整理等服务所需的费用。

21. 安全文明施工费

承包人按照国家法律、法规、标准等规定，在合同履行中为保证安全施工、文明施工，保护现场内外环境和搭拆临时设施等所采用的措施发生的费用。

22. 索赔

在工程合同履行过程中，合同当事人一方因非己方的原因而遭受损失，按合同约定或法规规定应由对方承担责任，从而向对方提出补偿的要求。

23. 现场签证

发包人现场代表(或其授权的监理人、工程造价咨询人)与承包人现场代表就施工过程中涉及的责任事件所作的签认证明。

24. 提前竣工(赶工)费

承包人应发包人的要求，采取加快工程进度的措施，使合同工程工期缩短产生的，应由发包人支付的费用。

25. 误期赔偿费合同

承包人未按照合同工程的计划进度施工，导致实际工期超过合同工期(包括经发包人批准的延长工期)，承包人应向发包人赔偿损失发生的费用。

26. 不可抗力

发承包双方在工程合同签订时不能预见的，对其发生的后果不能避免，并且不能克服的自然灾害和社会性突发事件。

27. 工程设备

指构成或计划构成永久工程一部分的机电设备、金属结构设备、仪器装置及其他类似的设备和装置。

28. 缺陷责任期

缺陷责任期指承包人对已交付使用的合同工程承担合同约定的缺陷修复责任的期限。

29. 质量保证金

承包人用于保证在缺陷责任期内履行缺陷修复义务的金额。

30. 费用

承包人为履行合同所发生或将要发生的所有合理开支，包括管理费和应分摊的其他费用，但不包括利润。

31. 利润

承包人完成合同工程获得的盈利。

32. 企业定额

施工企业根据本企业的施工技术、机械装备和管理水平而编制的人工、材料和施工机械台班等的消耗标准。

33. 规费

根据国家法律、法规规定，由省级政府或省级有关权力部门规定施工企业必须缴纳的，应计入建筑安装工程造价的费用。

规费取消了定额测定费和危险作业意外伤害保险费，新增了工伤保险费和生育保险费。将社会保障费更名为社会保险费。

34. 税金

国家税法规定的应计入建筑安装工程造价内的营业税、城市维护建设税、教育费附加和地方教育附加。

35. 发包人

具有工程发包主体资格和支付工程价款能力的当事人以及取得该当事人资格的合法继承人,本规范有时又称招标人。

36. 承包人

被发包人接受的具有工程施工承包主体资格的当事人以及取得该当事人资格的合法继承人,本规范有时又称投标人。

37. 工程造价咨询人

取得工程造价咨询资质等级证书,接受委托从事建设工程造价咨询活动的当事人以及取得该当事人资格的合法继承人。

38. 招标代理人

取得工程招标代理资质等级证书,接受委托从事建设工程招标代理活动的当事人以及取得该当事人资格的合法继承人。

39. 造价工程师

取得《造价工程师注册证书》,在一个单位注册从事建设工程造价活动的专业人员。

40. 造价员

取得《全国建设工程造价员资格证书》,在一个单位注册从事建设工程造价活动的专业人员。

41. 单价项目

工程量清单中以单价计价的项目,即根据合同工程图纸(含设计变更)和国家现行相关工程计量规范规定的工程量计算规则进行计量,与已标价工程量清单相应综合单价进行价款计算的项目。

42. 总价项目

工程量清单中以总价计价的项目,即此类项目在现行国家计量规范中无工程量计算规则,以总价(或计算基础乘费率)计算的项目。

43. 工程计量

发承包双方根据合同约定,对承包人完成合同工程的数量进行的计算和确认。

44. 工程结算

发承包双方根据合同约定,对合同工程在实施中、终止时、已完工后进行的合同价款计算、调整和确认。包括期中结算、终止结算、竣工结算。

45. 招标控制价

招标人根据国家或省级、行业建设主管部门颁发的有关计价依据和办法,以及拟定的招标文件和招标工程量清单,结合工程具体情况编制的招标工程的最高投标限价。

46. 投标价

投标人投标时响应招标文件要求所报出的在已标价工程量清单中标明的总价。

47. 签约合同价(合同价款)

发承包双方在工程合同中约定的工程造价,包括了分部分项工程费、措施项目费、其他项目费、规费和税金的合同总金额。

48. 预付款

发包人按照合同约定,在开工前预先支付给承包人用于购买合同工程施工所需的材料、工程设备，以及组织施工机械和人员进场等的款项。

49. 进度款

发包人在合同工程施工过程中，按照合同约定对付款周期内承包人完成的合同价款给予支付的款项，也是合同价款期中结算支付。

50. 合同价款调整

发承包双方根据合同约定，对发生的合同价款调整事项，提出、确认调整合同价款的行为。

51. 竣工结算价

发承包双方依据国家有关法律、法规和标准规定，按照合同约定确定的，包括在履行合同过程中按合同约定进行的合同价款调整，是承包人按合同约定完成了全部承包工作后，发包人应付给承包人的合同总金额。

52. 工程造价鉴定

工程造价咨询人接受人民法院、仲裁机关委托，对施工合同纠纷案件中的工程造价争议进行的鉴。

三、一般规定

（一）计价方式

（1）使用国有资金投资的建设工程发承包，必须采用工程量清单计价。

（2）非国有资金投资的建设工程，宜采用工程量清单计价。

（3）不采用工程量清单计价的建设工程，应执行本规范除工程量清单等专门性规定外的其他规定。

（4）工程量清单应采用综合单价计价。

（5）措施项目中的安全文明施工费必须按国家或省级、行业建设主管部门的规定计算，不得作为竞争性费用。

（6）规费和税金必须按国家或省级、行业建设主管部门的规定计算，不得作为竞争性费用。

（二）发包人提供材料和工程设备

（1）发包人提供的材料和工程设备（以下简称甲供材料）应在招标文件中按照本规范附录 K.1 规定填写《发包人提供材料和工程设备一览表》，写明甲供材料的名称、规格、数量、单价、交货方式、交货地点等。承包人投标时，甲供材料价格应计入相应项目的综合单价中，签约后发包人应按合同约定扣回甲供材料款，不予支付。

（2）承包人应根据合同工程进度计划的安排，向发包人提交甲供材料交货的日期计划。发包人应按计划提供。

（3）发包人提供的甲供材料如其规格、数量或质量不符合合同要求，或由于发包人原因发生交货日期延误、交货地点及交货方式变更等情况的，发包人应承担由此增加的费用和（或）工期延误，并向承包人支付合理利润。

（4）发承包双方对甲供材料的数量发生争议不能达成一致的，其数量按照相关工程的计价定额同类项目规定的材料消耗量计算。

（5）若发包人要求承包人采购已在招标文件中确定为甲供材料的，其材料价格由发承包双方根据市场调查确定，并另行签订补充协议。

(三) 承包人提供材料和工程设备

(1) 除合同约定的发包人提供的甲供材料外，合同工程所需的材料和工程设备应由承包人提供，承包人提供的材料和工程设备均由承包人负责采购、运输和保管。承包人应对其采购的材料和工程设备负责。

(2) 承包人应按合同约定将采购材料和工程设备的供货人及品种、规格、数量和供货时间等提交发包人确认，并负责提供材料和工程设备的质量证明文件，满足合同约定的质量标准。

(3) 发包人对承包人提供的材料和工程设备经检测不符合合同约定的质量标准，应立即要求承包人更换，由此增加的费用和(或)工期延误由承包人承担。对发包人要求检测承包人已具有合格证明的材料、工程设备，但经检测证明该项材料、工程设备符合合同约定的质量标准，发包人应承担由此增加的费用和(或)工期延误，并向承包人支付合理利润。

(四) 计价风险

(1) 除合同约定的发包人提供的甲供材料外，合同工程所需的材料和工程设备应由承包人提供，承包人提供的材料和工程设备均由承包人负责采购、运输和保管。承包人应对其采购的材料和工程设备负责。

(2) 承包人应按合同约定将采购材料和工程设备的供货人及品种、规格、数量和供货时间等提交发包人确认，并负责提供材料和工程设备的质量证明文件，满足合同约定的质量标准。

(3) 发包人对承包人提供的材料和工程设备经检测不符合合同约定的质量标准，应立即要求承包人更换，由此增加的费用和(或)工期延误由承包人承担。对发包人要求检测承包人已具有合格证明的材料、工程设备，但经检测证明该项材料、工程设备符合合同约定的质量标准，发包人应承担由此增加的费用和(或)工期延误，并向承包人支付合理利润。

四、工程量清单编制

(一) 一般规定

(1) 招标工程量清单应由具有编制能力的招标人或受其委托，具有相应资质的工程造价咨询人或招标代理人编制。

(2) 招标工程量清单必须作为招标文件的组成部分，其准确性和完整性由招标人负责。

(3) 招标工程量清单是工程量清单计价的基础，应作为编制招标控制价、投标报价、计算或调整工程量、施工索赔等的依据之一。

(4) 招标工程量清单应以单位(项)工程为单位编制，由分部分项工程项目清单、措施项目清单、其他项目清单、规费和税金项目清单组成。

4.1.5 编制招标工程量清单应依据：

(1) 本规范和相关工程的国家计量规范；

(2) 国家或省级、行业建设主管部门颁发的计价定额和办法；

(3) 建设工程设计文件及相关资料；

(4) 与建设工程有关的标准、规范、技术资料；

(5) 拟定的招标文件；

(6) 施工现场情况、地勘水文资料、工程特点及常规施工方案；

(7) 其他相关资料。

(二) 分部分项工程项目

(1) 分部分项工程项目清单必须载明项目编码、项目名称、项目特征、计量单位和工程量。

(2) 分部分项工程项目清单必须根据相关工程现行国家计量规范规定的项目编码、项目名称、项目特征、计量单位和工程量计算规则进行编制。

(三) 措施项目

(1) 措施项目清单必须根据相关工程现行国家计量规范的规定编制。

(2) 措施项目清单应根据拟建工程的实际情况列项。

(四) 其他项目

(五) 其他项目清单应按照下列内容列项：

(1) 暂列金额；

(2) 暂估价：包括材料暂估单价、工程设备暂估单价、专业工程暂估价；

(3) 计日工；

(4) 总承包服务费。

(六) 暂列金额应根据工程特点，按有关计价规定估算。

(七) 暂估价中的材料、工程设备暂估单价应根据工程造价信息或参照市场价格估算，列出明细表；专业工程暂估价应分不同专业，按有关计价规定估算，列出明细表。

(八) 计日工应列出项目名称、计量单位和暂估数量。

(九) 总承包服务费应列出服务项目及其内容等。

(十) 出现本规范第 4.4.1 条未列的项目，应根据工程实际情况补充。

(十一) 规费。

(十二) 规费项目清单应按照下列内容列项：

(1) 社会保险费：包括养老保险费、失业保险费、医疗保险费、工伤保险费、生育保险费；

(2) 住房公积金；

(3) 工程排污费；

4.5.2　出现本规范第 4.5.1 条未列的项目，应根据省级政府或省级有关权力部门的规定列项。

4.6　税金。

(十三) 税金项目清单应包括下列内容：

(1) 营业税；

(2) 城市维护建设税；

(3) 教育费附加；

(4) 地方教育附加。

(十四) 出现本规范 4.6.1 条未列的项目，应根据税务部门的规定列项。

五、招标控制价

（一）一般规定

（1）国有资金投资的建设工程招标，招标人必须编制招标控制价。

（2）招标控制价应由具有编制能力的招标人或受其委托具有相应资质的工程造价咨询人编制和复核。

（3）工程造价咨询人接受招标人委托编制招标控制价，不得再就同一工程接受投标人委托编制投标报价。

（4）招标控制价按照本规范第5.2.1条的规定编制，不应上调或下浮。

（5）招标控制价超过批准的概算时，招标人应将其报原概算审批部门审核。

（6）招标人应在发布招标文件时公布招标控制价，同时应将招标控制价及有关资料报送工程所在地（或有该工程管辖权的行业管理部门）工程造价管理机构备查。

（二）编制与复核

（三）招标控制价应根据下列依据编制与复核：

（1）本规范；

（2）国家或省级、行业建设主管部门颁发的计价定额和计价办法；

（3）建设工程设计文件及相关资料；

（4）拟定的招标文件及招标工程量清单；

（5）与建设项目相关的标准、规范、技术资料；

（6）施工现场情况、工程特点及常规施工方案；

（7）工程造价管理机构发布的工程造价信息；工程造价信息没有发布的，参照市场价；

（8）其他的相关资料。

（四）综合单价中应包括招标文件中划分的应由投标人承担的风险范围及其费用，招标文件中没有明确的，如是工程造价咨询人编制，应提请招标人明确；如是招标人编制，应予明确。

（五）分部分项工程和措施项目中的单价项目，应根据拟定的招标文件和招标工程量清单项目中的特征描述及有关要求确定综合单价计算。

（六）措施项目中的总价项目应根据拟定的招标文件中的措施项目清单按本规范第3.1.4和3.1.5条的规定计价。

（七）其他项目应按下列规定计价：

（1）暂列金额应按招标工程量清单中列出的金额填写；

（2）暂估价中的材料、工程设备单价应按招标工程量清单中列出的单价计入综合单价；

（3）暂估价中的专业工程金额应按招标工程量清单中列出的金额填写；

（4）计日工应按招标工程量清单中列出的项目根据工程特点和有关计价依据确定综合单价计算；

（5）总承包服务费应根据招标工程量清单列出的内容和要求估算；

（八）规费和税金应按本规范第3.1.6条的规定计算。

（九）投诉与处理

（十）投标人经复核认为招标人公布的招标控制价未按照本规范的规定进行编制的，应当在招标控制价公布后5天内向招投标监督机构和工程造价管理机构投诉。

（十一）投诉人投诉时，应当提交书面投诉书，包括以下内容：

（1）投诉人与被投诉人的名称、地址及有效联系方式；

（2）投诉的招标工程名称、具体事项及理由；

（3）投诉依据及有关证明材料；

（4）相关的请求及主张。

投诉书必须由单位盖章和法定代表人或其委托人签名或盖章。

（十二）投诉人不得进行虚假、恶意投诉，阻碍招投标活动的正常进行。

（十三）工程造价管理机构在接到投诉书后应在2个工作日内进行审查，对有下列情况之一的，不予受理：

（1）投诉人不是所投诉招标工程招标文件的收受人；

（2）投诉书提交的时间不符合本规范第5.3.1条规定的；

（3）投诉书不符合本规范第5.3.2条规定的；

（4）投诉事项已进入行政复议或行政诉讼程序的。

（十四）工程造价管理机构应在不迟于结束审查的次日将是否受理投诉的决定书面通知投诉人、被投诉人以及负责该工程招投标监督的招投标管理机构。

（十五）工程造价管理机构受理投诉后，应立即对招标控制价进行复查，组织投诉人、被投诉人或其委托的招标控制价编制人等单位人员对投诉问题逐一核对。有关当事人应当予以配合，并保证所提供资料的真实性。

（十六）工程造价管理机构应当在受理投诉的10天内完成复查（特殊情况下可适当延长），并作出书面结论通知投诉人、被投诉人及负责该工程招投标监督的招投标管理机构。

（十七）当招标控制价复查结论与原公布的招标控制价误差＞±3%的，应当责成招标人改正。

（十八）招标人根据招标控制价复查结论，需要重新公布招标控制价的，其最终公布的时间至招标文件要求提交投标文件截止时间不足15天的，相应延长投标文件的截止时间。

六、投标报价

（一）一般规定

（1）投标价应由投标人或受其委托具有相应资质的工程造价咨询人编制。

（2）除本规范强制性规定外，投标人应依据本规范第6.2.1条的规定自主确定投标报价。

（3）投标报价不得低于工程成本。

（4）投标人必须按招标工程量清单填报价格。项目编码、项目名称、项目特征、计量单位、工程量必须与招标工程量清单一致。

（5）投标人的投标报价高于招标控制价的应予废标。

（二）编制与复核

（三）投标报价应根据下列依据编制和复核：

（1）本规范；

（2）国家或省级、行业建设主管部门颁发的计价办法；

(3) 企业定额,国家或省级、行业建设主管部门颁发的计价定额和计价办法;

(4) 招标文件、招标工程量清单及其补充通知、答疑纪要;

(5) 建设工程设计文件及相关资料;

(6) 施工现场情况、工程特点及投标时拟定的施工组织设计或施工方案;

(7) 与建设项目相关的标准、规范等技术资料;

(8) 市场价格信息或工程造价管理机构发布的工程造价信息;

(9) 其他的相关资料。

(四) 综合单价中应包括招标文件中划分的应由投标人承担的风险范围及其费用,招标文件中没有明确的,应提请招标人明确;

(五) 分部分项工程和措施项目中的单价项目,应依据招标文件及其招标工程量清单项目中的特征描述确定综合单价计算。

(六) 措施项目中的总价项目金额应根据招标文件中的措施项目清单及投标时拟定的施工组织设计或施工方案按本规范第 3.1.4 条的规定自主确定。其中安全文明施工费应按照本规范第 3.1.5 条的规定确定。

(七) 其他项目应按下列规定报价:

(1) 暂列金额应按招标工程量清单中列出的金额填写;

(2) 材料、工程设备暂估价应按招标工程量清单中列出的单价计入综合单价;

(3) 专业工程暂估价应按招标工程量清单中列出的金额填写;

(4) 计日工应按招标工程量清单中列出的项目和数量,自主确定综合单价并计算计日工金额;

(5) 总承包服务费应根据招标工程量清单中列出的内容和提出的要求自主确定;

(八) 规费和税金应按本规范第 3.1.7 条的规定确定。

(九) 招标工程量清单与计价表中列明的所有需要填写单价和合价的项目,投标人均应填写且只允许有一个报价。未填写单价和合价的项目,视为此项费用已包含在已标价工程量清单中其他项目的单价和合价之中。竣工结算时,此项目不得重新组价予以调整。

(十) 投标总价应当与分部分项工程费、措施项目费、其他项目费和规费、税金的合计金额一致。

七、合同价款约定

(一) 一般规定

(1) 实行招标的工程合同价款应在中标通知书发出之日起 30 日内,由发承包双方依据招标文件和中标人的投标文件在书面合同中约定。合同约定不得违背招、投标文件中关于工期、造价、质量等方面的实质性内容。招标文件与中标人投标文件不一致的地方,以投标文件为准。

(2) 不实行招标的工程合同价款,在发承包双方认可的工程价款基础上,由发承包双方在合同中约定。

(3) 实行工程量清单计价的工程,应采用单价合同。建设规模较小,技术难度较低,工期较短,且施工图设计已审查批准的建设工程可以采用总价合同;紧急抢险、救灾以及施工

技术特别复杂的建设

工程可以采用成本加酬金合同。

（二）约定内容

（三）发承包双方应在合同条款中对下列事项进行约定：

（1）预付工程款的数额、支付时间及抵扣方式；

（2）安全文明施工措施的支付计划，使用要求等；

（3）工程计量与支付工程进度款的方式、数额及时间；

（4）工程价款的调整因素、方法、程序、支付及时间；

（5）施工索赔与现场签证的程序、金额确认与支付时间；

（6）承担计价风险的内容、范围以及超出约定内容、范围的调整办法；

（7）工程竣工价款结算编制与核对、支付及时间；

（8）工程质量保证金的数额、扣留方式及时间；

（9）违约责任以及发生工程价款争议的解决方法及时间；

（10）与履行合同、支付价款有关的其他事项等。

（四）合同中没有按照本规范第7.2.1条的要求约定或约定不明的，若发承包双方在合同履行中发生争议由双方协商确定；协商不能达成一致的，按本规范的规定执行。

八、工程计量

（一）一般规定

（1）工程量必须按照相关工程现行国家计量规范规定的工程量计算规则计算。

（2）工程计量可选择按月或按工程形象进度分段计量，具体计量周期在合同中约定。

（3）因承包人原因造成的超出合同工程范围施工或返工的工程量，发包人不予计量。

（4）成本加酬金合同按本规范第8.2节的规定计量。

（二）单价合同的计量

（1）工程量必须以承包人完成合同工程应予计量的按照现行国家计量规范规定的工程量计算规则计算得到的工程量确定。

（2）施工中工程计量时，若发现招标工程量清单中出现缺项、工程量偏差，或因工程变更引起工程量的增减，应按承包人在履行合同义务中完成的工程量计算。

（3）承包人应当按照合同约定的计量周期和时间，向发包人提交当期已完工程量报告。发包人应在收到报告后7天内核实，并将核实计量结果通知承包人。发包人未在约定时间内进行核实的，则承包人提交的计量报告中所列的工程量视为承包人实际完成的工程量。

（4）发包人认为需要进行现场计量核实时，应在计量前24小时通知承包人，承包人应为计量提供便利条件并派人参加。双方均同意核实结果时，则双方应在上述记录上签字确认。承包人收到通知后不派人参加计量，视为认可发包人的计量核实结果。发包人不按照约定时间通知承包人，致使承包人未能派人参加计量，计量核实结果无效。

（5）如承包人认为发包人核实后的计量结果有误，应在收到计量结果通知后的7天内向发包人提出书面意见，并附上其认为正确的计量结果和详细的计算资料。发包人收到书面意见后，应在7天内对承包人的计量结果进行复核后通知承包人。承包人对复核计量结果仍有异议的，按照合同约定的争议解决办法处理。

(6) 承包人完成已标价工程量清单中每个项目的工程量后，发包人应要求承包人派人共同对每个项目的历次计量报表进行汇总，以核实最终结算工程量。发承包双方应在汇总表上签字确认。

(三) 总价合同的计量

(1) 采用工程量清单方式招标形成的总价合同，其工程量应按照本规范第 8.2 节的规定计算。

(2) 采用经审定批准的施工图纸及其预算方式发包形成的总价合同，除按照工程变更规定引起的工程量增减外，总价合同各项目的工程量是承包人用于结算的最终工程量。

(3) 总价合同约定的项目计量应以合同工程经审定批准的施工图纸为依据，发承包双方应在合同中约定工程计量的形象目标或时间节点进行计量。

(4) 承包人应在合同约定的每个计量周期内，对已完成的工程进行计量，并向发包人提交达到工程形象目标完成的工程量和有关计量资料的报告。

(5) 发包人应在收到报告后 7 天内对承包人提交的上述资料进行复核，以确定实际完成的工程量和工程形象目标。对其有异议的，应通知承包人进行共同复核。

九、合同价款调整

(一) 一般规定

(1) 法律法规变化；

(2) 工程变更；

(3) 项目特征描述不符；

(4) 工程量清单缺项；

(5) 工程量偏差；

(6) 计日工；

(7) 现场签证；

(8) 物价变化；

(9) 暂估价；

(10) 不可抗力；

(11) 提前竣工(赶工补偿)；

(12) 误期赔偿；

(13) 施工索赔；

(14) 暂列金额；

(15) 发承包双方约定的其他调整事项。

(二) 出现合同价款调增事项(不含工程量偏差、计日工、现场签证、施工索赔)后的 14 天内，承包人应向发包人提交合同价款调增报告并附上相关资料，若承包人在 14 天内未提交合同价款调增报告的，视为承包人对该事项不存在调整价款请求。

(三) 出现合同价款调减事项(不含工程量偏差、施工索赔)后的 14 天内，发包人应向承包人提交合同价款调减报告并附相关资料，若发包人在 14 天内未提交合同价款调减报告的，视为发包人对该事项不存在调整价款请求。

(四) 发(承)包人应在收到承(发)包人合同价款调增(减)报告及相关资料之日起14天内对其核实,予以确认的应书面通知承(发)包人。如有疑问,应向承(发)包人提出协商意见。发(承)包人在收到合同价款调增(减)报告之日起14天内未确认也未提出协商意见的,视为承(发)包人提交的合同价款调增(减)报告已被发(承)包人认可。发(承)包人提出协商意见的,承(发)包人应在收到协商意见后的14天内对其核实,予以确认的应书面通知发(承)包人。如承(发)包人在收到发(承)包人的协商意见后14天内既不确认也未提出不同意见的,视为发(承)包人提出的意见已被承(发)包人认可。

(五) 如发包人与承包人对合同价款调整的不同意见不能达成一致的,只要不实质影响发承包双方履约的,双方应继续履行合同义务,直到其按照合同约定的争议解决方式得到处理。

(六) 经发承包双方确认调整的合同价款,作为追加(减)合同价款,应与工程进度款或结算款同期支付。

(七) 法律法规变化

(八) 招标工程以投标截止日前28天,非招标工程以合同签订前28天为基准日,其后国家的法律、法规、规章和政策发生变化引起工程造价增减变化的,发承包双方应当按照省级或行业建设主管部门或其授权的工程造价管理机构据此发布的规定调整合同价款。

(九) 因承包人原因导致工期延误,且第9.2.1条规定的调整时间在合同工程原定竣工时间之后,合同价款调增的不予调整,合同价款调减的予以调整。

(十) 工程变更

(十一) 工程变更引起已标价工程量清单项目或其工程数量发生变化,应按照下列规定调整:

(1) 已标价工程量清单中有适用于变更工程项目的,采用该项目的单价;但当工程变更导致该清单项目的工程数量发生变化,且工程量偏差超过15%,此时,该项目单价应按照本规范第9.6.2条的规定调整。

(2) 已标价工程量清单中没有适用、但有类似于变更工程项目的,可在合理范围内参照类似项目的单价;

(3) 已标价工程量清单中没有适用也没有类似于变更工程项目的,由承包人根据变更工程资料、计量规则和计价办法、工程造价管理机构发布的信息价格和承包人报价浮动率提出变更工程项目的单价,报发包人确认后调整。承包人报价浮动率可按下列公式计算:

招标工程:承包人报价浮动率 $L=(1-中标价/招标控制价)\times 100\%$;非招标工程:承包人报价浮动率 $L=(1-报价值/施工图预算)\times 100\%$

(4) 已标价工程量清单中没有适用也没有类似于变更工程项目,且工程造价管理机构发布的信息价格缺价的,由承包人根据变更工程资料、计量规则、计价办法和通过市场调查等取得有合法依据的市场价格提出变更工程项目的单价,报发包人确认后调整。

(十二) 工程变更引起施工方案改变,并使措施项目发生变化的,承包人提出调整措施项目费的,应事先将拟实施的方案提交发包人确认,并详细说明与原方案措施项目相比的变化情况。拟实施的方案经发承包双方确认后执行。并应按照下列规定调整措施项目费:

(1) 安全文明施工费按照实际发生变化的措施项目依据本规范第3.1.5条的规定

计算。

(2) 采用单价计算的措施项目费，按照实际发生变化的措施项目按本规范第 9.3.1 条的规定确定单价。

(3) 按总价(或系数)计算的措施项目费，按照实际发生变化的措施项目调整，但应考虑承包人报价浮动因素，即调整金额按照实际调整金额乘以本规范第 9.3.1 条规定的承包人报价浮动率计算。如果承包人未事先将拟实施(十三)如果工程变更项目出现承包人在工程量清单中填报的综合单价与发包人招标控制价相应清单项目的综合单价偏差超过 15%，则工程变更项目的综合单价可由发承包双方调整。

(十四) 如果发包人提出的工程变更，因非承包人原因删减了合同中的某项原定工作或工程，致使承包人发生的费用或(和)得到的收益不能被包括在其他已支付或应支付的项目中，也未被包含在任何替代的工作或工程中，则承包人有权提出并得到合理的费用及利润补偿。

(十五) 项目特征描述不符。

(十六) 发包人在招标工程量清单中对项目特征的描述，应被认为是准确的和全面的，并且与实际施工要求相符合。承包人应按照发包人提供的招标工程量清单，根据其项目特征描述的内容及有关要求实施合同工程，直到其被改变为止。

(十七) 承包人应按照发包人提供的设计图纸实施合同工程，若在合同履行期间，出现设计图纸(含设计变更)与招标工程量清单任一项目的特征描述不符，且该变化引起该项目的工程造价增减变化的，应按照实际施工的项目特征按本规范第 9.3 节相关条款的规定重新确定相应工程量清单项目的综合单价，调整合同价款。

(十八) 工程量清单缺项。

(十九) 合同履行期间，由于招标工程量清单中缺项，新增分部分项工程清单项目的，应按照本规范第 9.3.1 条规定确定单价，调整合同价款。

(二十) 按本规范第 9.5.1 条规定，新增分部分项工程清单项目后，引起措施项目发生变化的，应按照本规范第 9.3.2 条的规定，在承包人提交的实施方案被发包人批准后，调整合同价款。

(二十一) 由于招标工程量清单中措施项目缺项，承包人应将新增措施项目实施方案提交发包人批准后，按照本规范第 9.3.1、9.3.2 条的规定调整合同价款。

(二十二) 工程量偏差

(二十三) 合同履行期间，若应予计算的实际工程量与招标工程量清单出现偏差，且符合本规范第 9.6.2、9.6.3 条规定的，发承包双方应调整合同价款。出现本规范第 9.3.3 条情形的，应先按照其规定调整，再按照本规范第 9.6.2、(二十四)条规定调整。

(二十五) 对于任一招标工程量清单项目，如果因本条规定的工程量偏差和第 9.3 条规定的工程变更等原因导致工程量偏差超过 15%，调整的原则为：当工程量增加 15%以上时，其增加部分的工程量的综合单价应予调低；当工程量减少 15%以上时，减少后剩余部分的工程量的综合单价应予调高。

(二十六) 如果工程量出现本规范第 9.6.2 条的变化，且该变化引起相关措施项目相应发生变化，如按系数或单一总价方式计价的，工程量增加的措施项目费调增，工程量减少的措施项目费调减。

(二十七) 计日工。

(二十八) 发包人通知承包人以计日工方式实施的零星工作,承包人应予执行。

(二十九) 采用计日工计价的任何一项变更工作,承包人应在该项变更的实施过程中,按合同约定提交以下报表和有关凭证送发包人复核:

(1) 工作名称、内容和数量;

(2) 投入该工作所有人员的姓名、工种、级别和耗用工时;

(3) 投入该工作的材料名称、类别和数量;

(4) 投入该工作的施工设备型号、台数和耗用台时;

(5) 发包人要求提交的其他资料和凭证。

(三十) 任一计日工项目持续进行时,承包人应在该项工作实施结束后的24小时内,向发包人提交有计日工记录汇总的现场签证报告一式三份。发包人在收到承包人提交现场签证报告后的2天内予以确认并将其中一份返还给承包人,作为计日工计价和支付的依据。发包人逾期未确认也未提出修改意见的,视为承包人提交的现场签证报告已被发包人认可。

(三十一) 任一计日工项目实施结束。承包人应按照确认的计日工现场签证报告核实该类项目的工程数量,并根据核实的工程数量和承包人已标价工程量清单中的计日工单价计算,提出应付价款;已标价工程量清单中没有该类计日工单价的,由发承包双方按本规范第9.3节的规定商定计日工单价计算。

(三十二) 每个支付期末,承包人应按照本规范第10.3节的规定向发包人提交本期间所有计日工记录的签证汇总表,以说明本期间自己认为有权得到的计日工金额,调整合同价款,列入进度款支付。

(三十三) 现场签证。

(三十四) 承包人应发包人要求完成合同以外的零星项目、非承包人责任事件等工作的,发包人应及时以书面形式向承包人发出指令,提供所需的相关资料;承包人在收到指令后,应及时向发包人提出现场签证要求。

(三十五) 承包人应在收到发包人指令后的7天内,向发包人提交现场签证报告,发包人应在收到现场签证报告后的48小时内对报告内容进行核实,予以确认或提出修改意见。发包人在收到承包人现场签证报告后的48小时内未确认也未提出修改意见的,视为承包人提交的现场签证报告已被发包人认可。

(三十六) 现场签证的工作如已有相应的计日工单价,则现场签证中应列明完成该类项目所需的人工、材料、工程设备和施工机械台班的数量。如现场签证的工作没有相应的计日工单价,应在现场签证报告中列明完成该签证工作所需的人工、材料设备和施工机械台班的数量及其单价。

(三十七) 合同工程发生现场签证事项,未经发包人签证确认,承包人便擅自施工的,除非征得发包人书面同意,否则发生的费用由承包人承担。

(三十八) 现场签证工作完成后的7天内,承包人应按照现场签证内容计算价款,报送发包人确认后,作为增加合同价款,与进度款同期支付。

(三十九) 承包人在施工过程中,若发现合同工程内容因场地条件、地质水文、发包人要求等不一致时,应提供所需的相关资料,提交发包人签证认可,作为合同价款调整的依据。

（四十）物价变化。

（四十一）合同履行期间，因人工、材料、工程设备、机械台班价格波动影响合同价款时应根据合同约定的本规范附录A的方法之一调整合同价款。

（四十二）承包人采购材料和工程设备的，应在合同中约定主要材料、工程设备价格变化的范围或幅度，如没有约定，则材料、工程设备单价变化超过5%，超过部分的价格应按照价格指数调整法或造价信息差额调整法（具体方法见附录A）计算调整材料、工程设备费。

（四十三）执行本规范第9.9.1条规定时，发生合同工程工期延误的，应按照下列规定确定合同履行期用于调整的价格：

(1) 因发包人原因导致工期延误的，则计划进度日期后续工程的价格，采用计划进度日期与实际进度日期两者的较高者；

(2) 因承包人原因导致工期延误的，则计划进度日期后续工程的价格，采用计划进度日期与实际进度日期两者的较低者。

（四十四）发包人供应材料和工程设备的，不适用本规范第9.9.1、9.9.2条规定，由发包人按照实际变化调整，列入合同工程的工程造价内。

（四十五）暂估价。

（四十六）发包人在招标工程量清单中给定暂估价的材料、工程设备属于依法必须招标的，由发承包双方以招标的方式选择供应商。确定其价格并以此为依据取代暂估价，调整合同价款。

（四十七）发包人在招标工程量清单中给定暂估价的材料和工程设备不属于依法必须招标的，由承包人按照合同约定采购，经发包人确认后以此为依据取代暂估价，调整合同价款。

（四十八）发包人在工程量清单中给定暂估价的专业工程不属于依法必须招标的，应按照本规范第9.3节相应条款的规定确定专业工程价款。并以此为依据取代专业工程暂估价，调整合同价款。

（四十九）发包人在招标工程量清单中给定暂估价的专业工程，依法必须招标的，应当由发承包双方依法组织招标选择专业分包人，并接受有管辖权的建设工程招标投标管理机构的监督。

(1) 除合同另有约定外，承包人不参加投标的专业工程发包招标，应由承包人作为招标人，但拟定的招标文件、评标工作、评标结果应报送发包人批准。与组织招标工作有关的费用应当被认为已经包括在承包人的签约合同价（投标总报价）中。

(2) 承包人参加投标的专业工程发包招标，应由发包人作为招标人，与组织招标工作有关的费用由发包人承担。同等条件下，应优先选择承包人中标。

(3) 以专业工程发包中标价为依据取代专业工程暂估价，调整合同价款。

（五十）不可抗力。

（五十一）因不可抗力事件导致的人员伤亡、财产损失及其费用增加，发承包双方应按以下原则分别承担并调整合同价款和工期。

(1) 合同工程本身的损害、因工程损害导致第三方人员伤亡和财产损失以及运至施工场地用于施工的材料和待安装的设备的损害，由发包人承担；

(2) 发包人、承包人人员伤亡由其所在单位负责,并承担相应费用;

(3) 承包人的施工机械设备损坏及停工损失,由承包人承担;

(4) 停工期间,承包人应发包人要求留在施工场地的必要的管理人员及保卫人员的费用由发包人承担;

(5) 工程所需清理、修复费用,由发包人承担。

(五十一) 不可抗力解除后复工的,若不能按期竣工,应合理延长工期,发包人要求赶工的,赶工费用由发包人承担。

(五十二) 因不可抗力解除合同的,按本规范第12.0.2条规定办理。

(五十三) 提前竣工(赶工补偿)

(五十四) 招标人应当依据相关工程的工期定额合理计算工期,压缩的工期天数不得超过定额工期的20%,超过者,应在招标文件中明示增加赶工费用。

(五十五) 发包人要求合同工程提前竣工,应征得承包人同意后与承包人商定采取加快工程进度的措施,并修订合同工程进度计划。发包人应承担承包人由此增加的提前竣工(赶工补偿)费。

(五十六) 发承包双方应在合同中约定提前竣工每日历天应补偿额度,此项费用作为增加合同价款,列入竣工结算文件中,与结算款一并支付。

(五十七) 误期赔偿。

(五十六) 如果承包人未按照合同约定施工,导致实际进度迟于计划进度的,承包人应加快进度,实现合同工期。合同工程发生误期,承包人应赔偿发包人由此造成的损失,并按照合同约定向发包人支付误期赔偿费。即使承包人支付误期赔偿费,也不能免除承包人按照合同约定应承担的任何责任和应履行的任何义务。

(五十八) 发承包双方应在合同中约定误期赔偿费,明确每日历天应赔额度。误期赔偿费列入竣工结算文件中,在结算款中扣除。

(五十九) 如果在工程竣工之前,合同工程内的某单项(位)工程已通过了竣工验收,且该单项(位)工程接收证书中表明的竣工日期并未延误,而是合同工程的其他部分产生了工期延误,则误期赔偿费应按照已颁发工程接收证书的单项(位)工程造价占合同价款的比例幅度予以扣减。

(六十) 索赔。

(六十一) 合同一方向另一方提出索赔时,应有正当的索赔理由和有效证据,并应符合合同的相关约定。

(六十二) 根据合同约定,承包人认为非承包人原因发生的事件造成了承包人的损失,应按以下程序向

发包人提出索赔:

(1) 承包人应在知道或应当知道索赔事件发生后28天内,向发包人提交索赔意向通知书,说明发生索赔事件的事由。承包人逾期未发出索赔意向通知书的,丧失索赔的权利;

(2) 承包人应在发出索赔意向通知书后28天内,向发包人正式提交索赔通知书。索赔通知书应详细说明索赔理由和要求,并附必要的记录和证明材料;

(3) 索赔事件具有连续影响的,承包人应继续提交延续索赔通知,说明连续影响的实际情况和记录;

(4) 在索赔事件影响结束后的28天内,承包人应向发包人提交最终索赔通知书,说明最终索赔要求,并附必要的记录和证明材料。

(六十三) 承包人索赔应按下列程序处理:

(1) 发包人收到承包人的索赔通知书后,应及时查验承包人的记录和证明材料;

(2) 发包人应在收到索赔通知书或有关索赔的进一步证明材料后的28天内,将索赔处理结果答复承包人,如果发包人逾期未作出答复,视为承包人索赔要求已被发包人认可;

(3) 承包人接受索赔处理结果的,索赔款项作为增加合同价款,在当期进度款中进行支付;承包人不接受索赔处理结果的,按合同约定的争议解决方式办理。

(六十四) 承包人要求赔偿时,可以选择以下一项或几项方式获得赔偿:

(1) 延长工期;

(2) 要求发包人支付实际发生的额外费用;

(3) 要求发包人支付合理的预期利润;

(4) 要求发包人按合同的约定支付违约金。

(六十五) 若承包人的费用索赔与工期索赔要求相关联时,发包人在作出费用索赔的批准决定时,应结合工程延期,综合作出费用赔偿和工程延期的决定。

(六十六) 发承包双方在按合同约定办理了竣工结算后,应被认为承包人已无权再提出竣工结算前所发生的任何索赔。承包人在提交的最终结清申请中,只限于提出竣工结算后的索赔,提出索赔的期限自发承包双方最终结清时终止。

(六十七) 根据合同约定,发包人认为由于承包人的原因造成发包人的损失,应参照承包人索赔的程序进行索赔。

(六十八) 发包人要求赔偿时,可以选择以下一项或几项方式获得赔偿:

(1) 延长质量缺陷修复期限;

(2) 要求承包人支付实际发生的额外费用;

(3) 要求承包人按合同的约定支付违约金。

(六十九) 承包人应付给发包人的索赔金额可从拟支付给承包人的合同价款中扣除,或由承包人以其他方式支付给发包人。

(七十) 暂列金额

(七十一) 已签约合同价中的暂列金额由发包人掌握使用。

(七十二) 发包人按照本规范第9.1～9.14节的规定所作支付后,暂列金额余额(如有)归发包人所有。

十、合同价款期中支付

(一) 预付款

(1) 承包人对预付款必须专用于合同工程。

(2) 包工包料工程的预付款的支付比例不得低于签约合同价(扣除暂列金额)的10%,不宜高于签约合同价(扣除暂列金额)的30%。

(3) 承包人应在签订合同或向发包人提供与预付款等额的预付款保函(如有)后向发包人提交预付款支付申请。

(4) 发包人应在收到支付申请的7天内进行核实后向承包人发出预付款支付证书,并在签发支付证书后的7天内向承包人支付预付款。

(5) 发包人没有按合同约定按时支付预付款的，承包人可催告发包人支付；发包人在预付款期满后的7天内仍未支付的，承包人可在付款期满后的第8天起暂停施工。发包人应承担由此增加的费用和(或)延误的工期，并向承包人支付合理利润。

(6) 预付款应从每一个支付期应支付给承包人的工程进度款中扣回，直到扣回的金额达到合同约定的预付款金额为止。

(7) 承包人的预付款保函(如有)的担保金额根据预付款扣回的数额相应递减，但在预付款全部扣回之前一直保持有效。发包人应在预付款扣完后的14天内将预付款保函退还给承包人。

(二) 安全文明施工费

(1) 安全文明施工费包括的内容和范围，应以国家现行计量规范以及工程所在地省级建设行政主管部门的规定为准。

(2) 发包人应在工程开工后的28天内预付不低于当年施工进度计划的安全文明施工费总额的60%，其余部分按照提前安排的原则进行分解，与进度款同期支付。

(3) 发包人没有按时支付安全文明施工费的，承包人可催告发包人支付；发包人在付款期满后的7天内仍未支付的，若发生安全事故，发包人应承担连带责任。

(4) 承包人对安全文明施工费应专款专用，在财务账目中单独列项备查，不得挪作他用，否则发包人有权要求其限期改正；逾期未改正的，造成的损失和(或)延误的工期由承包人承担。

(三) 进度款

(1) 发承包双方应按照合同约定的时间、程序和方法，根据工程计量结果，办理期中价款结算，支付进度款。

(2) 进度款支付周期，应与合同约定的工程计量周期一致。

(3) 已标价工程量清单中的单价项目，承包人应按工程计量确认的工程量与综合单价计算，如综合单价发生调整的，以发承包双方确认调整的综合单价计算进度款。10.3.4已标价工程量清单中的总价项目，承包人应按合同中约定的进度款支付分解，分别列入进度款支付申请中的安全文明施工费和本周期应支付的总价项目的金额中。

(4) 发包人提供的甲供材料金额，应按照发包人签约提供的单价和数量从进度款支付中扣出，列入本周期应扣减的金额中。

(5) 承包人现场签证和得到发包人确认的索赔金额列入本周期应增加的金额中。

(6) 进度款的支付比例按照合同约定，按期中结算价款总额计，不低于60%，不高于90%。

(7) 承包人应在每个计量周期到期后的7天内向发包人提交已完工程进度款支付申请一式四份，详细说明此周期认。

(8) 为有权得到的款额，包括分包人已完工程的价款。

支付申请的内容包括：

① 累计已完成的合同价款；

② 累计已实际支付的合同价款；

③ 本周期合计完成的合同价款；

a. 本周期已完成单价项目的金额；

b. 本周期应支付的总价项目的金额；

c. 本周期已完成的计日工价款；

d. 本周期应支付的安全文明施工费；

e. 本周期应增加的金额；

④ 本周期合计应扣减的金额；

a. 本周期应扣回的预付款；

b. 本周期应扣减的金额；

⑤ 本周期实际应支付的合同价款。

（三）发包人应在收到承包人进度款支付申请后的14天内根据计量结果和合同约定对申请内容予以核实，确认后向承包人出具进度款支付证书。若发承包双方对有的清单项目的计量结果出现争议，发包人应对无争议部分的工程计量结果向承包人出具进度款支付证书。

（四）发包人应在签发进度款支付证书后的14天内，按照支付证书列明的金额向承包人支付进度款。

（五）若发包人逾期未签发进度款支付证书，则视为承包人提交的进度款支付申请已被发包人认可，承包人可向发包人发出催告付款的通知。发包人应在收到通知后的14天内，按照承包人支付申请的金额向承包人支付进度款。

（六）发包人未按照本规范第10.3.9～10.3.11条规定支付进度款的，承包人可催告发包人支付，并有权获得延迟支付的利息；发包人在付款期满后的7天内仍未支付的，承包人可在付款期满后的第8天起暂停施工。发包人应承担由此增加的费用和（或）延误的工期，向承包人支付合理利润，并承担违约责任。

（七）发现已签发的任何支付证书有错、漏或重复的数额，发包人有权予以修正，承包人也有权提出修正申请。经发承包双方复核同意修正的，应在本次到期的进度款中支付或扣除。

十一、竣工结算与支付

（一）一般规定。

（二）工程完工后，发承包双方必须在合同约定时间内办理工程竣工结算。

（三）工程竣工结算由承包人或受其委托具有相应资质的工程造价咨询人编制，由发包人或受其委托具有相应资质的工程造价咨询人核对。

（四）发承包双方或一方对工程造价咨询人出具的竣工结算文件有异议时，可向工程造价管理机构投诉，申请对其进行执业质量鉴定。

（五）工程造价管理机构对投诉的竣工结算文件进行质量鉴定，参照本规范第14章的相关规定进行。

（六）竣工结算办理完毕，发包人应将竣工结算文件报送工程所在地（或有该工程管辖权的行业管理部门）工程造价管理机构备案，竣工结算文件作为工程竣工验收备案、交付使用的必备文件。

（1）本规范；

（2）工程合同；

（3）发承包双方实施过程中已确认的工程量及其结算的合同价款；

(4) 发承包双方实施过程中已确认调整后追加(减)的合同价款;

(5) 建设工程设计文件及相关资料;

(6) 投标文件;

(7) 其他依据。

(七) 分部分项工程和措施项目中的单价项目应依据双方确认的工程量与已标价工程量清单的综合单价计算;如发生调整的,以发承包双方确认调整的综合单价计算。

(八) 措施项目中的总价项目应依据合同约定的项目和金额计算;如发生调整的,以发承包双方确认调整的金额计算,其中安全文明施工费应按本规范第3.1.5条的规定计算。

(九) 其他项目应按下列规定计价:

(1) 计日工应按发包人实际签证确认的事项计算;

(2) 暂估价应按本规范第9.10节规定计算;

(3) 总承包服务费应依据合同约定金额计算,如发生调整的,以发承包双方确认调整的金额计算;

(4) 施工索赔费用应依据发承包双方确认的索赔事项和金额计算;

(5) 现场签证费用应依据发承包双方签证资料确认的金额计算;

(6) 暂列金额应减去工程价款调整(包括索赔、现场签证)金额计算,如有余额归发包人。

(十) 规费和税金应按本规范第3.1.6条的规定计算。规费中的工程排污费应按工程所在地环境保护部门规定标准缴纳后按实列入。

(十一) 发承包双方在合同工程实施过程中已经确认的工程计量结果和合同价款,在竣工结算办理中应直接进入结算。

(十二) 竣工结算。

(十三) 合同工程完工后,承包人应在经发承包双方确认的合同工程期中价款结算的基础上汇总编制完成竣工结算文件,并在提交竣工验收申请的同时向发包人提交竣工结算文件。承包人未在合同约定的时间内提交竣工结算文件,经发包人催告后14天内仍未提交或没有明确答复,发包人有权根据已有资料编制竣工结算文件,作为办理竣工结算和支付结算款的依据,承包人应予以认可。

(十四) 发包人应在收到承包人提交的竣工结算文件后的28天内核对。发包人经核实,认为承包人还应进一步补充资料和修改结算文件,应在上述时限内向承包人提出核实意见,承包人在收到核实意见后的28天内按照发包人提出的合理要求补充资料,修改竣工结算文件,并再次提交给发包人复核后批准。

(十五) 发包人应在收到承包人再次提交的竣工结算文件后的28天内予以复核,并将复核结果通知承包人。

(1) 发包人、承包人对复核结果无异议的,应在7天内在竣工结算文件上签字确认,竣工结算办理完毕;

(2) 发包人或承包人对复核结果认为有误的,无异议部分按照本条第1款规定办理不完全竣工结算;有异议部分由发承包双方协商解决,协商不成的,按照合同约定的争议解决方式处理。

(十六) 发包人在收到承包人竣工结算文件后的28天内,不核对竣工结算或未提出核对意见的，视为承包人提交的竣工结算文件已被发包人认可，竣工结算办理完毕。

（十七）承包人在收到发包人提出的核实意见后的28天内，不确认也未提出异议的，视为发包人提出的核实意见已被承包人认可，竣工结算办理完毕。

（十八）发包人委托工程造价咨询人核对竣工结算的，工程造价咨询人应在28天内核对完毕，核对结论与承包人竣工结算文件不一致的，应提交给承包人复核，承包人应在14天内将同意核对结论或不同意见的说明提交工程造价咨询人。工程造价咨询人收到承包人提出的异议后，应再次复核，复核无异议的，按本规范第11.3.3条1款规定办理，复核后仍有异议的，按本规范第11.3.3条2款规定办理。承包人逾期未提出书面异议，视为工程造价咨询人核对的竣工结算文件已经承包人认可。

（十九）对发包人或发包人委托的工程造价咨询人指派的专业人员与承包人指派的专业人员经核对后无异议并签名确认的竣工结算文件，除非发承包人能提出具体、详细的不同意见，发承包人都应在竣工结算文件上签名确认，如其中一方拒不签认的，按以下规定办理：

(1) 若发包人拒不签认的，承包人可不提供竣工验收备案资料，并有权拒绝与发包人或其上级部门委托的工程造价咨询人重新核对竣工结算文件。

(2) 若承包人拒不签认的，发包人要求办理竣工验收备案的，承包人不得拒绝提供竣工验收资料，否则，由此造成的损失，承包人承担连带责任。

（二十）合同工程竣工结算核对完成，发承包双方签字确认后，禁止发包人又要求承包人与另一个或多个工程造价咨询人重复核对竣工结算。

（二十一）发包人以对工程质量有异议，拒绝办理工程竣工结算的，已竣工验收或已竣工未验收但实际投入使用的工程，其质量争议按该工程保修合同执行，竣工结算按合同约定办理；已竣工未验收且未实际投入使用的工程以及停工、停建工程的质量争议，双方应就有争议的部分委托有资质的检测鉴定机构进行检测，根据检测结果确定解决方案，或按工程质量监督机构的处理决定执行后办理竣工结算，无争议部分的竣工结算按合同约定办理。

（二十二）结算款支付。

（二十三）承包人应根据办理的竣工结算文件，向发包人提交竣工结算款支付申请。该申请应包括下列内容：

(1) 竣工结算合同价款总额；

(2) 累计已实际支付的合同价款；

(3) 应扣留的质量保证金；

(4) 实际应支付的竣工结算款金额。

（二十四）发包人应在收到承包人提交竣工结算款支付申请后7天内予以核实，向承包人签发竣工结算支付证书。

（二十五）发包人签发竣工结算支付证书后的14天内，按照竣工结算支付证书列明的金额向承包人支付结算款。

（二十六）发包人在收到承包人提交的竣工结算款支付申请后7天内不予核实，不向承包人签发竣工结算支付证书的，视为承包人的竣工结算款支付申请已被发包人认可；发包人应在收到承包人提交的竣工结算款支付申请7天后的14天内，按照承包人提交的竣工结算款支付申请列明的金额向承包人支付结算款。

（二十七）发包人未按照本规范第11.4.3、11.4.4条规定支付竣工结算款的，承包人可催告发包人支付，并有权获得延迟支付的利息。发包人在竣工结算支付证书签发后或者在收到承包人提交的竣工结算款支付申请7天后的56天内仍未支付的，除法律另有规定外，承包人可与发包人协商将该工程折价，也可直接向人民法院申请将该工程依法拍卖。承包人就该工程折价或拍卖的价款优先受偿。

（二十八）质量保证金。

（二十九）发包人应按照合同约定的质量保证金比例从结算款中扣留质量保证金。

（三十）承包人未按照合同约定履行属于自身责任的工程缺陷修复义务的，发包人有权从质量保证金中扣留用于缺陷修复的各项支出。若经查验，工程缺陷属于发包人原因造成的，应由发包人承担查验和缺陷修复的费用。

（三十一）在合同约定的缺陷责任期终止后的14天内，发包人应将剩余的质量保证金返还给承包人。剩余质量保证金的返还，并不能免除承包人按照合同约定应承担的质量保修责任和应履行的质量保修义务。

（三十二）最终结清。

（三十三）缺陷责任期终止后，承包人应按照合同约定向发包人提交最终结清支付申请。发包人对最终结清支付申请有异议的，有权要求承包人进行修正和提供补充资料。承包人修正后，应再次向发包人提交修正后的最终结清支付申请。

（三十四）发包人应在收到最终结清支付申请后的14天内予以核实，向承包人签发最终结清支付证书。

（三十五）发包人应在签发最终结清支付证书后的14天内，按照最终结清支付证书列明的金额向承包人支付最终结清款。

（三十六）若发包人未在约定的时间内核实，又未提出具体意见的，视为承包人提交的最终结清支付申请已被发包人认可。

（三十七）发包人未按期最终结清支付的，承包人可催告发包人支付，并有权获得延迟支付的利息。

（三十八）最终结清时，如果承包人被扣留的质量保证金不足以抵减发包人工程缺陷修复费用的，承包人应承担不足部分的补偿责任。

（三十九）承包人对发包人支付的最终结清款有异议的，按照合同约定的争议解决方式处理。

十二、合同解除的价款结算与支付

（一）发承包双方协商一致解除合同的，按照达成的协议办理结算和支付合同价款。

（二）由于不可抗力解除合同的，发包人应向承包人支付合同解除之日前已完成工程但尚未支付的合同价款。此外，发包人还应支付下列金额：

(1) 本规范第9.11.1条规定的应由发包人承担的费用；

(2) 已实施或部分实施的措施项目应付价款；

(3) 承包人为合同工程合理订购且已交付的材料和工程设备货款。发包人一经支付此项货款，该材料和工程设备即成为发包人的财产；

(4) 承包人撤离现场所需的合理费用，包括员工遣送费和临时工程拆除、施工设备运离现场的费用。

(5) 承包人为完成合同工程而预期开支的任何合理费用，且该项费用未包括在本款其他各项支付之内；发承包双方办理结算合同价款时，应扣除合同解除之日前发包人应向承包人收回的价款。当发包人应扣除的金额超过了应支付的金额，则承包人应在合同解除后的56天内将其差额退还给发包人。

(三) 因承包人违约解除合同的，发包人应暂停向承包人支付任何价款。发包人应在合同解除后28天内核实合同解除时承包人已完成的全部合同价款以及按施工进度计划已运至现场的材料和工程设备货款，按合同约定核算承包人应支付的违约金以及造成损失的索赔金额，并将结果通知承包人。发承包双方应在28天内予以确认或提出意见，并办理结算合同价款。如果发包人应扣除的金额超过了应支付的金额，则承包人应在合同解除后的56天内将其差额退还给发包人。发承包双方不能就解除合同后的结算达成一致的，按照合同约定的争议解决方式处理。

(四) 因发包人违约解除合同的，发包人除应按照本规范第12.0.2条规定向承包人支付各项价款外，按合同约定核算发包人应支付的违约金以及给承包人造成损失或损害的索赔金额费用。该笔费用由承包人提出，发包人核实后与承包人协商确定后的7天内向承包人签发支付证书。协商不能达成一致的，按照合同约定的争议解决方式处理。

十三、合同价款争议的解决

(一) 监理或造价工程师暂定

(1) 若发包人和承包人之间就工程质量、进度、价款支付与扣除、工期延期、索赔、价款调整等发生任何法律上、经济上或技术上的争议，首先应根据已签约合同的规定，提交合同约定职责范围内的总监理工程师或造价工程师解决，并抄送另一方。总监理工程师或造价工程师在收到此提交件后14天内应将暂定结果通知发包人和承包人。发承包双方对暂定结果认可的，应以书面形式予以确认，暂定结果成为最终决定。

(2) 发承包双方在收到总监理工程师或造价工程师的暂定结果通知之后的14天内，未对暂定结果予以确认也未提出不同意见的，视为发承包双方已认可该暂定结果。

(3) 发承包双方或一方不同意暂定结果的，应以书面形式向总监理工程师或造价工程师提出，说明自己认为正确的结果，同时抄送另一方，此时该暂定结果成为争议。在暂定结果不实质影响发承包双方当事人履约的前提下，发承包双方应实施该结果，直到其按照发承包双方认可的争议解决办法被改变为止。

(二) 管理机构的解释或认定

(1) 合同价款争议发生后，发承包双方可就工程计价依据的争议以书面形式提请工程造价管理机构对争议以书面文件进行解释或认定。

(2) 工程造价管理机构应在收到申请的10个工作日内就发承包双方提请的争议问题进行解释或认定。

(3) 发承包双方或一方在收到工程造价管理机构书面解释或认定后仍可按照合同约定的争议解决方式提请仲裁或诉讼。除工程造价管理机构的上级管理部门作出了不同的解释或认定，或在仲裁裁决或法院判决中不予采信的外，第13.2.2条规定的工程造价管理机构作出的书面解释或认定是最终结果，对发承包双方均有约束力。

（三）协商和解

（1）合同价款争议发生后，发承包双方任何时候都可以进行协商。协商达成一致的，双方应签订书面和解协议，和解协议对发承包双方均有约束力。

（2）如果协商不能达成一致协议，发包人或承包人都可以按合同约定的其他方式解决争议。

（四）调解

（1）发承包双方应在合同中约定或在合同签订后共同约定争议调解人，负责双方在合同履行过程中发生争议的调解。

（2）合同履行期间，发承包双方可以协议调换或终止任何调解人，但发包人或承包人都不能单独采取行动。除非双方另有协议，在最终结清支付证书生效后，调解人的任期即终止。

（3）如果发承包双方发生了争议，任何一方可以将该争议以书面形式提交调解人，并将副本抄送另一方，委托调解人调解。

（4）发承包双方应按照调解人提出的要求，给调解人提供所需要的资料、现场进入权及相应设施。调解人应被视为不是在进行仲裁人的工作。

（5）调解人应在收到调解委托后28天内，或由调解人建议并经发承包双方认可的其他期限内，提出调解书，发承包双方接受调解书的，经双方签字后作为合同的补充文件，对发承包双方具有约束力，双方都应立即遵照执行。

（6）如果发承包任一方对调解人的调解书有异议，应在收到调解书后28天内，向另一方发出异议通知，并说明争议的事项和理由。但除非并直到调解书在协商和解或仲裁裁决、诉讼判决中作出修改，或合同已经解除，承包人应继续按照合同实施工程。

（7）如果调解人已就争议事项向发承包双方提交了调解书，而任一方在收到调解书后28天内，均未发出表示异议的通知，则调解书对发承包双方均具有约束力。

（五）仲裁、诉讼。

（1）如果发承包双方的协商和解或调解均未达成一致意见，其中的一方已就此争议事项根据合同约定的仲裁协议申请仲裁，应同时通知另一方。

（2）仲裁可在竣工之前或之后进行，但发包人、承包人、调解人各自的义务不得因在工程实施期间进行仲裁而有所改变。如果仲裁是在仲裁机构要求停止施工的情况下进行，承包人应对合同工程采取保护措施，由此增加的费用由败诉方承担。

（3）在本规范第13.1～13.4节规定的期限之内，上述有关的暂定或和解协议或调解书已经有约束力的情况下，如果发承包中一方未能遵守暂定或和解协议或调解书，则另一方可在不损害他可能具有的任何其他权利的情况下，将未能遵守暂定或不执行和解协议或调解书达成的事项提交仲裁。

（4）发包人、承包人在履行合同时发生争议，双方不愿和解、调解或者和解、调解不成，又没有达成仲裁协议的，可依法向人民法院提起诉讼。

十四、工程造价鉴定

（一）一般规定

（1）在工程合同价款纠纷案件处理中，需做工程造价司法鉴定的，应委托具有相应资质的工程造价咨询人进行。

（2）工程造价咨询人接受委托，提供工程造价司法鉴定服务，除应符合本规范的规定外，应按仲裁、诉讼程序和要求进行，并符合国家关于司法鉴定的规定。

(3) 工程造价咨询人进行工程造价司法鉴定，应指派专业对口、经验丰富的注册造价工程师承担鉴定工作。

(4) 工程造价咨询人应在收到工程造价司法鉴定资料后10天内，根据自身专业能力和证据资料，判断能否胜任该项委托，如不能，应辞去该项委托。禁止工程造价咨询人在鉴定期满后以上述理由不作出鉴定结论，影响案件处理。

(5) 接受工程造价司法鉴定委托的工程造价咨询人或造价工程师如是鉴定项目一方当事人的近亲属或代理人、咨询人以及其他关系可能影响鉴定公正的，应当自行回避；未自行回避，鉴定项目委托人以该理由要求其回避的，必须回避。

(6) 工程造价咨询人应当依法出庭接受鉴定项目当事人对工程造价司法鉴定意见书的质询。如确因特殊原因无法出庭的，经审理该鉴定项目的仲裁机关或人民法院准许，可以书面答复当事人的质询。

(二) 取证

(1) 工程造价咨询人进行工程造价鉴定工作，应自行收集以下(但不限于)鉴定资料。

1) 适用于鉴定项目的法律、法规、规章、规范性文件以及规范、标准、定额；

2) 鉴定项目同时期同类型工程的技术经济指标及其各类要素价格等。

(2) 工程造价咨询人收集鉴定项目的鉴定依据时，应向鉴定项目委托人提出具体书面要求，其内容包括：

1) 与鉴定项目相关的合同、协议及其附件；

2) 相应的施工图纸等技术经济文件；

3) 施工过程中施工组织、质量、工期和造价等工程资料；

4) 存在争议的事实及各方当事人的理由；

5) 其他有关资料。

(3) 工程造价咨询人在鉴定过程中要求鉴定项目当事人对缺陷资料进行补充的，应征得鉴定项目委托人同意；或者协调鉴定项目各方当事人共同签认。

(4) 根据鉴定工作需要现场勘验的，工程造价咨询人应提请鉴定项目委托人组织各方当事人对被鉴定项目所及的实物标的进行现场勘验。

(5) 勘验现场应制作勘验记录、笔录或勘验图表，记录勘验的时间、地点、勘验人、在场人、勘验经过、结果，由勘验人、在场人签名或者盖章确认。对于绘制的现场图应注明绘制的时间、测绘人姓名、身份等内容。必要时应采取拍照或摄像取证，留下影像资料。

(6) 鉴定项目当事人未对现场勘验图表或勘验笔录等签字确认的，工程造价咨询人应提请鉴定项目委托人决定处理意见，并在鉴定意见书中作出表述。

(三) 鉴定

(1) 工程造价咨询人在鉴定项目合同有效的情况下应根据合同约定进行鉴定，不得任意改变双方合法的合意。

(2) 工程造价咨询人在鉴定项目合同无效或合同条款约定不明确的情况下应根据法律法规、相关国家标准和本规范的规定，选择相应专业工程的计价依据和方法进行鉴定。

(3) 工程造价咨询人出具正式鉴定意见书之前，可报请鉴定项目委托人向鉴定项目各方当事人发出鉴定意见书征求意见稿，并指明应书面答复的期限及其不答复的相应法律责任。

（4）工程造价咨询人收到鉴定项目各方当事人对鉴定意见书征求意见稿的书面复函后，应对不同意见认真复核，修改完善后再出具正式鉴定意见书。

（5）工程造价咨询人出具的工程造价鉴定书应包括以下内容：

1）鉴定项目委托人名称、委托鉴定的内容；

2）委托鉴定的证据材料；

3）鉴定的依据及使用的专业技术手段；

4）对鉴定过程的说明；

5）明确的鉴定结论；

6）其他需说明的事宜；

7）工程造价咨询人盖章及注册造价工程师签名盖执业专用章。

（6）工程造价咨询人应在委托鉴定项目的鉴定期限内完成鉴定工作，如确因特殊原因不能在原定期限内完成鉴定工作时，应按照相应法规提前向鉴定项目委托人申请延长鉴定期限，并在此期限内完成鉴定工作。经鉴定项目委托人同意等待鉴定项目当事人提交、补充证据，质证所用的时间不应计入鉴定期限。

（7）对于已经出具的正式鉴定意见书中有部分缺陷的鉴定结论，工程造价咨询人应通过补充鉴定作出补充结论。

十五、工程计价资料与档案

（一）计价资料

（1）发承包双方应当在合同中约定各自在合同工程中现场管理人员的职责范围，双方现场管理人员在职责范围内签字确认的书面文件是工程计价的有效凭证，但如有其他有效证据或经实证证明其是虚假的除外。

（2）发承包双方不论在何种场合对与工程计价有关的事项所给予的批准、证明、同意、指令、商定、确定、确认、通知和请求，或表示同意、否定、提出要求和意见等，均应采用书面形式，口头指令不得作为计价凭证。

（3）任何书面文件送达时，应由对方签收，通过邮寄应采用挂号、特快专递传送，或以发承包双方商定的电子传输方式发送，交付、传送或传输至指定的接收人的地址。如接收人通知了另外地址时，随后通信信息应按新地址发送。

（4）发承包双方分别向对方发出的任何书面文件，均应将其抄送现场管理人员，如系复印件应加盖合同工程管理机构印章，证明与原件相同。双方现场管理人员向对方所发任何书面文件，也应将其复印件发送给发承包双方，复印件应加盖合同工程管理机构印章，证明与原件相同。

（5）发承包双方均应当及时签收另一方送达其指定接收地点的来往信函，拒不签收的，送达信函的一方可以采用特快专递或者公证方式送达，所造成的费用增加（包括被迫采用特殊送达方式所发生的费用）和延误的工期由拒绝签收一方承担。

（6）书面文件和通知不得扣压，一方能够提供证据证明另一方拒绝签收或已送达的，应视为对方已签收并应承担相应责任。

(二) 计价档案

(1) 发承包双方以及工程造价咨询人对具有保存价值的各种载体的计价文件,均应收集齐全,整理立卷后归档。

(2) 发承包双方和工程造价咨询人应建立完善的工程计价档案管理制度,并应符合国家和有关部门发布的档案管理相关规定。

(3) 工程造价咨询人归档的计价文件,保存期不宜少于五年。

(4) 归档的工程计价成果文件应包括纸质原件和电子文件,其他归档文件及依据可为纸质原件、复印件或电子文件。

(5) 归档文件应经过分类整理,并应组成符合要求的案卷。

(6) 归档可以分阶段进行,也可以在项目竣工结算完成后进行。

(7) 向接受单位移交档案时,应编制移交清单,双方应签字、盖章后方可交接。

十六、工程计价表格

(1) 工程计价表宜采用统一格式。各省、自治区、直辖市建设行政主管部门和行业建设主管部门可根据本地区、本行业的实际情况,在本规范附录 B～附录 K 计价表格的基础上补充完善。

(2) 工程计价表格的设置应满足工程计价的需要,方便使用。

(3) 工程量清单的编制应符合下列规定:

1) 工程量清单编制使用表格包括:封-1、扉-1、表-01、08、11、12(不含表—12-6～8)、13、20、21 或 22。

2) 扉页应按规定的内容填写、签字、盖章,造价员编制的工程量清单应有负责审核的造价工程师签字、盖章。受委托编制的工程量清单,应有造价工程师签字、盖章以及招标代理人或工程造价咨询人盖章。

3) 总说明应按下列内容填写

① 工程概况:建设规模、工程特征、计划工期、施工现场实际情况、自然地理条件、环境保护要求等。

② 工程招标和专业工程发包范围。

③ 工程量清单编制依据。

④ 工程质量、材料、施工等的特殊要求。

⑤ 其他需要说明的问题。

(4) 招标控制价、投标报价、竣工结算的编制应符合下列规定

1) 使用表格

① 招标控制价使用表格包括:封-2、扉-2、表-01、02、03、04、08、09、11、12(不含表—12-6～8)、13、20、21 或 22。

② 投标报价使用的表格包括:封-3、扉-3、表-01、02、03、04、08、09、11、12(不含表—12-6～8)、13、16、招标文件提供的表 20、21 或 22。

③ 竣工结算使用的表格包括:封-4、扉-4、表-01、05、06、07、08、09、10、11、12、13、14、15、16、17、18、19、20、21 或 22。

2) 扉页应按规定的内容填写、签字、盖章,除承包人自行编制的投标报价和竣工结算

外，受委托编制的招标控制价、投标报价、竣工结算若为造价员编制的应有负责审核的造价工程师签字、盖章以及工程造价咨询人盖章。

3）总说明应按下列内容填写：

① 工程概况：建设规模、工程特征、计划工期、合同工期、实际工期、施工现场及变化情况、施工组织设计的特点、自然地理条件、环境保护要求等。

② 编制依据等。

（5）工程造价鉴定应符合下列规定：

1）工程造价鉴定使用表格包括：封-5、扉-5、表-01、05～20、21或22。

2）扉页应按规定内容填写、签字、盖章，应有承担鉴定和负责审核的注册造价工程师签字、盖执业专用章。

3）说明应按本规范第14.3.5条1～6项的规定填写。

（6）投标人应按招标文件的要求，附工程量清单综合单价分析表。

【案例分析2-4-1】 根据图2-4-1所示和条件计算现浇独立基础分部分项工程量清单。已知J-1有4个，J-2有12个，J-3有5个，J-4有2个。

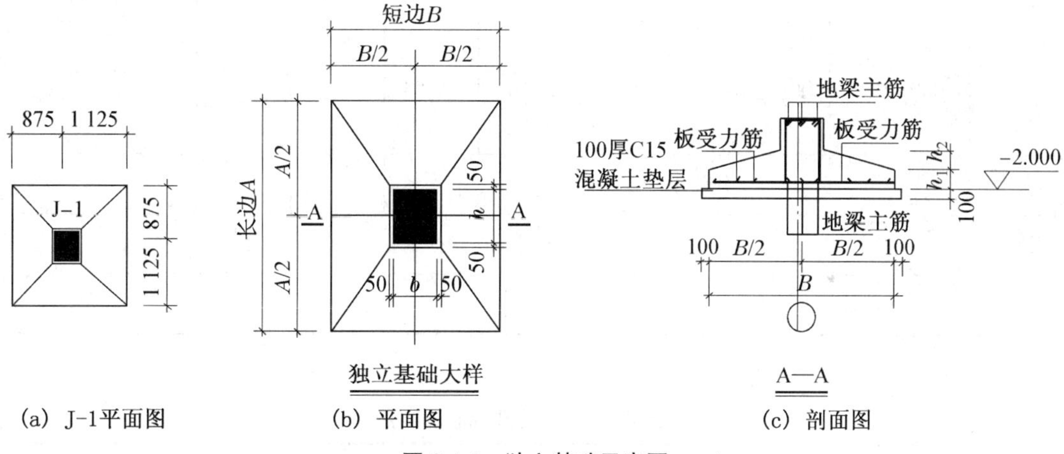

(a) J-1平面图 (b) 平面图 (c) 剖面图

图2-4-1 独立基础示意图

【解】（1）独立基础清单工程量（招标人根据图纸计算）

公式：独立基础体积$V=ABh_1+\frac{1}{6}h\times2[AB+a_1b_1+(A+a_1)(B+b_1)]$

由图中得知，J-1：$A=B=2$（m），$h_1=0.3$（m），$h_2=0.2$（m）

$b_1=0.4+0.050\times2(m)=0.5$（m）

$a_1=0.5+0.050\times2(m)=0.6$（m）

故$V_{-1}=\left\{2\times2\times0.3+\frac{1}{6}\times0.2\times[2\times2+0.5\times0.6+(2+0.5)(2+0.6)]\right\}\times4(m^3)$

$=6.24(m^3)$

J-2：$A=B=2.3$（m），$h_1=h_2=0.3$（m），$a_1=0.6$（m），$b_1=0.5$（m）

$V_{-2}=\left\{2.3\times2.3\times0.3+\frac{1}{6}\times0.3\times[2.3\times2.3+0.5\times0.6+(2.3+0.5)(2.3+0.6)]\right\}\times12(m^3)$

$=27.24(m^3)$

J-3：$A=B=2.8(m), h_1=0.4(m), h_2=0.3(m), a_1=b_1=0.6(m)$

$$V_{-3}=\left\{2.8\times2.8\times0.4+\frac{1}{6}\times0.3[2.8\times2.8+0.6\times0.6+(2.8+0.6)^2]\right\}\times5(m^3)$$

$=20.62(m^3)$

J-4：$A=B=1.9(m), h_1=0.3(m), h_2=0.2(m), a_1=b_1=0.5(m)$

$$V_{-4}=\left\{1.9\times1.9\times0.3+\frac{1}{6}\times0.2[1.9\times1.9+0.5\times0.5+(1.9+0.5)^2]\right\}\times2(m^3)$$

$=2.8(m^3)$

故 $\sum V_{独基}=V_1+V_2+V_3+V_4=56.94(m^3)$

表 2-4-1　分部分项工程量清单与计价表

工程名称：公用工程楼

序号	项目编码	项目名称	项目特征描述	计量单位	工程量	金额(元)		
						综合单价	合价	其中：暂估价
1	010501003001	独立基础	强度等级：混凝土 C25/40/32.5	m^3	56.94			
		分部小计						
本页小计								
合 计								

表 2-4-2　基础配筋表

基础编号	短边 B/mm	长边 A/mm	板受力筋	板受力筋 b	h_1/mm	h_2/mm
J-1	2 000	2 000	Φ12@150	Φ12@150	300	200
J-2	2 300	2 300	Φ12@150	Φ12@150	300	300
J-3	2 800	2 800	Φ14@150	Φ14@150	400	300
J-4	1 900	1 900	Φ12@150	Φ12@150	300	200

行动领域 5　建筑工程工程量清单计价表格(2013 版)及应用

一、建筑工程工程量清单计价表格

(一) 工程计价文件封面

1. 招标工程量清单封面

____________________工程

招标工程量清单

招　标　人：____________________
（单位盖章）

造价咨询人：____________________
（单位盖章）

年　　月　日

2. 招标控制价封面

________________工程

招标控制价

招　标　人：________________

（单位盖章）

造价咨询人：________________

（单位盖章）

年　　月　　日

3. 投标造价封面

__________________工程

投标总价

投　标　人：__________________

（单位盖章）

年　　月　　日

4. 竣工结算书封面

____________________工程

竣工结算书

发　包　人：____________________

（单位盖章）

承　包　人：____________________

（单位盖章）

造价咨询人：____________________

（单位盖章）

年　　月　　日

5. 工程造价鉴定意见书封面

______________工程

编号：×××[2×××]××号

工程造价鉴定意见书

造价咨询人：______________

（单位盖章）

年　　月　　日

（二）工程计价文件扉页

1. 招标工程量清单扉页

________________工程

招标工程量清单

招　标　人：__________	造价咨询人：__________
（单位盖章）	（单位资质专用盖章）
法定代表人	法定代表人
或者授权人：__________	或者授权人：__________
（签字或盖章）	（签字或盖章）
编　制　人：__________	复　核　人：__________
（造价人员签字盖章专用章）	（造价工程师签字盖章专用章）

编制时间：　　年　　月　　日　　　　复核时间：　　年　　月　　日

2. 招标控制价扉页

____________________工程

招标控制价

招标控制价(小写)：____________________

(大写)：____________________

招 标 人：______________　　造价咨询人：______________

(单位盖章)　　(单位资质专用章)

法定代表人　　法定代表人

或其授权人：__________　　或其授权人：__________

(签字或盖章)　　(签字或盖章)

编 制 人：______________　　复 核 人：______________

(造价人员签字盖专用章)　　(造价工程师签字盖专用章)

编制时间：　　年　　月　　日　　复核时间：　　年　　月　　日

3. 投标总价扉页

投标总价

招 标 人：______________________________

工 程 名 称：____________________________

投标总价(小写)：__________________________

(大写)：__________________

投 标 人：______________________________

(单位盖章)

法定代表人或其授权人：____________________

(签字或盖章)

编 制 人：______________________________

(造价人员签字盖专用章)

编制时间：　　　年　　月　　日

4. 竣工结算总价扉页

______________工程

竣工结算总价

签约合同价(小写)：______________(大写)：______________

竣工结算价(小写)：______________(大写)：______________

发 包 人：__________ 承 包 人：__________ 造价咨询人：__________
(单位盖章)　　(单位盖章)　　(单位盖章)

法定代表人　　法定代表人　　法定代表人
或其授权人：__________ 或其授权人：__________ 或其授权人：__________
(签字或盖章)　　(签字或盖章)　　(签字或盖章)

编 制 人：______________ 核 对 人：______________
(造价人员签字盖章专用章)　　(造价工程师签字盖章专用章)

编制时间：　　年　　月　　日　　核对时间：　　年　　月　　日

5. 工程造价鉴定意见书扉页

__________________工程

工程造价鉴定意见书

鉴定结论：

造价咨询人：______________________________________

（盖单位章及资质专用章）

法定代表人：______________________________________

（签字盖专用章）

造价工程师：______________________________________

（签字盖专用章）

年　　月　　日

（三）工程造价总说明

工程量清单总　说　明

工程名称：　　　　　　　　　　　　　　　　　　　　　第　页　　共　页

1. 工程概况

2. 工程招标范围

3. 工程量清单编制依据

4. 其他需要说明的问题

(四) 工程造价汇总表

1. 建设项目招标控制价/投标报价汇总表

工程名称： 第 页 共 页

序号	单项工程名称	金额(元)	其余:(元)		
			暂估价	安全文明施工	规费
合价					

注:本表适用于建设项目招标控制价或投标报价的汇总。

2. 单项工程招标控制价/投标报价汇总表

工程名称： 第 页 共 页

序号	单项工程名称	金 额(元)	其余:(元)		
			暂估价	安全文明施工	规费
合计					

注:本表适用于建设项目招标控制价或投标报价的汇总,暂估价包括分部分项工程中的暂估价和专业工程暂估价。

3. 单项工程招标控制价/投标报价汇总表

工程名称：　　标段：　　　　　　　　　　　　　　　　第　页 共　页

序号	汇总内容	金额(元)	其中,暂估价(元)
1	分部分项工程		
1.1			
1.2			
1.3			
1.4			
1.5			
2	措施项目		
2.1	其中,安全文明施工费		
3	其他项目		
3.1	其中,暂列金额		
3.2	其中,专业工程暂估价		
3.3	其中,计日工		
3.4	其中,总承包服务费		
4	规费		
5	税金		
招标控制价合计=1+2+3+4+5			

4. 法防建设项目竣工结算汇总表

工程名称：　　　　　　　　　　　　　　　　　　　　第　页 共　页

序号	单项工程名称	金额(元)	其余:(元)		
			暂估价	安全文明施工	规费
合价					

5. 单项工程竣工结算汇总表

工程名称：　　　　　　　　　　　　　　　　　　　　第　页共　页

序号	单项工程名称	金额（元）	其余：（元）		
			暂估价	安全文明施工	规费
合价					

6. 单位工程竣工结算汇总表

工程名称：　　　　　　　　标段：　　　　　　　　　第　页共　页

序号	汇总内容	金额（元）
1	分部分项工程	
1.1		
1.2		
1.3		
1.4		
1.5		
2	措施项目	
2.1	其中,安全文明施工费	
3	其他项目	
3.1	其中,暂列金额	
3.2	其中,专业工程暂估价	
3.3	其中,计日工	
3.4	其中,总承包服务费	
4	规费	
5	税金	
竣工结算总价合计＝1＋2＋3＋4＋5		

（五）分部分项工程和措施项目计价表

1. 分部分项工程和单价措施项目清单与计价表

工程名称：　　　　　　　　　　标段：　　　　　　　　　　第　　页 共　　页

<table>
<tr><td rowspan="2">序号</td><td rowspan="2">项目编码</td><td rowspan="2">项目名称</td><td rowspan="2">项目特征描述</td><td rowspan="2">计量单位</td><td rowspan="2">工程量</td><td colspan="3">金额(元)</td></tr>
<tr><td>综合单价</td><td>合价</td><td>其中暂估价</td></tr>
<tr><td></td><td></td><td></td><td></td><td></td><td></td><td></td><td></td><td></td></tr>
<tr><td colspan="7">本页小计</td><td></td><td></td></tr>
<tr><td colspan="7">合计</td><td></td><td></td></tr>
</table>

2. 综合单价分析表

工程名称：　　　　　　　　　　标段：　　　　　　　　　　第　　页 共　　页

<table>
<tr><td colspan="2">项目编码</td><td colspan="2"></td><td colspan="2">项目名称</td><td colspan="2"></td><td colspan="2">计量单位</td><td colspan="2">工程量</td></tr>
<tr><td colspan="12">清单综合单价组成明细</td></tr>
<tr><td rowspan="2">定额编号</td><td rowspan="2">定额项目名称</td><td rowspan="2">定额单位</td><td rowspan="2">数量</td><td colspan="4">单价</td><td colspan="4">合计</td></tr>
<tr><td>人工费</td><td>材料费</td><td>机械费</td><td>管理费和利润</td><td>人工费</td><td>材料费</td><td>机械费</td><td>管理费和利润</td></tr>
<tr><td></td><td></td><td></td><td></td><td></td><td></td><td></td><td></td><td></td><td></td><td></td><td></td></tr>
<tr><td colspan="2">人工单价</td><td colspan="6">小计</td><td></td><td></td><td></td><td></td></tr>
<tr><td colspan="2">元/工日</td><td colspan="6">未计价材料费</td><td colspan="4"></td></tr>
<tr><td colspan="8">清单项目综合单价</td><td colspan="4"></td></tr>
<tr><td colspan="2" rowspan="4">材料费明细</td><td colspan="4">主要材料名称、规格、型号</td><td>单位</td><td>数量</td><td>单价</td><td>合价</td><td>暂估价</td><td>暂估合价</td></tr>
<tr><td colspan="4"></td><td></td><td></td><td></td><td></td><td></td><td></td></tr>
<tr><td colspan="6">其他材料费</td><td>—</td><td></td><td>—</td><td></td></tr>
<tr><td colspan="6">材料费小计</td><td>—</td><td></td><td>—</td><td></td></tr>
</table>

3. 综合单价调整表

工程名称：　　　　　　　　　　　　　　标段：　　　　　　　　　　　　第　页　共　页

序号	项目编码	项目名称	已标价清单综合单价(元)	已标价清单综合单价(元) 其中				调整后综合单价(元)	调整后综合单价(元) 其中		
			综合单价	人工费	材料费	机械费	管理费和利润	综合单价	人工费	材料费	机械费	管理费和利润

造价工程师(签章)：　　　　　　　　　　　　造价人员(签章)：

发包人代表(签章)：　　　　　　　　　　　　承包人代表(签章)：

日期：　　　　　　　　　　　　　　　　　　日期：

4. 总价措施项目清单与计价表

工程名称：　　　　　　　　　　　　　　标段：　　　　　　　　　　　　第　页　共　页

序号	项目编码	项目名称	计算基础	费率	金额	调整费率	调整后金额	备注
		安全文明施工费						
		夜间施工增加费						
		二次搬运费						
		冬雨季施工增加费						
		已完工及设备保护费						
		合计						

编制人(造价人员)：　　　　　　　　　　　　复核人(造价工程师)：

(六) 其他项目计价表

1. 其他项目清单与计价汇总表

工程名称：　　　　　　　　　　　　　　标段：　　　　　　　　　　　　第　页　共　页

序号	项目名称	金额(元)	结算金额(元)	备注
1	暂列金额			明细详见表－12－1
2	暂估价			
2.1	材料(工程设备)暂估价/结算价			明细详见表－12－2

(续表)

序号	项目名称	金额(元)	结算金额(元)	备注
2.2	专业工程暂估价/结算价			明细详见表—12-3
3	计日工			明细详见表—12-4
4	总承包服务费			明细详见表—12-5
5	索赔与现场签证			明细详见表—12-6
合计				

2. 暂列金额明细表

工程名称：　　　　标段：　　　　第　页　共　页

序号	项目名称	计量单位	暂定金额(元)	备注
1				
2				
3				
4				
5				
6				
7				
8				
9				
10				
合计				

3. 材料(工程设备)暂估单价及调整表

工程名称：　　　　标段：　　　　第　页　共　页

序号	材料(工程设备)名称、规格、型号	计量单位	数量		暂估(元)		确认(元)		差额(元)		备注
			暂估	确认	单价	合价	单价	合价	单价	合价	
合计											

4. 专业工程暂估价及预算价表

工程名称：　　　　　　　　　　　　标段：　　　　　　　　　　　第　页　共　页

序号	工程名称	工程内容	暂估金额(元)	结算金额(元)	差额(元)	备注
合　计						

5. 计日工表

工程名称：　　　　　　　　　　　　标段：　　　　　　　　　　　第　页　共　页

编号	项目名称	单位	暂定数量	实际数量	综合单价(元)	合价(元)	
						暂定	实际
一	人工						
1							
2							
3							
4							
人工小计							
二	材料						
1							
2							
3							
4							
5							
6							
材料小计							
三	施工机械						
1							
2							

（续表）

编号	项目名称	单位	暂定数量	实际数量	综合单价(元)	合价(元)	
						暂定	实际
3							
4							
施工机械小计							
四、企业管理费和利润							
总　计							

6. 总承包服务费计价表

工程名称：　　　　　　　　　　　　　　　标段：　　　　　　　　　　　　第　页　　共　页

序号	项目名称	项目价值(元)	服务内容	计算基础	费率(%)	金额(元)
1	发包人发包专业工程					
2	发包人提供材料					
合　计						

7. 索赔与现场签证计价汇总表

工程名称：　　　　　　　　　　　　　　　标段：　　　　　　　　　　　　第　页　　共　页

序号	签证及索赔项目名称	计量单位	数量	单价(元)	合价(元)	索赔及签证依据
本页小计						—
合计					—	

8. 费用索赔申请(核准)表

工程名称：　　　　　　　　　　　　　　　　标段：　　　　　　　　　　　第　页　　共　页

<table>
<tr><td colspan="2">致：________________________________(发包人全称)
根据施工合同条款________条的约定，由于________原因，我方要求索赔金额(大写)________(小写)________，请予核准。
附：1. 费用索赔的详细理由和依据
2. 索赔金额的计算
3. 证明材料

承包人(章)
造价人员________________　　承包人代表________________　　日　期________________</td></tr>
<tr><td>复核意见：
根据施工合同条款________条的约定，你方提出的费用索赔申请经复核：
□ 不同意此项索赔，具体意见见附件。
□ 同意此项索赔，索赔金额的计算，由造价工程师复核。

监理工程师____________
日　　期____________</td><td>复核意见：
根据施工合同条款________条的约定，你方提出的费用索赔申请经复核，索赔金额为(大写)________(小写)________。

造价工程师____________
日　　期____________</td></tr>
<tr><td colspan="2">审核意见：
□ 不同意此项签证。
□ 同意此项签证，与本期进度款同期支付。

发包人(章)
发包人代表____________
日　　期____________</td></tr>
</table>

9. 现场签证表

工程名称：　　　　　　　　　　　　　标段：　　　　　　　　　　第　页　共　页

致：________________________（发包人全称）

根据______（指令人姓名）　年　月　日的口头指令或你方______（或监理人）　年　月　日的书面通知，我方要求完成此项工作应支付价款金额为（大写）______（小写）______。请予核准。

附：1. 签证事由及原因

2. 附图及计算式

承包人（章）

造价人员________　　承包人代表________　　日　期________

复核意见： 你方提出的此项签证申请经复核 ☐ 不同意此项签证，具体意见见附件。 ☐ 同意此项签证，签证金额的计算，由造价工程师复核。 监理工程师________ 日　　期________	复核意见： ☐ 此项签证按承包人中标的计日工单价计算，金额为（大写）______（小写）______。 ☐ 此项签证因无计日工单价，金额为（大写）______（小写）______。 造价工程师________ 日　　期________

审核意见：

☐ 不同意此项签证。

☐ 同意此项签证，与本期进度款同期支付。

发包人（章）

发包人代表________

日　　期________

(七) 规费、税金项目计价表

工程名称：　　　　　　　　　　　　　标段：　　　　　　　　　　　　第　页　共　页

序号	项目名称	计算基础	计算费率	金额(元)
1	规费	定额人工费		
1.1	社会保险费	定额人工费		
(1)	养老保险费	定额人工费		
(2)	失业保险费	定额人工费		
(3)	医疗保险费	定额人工费		
(4)	工伤保险费	定额人工费		
(5)	生育保险费	定额人工费		
1.2	住房公积金	定额人工费		
1.3	工程排污费	按工程所在地环境保护部门收取标准，按实计入。		
2	税金	分部分项工程费＋措施项目费＋其他项目费＋规费－按规定不计税的工程设备金额。		
合　计				

(八) 工程计量申请(核准)表

工程名称：　　　　　　　　　　　　　标段：　　　　　　　　　　　　第　页　共　页

序号	项目编码	项目名称	计量单位	承包人申报数量	发包人核实数量	发承包人确认数量	备注

承包人代表：　　　　监理工程师：　　　　造价工程师：　　　　发包人代表：

日期：　　　　　　　日期：　　　　　　　日期：　　　　　　　日期：

(九) 合同价款支付申请(核准)表

1. 预付款支付申请(核准)表

工程名称：　　　　　　　　　　　　标段：　　　　　　　　　　　　编号：

致：____(发包人全称)

我方根据施工合同的约定，现申请支付工程预付款额为(大写)________(小写)________，请予核准。

序号	名称	申请金额(元)	复核金额(元)	备注
1	已签约合同价款金额			
2	其中：安全文明施工费			
3	应支付的预付款			
4	应支付的安全文明施工费			
8	合计应支付的预付款			

承包人(章)

造价人员________________　承包人员________________　日　期________________

复核意见：

☐ 与合同约定不相符，修改意见见附件。

☐ 与合同约定相符，具体金额由造价工程师复核。

监理工程师：____________

日　　期：____________

复核意见：

你方提出的支付申请经复核，应支付预付款金额为(大写)________(小写)________。

造价工程师：____________

日　　期：____________

审核意见：

☐ 不同意

☐ 同意，支付时间为本表签发后的 15 天内。

发包人(章)

发包人代表____________

日　　期____________

2. 总价项目进度款支付分解表

工程名称：　　　　　　　　　　　　　　标段：　　　　　　　　　　　　　　单位:元

序号	项目名称	总价金额	首次支付	二次支付	三次支付	四次支付	五次支付
	安全文明施工费						
	夜间施工增加费						
	二次搬运费						
	社会保险费						
	住房公积金						
	合计						

编制人(造价人员)：　　　　　　　　　　　　　　　　　复核人(造价工程师)：

3. 进度支付申请(核准)表

工程名称：　　　　　　　　　　　　　　标段：　　　　　　　　　　　　　　编号：

致：____(发包人全称)

我方于______至______期间已完成了____________工作,根据施工合同的约定,现申请支付本周期的合同款额为(大写)______(小写)______,请予核准。

序号	名称	实际金额	申请金额	复核金额	备注
1	累计已完成的合同价款				
2	累计已实际支付的合同价款				
3	本周期合计完成的合同价款				
3.1	本周期已完成单价项目的金额				
3.2	本周期应支付的总价项目的金额				
3.3	本周期已完成的计日工价款				
3.4	本周期应支付的安全文明施工费				
3.5	本周期应增加的合同价款				
4	本周期合计应扣减的金额				
4.1	本周期应抵扣的预付款				
4.2	本周期应扣减的金额				
5	本周期应支付的合同价款				

附:上述3、4详见附件清单。

承包人(章)

造价人员__________　　　承包人代表__________　　　日　　期__________

（续表）

<table>
<tr><td>复核意见：
□ 与实际施工情况不相符，修改意见见附件。
□ 与实际施工情况相符，具体金额由造价工程师复核。

监理工程师________
日　　期________</td><td>复核意见：
你方提出的支付申请经复核，本周期已完成合同款额为（大写）________（小写）________。本周期应支付金额为（大写）________（小写）________。

造价工程师________
日　　期________</td></tr>
<tr><td colspan="2">审核意见：
□ 不同意
□ 同意，支付时间为本表签发后的15天内。

发包人（章）
发包人代表________
日　　期________</td></tr>
</table>

4. 竣工结算款支付申请（核准）表

工程名称：　　　　　　　　　　　　　标段：　　　　　　　　　　　　　编号：

致：________________________________（发包人全称）

我方于________至________期间已完成了合同约定的工作，根据施工合同的约定，现申请支付竣工结算合同款额为（大写）________（小写）________，请予核准。

序号	名称	申请金额	复核金额	备注
1	竣工结算合同价款总额			
2	累计已实际支付的合同价款			
3	应预留的质量保证金			
4	应支付的竣工结算款金额			

承包人（章）

造价人员____________　　承包人代表____________　　日　　期____________

(续表)

<table>
<tr><td>复核意见：
□ 与实际施工情况不相符，修改意见见附件。
□ 与实际施工情况相符，具体金额由造价工程师复核。

监理工程师________
日　　期________</td><td>复核意见：
你方提出的竣工结算款支付申请经复核，竣工结算款总额为(大写)________(小写)________。扣除前期支付以及质量保证金后应支付金额为(大写)________(小写)________。

造价工程师________
日　　期________</td></tr>
<tr><td colspan="2">审核意见：
□ 不同意
□ 同意，支付时间为本表签发后的15天内。

发包人(章)
发包人代表________
日　　期________</td></tr>
</table>

5. 最终结清支付申请(核准)表

工程名称：　　　　　　　　　　　　标段：　　　　　　　　　　　　编号：

致：________________________(发包人全称)

我方于________至________期间已完成了缺陷修复工作，根据施工合同的约定，现申请支付最终结清合同款额为(大写)________(小写)________，请予核准。

序号	名　称	申请金额(元)	复核金额(元)	备注
1	已预留的质量保证金			
2	应增加因发包人原因造成缺陷的修复金额			
3	应扣减承包人不修复缺陷，发包人组织修复的金额			
4	最终应支付的合同价款			

上述3、4详见附件清单

承包人(章)

造价人员________　　承包人代表________　　日　　期________

(续表)

<table>
<tr><td>复核意见：
□ 与实际施工情况不相符，修改意见见附件。
□ 与实际施工情况相符，具体金额由造价工程师复核。

监理工程师________
日　　期________</td><td>复核意见：
你方提出的支付申请经复核，最终应支付金额为（大写）______（小写）______。

造价工程师________
日　　期________</td></tr>
<tr><td colspan="2">审核意见：
□ 不同意
□ 同意，支付时间为本表签发后的15天内。

发包人（章）
发包人代表________
日　　期________</td></tr>
</table>

(十) 主要材料、工程设备一览表

1. 发包人提供材料和工程设备一览表

工程名称：　　　　　　　　　　　　标段：　　　　　　　　　　第　页　共　页

序号	材料	（工程设备）名称、规格、型号	单位	数量	单价（元）	交货方式	送达地点	备注

2. 承包人提供主要材料和工程设备一览表

工程名称：　　　　　　　　　　　　　　　　标段：　　　　　　　　　　　　第　页　共　页

序号	名称、规格、型号	单位	数量	风险系数（%）	基准单价（元）	投标单价（元）	发承包人确认单价（元）	备注

3. 承包人提供主要材料和工程设备一览表

工程名称：　　　　　　　　　　　　　　　　标段：　　　　　　　　　　　　第　页　共　页

序号	名称、规格、型号	变值权重 B	基本价格指数 F_0	现行价格指数 F_t	备注
定值权重 A					
合计		1			

二、工程量清单计价应用案例

1.【案例分析 2-5-1】 根据图所示尺寸编制人工挖基坑分部分项工程量清单。（已知：室外自然地坪标高为－0.2 m）

【解】 招标人计算清单工程量：

$V_{基坑}=A\times B\times H$　　　$h_{深度}=2.1-0.2=1.9$ m

$V_1=2.2^2\times1.9\times4=36.78$ (m³)

$V_2=2.5^2\times1.9\times12=142.5$ (m³)

$V_3=3^2\times1.9\times5=85.5$ (m³)

$V_4=2.1^2\times1.9\times2=16.76$ (m³)

$\sum V_{基坑}=281.54$ (m³)

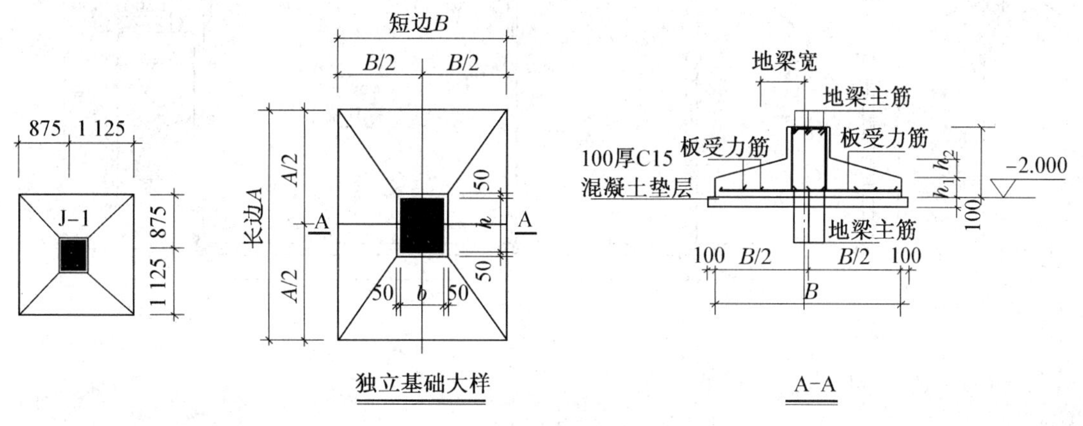

图 2-5-1

表 2-5-1　基础配筋表

基础编号	短边 B(mm)	长边 A(mm)	板受力筋	板受力筋 b	h_1	h_2
J-1	2 000	2 000	Φ12@150	Φ12@150	300	200
J-2	2 300	2 300	Φ12@150	Φ12@150	300	300
J-3	2 800	2 800	Φ14@150	Φ14@150	400	300
J-4	1 900	1 900	Φ12@150	Φ12@150	300	200

表 2-5-2　分部分项工程和措施项目计价表

工程名称：公用工程楼

序号	项目编码	项目名称	项目特征描述	计量单位	工程量	金额(元)		
						综合单价	合价	其中：暂估价
1	010101004001	挖基坑土方	1. 土壤类别(三类土)： 2. 基础类型：独立基础 3. 挖土深度：1.9 m； 4. 弃土运距 20 m 内内	m³	281.54			
		分部小计						
本页小计								
合　计								

【案例分析 2-5-2】 根据图 2-5-2 编制混凝土散水、混凝土斜坡分部分项工程量清单(散水600 mm宽,斜坡 1 800 mm 宽)。

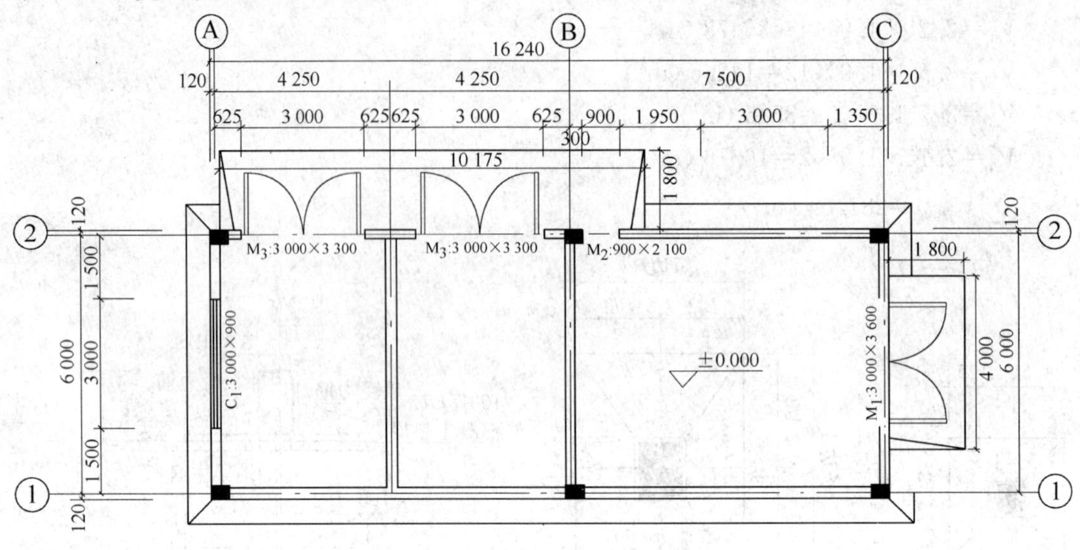

图 2-5-2

【解】 (1) 招标人根据图纸计算

$S_{斜坡}=10.175\times1.8+4\times1.8(m^2)=25.52\,(m^2)$

$S_{散水}=[(16.24+0.6\times2)\times2-10.175]\times0.6+(6.24\times2-4)\times0.6(m^2)=19.910\,(m^2)$

混凝土散水、坡道合计 $\sum S=25.52+19.91\,(m^2)=45.43\,(m^2)$

(2) 分部分项工程清单项目表,见表 2-5-3。

表 2-5-3　分部分项工程和措施项目计价表

工程名称:某工程楼

序号	项目编码	项目名称	项目特征	单位	工程量	综合单价
1	010407002001	散水,斜坡	1. 地基夯实 2. 铺设混凝土 C10 垫层,厚 80 mm 3. 现浇 C20 混凝土面层 4. 变形缝填塞	m^2	45.43	

2. 某工程工程量清单计价表格编制应用案例

【示例】 招标工程量清单

表 2-5-4　分部分项工程和单价措施项目清单与计价表

工程名称:某工程厂房

序号	项目编码	项目名称	项目特征	计量单位	工程量	金额(元)	
						综合单价	合价
			0101 土石方工程				
1	010101001001	平整场地	土壤类别:二类土	m^2	6 500		

（续表）

序号	项目编码	项目名称	项目特征	计量单位	工程量	金额(元)	
						综合单价	合价
2	010101003001	挖沟槽土方	土壤类别：二类土 基础类型：带型基础 垫层底宽：2 m 挖土深度：＜4 m 弃土运距：＜10 km	m^3	1 432		
3	010101004001	挖基坑土方	土壤类别：二类土 基础类型：独立柱混凝土基础 挖土深度：＜4 m 弃土运距：＜10 km	m^3	1 600		
4	010103001001	回填土	土质要求：含砾石粉质黏土 密实度要求：密实 粒径要求：10～40 mm 砾石 夯填：分层夯填	m^3	570		
		0103 桩基工程					
5	010302001001	泥浆护壁混凝土灌注桩	桩长：10 m 护壁段长：9 m 根数：42 桩直径：1 000 mm 扩大头直径：1 100 mm 柱混凝土：C25 护壁混凝土：C20	m	420		
		0104 砌筑工程					
6	010401001001	条形砖基础	M10 水泥砂浆，MU15 页岩砖 240×115×53(mm)	m^3	239		
		0105 混凝土及钢筋混凝土工程					
7	010501003001	独立基础	C25 混凝土现浇垫层及厚度：C15 混凝土，100 厚 混凝土拌和料要求：中砂 5～20，砾石	m^3	3.25		
8	010503004001	地圈梁	C25 混凝土现浇 梁底标高：－0.58 m 梁截面 240 mm×240 mm 混凝土拌和料要求：中砂 5～20，砾石	m^3	3.62		
9	010515001001	现浇构件钢筋 Φ10 以内	钢筋种类、规格：HPB300 级钢	t	50		
10	010515001002	现浇构件钢筋 Φ10 以外	钢筋种类、规格：HPB300 级钢	t	70		

(续表)

序号	项目编码	项目名称	项目特征	计量单位	工程量	金额(元)	
						综合单价	合价
		0111 楼地面装饰工程					
11	011101001001	水泥砂浆楼地面	1∶3 水泥砂浆找平层,厚 20 mm,1∶2 水泥砂浆面层,厚 25 mm	m^2	6 500		

【案例分析 2-5-3】 根据公用工程楼图示尺寸编制基础梁工程量清单及清单投标报价。(见本书所附图纸)

解 (1) 招标人计算清单工程量(基础梁)

$V_{DL}=26.64\ (m^3)$

清单项目编码:“010403001001”,工程项目基础梁及混凝土垫层第二个项目。

(2) 投标人报价:

根据图纸计算基础梁工程量 $V=26.64\ (m^3)$

基础混凝土垫层:$V_{垫}=6.67\ (m^3)$

(3) 基础梁综合单价计算:

基础梁 C25/40/32.5 的直接工程费:A4－32 换 26.64 m^3×215.695 7 元/m^3=5 746.14 元

基础混凝土垫层 C15/40/32.5 直接工程费:A4－13 换 6.67 m^3×194.226 3 元/m^3=1 295.49 元

直接工程费小计:7 041.63 元

企业管理费:5.45%×7 041.63=383.77(元)

利润:4%×(直+管)=7 425.4×4%=297.02(元)

人工价差:(47－23.5)×(26.64×1.433 工日/m^3+6.67 m^3×1.316×1.2)=1 144.65(元)

合计:8 867.07 元

基础梁清单综合单价=8 867.07÷26.64=332.85(元/m)

表 2-5-5　分部分项工程量清单与计价表

工程名称:公用工程楼

序号	项目编码	项目名称	项目特征描述	计量单位	工程量	综合单价	金额(元)	其中:暂估价
1	010503001001	基础梁	基础梁混凝土:C25/40/32.5 基础垫层混凝土:C15/40/32.5	m^3	26.64	332.85	8 867.07	
		分部小计						
本页小计								
合　计								

实训课题

根据图 1－1 图示尺寸，已知独立基础垫层 C20/40/32.5，垫层厚 100 mm，垫层长宽尺寸比独立基础每边增加 100 mm。根据江西省 2004《建筑工程消耗量定额及统一基价表》工程量计算规则，完成以下任务。

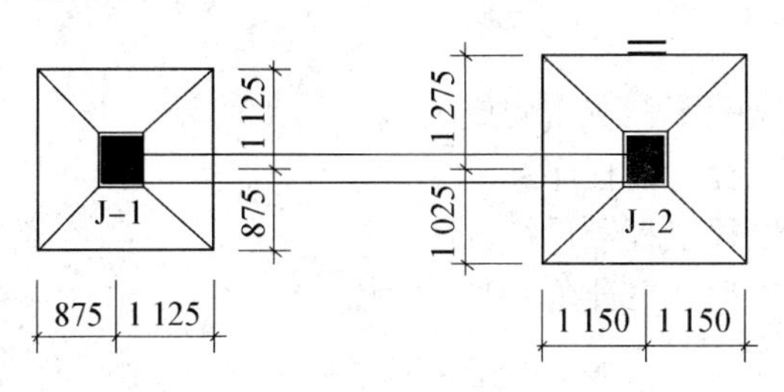

图 1－1

任务 1：计算基础垫层混凝土 C20 的工程量。

任务 2：进行定额基价换算并计算基础垫层 C20/40/32.5 直接工程费。

任务 3：分析其工、料、机用量。

复习思考题

1. 建筑工程定额的概念及作用是什么？
2. 施工定额的概念、企业定额的概念是什么？
3. 简述企业定额的编制原则。
4. 预算定额的概念及编制方法是什么？
5. 预算定额的基价换算，并举例说明。
6. 《建设工程工程量清单计价规范》的内容有哪些？
7. 简述工程量清单计价综合单价的概念，并举例说明如何计算。
8. 你作为招标人如何编制工程量清单，举例说明。

项目三　建筑安装工程费用

【学习目标】

(1) 了解建筑安装工程费用构成。

(2) 熟悉建筑工程计价程序。

(3) 掌握建筑工程工程量计算方法。

(4) 制定建筑工程计量计价的学习方案。

【能力要求】

(1) 对建筑安装工程造价有基本认识。

(2) 逐步具备所学专业必需的理论知识和实践技能。

学习情境 1　建筑安装工程费用构成

行动领域 1　建筑工程定额计价的费用及组成

根据中华人民共和国建设部及财政部 2003 年 10 月 15 日联合颁发的关于印发《建筑安装工程费用项目组成》的通知(建标[2003]206 号),我国现行建筑工程费由直接费、间接费、利润和税金四部分组成,如图 3-1-1 所示。

一、直接费

直接费由直接工程费和措施费组成。

(一) 直接工程费

直接工程费是指施工过程中消耗的构成工程实体的各项费用,包括人工费、材料费、施工机械使用费,即

直接工程费＝人工费＋材料费＋施工机械使用费

1. 人工费

人工费是指直接从事建筑安装工程施工的生产工人的各项费用。

(1) 人工费主要由以下五个方面组成。

① 基本工资指发放给生产工人的基本工资。

② 工资性补贴指按规定标准发放的物价补贴,包括煤、燃气补贴,交通补贴,住房补贴,流动施工津贴等。

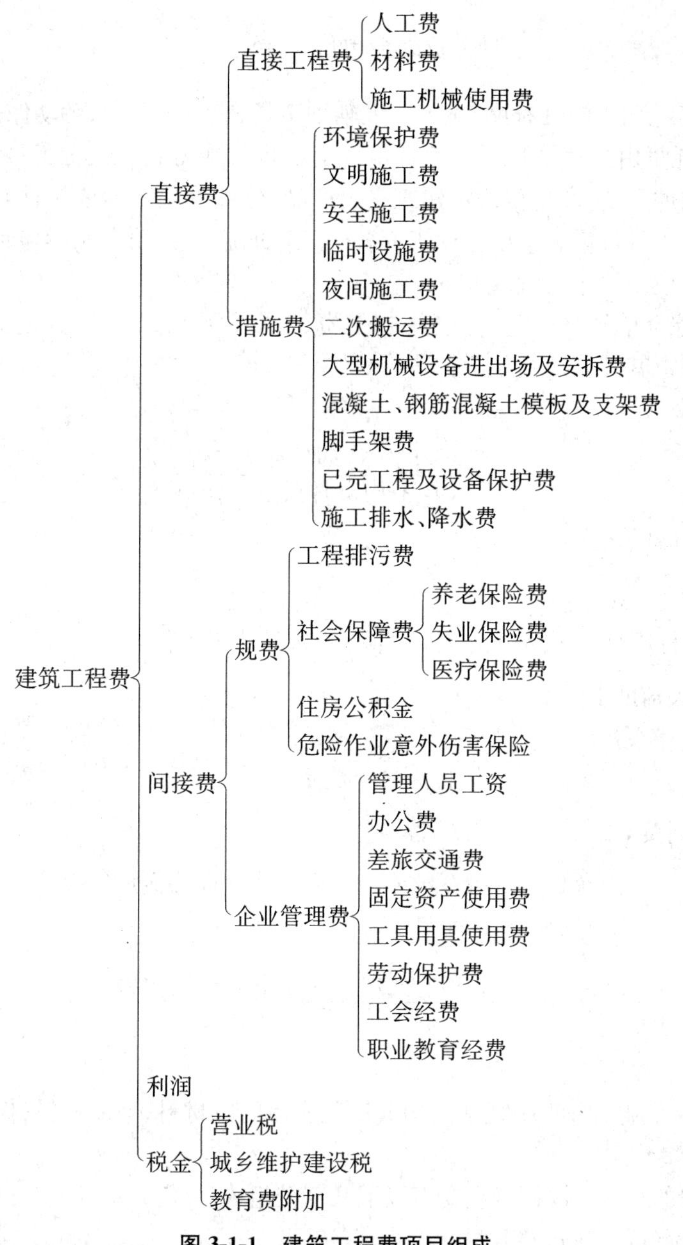

图 3-1-1　建筑工程费项目组成

③ 生产工人辅助工资指生产工人全年有效施工天数以外非作业天数的工资，包括职工学习、培训期间的工资，调动工作、探亲、休假期间的工资，因气候影响的停工工资，女工哺乳期间的工资，病假在六个月以内的工资及产、婚、丧假期的工资。

④ 职工福利费指按规定标准计提的职工福利费。

⑤ 生产工人劳动保护费指按规定标准发放的劳动保护用品的购置费及修理费、徒工服装补贴、防暑降温费、在有碍身体健康环境中施工的保健费用等。

(2) 构成人工费的要素有两个，即工日消耗量和日工资综合单价，计算公式如下：

$$人工费 = \sum(工日消耗量 \times 日工资综合单价)$$

$$日工资综合单价\ G=\sum_{i=1}^{5}G_i$$

式中：G_i 指基本工资、工资性补贴、生产工人辅助工资、职工福利费、劳动保护费。

1）工日消耗量由工程量和人工工日定额消耗量相乘得到。人工工日定额消耗量指在正常施工生产条件下，生产单位假定建筑安装产品（分部分项工程或构件）必须消耗的某种技术等级的人工工日数量。它由分项工程各个工序的施工劳动定额所包括的基本用工、其他用工两部分组成。

2）日工资综合单价包括生产工人基本工资、工资性补贴、生产工人辅助工资、职工福利费及劳动保护费。其计算公式如下：

① 基本工资 G_1

$$G_1=\frac{生产工人平均月工资}{年平均每月法定工作日}$$

② 工资性补贴 G_2：

$$G_2=\frac{\sum 年发放标准}{全年日历日-法定工作日}+\frac{\sum 月发放标准}{年平均每月法定工作日}+每工作日发放标准$$

③ 生产工人辅助工资 G_3

$$G_3=\frac{全年无效工作日}{全年日历日-法定假日}\times(G_1+G_2)$$

④ 职工福利费 G_4

$$G_4=(G_1+G_2+G_3)\times 福利费计提比例(\%)$$

⑤ 生产工人劳动保护费 G_5

$$G_5=\frac{生产工人年平均支出劳动保护费}{全年日历日-法定假日}$$

2．材料费

材料费是指在施工过程中耗费的构成工程实体的原材料、辅助材料、构配件、零件、半成品的费用。

（1）材料费的组成。材料费主要由以下几部分组成。

① 材料原价（或供应价格）。

② 材料运杂费指材料从来源地运至工地仓库或指定堆放地点所发生的全部费用。

③ 运输损耗费指材料在运输、装卸过程中不可避免的损耗。

④ 采购及保管费指为组织采购、供应和保管材料过程中所需要的各项费用，包括采购费、仓储费、工地保管费、仓储损耗。

⑤ 检验试验费指对建筑材料、构件和建筑安装物进行一般鉴定、检查所发生的费用，包括自设试验室进行试验所耗用的材料和化学药品等费用，不包括新材料、新结构的试验费，建设单位对具有出场合格证明的材料进行检验的检验费，对构件作破坏性试验及其他特殊要求的试验费用。

（2）材料费的计算。构成材料费的两个要素是材料消耗量和材料基价。

① 材料消耗量由工程量与材料定额消耗量相乘得到，材料定额消耗量是指在合理和节约使用材料的条件下，生产单位假定建筑安装产品（分部分项工程或结构构件）必须消耗一定品种规格的材料、半成品、构配件等的数量标准。它包括材料净耗量和材料不可避免的损耗量。

② 材料基价指材料从来源地到达施工工地仓库后的出库价格，又叫材料预算价格。材料基价内容包括材料原价、材料运杂费、运输损耗费及采购保管费等。

$$材料费 = \sum(材料消耗量 \times 材料基价) + 检验试验费$$

式中：

$$材料消耗量=工程量\times 材料定额消耗量$$

$$材料基价 = [(材料供应价格 + 运杂费) \times (1 + 运输损耗率)] \times (1 + 采购保管费率)$$

$$检验试验费 = \sum(单位材料检验试验费 \times 材料消耗量)$$

3. 施工机械使用费

施工机械使用费是指施工机械作业所发生的机械使用费、机械安拆费及场外运费。

(1) 施工机械使用费主要由以下七项费用组成。

① 折旧费指施工机械在规定的使用年限内，陆续收回其原值及购置资金的时间价值。

② 大修理费指施工机械按规定的大修理间隔台班进行必要的大修理，以恢复其正常功能所需的费用。

③ 经常修理费指施工机械除大修理以外的各级保养和临时故障排除所需的费用，包括为保障机械正常运转所需替换设备与随机配备工具附具的摊销和维护费用，机械运转中日常保养所需的润滑与擦拭的材料费用及机械停滞期间维护和保养费用等。

④ 安拆费及场外运费。安拆费是指施工机械在现场进行安装与拆卸所需的人工、材料、机械和试运转费用及机械辅助设施的折旧、搭设、拆除等费用。场外运费是指施工机械整体或分体自停放地点运至施工现场或由一施工地点运至另一施工地点的运输、装卸、辅助材料及架线等费用。

⑤ 人工费指机上司机（司炉）和其他工作人员的工作日人工费及上述人员在施工机械规定的年工作台班以外的人工费。

⑥ 燃料动力费指施工机械在运转作业中所消耗的固体燃料（煤、木炭）、液体燃料（汽油、柴油）及水、电等。

⑦ 养路费及车船使用税指施工机械按照国家规定和有关部门规定应缴纳的养路费、车船使用税、保险费及年检费等。

(2) 施工机械使用费的计算。构成施工机械使用费的要素是施工机械台班消耗量和机械台班综合单价。

① 施工机械台班消耗量由工程量和施工机械台班定额消耗量两个要素构成，施工机械台班定额消耗量是指在正常施工条件下，生产单位假定建筑安装产品（分部分项工程或结构构件）必须消耗的某种型号施工机械的台班数量。

② 机械台班综合单价内容包括折旧费、大修理费、经常修理费、安拆费及场外运输费、燃料动力费、人工费、养路费及车船使用税，这些也体现了该施工机械使用费所包括的内容。

施工机械使用费的计算公式如下：

$$施工机械使用费=\sum(施工机械台班消耗量\times机械台班综合单价)$$

$$施工机械台班消耗量=工程量\times施工机械台班定额消耗量$$

$$机械台班综合单价=台班折旧费+台班大修理费+台班经常修理费+台班安拆费及场外运输费+台班人工费+台班燃料动力费+台班养路费及车船使用税$$

(二) 措施费

措施费是指为完成工程项目施工,发生于该工程施工前和施工过程中非工程实体项目的费用。措施费包括如下内容。

(1) 环境保护费指施工现场为达到环保部门要求所需要的各项费用。

$$环境保护费=直接工程费\times环境保护费费率(\%)$$

$$环境保护费费率=\frac{本项费用年度平均支出}{全年建安生产值\times直接工程费占总造价比例(\%)}\times100\%$$

(2) 文明施工费指施工现场文明施工所需要的各项费用。

$$文明施工费=直接工程费\times文明施工费费率(\%)$$

$$文明施工费费率=\frac{本项费用年度平均支出}{全年建安生产值\times直接工程费占总造价比例(\%)}\times100\%$$

(3) 安全施工费指施工现场安全施工所需要的各项费用。

$$安全施工费=直接工程费\times安全施工费费率(\%)$$

$$安全施工费费率=\frac{本项费用年度平均支出}{全年建安生产值\times直接工程费占总造价比例(\%)}\times100\%$$

(4) 临时设施费指施工企业为进行建筑工程施工所必须搭设生活和生产临时性建筑物、构筑物和其他临时设施等费用。临时设施费由以下三部分组成:① 周转使用临时建筑(如活动房屋);② 一次性使用临时建筑(如简易建筑);③ 其他临时建筑(如临时管线)。

$$临时设施费=(周转使用临时建筑费+一次性使用临时建筑费)\times(1+其他临时建筑所占比例)$$

$$周转使用临时建筑费=\sum\left[\frac{建筑面积\times每平方米造价}{使用年限\times365\times利用率(\%)\times工期(天)}\right]+一次性拆除费$$

$$一次性使用临时建筑费=\sum建筑面积\times每平方米造价\times[1-残值率(\%)]+一次性拆除费$$

其他临时建筑费所占的比例,可由各地区造价管理部门依据典型施工企业的成本资料分析综合测定。

(5) 夜间施工费指因夜间施工发生的夜班补助费、夜间施工降效、夜间施工设施照明摊销及照明用电等费用。

$$夜间施工费=\left(1-\frac{合同工期}{定额工期}\right)\times\frac{直接工程费中的人工费合计}{平均日工资单价}\times每工日夜间施工费开支$$

(6) 二次搬运费指因施工现场狭小等特殊情况而发生的二次搬运费。

$$二次搬运费=直接工程费\times二次搬运费费率(\%)$$

$$二次搬运费费率(\%)=\frac{年平均二次搬运费开支额}{全年建安生产值\times直接工程费占总造价比例(\%)}\times100\%$$

(7) 大型机械设备进出场及安拆费指机械整体或分体自停放场地运至施工现场或由一个施工地点运至另一个施工地点所发生的机械进出场运输及转移费用,以及机械在施工现场进行安装、拆卸所需的人工费、材料费、机械费、试运转费和安装所需的辅助设施费用。

$$大型机械设备进出场及安拆费=\frac{一次进出场及安拆费\times年平均安拆次数}{年工作台班}\times100\%$$

(8) 混凝土、钢筋混凝土模板及支架费指混凝土施工过程中需要的各种钢模板、木模板、支架等的支、拆、运输费用及模板、支架的摊销(或租赁)费用。

$$模板及支架费 = 模板摊销量 \times 模板价格 + 支、拆、运输费$$

$$模板摊销量=单位一次使用量\times(1+施工损耗)\times\left[1+\frac{(周转次数-1)\times补损率}{周转次数}-\frac{(1-补损率)\times50\%}{周转次数}\right]$$

$$模板租赁费 = 模板使用量 \times 使用日期 \times 租赁价格 + 支、拆、运输费$$

(9) 脚手架费指施工过程中需要的各种脚手架搭、拆、运输费用及脚手架的摊销(或租赁)费用。

$$脚手架搭拆费=脚手架摊销量\times脚手架价格+搭、拆、运输费$$

$$脚手架摊销量=\frac{单位一次使用量\times(1-残余值)}{耐用期}\times一次使用期$$

$$脚手架租赁费 = 脚手架每日租金 \times 搭设周期 + 搭、拆、运输费$$

(10) 已完工程及设备保护费指竣工验收前,对已完工程及设备进行保护所需的费用。

$$已完工程及设备保护费=成品保护所需机械费 + 材料费 + 人工费$$

(11) 施工排水、降水费指为确保工程在正常条件下施工而采取的各种排水、降水措施所发生的各种费用。

$$施工排水、降水费 = \sum(排水降水机械台班费 \times 排水降水周期+排水降水使用材料费、人工费)$$

二、间接费

间接费是指建筑安装企业为组织和进行经营管理,以及间接为建筑安装生产服务所产生的各项费用。间接费虽不直接由施工的工艺过程所引起,但却与工程的总体条件有关。

(一) 间接费的组成内容

间接费由规费、企业管理费组成。

1. 规费

规费是指政府和有关权力部门规定的必须缴纳的费用(简称规费),主要包括以下几方面内容。

(1) 工程排污费指施工现场规定缴纳的工程排污费。

(2) 社会保障费包括:① 养老保险费,即企业按国家规定标准为职工缴纳的基本养老保险费。② 失业保险费,即企业按照国家规定标准为职工缴纳的失业保险费。③ 医疗保险费,即企业按照国家规定标准为职工缴纳的基本医疗保险费。

(3) 住房公积金指企业按国家规定标准为职工缴纳的住房公积金。

(4) 危险作业意外伤害保险指按照建筑法规定,企业为从事危险作业的建筑安装施工人员支付的意外伤害保险费。

2. 企业管理费

企业管理费是指建筑安装企业组织施工生产和经营所需的费用。包括以下费用。

(1) 管理人员工资指管理人员的基本工资、工资性补贴、职工福利费、劳动保护费等。

(2) 办公费指企业管理部门办公用的文具、纸张、账表、印刷、邮电、书报、水电、会议、烧水和集体取暖(包括现场临时宿舍取暖)用煤等费用。

(3) 差旅交通费指职工因公出差或调动工作的差旅费、住勤补助费、市内交通费和误餐补助费,职工探亲路费,劳动力招募费,职工离退休、退职一次性路费,工伤人员就医路费,工地转移费及管理部门使用的交通工具的油料费、燃料费、养路费及牌照费。

(4) 固定资产使用费指管理和试验部门及附属生产单位使用的属于固定资产的房屋、设备仪器等的折旧费、大修费、维修费和租赁费。

(5) 工具用具使用费指管理部门使用的不属于固定资产的生产工具、器具、家具、交通工具和检验、试验、测绘、消防用具等购置、维修和摊销费。

(6) 劳动保护费指由企业支付给离退休职工的易地安家补助费、职工退职金、6 个月以上的病假人员工资、职工死亡丧葬补助费、抚恤金及按规定支付给离休干部的各项经费。

(7) 工会经费指企业按职工工资总额计提的工会经费。

(8) 职工教育经费指企业为职工学习先进技术和提高文化水平而发生的再教育费用,按职工工资总额计提。

(9) 财产保险费指施工管理用财产、车辆的保险费用。

(10) 财务费指企业为筹集资金而发生的各种费用。

(11) 税金指企业按规定缴纳的房产税、车船使用税、土地使用税、印花税等。

(12) 其他包括技术转让费、技术开发费、业务招待费、绿化费、广告费、公证费、法律顾问费、审计费、咨询费等。

(二) 间接费的计算

按取费基数的不同,间接费分为以下三种计算方法。

(1) 以直接费为计算基础的计算方法。

$$间接费 = 直接费合计 \times 间接费费率(\%)$$

(2) 以人工费为计算基础的计算方法。

$$间接费 = 人工费合计 \times 间接费费率(\%)$$

三、利润

利润是指施工企业完成承包工程所获得的盈利。其计算公式如下:

$$利润 = (直接工程费 + 措施费 + 间接费) \times 相应利润率(\%)$$

四、税金

税金是指按国家税法规定的应计入建筑安装工程造价内的营业税、城乡建设维护税和教育费附加等。

(一) 营业税

营业税按营业额乘以营业税税率确定,其中建筑安装企业的营业税税率为 3%。计算公式为

$$应纳营业税 = 营业额 \times 3\%$$

营业额是指从事建筑、安装、修缮、装饰及其他工程作业的全部收入,还包括建筑、修缮、装饰工程所用原材料及其他物资和动力的价款。当安装的设备的价值作为安装工程产值

时，亦包括所安装设备的价款。如果建筑安装工程总承包方将工程分包或转包给他人的，其营业额中不包括付给分包方或转包方的价款。

（二）城乡维护建设税

城乡维护建设税原名城市维护建设税，它是国家为了加强城乡的维护建设，稳定和扩大城市、乡镇维护建设的资金来源，而对有经营收入的单位和个人征收的一种税。

城乡维护建设税按应纳营业税额乘以适用税率确定，计算公式为

$$应纳税额=应纳营业税额\times适用税率$$

城乡维护建设税的纳税人所在地为市区的，其适用税率为营业税的7%；所在地为县镇的，其适用税率为营业税的5%；所在地为农村的，其适用税率为营业税的1%。

（三）教育费附加

教育费附加按应纳营业税额乘以3%确定，计算公式为

$$应纳税额=应纳营业税额\times 3\%$$

建筑安装企业的教育费附加要与其营业税同时缴纳。即使办有职工子弟学校的建筑安装企业，也应当先缴纳教育费附加。教育部门可根据企业的办学情况，酌情返还给办学单位，作为对办学经费的补助。

行动领域2　工程量清单计价费用构成

根据《建设工程工程量清单计价规范》（GB 50500—2013）（以下简称《清单计价规范》）规定，工程量清单计价的费用由分部分项工程费、措施项目费、其他项目费、规费、税金组成，如图3-2-1所示。

一、分部分项工程费

分部分项工程费是指完成形成工程实体的各分部分项工程所需要的人工费、材料费、施工机械使用费、管理费和利润，并考虑风险因素的费用。分部分项工程费采用综合单价计价。

（一）人工费

人工费是指直接从事建筑安装工程施工的生产工人开支的各项费用，具体包含的内容同定额计价费用所述。

（二）材料费

材料费是指施工过程中耗费的构成工程实体的原材料、辅助材料、构配件、零件、半成品的费用，具体包含的内容同定额计价费用所述。

（三）施工机械使用费

施工机械使用费是指使用施工机械作业所发生的费用，具体包含的内容同定额计价费用所述。

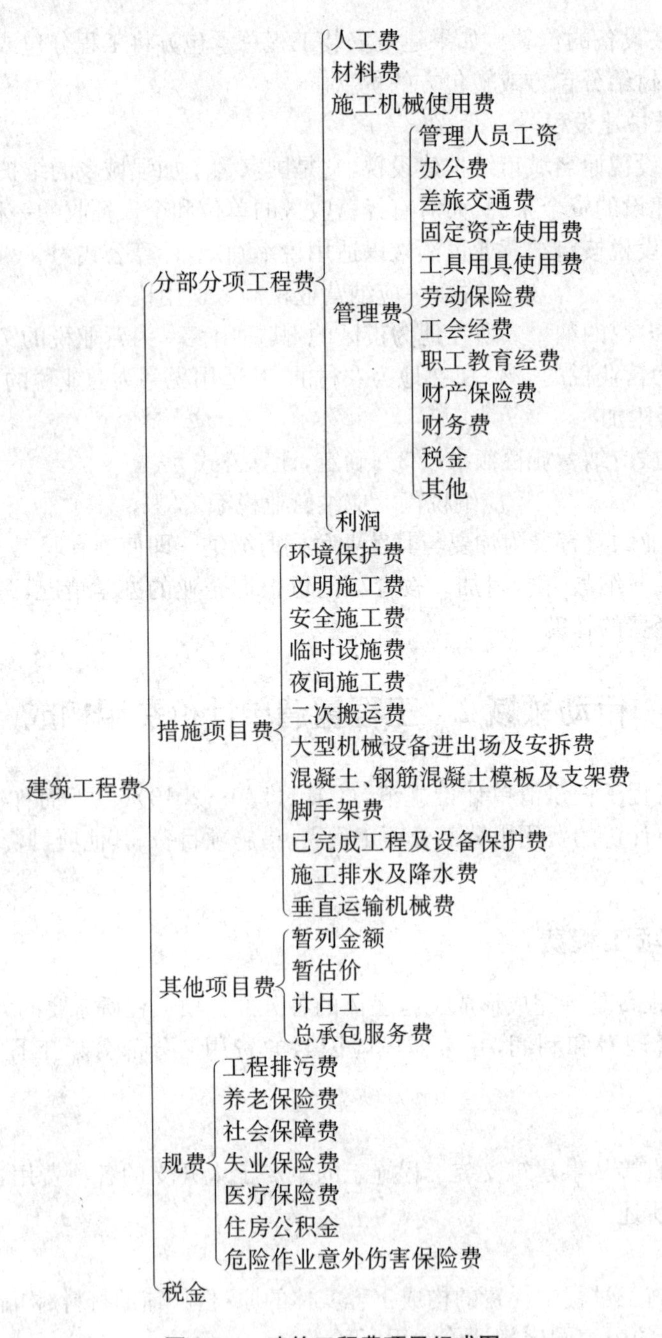

图 3-2-1　建筑工程费项目组成图

(四) 管理费

管理费是指建筑安装企业组织施工生产和经营管理所需要的费用,具体包含的内容同定额计价费用所述。

(五) 利润

利润是指按企业经营管理水平和市场的竞争能力,完成工程量清单中各个分项工程应获得并计入清单项目的利润。

分部分项工程费用中还应考虑风险因素，计算风险费用。风险费用是指投标企业在确定工程费用时，客观上可能产生的不可避免的误差，以及施工过程中遇到施工现场条件复杂、自然条件恶劣、意外施工事故、物价涨幅过大和其他风险因素所发生的费用。

二、措施项目费

措施项目费是指施工企业为完成工程项目的施工，发生于该工程施工前或施工过程中生产、生活、安全等方面的非工程实体费用。

措施项目费包括环境保护费、文明施工费、安全施工费、临时设施费、夜间施工费、二次搬运费、大型机械设备进出场及安拆费、模板及支架费、脚手架费、已完成工程及设备保护费、施工排水及降水费、垂直运输机械费等。

三、其他项目费

其他项目费包括暂列金额、暂估价、计日工、总承包服务费。

(一) 暂列金额

暂列金额是指招标人在工程量清单中暂定并包括在合同价款中的一笔款项。用于施工合同签订时尚未确定或者不可预见的所需材料、设备、服务的采购，施工中可能发生的工程变更、合同约定调整因素出现时的工程价款调整以及发生的索赔、现场签证确认等的费用。

(二) 暂估价

暂估价是指招标人在工程量清单中提供的用于支付必然发生但暂时不能确定价格的材料的单价及专业工程的金额。包括材料暂估单价、专业工程暂估价。

为方便合同管理，需要纳入分部分项工程量清单项目综合单价中的暂估价应只是材料费，以方便投标人组价。

专业工程的暂估价一般应是综合暂估价，应当包括除规费和税金以外的管理费、利润等取费。

(三) 计日工

计日工是指在施工过程中，完成发包人提出的施工图纸以外的零星项目或工作，按合同中约定的综合单价计价。计日工适用的所谓零星工作一般是指合同约定之外的或者因变更而产生的、工程量清单中没有相应项目的额外工作，尤其是那些难以事先商定价格的额外工作。

(四) 总承包服务费

总承包服务费是指总承包人为配合协调发包人进行的工程分包自行采购的设备、材料等进行管理、服务以及施工现场管理、竣工资料汇总整理等服务所需的费用。

四、规费

规费是指政府和有关部门规定必须缴纳的费用，包括工程排污费、社会保险费、住房公积金、危险作业意外伤害保险费等。

五、税金

税金是指国家税法规定的应计入建筑工程造价内的营业税、城乡建设维护税及教育费附加综合税金。

行动领域 3　建筑工程计价取费

一、组织措施费计取标准摘要

（一）安全文明施工措施费（包括环境保护、文明施工和安全施工费用）计取标准

表 3-3-1

按定额专业划分	计费基础	安全文明措施费(%)
建筑工程	工料机费	1.20
装饰工程	工料机费	0.80
大型土石方及单独土石方工程、桩基工程、混凝土及木构件、金属构件制安工程	工料机费	0.55

注：1. 本费用计取标准为 2004 年江西省建筑工程费用定额计取标准。

2. 获得该省(市)安全文明样板工地的工程，按上述费率乘以 1.15 系数计算，竣工安全文明综合评价不合格的工程，按上述费率乘以 0.85 系数计算。

3. 计费程序中的组织措施费不包含安全文明施工措施费的内容，安全文明施工措施费单列，计入总价。

（二）临时设施费计取标准

表 3-3-2

<table>
<tr><th colspan="3">工程类别</th><th>计费基础</th><th>临时设施费(%)</th></tr>
<tr><td colspan="2" rowspan="4">建筑工程</td><td>一类</td><td rowspan="4">工料机费</td><td>2.47</td></tr>
<tr><td>二类</td><td>2.23</td></tr>
<tr><td>三类</td><td>1.68</td></tr>
<tr><td>四类</td><td>1.26</td></tr>
<tr><td rowspan="11">其中</td><td rowspan="3">桩基工程</td><td>一类</td><td rowspan="3">工料机费</td><td>2.04</td></tr>
<tr><td>二类</td><td>1.83</td></tr>
<tr><td>三类</td><td>1.38</td></tr>
<tr><td rowspan="4">混凝土、木构件制作安装工程</td><td>一类</td><td rowspan="4">工料机费</td><td>1.92</td></tr>
<tr><td>二类</td><td>1.73</td></tr>
<tr><td>三类</td><td>1.30</td></tr>
<tr><td>四类</td><td>0.98</td></tr>
<tr><td rowspan="4">金属结构制作安装工程</td><td>一类</td><td rowspan="4">工料机费</td><td>1.64</td></tr>
<tr><td>二类</td><td>1.47</td></tr>
<tr><td>三类</td><td>1.11</td></tr>
<tr><td>四类</td><td>0.83</td></tr>
<tr><td colspan="2" rowspan="2">大型土石方及单独土石方工程</td><td>机械施工</td><td>工料机费</td><td>1.84</td></tr>
<tr><td>人工施工</td><td>人工费</td><td>3.65</td></tr>
</table>

(续表)

工程类别		计费基础	临时设施费(%)
装饰工程	一类	人工费	7.97
	二类		7.18
	三类		6.10
	四类		5.19

注:本费用计取标准为2004年江西省建筑工程费用定额计取标准。

(三) 检验试验费等六项组织措施费计取标准

表3-3-3

计费基础		工料机费 (建筑、机械土石方)	人工费 (安装、人工土石方/装饰)
综合费率		1.75	8.72/7.00
其中	检验试验费	0.25	1.25/1.00
	夜间施工增加费	0.35	1.75/1.40
	二次搬运费	0.35	1.75/1.40
	冬雨季施工增加费	0.25	1.25/1.40
	生产工具用具使用费	0.35	1.75/1.40
	工程定位、点交、场地清理费	0.20	1.00/0.80
	其他组织措施费	—	—

注:本费用计取标准为2004年江西省建筑工程费用定额计取标准。

二、企业管理费计取标准摘要

表3-3-4

工程类别			计费基础	企业管理费(%)
建筑工程		一类	工料机费	8.03
		二类		7.51
		三类		5.45
		四类		3.54
其中	桩基工程	一类	工料机费	6.21
		二类		5.87
		三类		4.52
	混凝土、木构件制作安装工程	一类	工料机费	5.84
		二类		5.59
		三类		4.33
		四类		3.10

(续表)

<table>
<tr><th colspan="3">工程类别</th><th>计费基础</th><th>企业管理费(%)</th></tr>
<tr><td rowspan="4">其中</td><td rowspan="4">金属结构制作安装工程</td><td>一类</td><td rowspan="4">工料机费</td><td>4.59</td></tr>
<tr><td>二类</td><td>4.52</td></tr>
<tr><td>三类</td><td>3.58</td></tr>
<tr><td>四类</td><td>2.51</td></tr>
<tr><td colspan="2" rowspan="2">大型土石方及单独土石方工程</td><td>机械施工</td><td>工料机费</td><td>4.90</td></tr>
<tr><td>人工施工</td><td>人工费</td><td>11.40</td></tr>
<tr><td colspan="2" rowspan="4">装饰工程</td><td>一类</td><td rowspan="4">人工费</td><td>26.96</td></tr>
<tr><td>二类</td><td>23.45</td></tr>
<tr><td>三类</td><td>18.93</td></tr>
<tr><td>四类</td><td>13.33</td></tr>
</table>

注:本费用计取标准为2004年江西省建筑工程费用定额计取标准。

三、利润计取标准摘要

表3-3-5

<table>
<tr><th colspan="3">工程类别</th><th>计费基础</th><th>企业管理费(%)</th></tr>
<tr><td colspan="2" rowspan="4">建筑工程</td><td>一类</td><td rowspan="4">工料机费</td><td>6.50</td></tr>
<tr><td>二类</td><td>5.50</td></tr>
<tr><td>三类</td><td>4.00</td></tr>
<tr><td>四类</td><td>3.00</td></tr>
<tr><td rowspan="11">其中</td><td rowspan="3">桩基工程</td><td>一类</td><td rowspan="3">工料机费</td><td>6.25</td></tr>
<tr><td>二类</td><td>5.25</td></tr>
<tr><td>三类</td><td>3.75</td></tr>
<tr><td rowspan="4">混凝土、木构件制作安装工程</td><td>一类</td><td rowspan="4">工料机费</td><td>6.00</td></tr>
<tr><td>二类</td><td>5.00</td></tr>
<tr><td>三类</td><td>3.50</td></tr>
<tr><td>四类</td><td>2.50</td></tr>
<tr><td rowspan="4">金属结构制作安装工程</td><td>一类</td><td rowspan="4">工料机费</td><td>5.75</td></tr>
<tr><td>二类</td><td>4.75</td></tr>
<tr><td>三类</td><td>3.25</td></tr>
<tr><td>四类</td><td>2.25</td></tr>
<tr><td colspan="2" rowspan="2">大型土石方及单独土石方工程</td><td>机械施工</td><td>工料机费</td><td>4.50</td></tr>
<tr><td>人工施工</td><td>人工费</td><td>7.00</td></tr>
</table>

（续表）

工程类别		计费基础	企业管理费(%)
装饰工程	一类	人工费	25.08
	二类		20.77
	三类		16.79
	四类		12.72

注:本费用计取标准为2004年江西省建筑工程费用定额计取标准。

四、规费计取标准摘要

表3-3-6 单位:%

计算基础		工料机费 (建筑、机械土石方)	人工费 (安装、人工土石方/装饰)
1. 社会保障费			
其中	(1) 养老保险费	3.25	21.67/16.25
	(2) 失业保险费	0.16	1.07/0.80
	(3) 医疗保险费	0.98	6.53/4.90
2. 住房公积金		0.81	5.40/4.05
3. 危险作业意外伤害保险		0.10	0.66/0.50
4. 工程排污费		0.05	0.33/0.25
1—4小计		5.35	35.66/26.75

说明:1. 本费用计取标准为2004年江西省建筑工程费用定额计取标准。

2. 表中工程定额测定费系数为非住宅工程系数;住宅工程系数为0.14;一项工程既有住宅建设又有非住宅建设,分别按不同标准计算。

3. 上级(行业)管理费按江西省建设工程造价管理局文件(赣建价[2012]3号)已取消。

五、税金计取标准摘要

表3-3-7 营业税、城市建设维护税、教育费附加综合税率

项目 \ 工程所在地 / 计税基础	工程所在地在市区	工程所在地在县城、镇	工程所在地不在市区、县城或镇
计税基础	不含税工程造价		
综合税率%	3.477	3.413	3.348

注:本费用计取标准为江西省建设工程造价管理局文件(赣建价[2011]12号)计取标准。

六、建筑工程费用计算程序表

(一) 采用工程量清单计价

1. 分部分项工程量清单综合单价计算程序表

表 3-3-8

序号	费用项目＼计费基础		工料机费	人工费
一	分部分项工程直接工程费		分部分项工程 $\sum$(人工费＋材料费＋机械费)	分部分项工程 $\sum$(人工费＋材料费＋机械费)
	其中	1. 人工费	$\sum$(工日耗用量×人工单价)	$\sum$(工日耗用量×人工单价)
		2. 材料费	$\sum$(材料耗用量×材料单价)	$\sum$(材料耗用量×材料单价)
		3. 机械使用费	$\sum$(机械耗用量×机械单价)	$\sum$(机械耗用量×机械单价)
二	企业管理费		(一)×相应费率	(1)×相应费率
三	利润		[(一)＋(二)]×相应费率	(1)×相应费率
四	综合单价		[(一)＋(二)＋(三)]÷工程数量	[(一)＋(二)＋(三)]÷工程数量

注:本费用计算程序为 2004 年江西省建筑工程费用定额计算程序。

2. 施工技术措施项目费计算程序表

表 3-3-9

序号	费用项目＼计费基础		工料机费	人工费
一	技术措施项目 $\sum$(人工费＋材料费＋机械费)		技术措施项目 $\sum$(人工费＋材料费＋机械费)	技术措施项目 $\sum$(人工费＋材料费＋机械费)
	其中	1. 人工费	$\sum$(工日耗用量×人工单价)	$\sum$(工日耗用量×人工单价)
		2. 材料费	$\sum$(材料耗用量×材料单价)	$\sum$(材料耗用量×材料单价)
		3. 机械使用费	$\sum$(机械耗用量×机械单价)	$\sum$(机械耗用量×机械单价)
二	企业管理费		(一)×相应费率	(1)×相应费率
三	利润		[(一)＋(二)]×相应费率	(1)×相应费率
四	技术措施项目费		(一)＋(二)＋(三)	(一)＋(二)＋(三)

注:1. 本费用计算程序为 2004 年江西省建筑工程费用定额计算程序。

2. 技术措施项目 $\sum$(人工费＋材料费＋机械费)未详列人工、材料、机械耗用量,而以每项“××元”表示的,或无工日耗用量的,以人工费为基础计取有关费用时,人工费按 15%比例计算。

3. 施工组织措施项目费计算程序表

表 3-3-10

序号	费用项目＼计费基础		工料机费	人工费
一	分部分项工程清单计价合计		∑(清单工程量×综合单价)	∑(清单工程量×综合单价)
	其中	1. 人工费	∑(工日耗用量×人工单价)	∑(工日耗用量×人工单价)
二	技术措施项目清单计价合计		∑技术措施项目费	∑技术措施项目费
	其中	2. 人工费	∑(工日耗用量×人工单价)	∑(工日耗用量×人工单价)
三	组织措施项目∑(人工费×材料费×机械费)			[(1)+(2)]× 费率
	其中	3. 人工费		(三)×人工系数
四	企业管理费			(3)×费率
五	利润			(3)×费率
六	施工组织措施项目费		[(一)+(二)]× 费率	(三)+(四)+(五)

注:1. 本费用计算程序为2004年江西省建筑工程费用定额计算程序。

2. 组织措施项目∑(人工费+材料费+机械费)中的人工系数按15%计算。

4. 零星工作项目费计算程序表

表 3-3-11

序号	费用项目＼计费基础	工料机费	人工费
一	人工综合单价	人工单价×(1+企业管理费率)×(1+利润率)	人工单价×(1+企业管理费率)×(1+利润率)
二	人工费合计	∑(工日耗用量×人工综合单价)	∑(工日耗用量×人工综合单价)
三	材料综合单价	材料单价×(1+企业管理费率)×(1+利润率)	材料单价
四	材料费合价	∑(材料耗用量×材料综合单价)	∑(材料耗用量×材料综合单价)
五	机械综合单价	材料单价×(1+企业管理费率)×(1+利润率)	材料单价
六	机械费合价	∑(机械耗用量×机械综合单价)	∑(机械耗用量×机械综合单价)
七	零星工作项目费	(二)+(四)+(六)	(二)+(四)+(六)

注:本费用计算程序为2004年江西省建筑工程费用定额计算程序。

5. 单位工程工程费用计算程序表

(1) 以工料机费为计费基础

表 3-3-12

序号	费用项目		计算方法
一	分部分项工程量清单计价合计		∑(清单工程量×综合单价)
二	技术措施项目清单计价合计		∑技术措施项目费
三	组织措施项目清单计价合计		∑组织措施项目费
四	其他项目清单计价合计		∑其他项目费
五	规费	1. 社会保障费	[(一)+(二)+(三)+(四)]×相应费率
		2. 住房公积金	
		3. 危险作业意外伤害保险	
		4. 工程排污费	
六	税　金		[(一)+(二)+(三)+(四)+(五)]×相应税率
七	工程费用		(一)+(二)+(三)+(四)+(五)+(六)

注:本费用计算程序为2004年江西省建筑工程费用定额计算程序。

(2) 以人工费为计费基础

表 3-3-13

序号	费用项目		计算方法
一	分部分项工程量清单计价合计		∑(清单工程量×综合单价)
	其中	1. 人工费	∑(工日耗用量×人工单价)
二	技术措施项目清单计价合计		∑技术措施项目费
	其中	2. 人工费	∑(工日耗用量×人工单价)或按人工费比例计算
三	组织措施项目清单计价合计		∑组织措施项目费
	其中	3. 人工费	组织措施项目费∑(人工费+材料费+机械费)合计×人工系数
四	其他项目清单计价合计		∑其他项目费
	其中	4. 人工费、	∑其他项目费中的人工费
五	规费	5. 社会保障费	[(1)+(2)+(3)+(4)]×相应费率
		6. 住房公积金	
		7. 危险作业意外伤害保险	
		8. 工程排污费	
六	税　金		[(一)+(二)+(三)+(四)+(五)]×相应税率
七	工程费用		(一)+(二)+(三)+(四)+(五)+(六)

(二) 采用定额计价

1. 以工料机费的计费基础的单位工程工程费用计算程序表

表 3-3-14

序号	费用项目	计 算方 法
一	直接工程费	工程量×消耗量定额基价
二	技术措施费	按消耗量定额计算
三	组织措施费	[(一)+(二)]×相应费率
四	价差	按有关规定计算
五	企业管理费	[(一)+(二)+(三)]×相应费率
六	利润	[(一)+(二)+(三)+(五)]×相应费率
七	1. 社会保障费	[(一)+(二)+(三)+(五)+(六)]×相应费率
	2. 住房公积金	
	3. 危险作业意外伤害保险	
	4. 工程排污费	
八	税　金	[(一)+(二)+(三)+(四)+(五)+(六)+(七)]×相应费率
九	工程费用	(一)+(二)+(三)+(四)+(五)+(六)+(七)+(八)

注:本费用计算程序为2004年江西省建筑安装工程费用定额计算程序。

2. 以人工费的计费基础的单位工程工程费用计算程序表

表 3-3-15

序号	费用项目		计算方法
一	直接工程费		$\sum$工程量×消耗量定额基价
	其中	1. 人工费	$\sum$(工日耗用费×人工单价)
二	技术措施费		$\sum$(工程量×消耗量定额基价)
	其中	2. 人工费	$\sum$(工日耗用费×人工单价)或按人工费比例计算
三	组织措施费		[(1)+(2)]×相应费率
	其中	3. 人工费	(三)×人工系数

注:本费用计算程序为2004年江西省建筑安装工程费用定额计算程序。

(续表)

序号	费用项目	计算方法
四	价差	按有关规定计算
五	企业管理费	[(1)+(2)+(3)]×相应费率
六	利润	[(1)+(2)+(3)]×相应费率
七	4. 社会保障费	[(1)+(2)+(3)]×相应费率
	5. 住房公积金	
	6. 危险作业意外伤害保险	
	7. 工程排污费	
	税　　金	[(一)+(二)+(三)+(四)+(五)+(六)+(七)]×相应费率
八	工程费用	(一)+(二)+(三)+(四)+(五)+(六)+(七)+(八)

注:1. 本费用计算程序为2004年江西省建筑安装工程费用定额计算程序。

2. 技术措施项目示详列人工、材料、机械耗用量,而以每项"××元"表示的,或无工日耗用量的,以人工费为基础计取有关费用时,人工费按15%比例计算。

3. 组织措施费人工系数按15%比例计算。

七、建筑工程类别划分标准及说明

(一) 建筑工程类别划分标准

表 3-3-16

项目			单位	工程类别			
				一类	二类	三类	四类
工业建筑	单层	檐口高度	m	≥18	≥12	≥9	<9
		跨度	m	≥24	≥18	≥12	<12
	多层	檐口高度	m	≥27	≥18	≥12	<12
		建筑面积	m^2	≥6 000	≥4 000	≥1 500	<1 500
民用建筑	公共建筑	檐口高度	m	≥39	≥27	≥18	<18
		跨度	m	≥27	≥18	≥15	<15
		建筑面积	m^2	≥9 000	≥6 000	≥3 000	<3 000
	其他建筑	檐口高度	m	≥39	≥27	≥18	<18
		层数	层	≥13	≥18	≥15	<15
		建筑面积	m^2	≥10 000	≥7 000	≥3 000	<3 000

(续表)

项目			单位	工程类别			
				一类	二类	三类	四类
民用建筑	烟囱（高度）	钢筋混凝土	m	≥1 000	≥50	<50	—
		砖	m	≥50	≥30	<30	—
	水塔	高度	m	≥40	≥30	<30	—
		容量	m^3	≥80	≥60	<60	—
	贮水(油)池	容量	m^3	≥1 200	≥800	<800	—
	贮仓	高度	m	≥30	≥20	<20	—
桩基	按工程类别划分说明第11条执行						
炉窑砌筑工程						专业炉窑	其他炉窑

注：1. 工程类别划分标准为2004年江西省建筑工程类别划分标准。

2. 工程类别划分标准具有地方特点，例如“工业建筑”有些省份还按“吊车吨位”考虑。计取标准数据也有差异。

(二) 装饰工程类别划分标准

(1) 公共建筑的装饰工程按相应建筑工程类别标准执行。其他装饰工程按建筑工程相应类别降低一类执行，但不低于四类。

(2) 局部装饰工程(装饰建筑面积小于总建筑面积50%)按第一条规定，降低一类执行，但不低于四类。

(3) 仅进行金属门窗、塑料门窗、幕墙、外墙饰面等局部装饰工程按三类标准执行。

(4) 除一类工程外，有特殊声、光、超净、恒温要求的装饰工程，按原标准提高一类执行。

【案例分析3-3-1】 (定额计价)

已知：某工程建筑工程直接费为300万元，人工、材料等价差为60万元，企业管理费率按5.45%，利润按4%计算，税金按3.477%计取，试计算其工程费用(工程造价)。(暂不计取规费)

【解】 由已知条件得

(1) 直接费：300万元

(2) 价差：60万元

(3) 根据费用定额规定，计算企业管理费：

企业管理费＝直接费×5.45%

＝300×5.45%

＝16.35(万元)

(4) 利润＝[直接费＋企业管理费]×4%＝12.654(万元)

(5) 税金：[直接费＋价差＋企业管理费＋利润]×3.477%＝13.53(万元)

所以工程造价＝直接费＋价差＋企业管理费＋利润＋税金＝402.53(万元)

行动领域4 建筑工程定额计价依据与步骤

一、建筑工程定额计价依据

(1) 设计资料。设计资料是定额计价的主要工作对象。它包括经审批后的设计施工图,设计说明书及设计选用的国标、省市标和各种设备安装、构件、门窗图集、配件图集等。

(2) 现行的建筑工程概预算定额、费用定额及其有关造价信息文件。概预算定额、费用定额及其有关造价信息文件是定额计价的基本资料和计算标准。它包括本地区正在执行的概预算定额、费用定额、单位估价表、该地区的材料预算价格及其他有关造价信息文件。

(3) 施工组织设计资料(施工方案)。经批准的施工组织设计是确定单位工程具体施工方法(如打护坡桩、进行地下降水等)、施工进度计划、施工现场总平面布置等的主要施工技术文件。这类资料在计算工程量、套用定额项目及费用计算中都有重要作用。

(4) 工具书等辅助资料。在定额计价工作中,有一些工程量直接计算比较繁琐,也较易出错。为提高工作效益简化计算过程,概预算人员往往需要借助于五金手册、材料手册,在定额计价时直接查用。特别对一些较复杂的工程,搜集所涉及的辅助资料不易忽视。

(5) 建设单位与施工单位的工程合同内容或在材料、设备、加工订货方面的分工,也是定额计价编制的依据。

二、建筑工程定额计价步骤

(一) 建筑工程定额计价步骤

1. 熟悉设计文件和资料

熟悉施工图纸及有关的标准图集,是进行定额计价的首要环节。其目的是了解建设工程全貌和设计意图,这样才能准确、及时地计算工程量和正确地选套定额项目。熟悉施工图纸等设计文件的具体步骤如下:

① 熟悉图纸目录和设计总说明,了解工程性质、建筑面积、建筑结构、建筑单位(业主)名称、设计单位名称、图纸张数等,以便对建筑工程有一个初步的了解。

② 按照图纸目录检查施工图纸是否齐全,图纸编号是否一致,若发现图纸不齐全或有错误,应及时补齐和改正。

③ 熟悉建筑总平面图,了解建筑物的朝向、地理位置及有关建筑物的情况。

④ 熟悉建筑平面图,了解建筑物的长度、宽度、轴线、开间及室内房间布置等,并核对各分尺寸之和是否等于总尺寸。

⑤ 熟悉立面图、剖面图,核对平、立、剖面图之间有无矛盾。

⑥ 查看大样详图和构配件标准图集,了解细部的具体做法。

2. 搜集有关文件和资料

定额计价需要收集有关文件和资料,主要包括施工组织设计、概预算定额、费用定额材料价格信息、建设工程施工合同、预算计算手册等。这些文件和资料是定额计价必不可少的依据。

3. 列项

即写出组成该工程的各分项工程的名称。对于初搞预算的人员，可以根据概预算定额手册中的各分项工程项目从前到后逐一筛选，以防漏项。列项的正确与否，直接关系到工程计价的准确性。

4. 计算工程量

工程量是编制预算的基本数据，其计算的准确程度直接影响到工程造价。加之计算工程量的工作量很大，而且将影响到与之关联的一系列数据，如计划、统计、劳动力、材料等，因此，必须认真、细致地进行这项工作。

5. 套用定额单价计算直接工程费和技术措施费

工程量计算经核对无误，且无重复和缺漏，即可进行套用定额单价。套用单价时应注意以下问题：

(1) 一般情况下，设计图纸所采用的分部分项工程内容与单价表所列的分部分项工程内容一致，可直接套用定额基价。

(2) 分部分项工程套单价时，需按定额进行换算。因为任何定额本身或单位估价表的制定，都是按照一般情况综合考虑的，存在缺项和不完全符合图纸要求的地方。

(3) 对缺项定额子目，要编制补充定额。

6. 工料分析及汇总

根据已经填写好的预算表中的所有分项工程，按分项工程在定额中的编号顺序，逐项从建筑工程消耗量定额中查出各分项工程计量单位对应的各种材料、人工和机械的数量；然后分别乘以该分项工程的工程量，计算出各分项工程的各种材料、人工和机械消耗数量，再按各种不同的材料规格、工种、机械型号，分别汇总，计算出该单位工程所需的各种材料、人工和机械的总数量。工料分析一般均以表格形式进行。

7. 计算工程造价及计算技术经济指标

在项目工程量、单位经复查均无误后，即可进行各项费用的计算，经逐步汇总得到单位工程造价。

技术经济指标的计算，应结合各种单位工程特点，采用不同的计算单位。一般土建工程按房屋的建筑面积(m^2)或房屋的建筑体积(m^3)计算，其计算公式如下：

每立方米建筑面积造价指标：工程预算总造价/建筑面积；

每立方米建筑体积造价指标：工程预算总造价/建筑体积；

每平方米建筑面积人工消耗指标：人工消耗总量/建筑面积；

每平方米建筑面积主要材料消耗量指标：相应各材料消耗总量/建筑面积。

8. 编写编制说明，填计价书封皮、整理计价书

工程造价计算完成后，要写好编制说明，以使有关方面了解计价依据、编制情况以及存在的问题、考虑处理的方法。另外，根据计价结果填好计价封皮，并依据定额计价书的一般顺序格式装订成册。

单位工程预算编制说明一般应包括以下一些内容：

(1) 编制依据：采用的图纸名称、编号和技术交底中的设计变更；采用的预算定额和单位估价表以及材料、设备预算价格；采用的各项费用标准、材料价格调差等有关文件名称和文号；采用的施工组织设计或施工方案。

(2) 设计图纸是否考虑修改或会审记录情况。

(3) 遗留项目或暂估项目有哪些,并说明原因。

(4) 存在的问题及处理意见。

(5) 其他需要说明的事项。

(二) 定额计价(施工图预算)书的一般格式及装订顺序

在定额计价的步骤中,单位工程的取费、直接工程费计算、技术措施费计算、分项工程量计算、工料分析,通常都是在表格中计算的。定额计价(施工图预算)编制的各步骤完成后,应将各种编制表格按照封面、编制说明、工程取费表、工程预算表、工料机汇总及差价调整、工程量计算表和工料分析表等这样的顺序从前往后装订成册,形成一份完整的定额计价文件(施工图预算书)。定额计价书的一般格式及装订顺序如图 3-4-1、表 3-4-1～表 3-4-5 所示。

建筑工程(　　)算书

建设单位:	施工单位:
工程名称:	建筑面积: 结构形式:
工程造价:	单方造价:
编制:	时间:

图 3-4-1　定额计价文件封面示意图

表 3-4-1　建筑工程总价表　　　　第　　页 共　　页

序号	费用名称	单位	取费基数	费率	预算费用
1	直接工程费				
2	技术措施费				
3	组织措施费				
4	直接费小计				
5	企业管理费				
6	规费				
7	间接费小计				
8	利润				
9	价差				
10	税金				
11	工程造价				

表 3-4-2　建筑工程(　　)算表

第　　页 共　　页

序号	定额编号	工程项目名称	单位	数量	预算价值		总价	
					定额基价	其中人工费	总价	其中人工费

表 3-4-3　建筑工程材差计算表

第　　页 共　　页

序号	材料名称	单位	数量	市场单价	预算单价	材料差价	备注

表 3-4-4　工程量计算表

第　　页共　　页

定额编号	设计图号和部位	工程名称及计算公式	单位	数量

表 3-4-5　工料分析表

第　　页共　　页

序号	定额编号	分项工程名称	计量单位	工程数量	综合工日		材料名称						机械台班							
					定额	数量	定额	数量	定额	数量	定额	数量	定额	数量	定额	数量	定额	数量	…	…

学习情境 2　建筑工程定额计价工程量计算

行动领域 5　工程列项

一、工程列项

(一) 列项的意义

工程列项也就是根据定额手册，把组成本工程的各个施工过程或分项工程名称写出来。完整的建筑工程计价，应该有完整与正确的分项工程列项，分项工程项目是构成建筑工程的最基本单元。一个工程项目的费用，笼统地说就是若干分项工程的费用之和。一般情况下，计价中出现了漏项或重复项目，就是指漏掉了分项工程项目或重复计算有些分项项目，就会造成费用少算或多算。

(二) 列项的方法

建筑工程定额计价列项就是指施工图预算的项目划分，一般常有以下几种方法：

1. 按施工顺序

按施工顺序列项就是按照施工过程中各施工的先后次序，结合定额的项目设置进行列项。例如，基础施工顺序为：平整场地—基础土方开挖，浇灌基础垫层—基础砌筑—基础防潮层或地圈梁—土方回填夯实等。基础工程项目就可列为：平整场地、土方开挖、混凝土垫层、基础砌筑、基础防潮层或地圈梁、基槽或基坑土方回填夯实。这种方法要求列项人应有施工经验，否则容易漏项。

2. 按定额顺序

由于定额一般包含了工业与民用建筑的基本项目，所以，我们可以按照预算定额的分部分项项目的顺序翻看定额项目内容进行列项，若发现定额项目与施工图设计的内容一致，就列出这个项目，没有的就翻过去。这种列项方法比较适合初搞预算的人，采用该方法不容易漏项，建议刚开始从事预算工作的人采用这种方法。

3. 按图纸顺序

以施工图为主线，对应定额项目，施工图翻完，预算项目也就列完。比如，首先根据图纸设计说明，将说明中出现的项目与定额项目对应列出，然后再按施工图顺序一张一张地阅读，遇到新的项目就列出，直到看完全部图纸。

总之，列项的方法没有严格的界定，无论采用什么方式、方法列项，只要满足列项的基本要求即可。列项的基本要求是：全面反映设计内容，符合预算定额的有关规定，做到项目不重、不漏。

(三) 列项时应注意的问题

1. 列出的项目与定额项目应准确一致

列项是否准确，是通过判断按施工图列出的项目内容是否与定额包含的项目内容一致来检验的。如果列出的该项目与定额包含的项目内容一致，就直接列出；如果不一致，就按规定预算或再列出一个或多个项目；如果没有一致的，属于定额缺项，就要补充定额项目进行列项。

2. 漏项问题

漏项就是指预算列项时，漏掉了应该计算的工程项目内容。造成漏项的原因有以下几种：

(1) 对定额的不认识和对定额手册的熟悉程度问题

对定额知识不清楚或对预算定额手册不熟悉，必然造成对预算定额项目所包含的内容理解不清。比如，定额"门窗制安"项目中是否包括门窗上安装玻璃的费用，若包括就不用另列；若不包括，就要另外列项"门或窗上安玻璃"项。

(2) 施工图纸的读图与识读问题

没有认真熟悉施工图纸、看不懂施工图或粗心大意，认为反映图纸内容的项目已经列出，但实际上还是有内容没有列出。比如，女儿墙根部的细石混凝土泛水，若不注意或粗心就容易漏掉。

(3) 没有施工经验或不熟悉施工过程

有些施工内容在施工图纸中不能直观表达或不便表达，列项时以为将图纸上看见的内容都列出就可以了，但不知道有的施工内容在图纸中没有表达出来而在施工中却必须发生。如平整场地、基地钎探、原土打夯、余土外运、基槽(坑)回填和房心回填土等项目。

(四) 项目重复计算

项目重复计算的主要原因是对定额各项目包含的内容不够熟悉，而导致重复列项计算。只要充分熟悉预算定额的内容，就可以解决这个问题。

二、工程量的概念

工程量是以物理计量单位或自然计量单位所表示的各分项工程或结构构件的实物数量。物理计量单位是以分项工程或结构构件的物理属性为单位的计量单位。如长度、面积、体积和质量等。自然计量单位是指以客观存在的自然实体为单位的计量单位。如套、件、组、个、台和座等。

三、工程量的作用

(1) 工程量是计算工程造价的基础数据；

(2) 工程量是计算分部分项工程人工、材料、机械需要数量的基础数据；

(3) 工程量计算各项技术经济指标的基础数据；

(4) 工程量计算是进行工程计价的核心工作之一，其工作量占到整个预算工作的70%以上。

四、工程量计算的依据

(1) 现行建筑工程定额手册；

(2) 施工图及设计说明、相关图集、设计变更、图纸答疑、会审记录等；

(3) 工程施工合同、招标文件的商务条款；

(4) 施工组织设计或施工组织方案。

五、工程量的分类

工程量是以物理计量单位或自然计量单位表示的各分项工程(实体项目或措施项目)的具体数量。由于工程所处的设计阶段不同,工程施工所采用的施工工艺、施工组织方法的不同,在反映工程造价时会有不同类型的工程量,具体可以划分为以下几类。

(一) 设计工程量

设计工程量是指在可行性研究阶段或初步设计阶段为编制设计概算而根据初步设计图纸计算出的工程量。它一般由图纸工程量和设计阶段扩大工程量组成,其中,图纸工程量是按设计图纸的几何轮廓尺寸算出的,设计阶段扩大工程量是考虑设计工作的有限深度和误差,为留有余地而设置的工程量,它可根据分部分项工程的特点,以图纸工程量乘一定的系数求得。

(二) 施工超挖工程量

在施工过程中,由于生产工艺及产品质量的需要,往往需要进行一定的超挖,如土方工程中的放坡开挖、水利工程中的地基处理等,其施工超挖量的多少与施工方法、施工技术、管理水平及地质条件等因素有关。

(三) 施工附加量

施工附加量是指为完成本项工程而必须增加的工程量。例如:小断面圆形隧洞为满足交通需要扩挖下部而增加的工程量;隧洞工程为满足交通、放炮的需要设置洞内错车道、避炮洞所增加的工程量;为固定钢筋网而增加的工程量等。

(四) 施工超填工程量

施工超填工程量是指由于施工超挖量、施工附加量相应增加的回填工程量。

(五) 施工损失量

(1) 体积变化损失量。如:土石方填筑过程中的施工期沉陷而增加的工程量,混凝土体积收缩而增加的工程量等。

(2) 运输及操作损耗量。如混凝土、土石方在运输、操作过程中的损耗。

(3) 其他损耗量。如土石方填筑工程阶梯形施工后,按设计边坡要求的削坡损失工程量,接缝削坡损失工程量,混凝土防渗墙一、二期墙槽接头孔重复造孔及混凝土浇筑增加的工程量。

(六) 质量检查工程量

(1) 基础处理工程检查工程量。基础处理工程大多采用钻一定数量检查孔的方法进行质量检查。

(2) 其他检查工程量。如土石方填筑工程通常采用挖试坑的方法来检查其填筑成品方的干密度。

(七) 试验工程量

土石方工程为取得石料场爆破参数和土方碾压参数而进行的爆破试验、碾压试验而增加的工程量,为取得灌浆设计参数而专门进行的灌浆试验增加的工程量等。

(八) 措施项目工程量

为完成工程项目施工,发生于该工程施工前和施工过程中技术、生活、安全等方面的非工程实体项目的具体数量。如施工排水、降水工程量,大型机械进出场及安拆费工程量,现浇混凝土及预制混凝土构件模板工程量，脚手架搭拆工程量等。

阐述以上工程量的分类，主要是为理解工程量计算规则及准确报价服务的，因为在不同的定额、不同计算规则中有不同的规定，有些是在我国的现行定额中规定已列入定额中，有些有计入范围的限制，有些需单列项目计算等，这些在学习后面的工程量计算规则时应予注意。

行动领域6 工程量计算的方法

一、工程量计算的方法

(一) 工程量计算顺序

为避免漏算或重算、提高计算的准确程度，工程量的计算应按照一定的顺序进行。具体的计算顺序应根据具体工程和个人习惯来确定，一般有以下几种顺序。

1. 单位工程计算顺序

单位工程计算顺序一般按定额列项顺序计算，即按照定额手册上的分章或分部分项工程顺序来计算工程量。

2. 单个分部分项工程计算顺序

(1) 按照顺时针方向计算；

(2) 按“先横后竖、先上后下、先左后右”顺序计算；

(3) 按图纸分项编号顺序计算。

(二) 工程量计算的注意事项

(1) 工程量计算必须严格按照施工图进行计算；

(2) 工程量计算一定要遵循合理的计算顺序；

(3) 工程量计算必须严格按照规范规定的工程量计算规则计算；

(4) 工程量计算的项目必须与现行定额的项目一致；

(5) 工程量计算的计量单位必须与现行定额的计量单位一致。

二、工程量计算中常用的基数

基数是指在工程量计算过程中，许多项目的计算中反复、多次用到的一些基本数据。土建工程定额计价(施工图预算)中，工程量计算基数主要有外墙中心线($L_{中}$)、内墙净长线($L_{内}$)、外墙外边线($L_{外}$)、底层建筑面积($S_{底}$)，简称“三线一面”。

(一) 三线

(1) 外墙外边线($L_{外}$)：是指外墙外侧与外侧之间的距离。其计算式如下：

$$L_{外}=外墙定位轴线长+外墙定位轴线至外墙外侧的距离$$

(2) 外墙中心线($L_{中}$)：是指外墙中心线至中心之间的距离。其计算式如下：

$$L_{中}=外墙定位轴线+外墙定位轴线至外墙中心线的距离$$

(3) 内墙净长线($L_{内}$)：是指内墙与外墙(内墙)交点之间的距离。其计算式如下：

$$L_{内}=外墙定位轴线长-墙定位轴线至所在墙体内侧的距离$$

（二）一面

指建筑物底层建筑面积(S_1)，其计算公式见建筑面积计算规则。

在计算"三线一面"时，如果建筑物的各层平面布置完全一样，墙厚只有一种，那么只确定外墙中心线($L_中$)、内墙净长线($L_内$)、外墙外边线($L_外$)、底层建筑面积($S_底$)四个数据就可以了；如果某一建筑物的各层平面布置不同，墙体厚度有两种以上，那就要根据具体情况来确定基数。

【案例分析 3-6-1】　某办公室一层平面图，如图 3-6-1 基数计算示意图所示，墙厚 240 mm，轴线尺寸为中心线，要求计算基数三线一面。

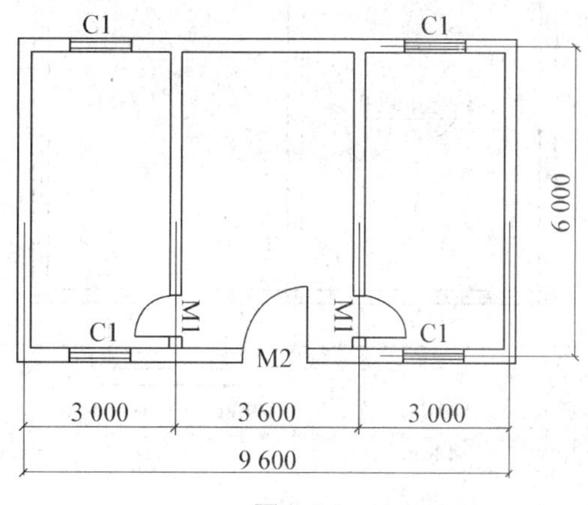

图 3-6-1

【解】　基数是指三线一面，三线是指：外墙外边线($L_外$)、外墙中心线($L_中$)、内墙中心线($L_内$)，一面是指建筑物底层建筑面积($S_底$)，计算过程如下：

$$L_外=[(9.6+0.24)+(6+0.24)]\times 2=32.16\ (m)$$

$$L_中=(9.6+6)\times 2=31.2\ (m)$$

$$L_内=(6-0.24)\times 2=11.52\ (m)$$

$$S_底=(9.6+0.24)\times 6.24=61.4\ (m^2)$$

【案例分析 3-6-2】　计算人工平整场地工程量

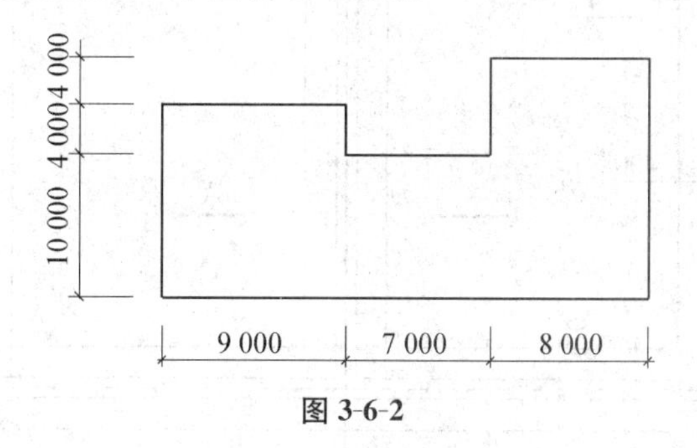

图 3-6-2

【解】　$S=S_底+2\times L_外+16=9\times 14+7\times 10+8\times 18+2\times (24\times 2+14+18+4+8)+16=540\ (m^2)$

【案例分析 3-6-3】　模拟情境，根据图示尺寸(图 3-6-3，3-6-4，3-6-5，3-6-6)计算写字楼施工图建筑及装饰工程量。

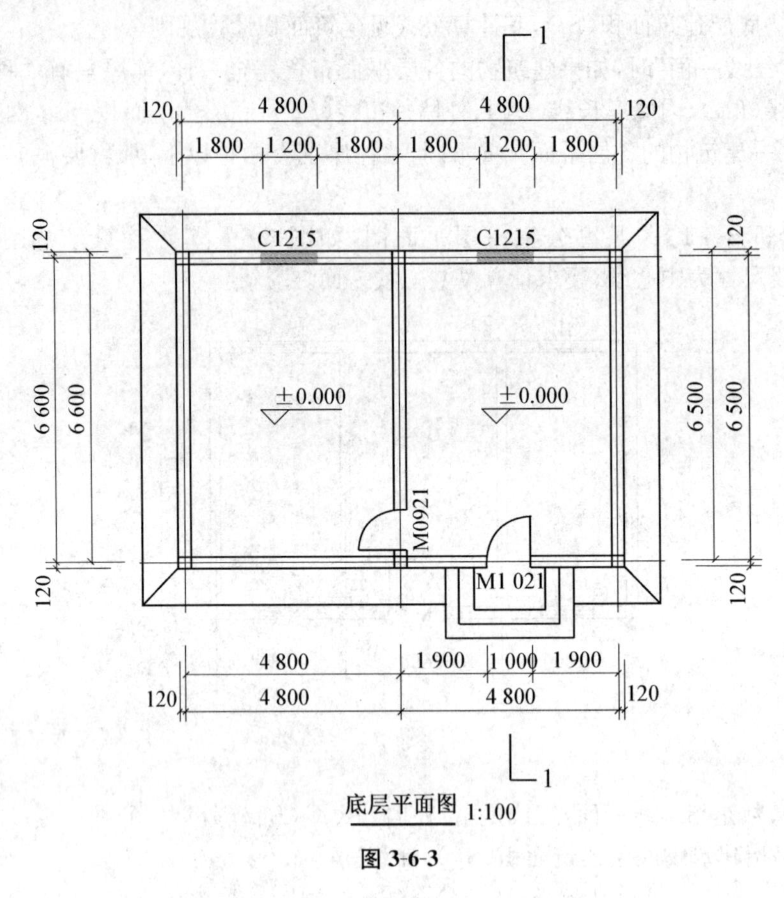

图 3-6-3

图 3-6-4

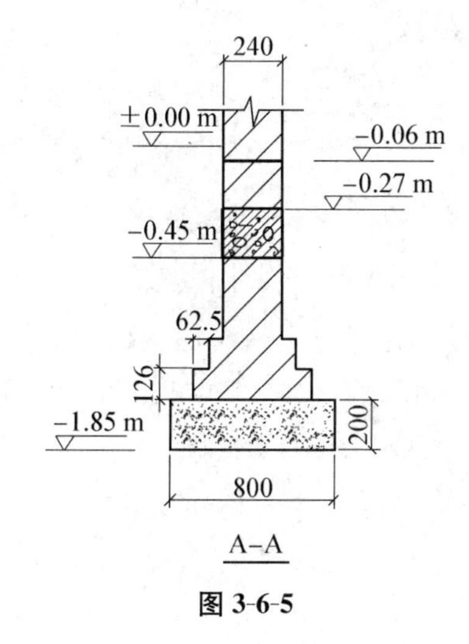

图 3-6-5

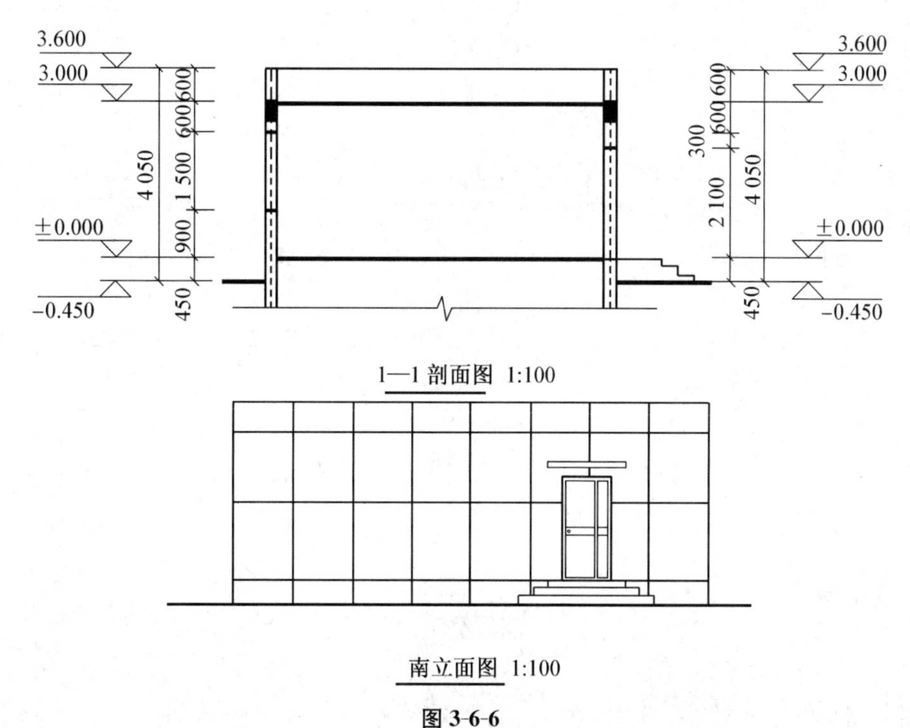

图 3-6-6

写字楼工程平立剖面图及基础图如图 3-6-4 和 3-6-5 所示，工程采用砖条形基础，240 mm 厚墙体，土壤类别三类土，−0. 06 m 处设墙基防潮层，在−0. 27 m 处设置 240 mm×180 mm 的地圈梁，屋面圈梁为 240 mm×300 mm(外墙设置)，现浇板厚 100 mm，采用铝合金门窗，M0921 的洞口尺寸为 900 mm×2 100 mm，M1021 的洞口尺寸为 1 000 mm×2 100 mm，C1215 的洞口尺寸为 1 200 mm×1 500 mm，过梁长为门窗洞口宽每边各加 0. 25 m，过梁截面为 240 mm×180 mm，地面采用块料面层，天棚内墙抹灰水泥砂浆，刮瓷。地面垫层 80 mm 厚，地面找平 20 mm 厚，块料面层20 mm厚，基础垫层 C10，现浇混凝土梁板为 C25。弃土及取土均在 100 m 的场地。屋面采用1∶3水泥找平，铺贴卷材防水层。

试计算写字楼建筑装饰工程量。

写字楼工程预算

【解】

(1) 建筑面积=9.84×6.84=67.31 (m^2)

(2) 平整场地：

$$S_{平}=(A+4)(B+4)$$
$$=(9.6+0.24+4)\times(6.6+0.24+4)$$
$$=13.84\times10.84=150.03\ (m^2)$$

(3) 人工挖基槽：三类土，$c=300$ (mm)工作面

$h=1.8-0.45=1.35\ m<1.5\ m$，因为不放坡

$V_{槽}=(a+2c)\times h\times L$

$a=0.8\ m, c=0.3\ m, h=1.35\ m$

$L=L_{中}+L_{内}=(9.6+6.6)\times2+(6.6-0.8)=38.2\ (m)$

所以 $V_{槽}=(0.8+2\times0.3)\times1.35\ m\times38.2=72.20\ (m^3)$

(4) 砖基础 $V_{砖基毛}=[0.126\times(0.0625\times4+0.24)+0.126\times0.365+0.24\times1.398\ m]\times[(9.6+6.6)\times2+6.6-0.24]$

$$=(0.49\times0.126+0.365\times0.126+0.24\times1.348)\times38.76$$
$$=17.18\ (m^2)$$

应扣除地圈梁体积 $V_{地圈梁}=0.24\times0.18\times38.76=1.67\ (m^3)$

$V_{砖基}=17.18-1.67=15.5\ (m^3)$

(5) 基础回填土：$V_{总回填}=V_{基础}+V_{房心}$

① $V_{基回}=V_{挖槽}-V_{下埋}=V_{槽}-V_{砖基}-V_{垫}$

② $V_{垫层}=a\times h_{垫}\times L=0.8\times0.2\times38.2=6.11\ (m^3)$

③ $V_{室外下砖基}=17.18-0.24\times0.45\times38.76=12.99\ (m^3)$

因为 $V_{基础回填}=72.2-12.99-6.11$

$$=53.1\ m^3$$

$V_{房心回填}=S_{墙净}\times(h_1-h_{垫}-h_{找平层}-h_{面层})$

$$=[(4.8-0.24)\times(6.6-0.24)\times2](0.45-0.08-0.02-0.02)$$
$$=19.14\ m^3$$

所以总回填土方：$V_{回}=53.1+19.14=72.24\ m^3$

运土方：$V_{挖}-V_{填}=72.2-72.24=-0.04\ m^3$　所以应取土回填 0.04 m^3。

(6) 1∶2.5 水泥砂浆防潮层：

$S_{防}=L_{墙}\times b=38.76\times0.24=9.30\ (m^2)$

(7) 240 砖墙体积：(外墙高 3.6 m，内墙净高 3−0.1=2.9 m)

$V_{内}=(6.36\times2.9-0.9\times2.1)\times0.24-0.24\times0.18\times1.4=3.91\ (m^3)$

$V_{外}=[(9.6+6.6)\times2\times3.6-1.2\times1.5\times2-1\times2.1]\times0.24-0.24\times0.3\times[(9.6+6.6)\times2]-0.24\times0.18\times(1.7\times2+1.5)=24.09\ (m^3)$

合计 $V_{墙体}=28\ (m^3)$

(8) 铝合金门：0.9×2.1+1×2.1=3.99 (m^2)

(9) 铝合金窗：1.5×1.2×2 扇＝3.6 (m^2)

(10) 圈梁：V＝(9.6＋6.6)×2×0.24×0.3＝2.33 (m^3)

(11) 地圈梁：$V_{地圈梁}$＝0.24×0.18×38.76＝1.67 (m^3)

(12) 现浇平板：(9.6＋0.24)×(6.6＋0.24)×0.1＝10.524 (m^3)

(13) 地面水泥找平层：(4.8－0.24)×(6.6－0.24)×2＝58.0 (m^2)

(14) 块料面层：2×4.56×6.36＋0.9×0.24＋1×0.24＝58.46 (m^2)

(15) 天棚水泥砂浆：4.56×6.36×2＝58.00 (m^2)

(16) 天棚刮瓷：4.56×6.36×2＝58.00 (m^2)

(17) 块料踢脚线：S＝[(4.56＋6.36)×2－0.9]×0.15＋[(4.56＋6.36)×2－0.9]×0.15＋0.24×0.15×4＝3.74 (m^2)

(18) 内墙水泥砂浆：

S＝(4.56＋6.36)×2×2.9－0.9×2.1－1.2×1.5＋(4.56＋6.36)×2×2.9－0.9×2.1－1×2.1－1.2×1.5＝117.192 (m^3)

(19) 内墙刮瓷：

S＝(4.56＋6.36)×2×2.9－0.9×2.1－1.2×1.5＋(4.56＋6.36)×2×2.9－0.9×2.1－1×2.1－1.2×1.5＝117.192 (m^3)

(20) 外墙涂料：(9.84＋6.84)×2×3.6－1.2×1.5×2－1×2.1＝114.4 (m^2)

(21) 混凝土散水：800 mm 宽

S＝[(9.84＋1.6)×2－2.4]×0.8＋6.84×2×0.8＝27.33 (m^2)

(22) 屋面柔毡防水：(9.36＋6.36)×2×0.25＋9.36×6.36＝67.39 (m^2)

(23) 1∶3 水泥砂浆找平：9.36×6.36＝59.53 (m^2)

(24) 里脚手架：6.36×2.9＝18.44 (m^2)

(25) 外脚手架：(6.84＋9.84)×2×3.6＝120.10 (m^2)

(26) 混凝土斜坡：2.4×1.8＝4.32 (m^2)

(27) 圈梁模板：33.3 (m^2)

(28) 现浇板模板：93.72 (m^2)

(29) 垫层模板：8.43 (m^2)

(30) 屋面保温层平均 150 mm 厚：V＝9.36×6.36×0.15＝8.93 (m^3)

实训课题

1. 根据基础垫层图示尺寸(项目一图 1－1)，依据项目二实训课题 1 的已知条件，已知企业管理费 5.45%、利润 4%、税金 3.477%，人工工日信息价 47 元/工日，水泥信息价 450 元/t，中砂信息价 48 元/m^3，砾石信息价 93 元/m^3，

任务 1：计算材料差价、人工差价

任务 2：混凝土垫层工程造价

2. 某工程建筑物基础平面图及剖面图如项目一图 1－1 所示，已知，土壤类别二类土，自然地坪－0.3 m，工作面 C＝300 mm，放坡系数按 K＝0.5，试计算人工挖基坑土方定额计价工程量，并套用江西省定额基价计算直接工程费。

3. 根据项目一(图 1－1)尺寸，计算：

任务 1:独立基础 C25/40/42.5 混凝土基础工程量;

任务 2:已知自然地坪标高－0.3 m,柱 400 mm×500 mm,根据定额计算规则,计算人工回填土定额计价工程量及余土外运(100 m 运距)工程量;

任务 3:套用各分部分项工程量定额基价,计算直接工程费合价并列出工程预算表。(包括人工挖基坑直接工程费)

复习思考题

1. 简述建筑安装工程费用构成。
2. 分别简述定额计价费用构成及工程量清单计价费用构成。
3. 建筑工程计价程序与方法是什么?
4. 工程量的概念?举例说明工程量计算方法。

项目四　建筑工程预算

【学习目标】

(1) 识读建筑结构施工图纸。

(2) 掌握建筑工程工程量计算规则与定额应用、掌握建筑面积计算规则。

(3) 具有正确计算建筑工程造价的能力。

【能力要求】

(1) 学会应用定额规范和施工图纸,计算不同结构类型的工业与民用建筑工程造价。

(2) 在工作情境中学习建筑工程计量计价的基本知识和实践操作技巧,逐步具备和增强计量计价工作的岗位意识和职责意识。

学习情境　建筑工程工程量计算规则与定额应用

行动领域1　建筑面积计算

一、建筑面积的相关知识

1. 建筑面积的概念

建筑面积是指建筑物(包括墙体)所形成的楼地面面积(即建筑面积应按自然层外墙结构外围水平面积之和计算。建筑面积是由使用面积、辅助面积和结构面积组成)。例如:住宅中的卧室及客厅、教学楼中的教室及办公室所占用的面积为使用面积;走廊、阳台所占用的面积为辅助面积;建筑物的墙、柱等所占用的面积为结构面积。

建筑面积包括附属于建筑物的室外阳台、雨篷、檐廊、室外走廊、室外楼梯等。

2. 自然层

按楼地面结构分层的楼层。

3. 结构层高

楼面或地面结构层上表面至上部结构层上表面之间的垂直距离。

4. 围护结构

围合建筑空间的墙体、门、窗。

5. 建筑空间

以建筑界面限定的、供人们生活和活动的场所。

具备可出入、可利用条件(设计中可能标明了使用用途,也可能没有标明使用用途或使用用途不明确)的围合空间,均属于建筑空间。

6. 结构净高

楼面或地面结构层上表面至上部结构层下表面之间的垂直距离。

7. 围护设施

为保障安全而设置的栏杆、栏板等围挡。

8. 地下室

室内地平面低于室外地平面的高度超过室内净高的1/2的房间。

9. 半地下室

室内地平面低于室外地平面的高度超过室内净高的1/3,且不超过1/2的房间。

10. 架空层

仅有结构支撑而无外围护结构的开敞空间层。

11. 走廊

建筑物中的水平交通空间。

12. 架空走廊

专门设置在建筑物的二层或二层以上,作为不同建筑物之间水平交通的空间。

13. 结构层

特指整体结构体系中承重的楼层,包括板、梁等构件。结构层承受整个楼层的全部荷载,并对楼层的隔声、防火等起主要作用。

整体结构体系中承重的楼板层。

14. 落地橱窗

落地橱窗是指在商业建筑临街面设置的下槛落地、可落在室外地坪也可落在室内首层地板,用来展览各种样品的玻璃窗。

突出外墙面且根基落地的橱窗。

15. 凸窗(飘窗)

凸窗(飘窗)既作为窗,就有别于楼(地)板的延伸,也就是不能把楼(地)板延伸出去的窗称为凸窗(飘窗)。凸窗(飘窗)的窗台应只是墙面的一部分且距(楼)地面应有一定的高度。

凸出建筑物外墙面的窗户。

16. 檐廊

檐廊是附属于建筑物底层外墙有屋檐作为顶盖,其下部一般有柱或栏杆、栏板等的水平交通空间。

建筑物挑檐下的水平交通空间。

17. 挑廊

挑出建筑物外墙的水平交通空间。

18. 门斗

建筑物入口处两道门之间的空间。

19. 雨篷

雨篷是指建筑物出入口上方、凸出墙面、为遮挡雨水而单独设立的建筑部件。雨篷划分为有柱雨篷(包括独立柱雨篷、多柱雨篷、柱墙混合支撑雨篷、墙支撑雨篷)和无柱雨篷(悬挑雨篷)。如凸出建筑物,且不单独设立顶盖,利用上层结构板(如楼板、阳台底板)进行遮挡,则不视为雨篷,不计算建筑面积。对于无柱雨篷,如顶盖高度达到或超过两个楼层时,也不视为雨篷,不计算建筑面积。

建筑出入口上方为遮挡雨水而设置的部件。

20. 门廊

门廊在建筑物出入口,无门、三面或二面有墙。

建筑物入口前有顶棚的半围合空间。

21. 楼梯

由连续行走的梯级、休息平台和维护安全的栏杆(或栏板)、扶手以及相应的支托结构组成的作为楼层之间垂直交通使用的建筑部件。

22. 阳台

附设于建筑物外墙,设有栏杆或栏板,可供人活动的室外空间。

23. 主体结构

接受、承担和传递建设工程所有上部荷载,维持上部结构整体性、稳定性和安全性的有机联系的构造。

24. 变形缝

变形缝是指在建筑物因温差、不均匀沉降以及地震而可能引起结构破坏变形的敏感部位或其他必要的部位,预先设缝将建筑物断开,令断开后建筑物的各部分成为独立的单元,或者是划分为简单、规则的段,并令各段之间的缝达到一定的宽度,以能够适应变形的需要。根据外界破坏因素的不同,变形缝一般分为伸缩缝、沉降缝、抗震缝三种。

防止建筑物在某些因素作用下引起开裂甚至破坏而预留的构造缝。

25. 骑楼

骑楼是指沿街二层以上用承重柱支撑骑跨在公共人行空间之上,其底层沿街面后退的建筑物。

建筑底层沿街面后退且留出公共人行空间的建筑物。

26. 过街楼

过街楼是指当有道路在建筑群穿过时为保证建筑物之间的功能联系,设置跨越道路上空使两边建筑相连接的建筑物。

跨越道路上空并与两边建筑相连接的建筑物。

27. 建筑物通道

为穿过建筑物而设置的空间。

28. 露台

露台应满足四个条件:一是位置,设置在屋面、地面或雨篷顶,二是可出入,三是有围护设施,四是无盖,这四个条件须同时满足。如果设置在首层并有围护设施的平台,且其上层为同体量阳台,则该平台应视为阳台,按阳台的规则计算建筑面积。

设置在屋面、首层地面或雨篷上的供人室外活动的有围护设施的平台。

29. 勒脚

在房屋外墙接近地面部位设置的饰面保护构造。

30. 台阶

台阶是指建筑物出入口不同标高地面或同楼层不同标高处设置的供人行走的阶梯式连

接构件。室外台阶还包括与建筑物出入口连接处的平台。

联系室内外地坪或同楼层不同标高而设置的阶梯形踏步。

二、建筑面积计算规范

(一) 计算建筑面积的规定

(1) 建筑物的建筑面积应按自然层外墙结构外围水平面积之和计算。结构层高在2.20 m及以上的，应计算全面积；结构层高在2.20 m以下的，应计算1/2面积。

建筑面积计算，在主体结构内形成的建筑空间，满足计算面积结构层高要求的均应按本条规定计算建筑面积。主体结构外的室外阳台、雨篷、檐廊、室外走廊、室外楼梯等按相应条款计算建筑面积。当外墙结构本身在一个层高范围内不等厚时，以楼地面结构标高处的外围水平面积计算。

(2) 建筑物内设有局部楼层时，对于局部楼层的二层及以上楼层，有围护结构的应按其围护结构外围水平面积计算，无围护结构的应按其结构底板水平面积计算。结构层高在2.20 m及以上的，应计算全面积；结构层高在2.20 m以下的，应计算1/2面积。

建筑物内的局部楼层见图4-1-1。

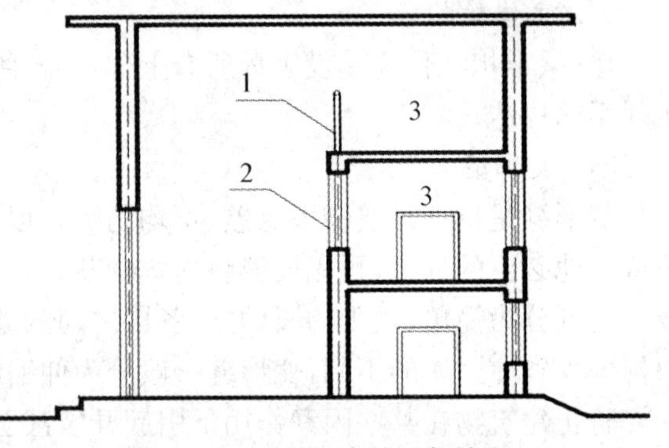

图4-1-1　建筑物内的局部楼层

1—围护设施；2—围护结构；3—局部楼层

(3) 形成建筑空间的坡屋顶，结构净高在2.10 m及以上的部位应计算全面积；结构净高在1.20 m及以上至2.10 m以下的部位应计算1/2面积；结构净高在1.20 m以下的部位不应计算建筑面积。

(4) 场馆看台下的建筑空间，结构净高在2.10 m及以上的部位应计算全面积；结构净高在1.20 m及以上至2.10 m以下的部位应计算1/2面积；结构净高在1.20 m以下的部位不应计算建筑面积。室内单独设置的有围护设施的悬挑看台，应按看台结构底板水平投影面积计算建筑面积。有顶盖无围护结构的场馆看台应按其顶盖水平投影面积的1/2计算面积。

场馆看台下的建筑空间因其上部结构多为斜板，所以采用净高的尺寸划定建筑面积的计算范围和对应规则。室内单独设置的有围护设施的悬挑看台，因其看台上部设有顶盖且可供人使用，所以按看台板的结构底板水平投影计算建筑面积。“有顶盖无围护结构的场馆看台”所称的“场馆”为专业术语，指各种“场”类建筑，如：体育场、足球场、网球场、带看台的风雨操场等。

(5) 地下室、半地下室应按其结构外围水平面积计算。结构层高在2.20 m及以上的，应计算全面积；结构层高在2.20 m以下的，应计算1/2面积。

地下室作为设备、管道层按本规范第3.0.26条执行；地下室的各种竖向井道按本规范第3.0.19条执行；地下室的围护结构不垂直于水平面的按本规范第3.0.18条规定执行。

(6) 出入口外墙外侧坡道有顶盖的部位，应按其外墙结构外围水平面积的1/2计算面积。

出入口坡道分有顶盖出入口坡道和无顶盖出入口坡道，出入口坡道顶盖的挑出长度，为顶盖结构外边线至外墙结构外边线的长度；顶盖以设计图纸为准，对后增加及建设单位自行增加的顶盖等，不计算建筑面积。顶盖不分材料种类（如钢筋混凝土顶盖、彩钢板顶盖、阳光板顶盖等）。地下室出入口如图 4-1-2 所示。

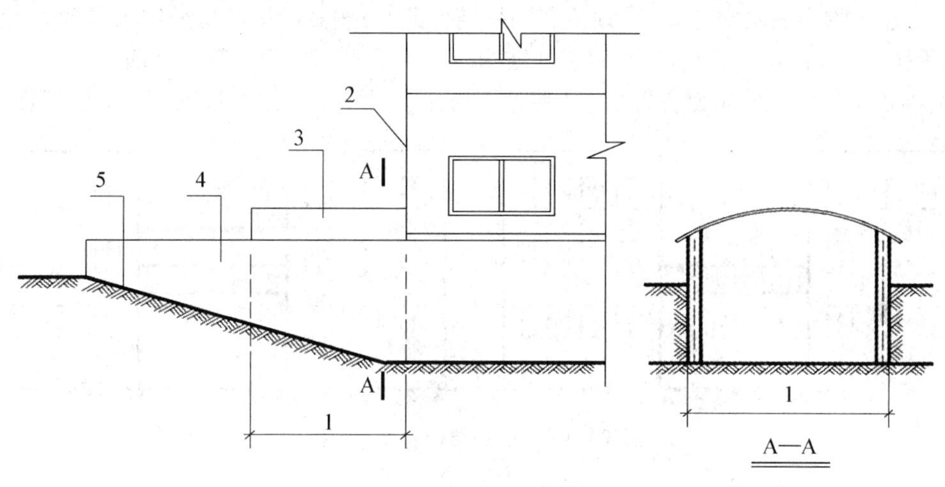

图 4-1-2　地下室入口

1—计算 1/2 投影面积部位；2—主体建筑；3—出入口　　；4—封闭出入口侧墙；5—出入口坡道

（7）建筑物架空层及坡地建筑物吊脚架空层，应按其顶板水平投影计算建筑面积。结构层高在 2.20 m 及以上的，应计算全面积；结构层高在 2.20 m 以下的，应计算 1/2 面积。

本条既适用于建筑物吊脚架空层、深基础架空层建筑面积的计算，也适用于目前部分住宅、学校教学楼等工程在底层架空或在二楼或以上某个甚至多个楼层架空，作为公共活动、停车、绿化等空间的建筑面积的计算。架空层中有围护结构的建筑空间按相关规定计算。建筑物吊脚架空层如图 4-1-3 所示。

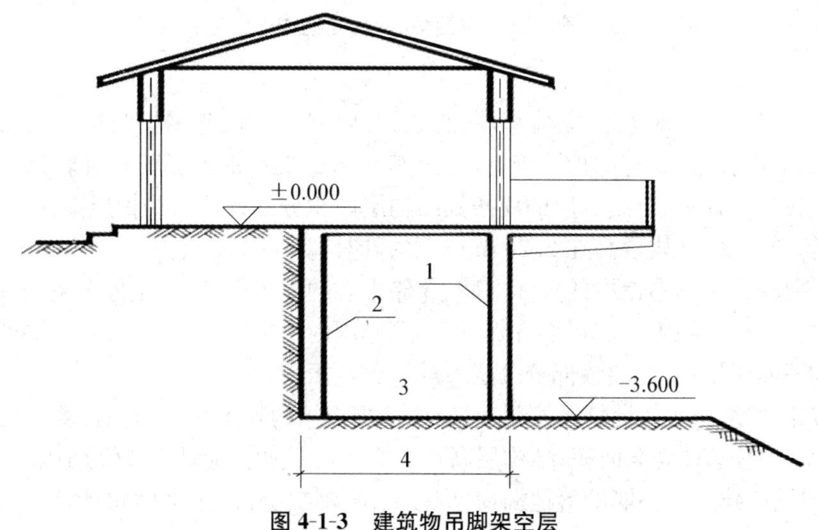

图 4-1-3　建筑物吊脚架空层

1—柱；2—墙；3—吊脚架空层；4—计算建筑面积部位

(8) 建筑物的门厅、大厅应按一层计算建筑面积，门厅、大厅内设置的走廊应按走廊结构底板水平投影面积计算建筑面积。结构层高在 2.20 m 及以上的，应计算全面积；结构层高在 2.20 m 以下的，应计算 1/2 面积。

(9) 建筑物间的架空走廊，有顶盖和围护结构的，应按其围护结构外围水平面积计算全面积；无围护结构、有围护设施的，应按其结构底板水平投影面积计算 1/2 面积。

无围护结构的架空走廊如图 4-1-4 所示。有围护结构的架空走廊如图 4-1-5 所示。

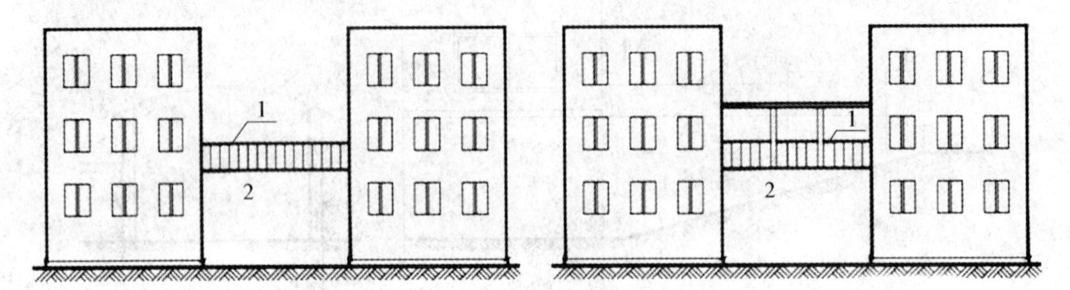

图 4-1-4　无围护结构的架空走廊

1—栏杆；2—架空走廊

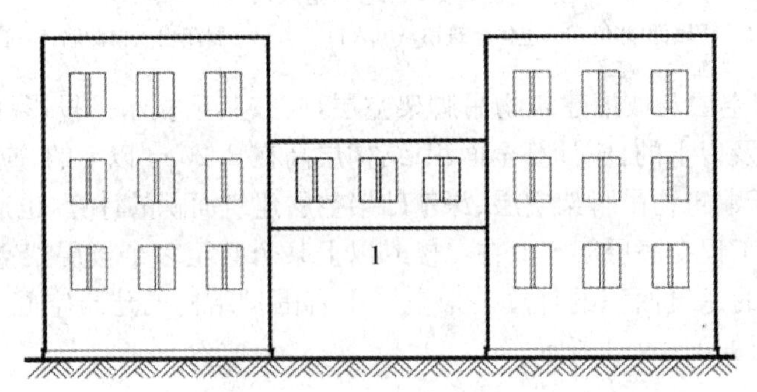

图 4-1-5　有围护结构的架空走廊

1—架空走廊

(10) 立体书库、立体仓库、立体车库，有围护结构的，应按其围护结构外围水平面积计算建筑面积；无围护结构、有围护设施的，应按其结构底板水平投影面积计算建筑面积。无结构层的应按一层计算，有结构层的应按其结构层面积分别计算。结构层高在 2.20 m 及以上的，应计算全面积；结构层高在 2.20 m 以下的，应计算 1/2 面积。

本条主要规定了图书馆中的立体书库、仓储中心的立体仓库、大型停车场的立体车库等建筑的建筑面积计算规定。起局部分隔、存储等作用的书架层、货架层或可升降的立体钢结构停车层均不属于结构层，故该部分分层不计算建筑面积。

(11) 有围护结构的舞台灯光控制室，应按其围护结构外围水平面积计算。结构层高在 2.20 m 及以上的，应计算全面积；结构层高在 2.20 m 以下的，应计算 1/2 面积。

(12) 附属在建筑物外墙的落地橱窗，应按其围护结构外围水平面积计算。结构层高在 2.20 m 及以上的，应计算全面积；结构层高在 2.20 m 以下的，应计算 1/2 面积。

(13) 窗台与室内楼地面高差在 0.45 m 以下且结构净高在 2.10 m 及以上的凸(飘)窗，应按其围护结构外围水平面积计算 1/2 面积。

(14) 有围护设施的室外走廊(挑廊),应按其结构底板水平投影面积计算 1/2 面积;有围护设施(或柱)的檐廊,应按其围护设施(或柱)外围水平面积计算 1/2 面积。

檐廊如图 4-1-6 所示。

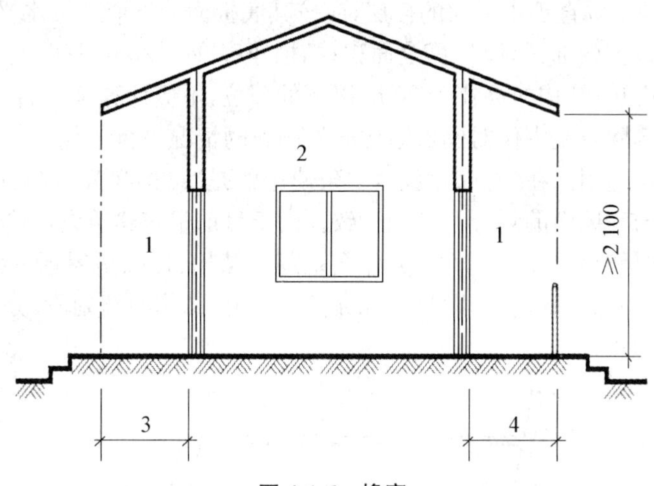

图 4-1-6　檐廊

1—檐廊;2—室内;3—不计算建筑面积部位;4—计算 1/2 建筑面积部位

(15) 门斗应按其围护结构外围水平面积计算建筑面积。结构层高在 2.20 m 及以上的,应计算全面积;结构层高在 2.20 m 以下的,应计算 1/2 面积。

门斗如图 4-1-7 所示。

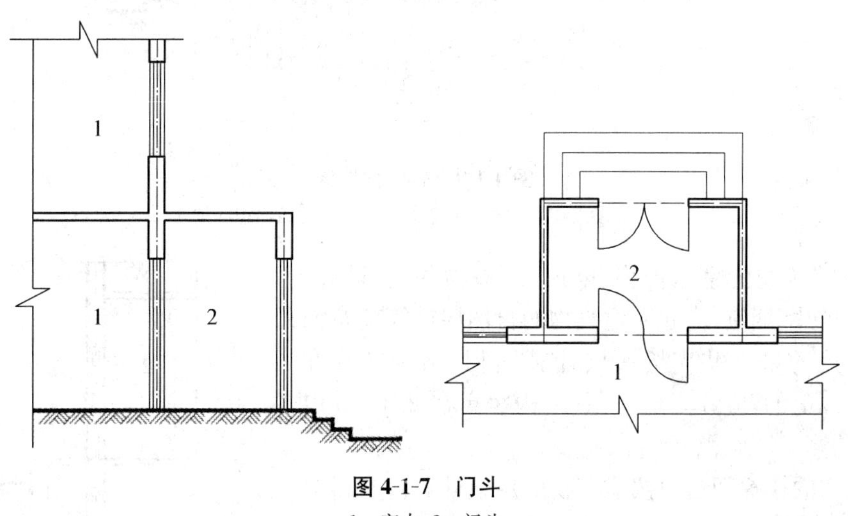

图 4-1-7　门斗

1—室内;2—门斗

(16) 门廊应按其顶板的水平投影面积的 1/2 计算建筑面积;有柱雨篷应按其结构板水平投影面积的 1/2 计算建筑面积;无柱雨篷的结构外边线至外墙结构外边线的宽度在 2.10 m及以上的,应按雨篷结构板的水平投影面积的 1/2 计算建筑面积。

雨篷分为有柱雨篷和无柱雨篷。有柱雨篷,没有出挑宽度的限制,也不受跨越层数的限制,均计算建筑面积。无柱雨篷,其结构板不能跨层,并受出挑宽度的限制,设计出挑宽度大于或等于 2.10 m 时才计算建筑面积。出挑宽度,系指雨篷结构外边线至外墙结构外边线的宽度，弧形或异形时，取最大宽度。

(17) 设在建筑物顶部的、有围护结构的楼梯间、水箱间、电梯机房等，结构层高在2.20 m及以上的应计算全面积；结构层高在2.20 m以下的，应计算1/2面积。

(18) 围护结构不垂直于水平面的楼层，应按其底板面的外墙外围水平面积计算。结构净高在2.10 m及以上的部位，应计算全面积；结构净高在1.20 m及以上至2.10 m以下的部位，应计算1/2面积；结构净高在1.20 m以下的部位，不应计算建筑面积。

本规范的2005版条文中仅对围护结构向外倾斜的情况进行了规定，本次修订后条文对于向内、向外倾斜均适用。在划分高度上，本条使用的是"结构净高"，与其他正常平楼层按层高划分不同，但与斜屋面的划分原则相一致。由于目前很多建筑设计追求新、奇、特，造型越来越复杂，很多时候根本无法明确区分什么是围护结构、什么是屋顶，因此对于斜围护结构与斜屋顶采用相同的计算规则，即只要外壳倾斜，就按结构净高划段，分别计算建筑面积。斜围护结构见图4-1-8。

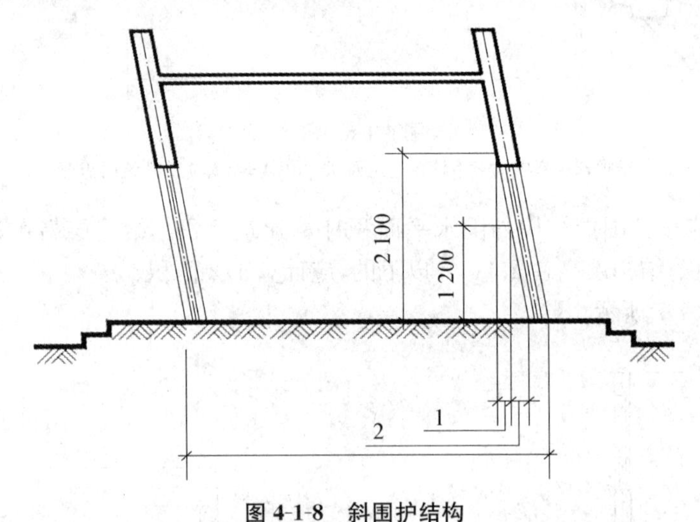

图4-1-8 斜围护结构

1—计算1/2建筑面积部位；2—不计算建筑面积部位

(19) 建筑物的室内楼梯、电梯井、提物井、管道井、通风排气竖井、烟道，应并入建筑物的自然层计算建筑面积。有顶盖的采光井应按一层计算面积，结构净高在2.10 m及以上的，应计算全面积；结构净高在2.10 m以下的，应计算1/2面积。

建筑物的楼梯间层数按建筑物的层数计算。有顶盖的采光井包括建筑物中的采光井和地下室采光井。地下室采光井见图4-1-9。

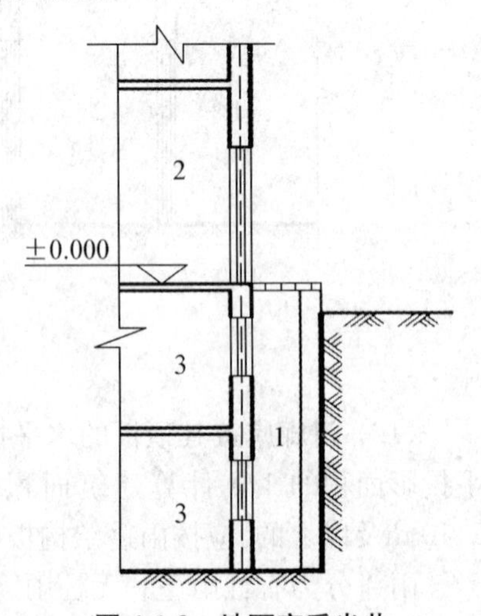

图4-1-9 地下室采光井

1—采光井；2—室内；3—地下室

(20) 室外楼梯应并入所依附建筑物自然层，并应按其水平投影面积的1/2计算建筑面积。

室外楼梯作为连接该建筑物层与层之间交通不可缺少的基本部件，无论从其功能、还是工程计价的要求来说，均需计算建筑面积。层数为室外楼梯所依附的楼层数,即梯段部分投影到建筑物范围的层数。利用室外楼梯下部的建筑空间不得重复计算建筑面积;利用地势砌筑的为室外踏步,不计算建筑面积。

(21) 在主体结构内的阳台,应按其结构外围水平面积计算全面积;在主体结构外的阳台,应按其结构底板水平投影面积计算 1/2 面积。

建筑物的阳台,不论其形式如何,均以建筑物主体结构为界分别计算建筑面积。

(22) 有顶盖无围护结构的车棚、货棚、站台、加油站、收费站等,应按其顶盖水平投影面积的 1/2 计算建筑面积。

(23) 以幕墙作为围护结构的建筑物,应按幕墙外边线计算建筑面积。

幕墙以其在建筑物中所起的作用和功能来区分,直接作为外墙起围护作用的幕墙,按其外边线计算建筑面积;设置在建筑物墙体外起装饰作用的幕墙,不计算建筑面积。

(24) 建筑物的外墙外保温层,应按其保温材料的水平截面积计算,并计入自然层建筑面积。

为贯彻国家节能要求,鼓励建筑外墙采取保温措施,本规范将保温材料的厚度计入建筑面积,但计算方法较 2005 年规范有一定变化。建筑物外墙外侧有保温隔热层的,保温隔热层以保温材料的净厚度乘以外墙结构外边线长度按建筑物的自然层计算建筑面积,其外墙外边线长度不扣除门窗和建筑物外已计算建筑面积构件(如阳台、室外走廊、门斗、落地橱窗等部件)所占长度。当建筑物外已计算建筑面积的构件(如阳台、室外走廊、门斗、落地橱窗等部件)有保温隔热层时,其保温隔热层也不再计算建筑面积。外墙是斜面者按楼面楼板处的外墙外边线长度乘以保温材料的净厚度计算。外墙外保温以沿高度方向满铺为准,某层外墙外保温铺设高度未达到全部高度时(不包括阳台、室外走廊、门斗、落地橱窗、雨篷、飘窗等),不计算建筑面积。保温隔热层的建筑面积是以保温隔热材料的厚度来计算的,不包含抹灰层、防潮层、保护层(墙)的厚度。建筑外墙外保温见图 4-1-10。

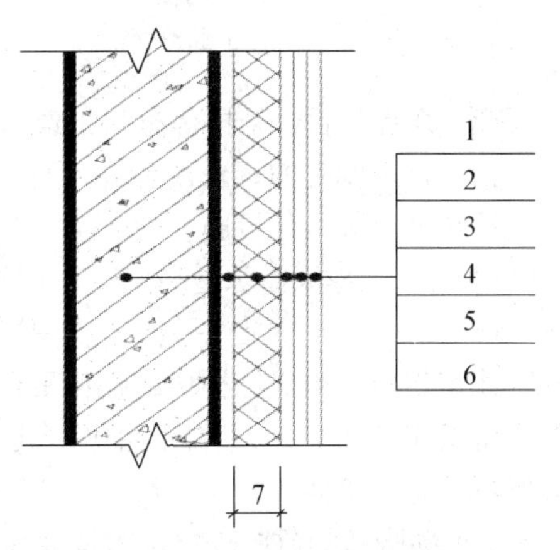

图 4-1-10　建筑外墙外保温

1—墙体;2—粘结胶浆;3—保温材料;4—标准网;5—加强网;6—抹面胶浆;7—计算建筑面积部位

(25) 与室内相通的变形缝,应按其自然层合并在建筑物建筑面积内计算。对于高低联跨的建筑物,当高低跨内部连通时,其变形缝应计算在低跨面积内。

本规范所指的与室内相通的变形缝,是指暴露在建筑物内,在建筑物内可以看得见的变形缝。

(26) 对于建筑物内的设备层、管道层、避难层等有结构层的楼层,结构层高在 2.20 m 及以上的,应计算全面积;结构层高在 2.20 m 以下的,应计算 1/2 面积。

设备层、管道层虽然其具体功能与普通楼层不同,但在结构上及施工消耗上并无本质区别,且本规范定义自然层为“按楼地面结构分层的楼层”,因此设备、管道楼层归为自然层,其计算规则与普通楼层相同。在吊顶空间内设置管道的,则吊顶空间部分不能被视为设备层、管道层。

(二) 不计算建筑面积的规定

(1) 与建筑物内不相连通的建筑部件。

指依附于建筑物外墙外不与户室开门连通，起装饰作用的敞开式挑台(廊)、平台，以及不与阳台相通的空调室外机搁板(箱)等设备平台部件。

(2) 骑楼、过街楼底层的开放公共空间和建筑物通道。

骑楼如图 4-1-11 所示，过街楼如图 4-1-12 所示。

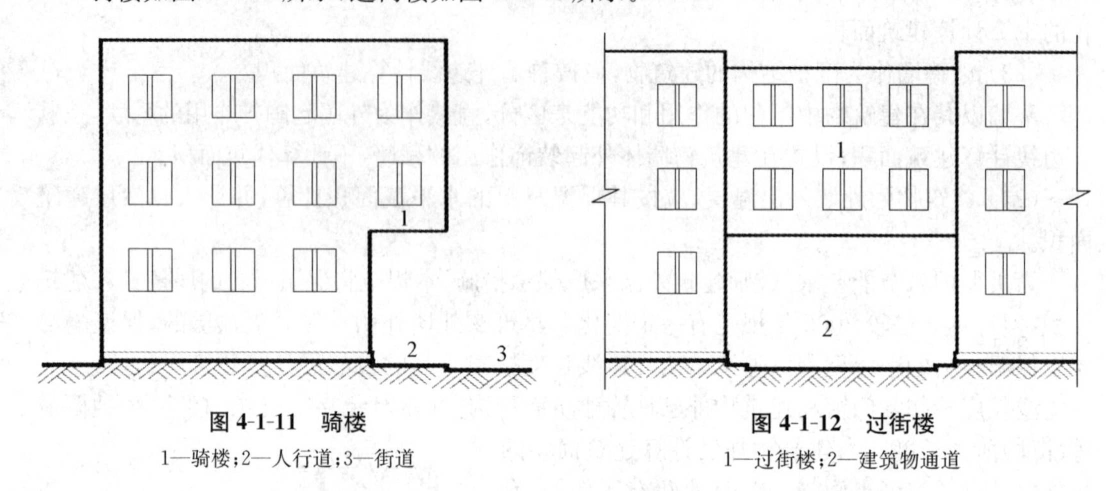

图 4-1-11　骑楼

1—骑楼；2—人行道；3—街道

图 4-1-12　过街楼

1—过街楼；2—建筑物通道

(3) 舞台及后台悬挂幕布和布景的天桥、挑台等。

指的是影剧院的舞台及为舞台服务的可供上人维修、悬挂幕布、布置灯光及布景等搭设的天桥和挑台等构件设施。

(4) 露台、露天游泳池、花架、屋顶的水箱及装饰性结构构件。

(5) 建筑物内的操作平台、上料平台、安装箱和罐体的平台。

建筑物内不构成结构层的操作平台、上料平台(包括工业厂房、搅拌站和料仓等建筑中的设备操作控制平台、上料平台等)，其主要作用为室内构筑物或设备服务的独立上人设施，因此不计算建筑面积。

(6) 勒脚、附墙柱、垛、台阶、墙面抹灰、装饰面、镶贴块料面层、装饰性幕墙，主体结构外的空调室外机搁板(箱)、构件、配件，挑出宽度在 2.10 m 以下的无柱雨篷和顶盖高度达到或超过两个楼层的无柱雨篷。

附墙柱是指非结构性装饰柱。

(7) 窗台与室内地面高差在 0.45 m 以下且结构净高在 2.10 m 以下的凸(飘)窗，窗台与室内地面高差在 0.45 m 及以上的凸(飘)窗。

室外钢楼梯需要区分具体用途，如专用于消防楼梯，则不计算建筑面积，如果是建筑物唯一通道，兼用于消防，则需要按本规范的第 3.0.20 条计算建筑面积。

(8) 室外爬梯、室外专用消防钢楼梯。

(9) 无围护结构的观光电梯。

(10) 建筑物以外的地下人防通道，独立的烟囱、烟道、地沟、油(水)罐、气柜、水塔、贮油(水)池、贮仓、栈桥等构筑物。

三、计算建筑面积案例

【案例分析 4-1-1】 求设有局部楼层的单层平屋顶建筑物的建筑面积(见图 4-1-13)。(轴线均为 240 mm 墙厚的中心线)

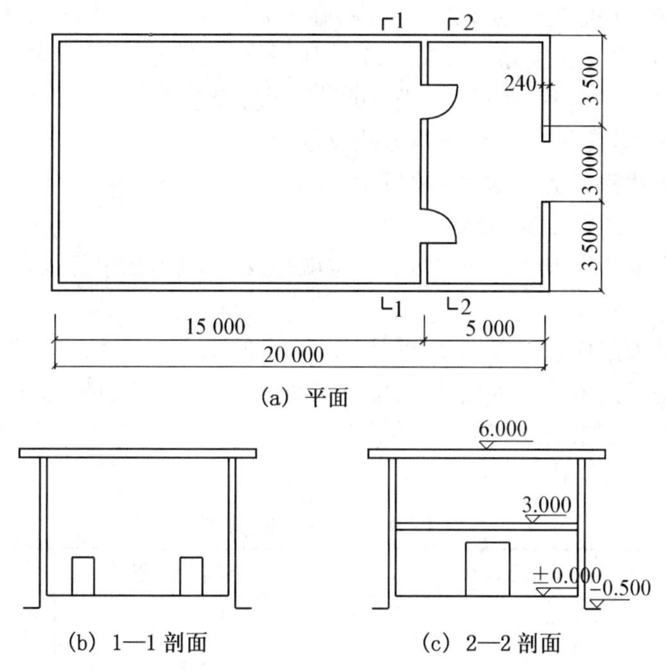

图 4-1-13　有局部楼层的单层平屋顶建筑物示意图

【解】 $S=(20+0.24)\times(10+0.24)\times(5+0.24)\times(10+0.24)(m^2)$

$=260.92(m^2)$

四、学生实践

请完成本教材公用工程楼项目施工图各层建筑面积的计算(见项目十施工图纸)。

行动领域 2　土石方工程

一、土石方工程相关知识

土石方工程是建设工程的主要工程之一。它包括土石方的开挖、运输、填筑、平整与压实等主要施工过程,以及场地清理、测量放线、排水、降水、土壁支护等准备工作和辅助工作。土木工程中,常见的土石方工程有场地平整、基坑(槽)与管沟开挖、路基开挖、人防工程开挖、地坪填土、路基填筑以及基坑回填等。土石方工程按施工方法分人工土石方和机械土石方。

建筑工程预算定额土石方工程量包括平整场地、挖土方、挖淤泥和流沙、挖沟槽、挖基坑、回填土、运土方、支挡土板、打夯、基地钎探等项目。

（一）计算土石方工程量前，应确定下列各项资料

（1）土壤及岩石类别确定：一、二类土壤（普通土）；三类土壤（坚土）；四类土壤（沙砾坚土）。

（2）地下水位标高及降（排）水方法。

（3）土方、沟槽、基坑挖（填）土起止标高、施工方法及运距。不同的开挖深度在定额中有不同的定额子目，也要相应分别列项。如：人工挖土方、挖基坑、挖沟槽分别按挖土深度分为 2 m、4 m、6 m 以内的子目，超过 6 m 时，可另作补充基价表。

（4）岩石开凿，爆破方法，石渣清运方法及运距。

（二）虚土，天然密实土、夯实土、松填土概念

（1）虚土是指未经碾压自然形成的土。

（2）天然密实土是指未经松动的自然土也就是天然土（即指未经人工加工前，依图纸计算的土方体积）。

（3）夯实土是指按规范要求经过分层碾压、夯实的土。

（4）松填土是指挖出的自然土，自然堆放未经夯实填在槽、坑的土。

土方体积，均以挖掘前的天然密实体积为准计算。如遇有必须以天然密实体积折算时，可按表 4-2-1 所列数值换算。

表 4-2-1　土方体积折算表

虚方体积	天然密实体积	夯实后体积	松填体积
1.00	0.77	0.67	0.83
1.3	1.00	0.87	1.08
1.49	1.15	1.00	1.24
1.20	0.93	0.81	1.00

【案例分析 4-2-1】　已知挖天然密实 10 m^3 土方，求虚土方体积 V。

【解】　$V=10\times1.3=13(m^3)$

沟槽（管道地沟），基坑的挖土深度，按图示沟、槽、坑地面至自然地坪深度计算。

二、工程量计算规则

（一）平整场地工程量计算规则

1. 平整场地概述

平整场地是指在建筑物场地内，挖、填土方厚度在±30 cm 以内的就地找平。挖填土方厚度超过±30 cm 时，另按有关规定计算。当进行场地竖向挖填土方时，不再计算平整场地工程量。

如图 4-2-1 所示，平整场地工程量计算规则按建筑物（或构筑物）外墙外边线每边各加 2 m，以平方米计算。其计算公式为：

$$S_{平}=(a+4)(b+4)=S_{底}+2L_{外}+16$$

$S_{底}$：建筑物的底面积；$L_{外}$ 建筑物的外墙外边线。（底层阳台按全面积计算）

此公式只适用于由矩形组成的建筑物，当出现其他形状（如环状）房屋时，应按工程量计

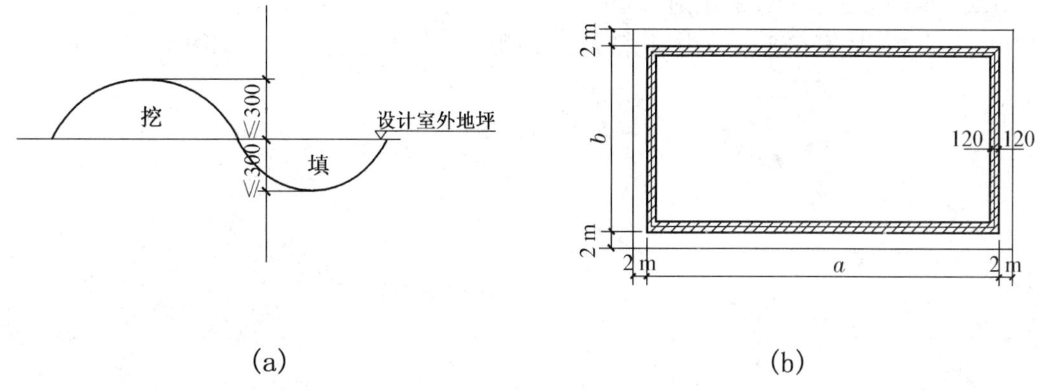

(a)　　　　　　　　　　(b)

图 4-2-1　平整场地示意图

算规则计算平整场地工程量。

2. 案例分析

【案例分析 4-2-2】　求图 4-2-2 所示的人工平整场地工程量并进行列项，套定额基价计算人工费。图中轴线尺寸为 240 mm 墙厚的中心线。

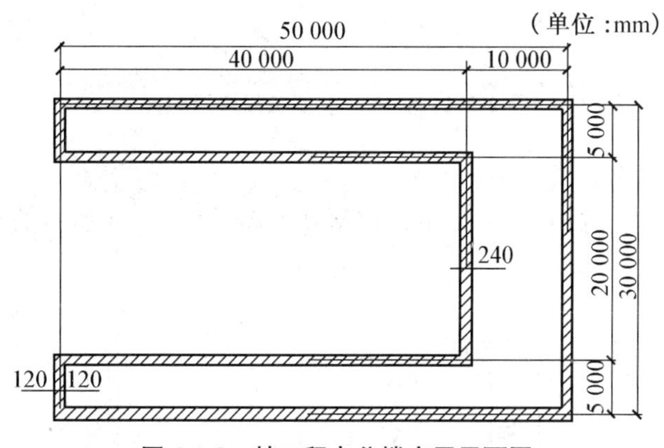

图 4-2-2　某工程办公楼底层平面图

【解】

(1) 人工平整场地的工程量

$$S_{平}=S_{底}+2L_{外}+16$$

$S_{底}$=[(50+0.24)×(30+0.24)−(20−0.24)×40]=50.24×30.24−19.76×40=728.86(m^2)

$$L_{外}=(50.24+30.24)+40\times2=240.96(m)$$

$$故\ S_{平}=728.86+2\times240.96+16=1\ 226.78(m^2)$$

(2) 定额列项并计算直接工程费(人工费)

表 4-2-2

序号	定额编号	项目名称	单位	数量	定额基价(元)	合价(元)
1	A1-1	人工平整场地	100 m^2	12.267 8	238.53	2 926.24

(二) 挖沟槽工程量计算规则

凡图示沟槽底宽在 3 m 以内,且槽长大于槽宽三倍以上的为沟槽,如图 4-2-3 所示。

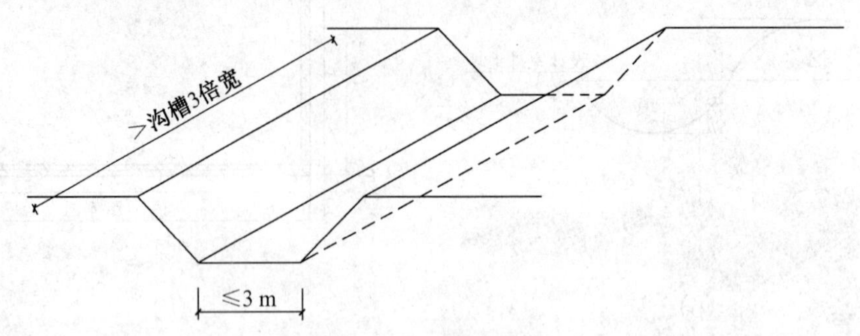

图 4-2-3 沟槽示意图

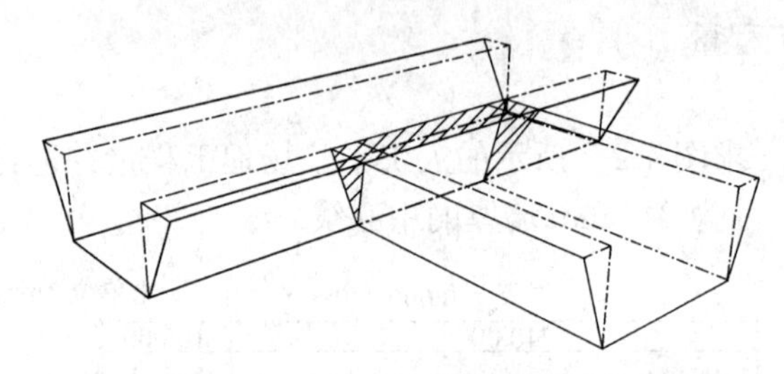

图 4-2-4 交接处重复工程量示意图

1. 沟槽开挖的几种方式

(1) 不放坡不支挡土板开挖。是指开挖深度不超过表 4-2-4 所示的放坡起点深度,如图 4-2-5(a)所示。

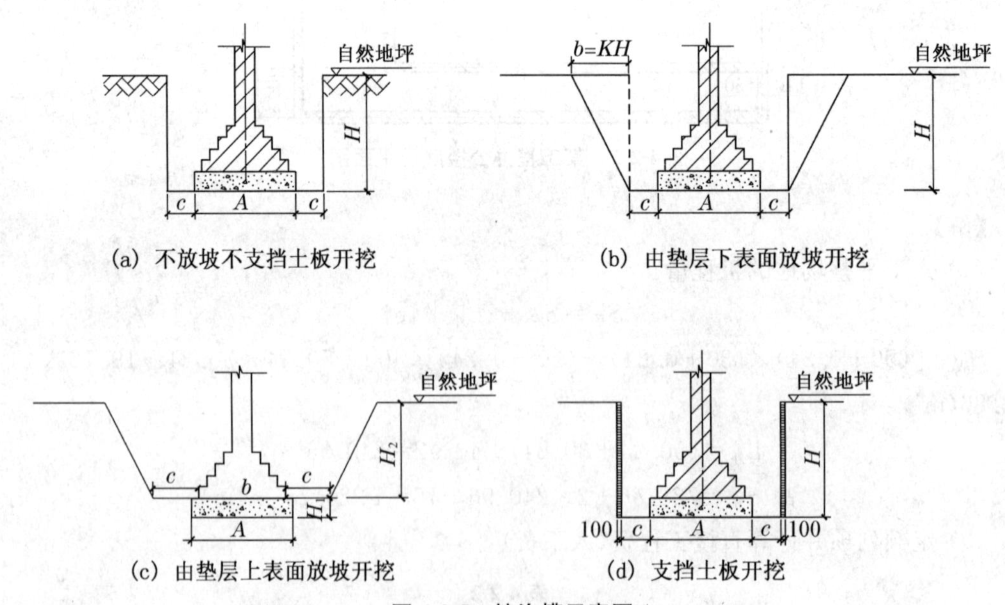

图 4-2-5 挖沟槽示意图

不放坡不支挡土板开挖计算公式为：$V=(A+2c)H(L_{中}+L_{内})$

式中　V——挖基槽土方体积(m^3)。

A——图示基础垫层的宽度。

c——每边各增加工作面宽度。只为保证施工人员正常施工垫层两侧所增加的预留宽度。具体宽度按照施工组织设计规定计算，若无规定可按表 4-2-3 规定计算。

$L_{中}$ 及 $L_{内}$——所挖沟槽的长度。挖沟槽长度，外墙按图示中心线长度计算($L_{中}$)；内墙按图示基础垫层底面之间净长线长度计算($L_{内}$)，突出墙面的附墙烟囱、垛等挖土体积并入沟槽土方工程量内计算。

H——挖土深度。从图示基槽地面至自然地坪的高度。

表 4-2-3　基础施工所需工作面宽度计算表

基础材料	每边各增加工作宽度(mm)
砖基础	200
浆砌毛石、条石基础	150
混凝土基础垫层支模板	300
混凝土基础支模板	300
基础垂直面做防水层	800

(2) 放坡开挖

① 由垫层下表面放坡开挖，是指沟槽的开挖深度超过表 4-2-4 放坡起点的深度，这时为防止土方侧壁塌方，保证施工安全，土壁应做成有一定倾斜坡度的边坡。这个倾斜坡度可用放坡系数 K 表示为 $1:K$，见表 4-2-4 所示。如图 4-2-5(b)所示，其计算公式为：

$$V=(A+2c+KH)\times H\times(L_{中}+L_{内})$$

式中　K——放坡系数；$K=b/H$；$b=KH$。

表 4-2-4　放坡系数表

土壤类别	放坡起点(m)	人工挖土	机械挖土	
			在坑内作业	在坑上作业
一、二类土	1.20	1∶0.50	1∶0.33	1∶0.75
三类土	1.50	1∶0.33	1∶0.25	1∶0.67
四类土	2.00	1∶0.25	1∶0.10	1∶0.33

② 由垫层上表面放坡开挖。如图 4-2-5(c)所示，其计算公式为：

$$V=[(b+2c+KH_2)\times H_2+A\times H_1]\times(L_{中}+L_{内})$$

(3) 支挡土板开挖是指在需要放坡开挖的土方中，由于现场限制不能放坡，或因土质原因，放坡后工程量较大时，就需要用支挡土板。支挡土板时，其基槽宽度按图示沟槽底宽单面加 10 cm，双面加 20 cm 计算。支挡土板后，不得再计算放坡工程量。如图 4-2-5(d)，其计算公式为：

单面支挡土板沟槽工程量 $V=\left(A+2c+\frac{1}{2}KH+0.1\right)\times H\times(L_{中}+L_{内})$

双面支挡土板沟槽工程量 $V=(A+2c+0.2)\times H\times(L_{中}+L_{内})$

2. 管道沟槽按图示中心线长度计算，沟底宽度设计有规定的按设计规定，设计未规定的按表 4-2-5 宽度计算

表 4-2-5　管道地沟沟底宽度计算表

管径(mm)	铸铁管、钢管、石棉水泥管(mm)	混凝土、钢筋混凝土、预应力混凝土管(mm)	陶土管(mm)
50～70	600	800	700
100～200	700	900	800
250～350	800	1 000	900
400～450	1 000	1 300	1 100
500～600	1 300	1 500	1 400
700～800	1 600	1 800	—
900～1 000	1 800	2 000	—
1 100～1 200	2 000	2 300	—
1 300～1 400	2 200	2 600	—

注：① 按上表计算管道沟土方工程时，各种井类及管道(不含铸铁给排水管)接口等处需加宽增加的土方量不另行计算，底面积大于 20 m^2 的井类，其增加工程量并入管沟土方计算。

② 铺设铸铁给排水管道时，其接口等处土方增加量，可按铸铁给排水管道地沟土方总量的 2.5%计算。

(三) 挖基坑工程量计算规则

凡图示基坑底面积在 20 m^2 以内的为基坑。基坑土方开挖及计算方法如下：

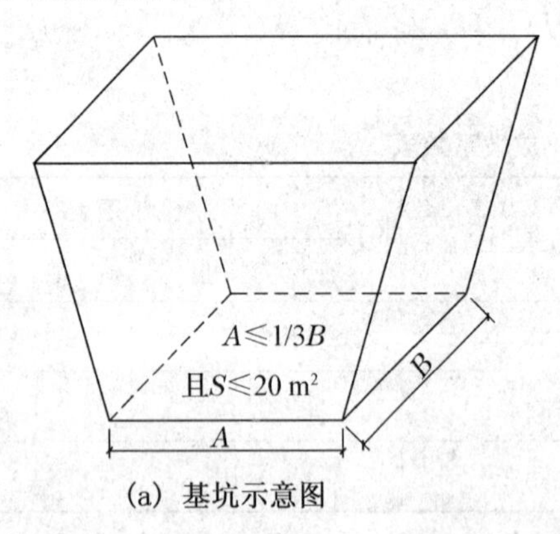

(a) 基坑示意图

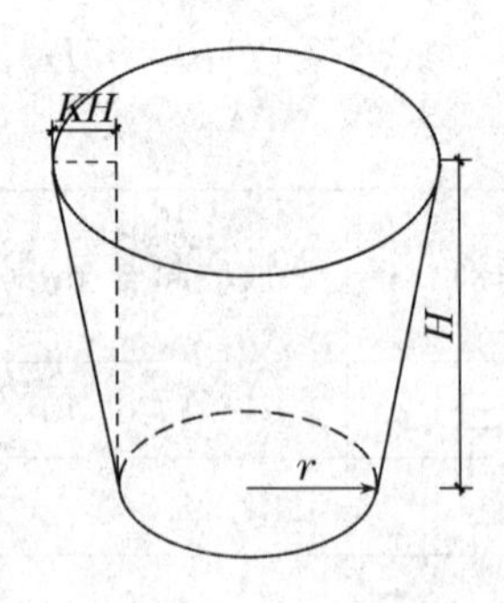

(b) 圆形放坡地坑示意图

图 4-2-6　基坑示意图

(1) 不放坡不支挡土板开挖。此时所挖基坑是一长方体或圆柱体。

当为长方体时，$V=(a+2c)\times(b+2c)\times H$

当为圆柱体时，$V=\pi r^2\times H$

(2) 放坡开挖。

当为棱台时，$V=(a+2c+KH)\times(b+2c+KH)\times H+\frac{1}{3}K^2\times H^3$[见图 4-2-6(a)]

当为圆台时，$V=\frac{1}{3}\pi H\times(R_1^2+R_1R_2+R_2^2)$

式中　a——垫层的长度；

b——垫层的宽度；

c——工作面宽度；

H——挖土深度；

R_2——圆台坑上口半径：R_2=圆台半径$+c+KH$；

R_1——圆台坑底半径：R_1=圆台半径$+c$。圆台半径即为垫层半径，图 4-2-6(b)。

(四) 基底钎探工程量计算规则

基底钎探按图示基底面积以平方米计算。

如人工挖沟槽基底钎探公式为：$S=A\times(L_{中}+L_{内})$

【案例分析 4-2-3】　如图 4-2-7 所示现浇钢筋混凝土独立基础 C25 混凝土，图中尺寸除标高外均以毫米为单位，独立基础长边的尺寸 2 000 mm，短边尺寸 1 800 mm，垫层底标高为 −1.9 m，自然标高为 −0.3 m，三类土壤，试计算：1. 人工挖基坑工程量；2. 基坑回填工程量。

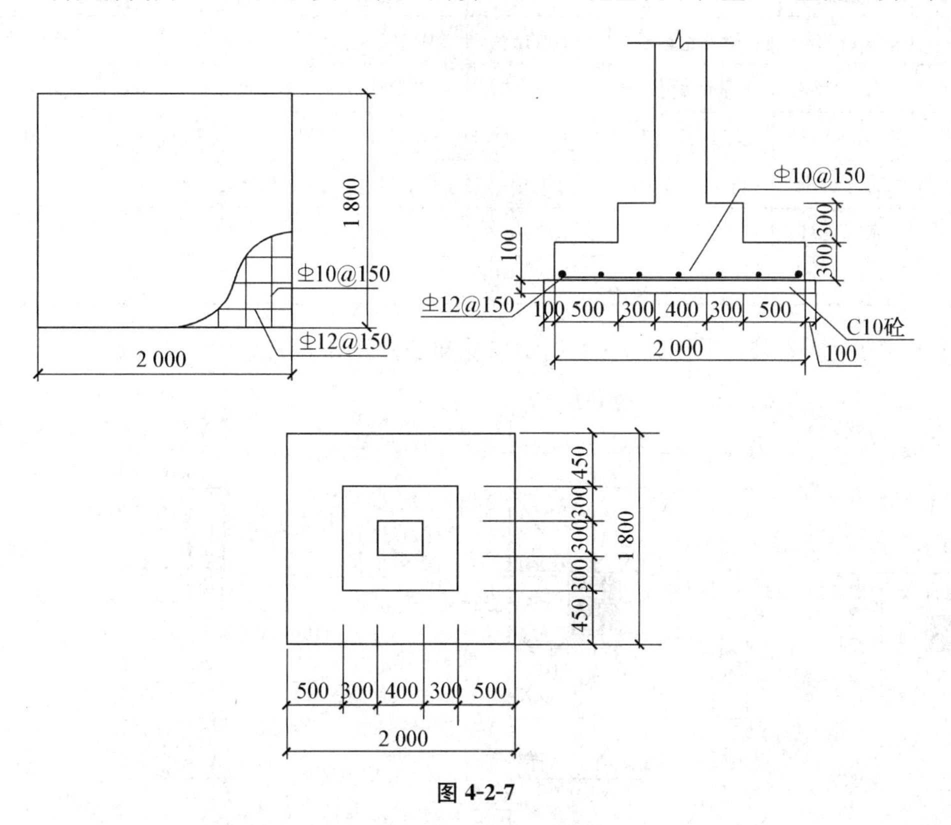

图 4-2-7

【解】　1. 独立基础垫层长边尺寸 $a=2.2$ m；短边尺寸 $b=2$ m；工作面=300 mm；放坡系数 $K=0.33$，$H=1.8+0.1-0.3=1.6$ m>1.5 m，所以需放坡。

(1) $V_{坑}=(a+2c+KH)\times(b+2c+KH)\times H+\frac{1}{3}K^2\times H^3$

$=(2.2+0.6+0.33\times1.6)\times(2+0.6+0.33\times1.6)\times1.6+\frac{1}{3}\times0.33^2\times1.6^3$

$=16.81(m^3)$

(2) $V_{垫}=2.2\times2\times0.1=0.44(m^3)$

(3) $V_{小柱}=0.4\times0.3\times0.9=0.108(m^3)$

(4) $V_{独基}=2\times1.8\times0.3+1\times0.9\times0.3=1.35(m^3)$

故，$V_{回填}=V_{挖}-V_{下埋}=V_{挖}-(V_{独基}+V_{垫}+V_{小柱})=16.81-1.35-0.44-0.108=14.91(m^3)$

暂不考虑室内回填土方，则人工外运土方(20 m运距)为：

(5) $V_{运}=V_{挖}-V_{回填}=16.81-14.91=1.9(m^2)$

(6) $S_{钎探}=a\times b=2.2\times2=4.4(m^2)$

(7) 列项并计算直接工程费

表 4-2-6　建筑工程预算表

工程名称：某工程

序号	定额编号	项目名称	单位	数量	定额基价(元)	合价(元)
1	A1-27	人工挖基坑	100 m³	0.168 1	1 647.12	276.88
2	A1-183	基底钎探	100 m²	0.044	169.20	7.44
3	A1-191	人工运土方	100 m³	0.019 0	518.88	9.86
4	A4-13换	混凝土垫层	10 m³	0.044	1 815.912	79.90
5	A1-181	回填	100 m³	0.149 1	832.96	124.19
直接工程费小计						498.27

【案例分析 4-2-4】　根据图 4-2-8 所示尺寸和条件计算人工挖基坑工程量。

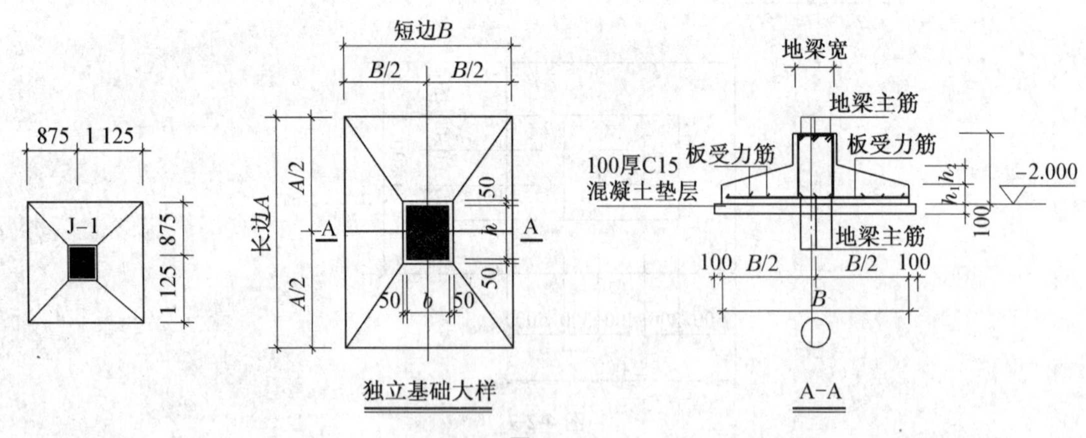

图 4-2-8

【解】　人工挖基坑(独立基础下)

(1) 定额计价计算如下：

土壤类别为三类土，$H=2.1-0.2=1.9>1.5$ m，需放坡

$V_{基坑}=(A+2C+KH)(B+2C+KH)H+1/3(K^2H^3)$

式中　工作面 $C=0.3$ m，$K=0.33$，A，B 为垫层底面长宽。

J-1（4 个）：$A=B=2+0.2=2.2$(m)

J-2（12 个）：$A=B=2.3+0.2=2.5$(m)

J-3（5 个）：$A=B=2.8+0.2=3$(m)

J-4（2 个）：$A=B=1.9+0.2=2.1$(m)

$V_1=[(2.2+2\times0.3+0.33\times1.9)^2\times1.9+1/3\times0.33^2\times1.9^3]\times4=90.26(m^3)$

$V_2=[(2.5+2\times0.3+0.33\times1.9)^2\times1.9+1/3\times0.33^2\times1.9^3]\times12=319.7(m^3)$

$V_3=[(3+2\times0.3+0.33\times1.9)^2\times1.9+1/3\times0.33^2\times1.9^3]\times5=170.99(m^3)$

$V_4=[(2.1+2\times0.3+0.33\times1.9)^2\times1.9+1/3\times0.33^2\times1.9^3]\times2=12.56(m^3)$

人工挖基坑工程量：$V_{总}=V_1+V_2+V_3+V_4=623.49(m^3)$

(2) 清单计价计算如下：

$V_{基坑}=A\times B\times H$

$V_1=2.2^2\times1.9\times4=36.78(m^3)$

$V_2=2.5^2\times1.9\times12=142.50(m^3)$

$V_3=3^2\times1.9\times5=85.5(m^3)$

$V_4=2.1^2\times1.9\times2=16.76(m^3)$

人工挖基坑清单工程量合计：$V_{总基坑}=281.54(m^3)$

表 4-2-7　基础配筋表

基础编号	短边 B(mm)	长边 A(mm)	板受力筋 a	板受力筋 b	h_1(mm)	h_2(mm)
J-1	2 000	2 000	Φ12@150	Φ12@150	300	200
J-2	2 300	2 300	Φ12@150	Φ12@150	300	300
J-3	2 800	2 800	Φ14@150	Φ14@150	400	300
J-4	1 900	1 900	Φ12@150	Φ12@150	300	200

(五) 挖土方工程量计算

凡图示沟槽底宽 3 m 以上，坑底面积 20 m² 以上，平整场地挖土方厚度在 30 cm 以上，均按挖土方计算。其计算规则见土石方工程量计算一般规则，计算公式与挖基坑相同。

(六) 机械挖土方计算规则

1. 平整场地

机械平整场地工程量的计算与人工平整场地相同。

2. 机械挖土方工程量计算规则与人工挖土方计算规则相同

3. 原土碾压

原土碾压是指在自然土层进行碾压，原土碾压按基底面积计算，其工程量计算与人工打夯相同。

4. 填土碾压

填土碾压是指在已开挖的基坑内分层，分段回填。其工程量按天然密实土方以体积计

算。其计算公式为 $V_{填土碾压}=S_{填土面积}\times h_{填土厚度}$

5. 运土

机械运土按天然密实土体体积以立方米计算。

6. 原土打夯

原土打夯是指在开挖后的土层进行夯击的施工过程。它包括碎土、平土、找平、洒水等工作内容，其工程量按开挖后基坑底尺寸以平方米计算。计算公式为

$$原土打夯面积=基坑底长度\times基坑底宽度$$

(七) 回填土工程量计算

回填土区分夯填、松填，按图示回填体积并按下列规定，以立方米计算。

回填土是指基础、垫层等隐蔽工程完工后，在 5 m 以内的取土回填的过程。回填土分为沟槽、基坑回填和室内回填以及管道的沟槽回填三部分，如图 4-2-9 所示，沟槽、基坑回填指室内外地坪以下的回填，房心回填指自然地坪以上到室内地坪地面垫层之间的回填。

回填土工程量分松填或夯填分别以立方米计算，其计算规则如下。

(1) 沟槽、基坑回填土体积以挖土方体积减去自然地坪以下埋设物(包括基础垫层、基础等)所占体积。计算公式为

$$V_{沟槽、基坑回填土}=V_{挖土体积}-V_{自然地坪以下埋设物}$$

(2) 室内回填土，按主墙间净面积乘以回填土厚度以体积计算，计算公式为

$$V_{室内回填}=S_{主墙间净面积}\times h_{回填土厚度}$$
$$=(S_{底层建筑面积}-S_{主墙所占面积})\times h_{回填土厚度}$$

(3) 管道沟槽回填土体积、按挖方体积减去管道所占体积计算。计算公式为

$$V_{管道沟槽回填土}=V_{挖土体积}-V_{管道所占体积}$$

管径在 500 mm 以下(含 500 mm)的不扣除管道所占体积；管径超过 500 mm 时，按表 4-2-5 规定扣除管道所占体积。

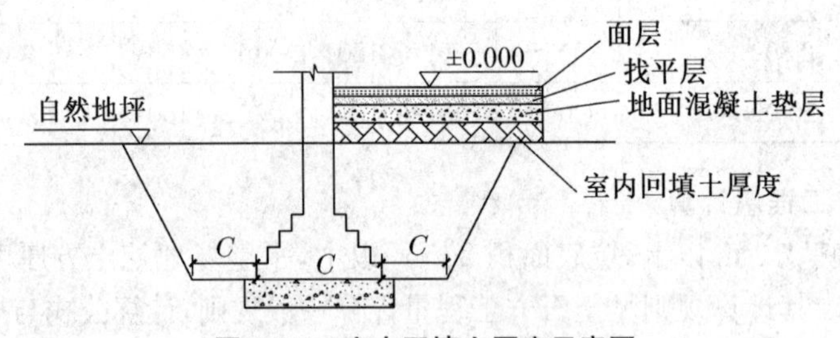

图 4-2-9　室内回填土厚度示意图

表 4-2-8　每米长管道所占体积

管道名称	管道直径/mm					
	501～600	601～800	801～1 000	1 001～1 200	1 201～1 400	1 401～1 600
钢管	0.21	0.44	0.71	—	—	—
铸铁管	0.24			—	—	—
混凝土管	0.33	0.60	0.92	1.15	1.35	1.55

行动领域3 桩与地基基础

一、桩基础与地基基础工程相关知识

(1) 桩基础是由若干根桩和桩顶的承台组成的一种常用的深基础。它具有承载能力大、抗震性能好、沉降量小等特点。按施工方法的不同,桩身可分为预制桩和灌注桩两大类。预制桩是在工厂或施工现场制成各种材料和形式的桩(如钢筋混凝土桩、钢桩等),然后用沉桩设备将桩打入、压入、振入(还有时兼用高压水冲)或旋入土中。灌注桩是在施工现场的桩位上先成孔,然后在孔内灌注混凝土,也可加入钢筋后灌入混凝土。

① 常见的预制桩有:钢筋混凝土方桩、管桩、钢板桩等。常见的灌注桩有:打孔灌注桩、长螺旋钻孔灌注桩、潜水钻机钻孔灌注桩、打孔灌注砂石桩、人工挖孔桩等。

② 桩的施工顺序:

预制桩的施工顺序:桩的制作→运输→堆放→打(压)桩→接桩→送桩;

灌注桩的施工顺序:桩位成孔→安防钢筋笼→浇混凝土→成桩。

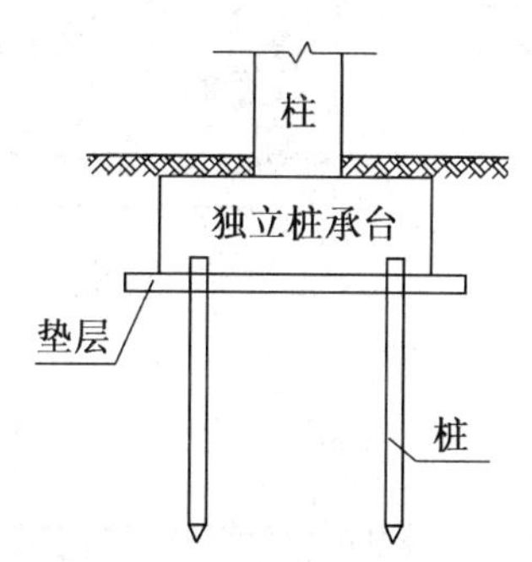

图 4-3-1 桩基构造示意图

③ 桩基础由桩身和承台组成,其形式如图 4-3-1 所示。

(2) 单位工程的打(灌)桩工程量小于下表 4-3-1 规定数量时,其人工、机械量按相应定额项目乘以系数 1.25 计算。

表 4-3-1 单位工程的打(灌)桩工程量

项 目	单位工程的工程量(m^3)
预制钢筋混凝土方桩	150
沉管灌注混凝土桩	60
钻孔灌注混凝土桩	100
灌注砂(碎石或砂石)桩	60
灰土挤密桩	60
深层搅拌加固地基	100
人工挖孔桩	100

(3) 建筑工程预算定额除静力压桩外,均未包括接桩。如需接桩,除按相应打桩项目计算外,还应按设计要求另计算接桩项目。其焊接桩接头钢材用量,设计与定额用量不同时,应按设计用量进行调整。

(4) 打试验桩按相应定额项目的人工、机械乘以系数 2 计算。

(5) 打桩、沉管,桩间净距小于 4 倍桩径(桩边长)的,均按相应定额项目中的人工、机械乘以系数 1.13 计算。

(6) 定额以打直桩为准,如打斜桩,斜度在 1∶6 以内者,按相应定额项目人工、机械乘以系数1.25;斜度大于1∶6者,按相应定额项目人工、机械乘以系数1.43。

(7) 定额以平地(坡度小于15°)打桩为准,如在坡堤上(坡度大于15°)打桩时,按相应定额项目人工、机械乘以系数1.15。如在基坑内(基坑深度大于1.5 m)打桩或在地坪上打坑槽内(坑槽深度大于1 m)桩时,按相应定额项目人工、机械乘以系数1.11。

(8) 定额各种灌注桩的材料用量中,均已包括下表4-3-2规定的充盈系数和材料损耗。充盈系数与定额规定不同时可以调整。

表4-3-2 灌注桩充盈系数和材料损耗

项目名称	充盈系数	损耗率(%)
沉管灌注混凝土桩	1.18	1.50
钻孔灌注混凝土桩	1.25	1.50
沉管灌注砂桩	1.30	3.00
沉管灌注砂石桩	1.30	3.00

其中灌注砂石桩除上述充盈系数和损耗率外,还包括级配密系数1.334。(充盈系数是指实际灌注材料体积,与设计桩身直径计算体积之比。)

$$\text{换算后充盈系数}=\frac{\text{实际灌注混凝土量}}{\text{按设计图计算混凝土量}}$$

(9) 因设计修改在桩间补桩或强夯后的地基上打桩时,按相应定额项目人工、机械乘以系数1.15。

(10) 打送桩时,可按相应打桩定额项目综合工日及机械台班乘下表4-3-3规定系数计算。

表4-3-3 打送桩系数

送桩深度	系数
2 m以内	1.25
4 m以内	1.43
4 m以上	1.67

(11) 金属周转材料指包括桩帽、送桩器、桩帽盖、活瓣桩尖、钢管、料斗等属于周转性使用的材料。

(12) 钢板桩尖按加工铁件计价。

(13) 定额中各种桩的混凝土强度如与设计要求不同,可以进行换算。

(14) 深层搅拌法加固地基的水泥用量,定额中按水泥掺入量为12%计算,如设计水泥掺入比例不同时,可按水泥掺入量每增减1%进行换算。

(15) 强夯法加固地基是在天然地基上或填土地基上进行作业的,如在某一遍夯击能夯击后,设计要求需要用外来土(石)填坑时,其土(石)回填,另按有关规定执行。定额不包括强夯前的试夯工作和费用,如设计要求试夯,可按设计要求另行计算。

二、桩基与地基基础工程量计算规则

(一) 打(压)预制钢筋混凝土桩工程量计算规则

(1) 打(压)预制钢筋混凝土桩按体积,以立方米计算。其体积按设计桩长(包括桩尖,不扣除桩尖虚体积)乘以桩截面面积。

预制桩按其外形可分为方桩和管桩，如图 4-3-2 所示。

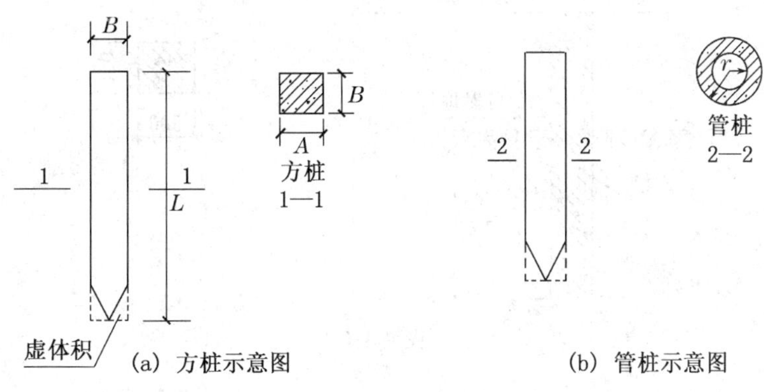

(a) 方桩示意图　　(b) 管桩示意图

图 4-3-2

① 方桩计算公式：$V_{方桩}=ABLN$

② 管桩：管桩的空心体积应扣除。若管桩的空心部分按设计要求灌注混凝土时，应另行计算。计算公式为：$V_{管桩}=\pi(R^2-r^2)LN$

式中　N——桩的根数。

【案例分析 4-3-1】　某厂房预制混凝土方桩 80 根，设计断面尺寸$A\times B=$300 mm×300 mm 及桩长如图 4-3-3 所示，使用液压静力压桩机压制方桩，试计算打预制桩工程量并进行定额列项，计算其直接工程费。

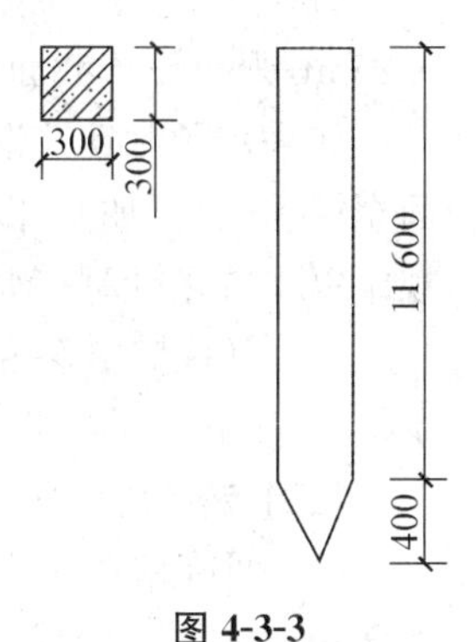

图 4-3-3

【解】

(1) 计算：由已知条件得：$A=B=0.3$(m)　$L=11.6+0.4=12$(m)

$N=80$(根)　$V_{方桩}=A\times B\times L\times N$

$=0.3\times0.3\times(11.6+0.4)\times80=86.4(m^3)$

(2) 套用定额基价列项，如表 4-3-4 所示。

根据定额规定，每个单位工程的打桩工程量小于 150 m^3 时，其人工量、机械量乘以系数 1.25 计算。

换算后定额基价=188.47×1.25+95.93+1 553.33×1.25=2 273.18(元/10 m^3)

表 4-3-4　建筑工程预算表

工程项目：某厂房

序号	定额编号	项目名称	单位	工程量	定额基价(元)	(人、材料)合价
1	A2－5 换	液压静力压桩机压预制方桩	10 m^3	8.64	2 273.18	19 640.28

(2) 送桩：按桩的截面面积乘以送桩长度(即打桩架底至桩顶面高度或桩顶面至自然地坪面另加 0.5 m)以立方米计算，如图 4-3-4 所示。当设计桩顶面在自然地坪以下时，受打桩机的影响，桩锤不能直接锤击到桩头，必须用另一根桩置于原桩头上，将原桩打入土中，此过

程称为送桩。

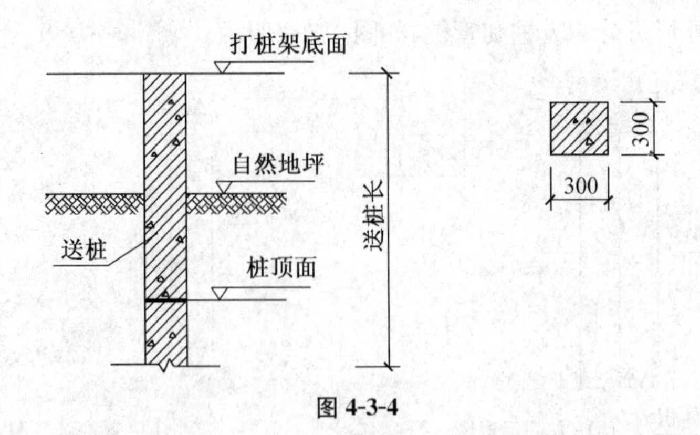

图 4-3-4

(3) 接桩:接桩是指钢筋混凝土预制桩受运输和打桩设备条件的限制,当桩长超过 20 m 时,根据设计要求,按桩的总长分节预制,运至现场先将第一根桩打入,将第二根桩垂直吊起和第一根桩相连接后再继续打桩,这一过程称为接桩。接桩工程量按设计接头数,以个计算。

(二) 沉管灌注桩工程量计算规则

(1) 混凝土桩、砂桩、碎石桩的体积,按设计桩长(包括桩尖,不扣除桩尖虚体积)增加 0.25 m,乘以设计截面面积计算。

如采用预制钢筋混凝土桩尖或钢板桩尖,其桩长按沉管底算至设计桩顶面(即自桩尖顶面至桩顶面)再加 0.25 m 计算。活瓣桩尖的材料不扣,预制钢筋混凝土桩尖按定额第四章规定以立方米计算,钢板桩尖按实体积计算(另加 2%的损耗)。

(2) 复打桩工程量在编制预算时按图示工程量计算,结算时按复打部分混凝土的灌入量体积,套相应的复打定额子目。

(三) 钻孔灌注桩

(1) 回旋钻孔灌注桩按设计桩长增加 0.25 m(设计有规定的按设计规定)乘以设计桩截面面积以立方米计算。

(2) 长螺旋钻孔灌注桩,按设计桩长另加 0.25 m 乘以螺旋钻头外径另加 2 cm 截面积计算。

(四) 人工挖孔桩

(1) 护壁体积,按设计图示如图 4-3-5 护壁尺寸从自然地面至扩大头(或桩底),以立方米计算。

(2) 桩芯体积,按设计图示尺寸如图 4-3-5,从桩顶至桩底,以立方米计算。

(3) 深层搅拌法加固地基,其体积按设计长度另加 0.25 m,乘以设计截面面积以立方米计算。

(4) 钢筋笼制作、安装定额按混凝土及钢筋混凝土工程有关规定套相应的定额子目。

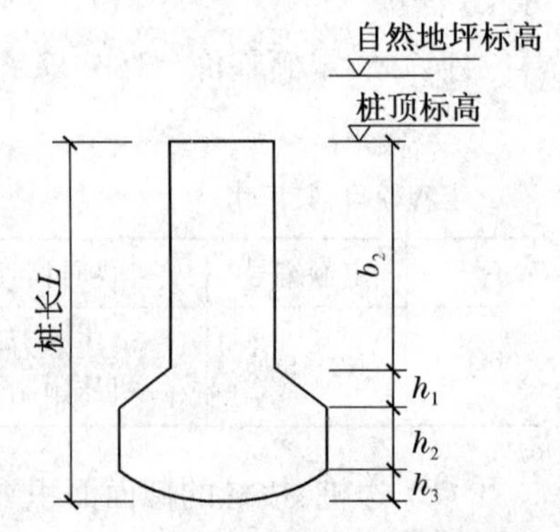

图 4-3-5 人工挖孔桩示意图

(5) 人工挖孔桩的挖土及沉管灌注桩、钻孔灌注桩空孔部分的成孔量按土(石)方工程有关规定套相应的定额子目。

(6) 灰土挤密桩按设计桩长(不扣除桩尖虚体积)乘以钢管下端最大外径的截面面积计算。

(五) 强夯工程

(1) 强夯工程量按设计规定的强夯面积,区分夯击能量、夯点间距、夯击遍数,以平方米计算(即以外边缘夯点外边线计算,包括夯点面积和夯点间的面积)。

(2) 处理地基面积中设计要求不布夯的空地,其间距不论纵或横大于 8 m,并且面积在 64 m^2 以上的,应予扣除。

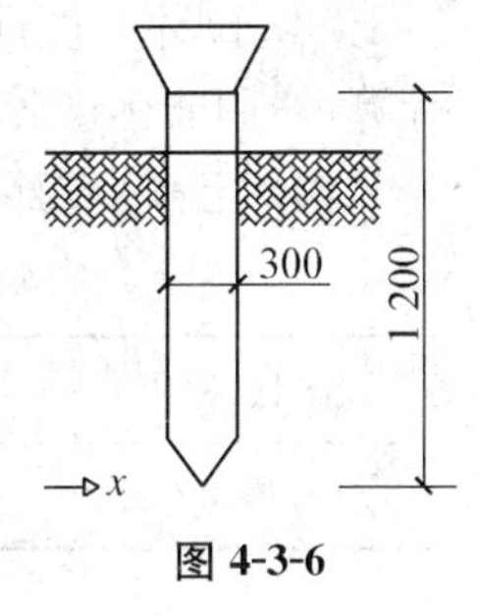

图 4-3-6

【案例分析 4-3-2】 某工程住宅打沉管灌注桩如图 4-3-6 所示,共 100 根桩,用支管式电动打桩机打桩。试设计打桩工程并进行列项,计算直接工程费。

【解】

(1) 工程量计算

$V=\pi R^2\times L\times N=\pi\times0.15^2\times(12+0.25)\times100=86.59(m^3)$

(2) 列项,套定额基价

表 4-3-5　建筑工程预算表

序号	定额编号	项目名称	单位	工程量	基价(元)	合价(元)
1	A2－19	沉管灌注桩	10 m^3	8.659	3 680.24	31 867.20

行动领域 4　砌筑工程

砌筑工程是指用砌筑砂浆将砖、石、各类砌块等块材砌筑的工程,形成的结构构件即砌体。常见砌体构件有基础、墙体和柱等,主要材料为砂浆和块材。常用的砌筑砂浆有水泥砂浆、水泥混合砂浆;块材有砖、石、砌块等;目前块材种类、规格较多。不同的材料、不同的组砌方式、不同的规格、不同的构件等的砌筑工程所消耗的人工、材料、机械的数量不同,故定额根据以上因素划分为多个定额子目。随着砌体砌筑高度的增加,需要搭设一定的脚手架才能完成,定额规定当砌体高度超过 1.2 m,均需计算脚手架措施费用。

一、砌筑工程相关知识

(一) 墙体分类

(1) 按墙体所处的平面位置不同,可分为外墙和内墙。

(2) 按受力情况不同,可分为承重墙和非承重墙(隔墙)。

(3) 按装修做法不同,可分为清水墙和混水墙。

(4) 按组砌方法不同,可分为实砌墙、空斗墙、空花墙、填充墙等。

(5) 按块材材料不同,可分为砖墙、砌块墙、多孔砖墙、空心砖墙、石墙等。

(二) 零星项目包括的内容

砖砌厕所蹲台、小便池槽、水槽腿、垃圾箱、花台、花池、房上烟囱、台阶挡墙牵边、隔热板砖墩、地板墩等。

(三) 定额基价换算的规定

(1) 定额中砖的规格，是按标准砖编制的；砌块、多孔砖、空心砖的规格是按常用规格编制的。规格不同时，可以换算。

(2) 砌体厚度规定：标准砖以 240 mm×115 mm×53 mm 为准，其砌体厚度按表 4-4-1 计算，使用非标准砖时，其砌体厚度应按砖的实际规格和设计厚度计算。

(3) 定额中砌筑砂浆强度如与设计要求不同时，除附加砂浆外，均可以换算。

表 4-4-1　标准砖砌体计算厚度表

砖数(厚度)	1/4	1/2	3/4	1	1.5	2	2.5	3
计算厚度(mm)	53	115	180	240	365	490	615	740

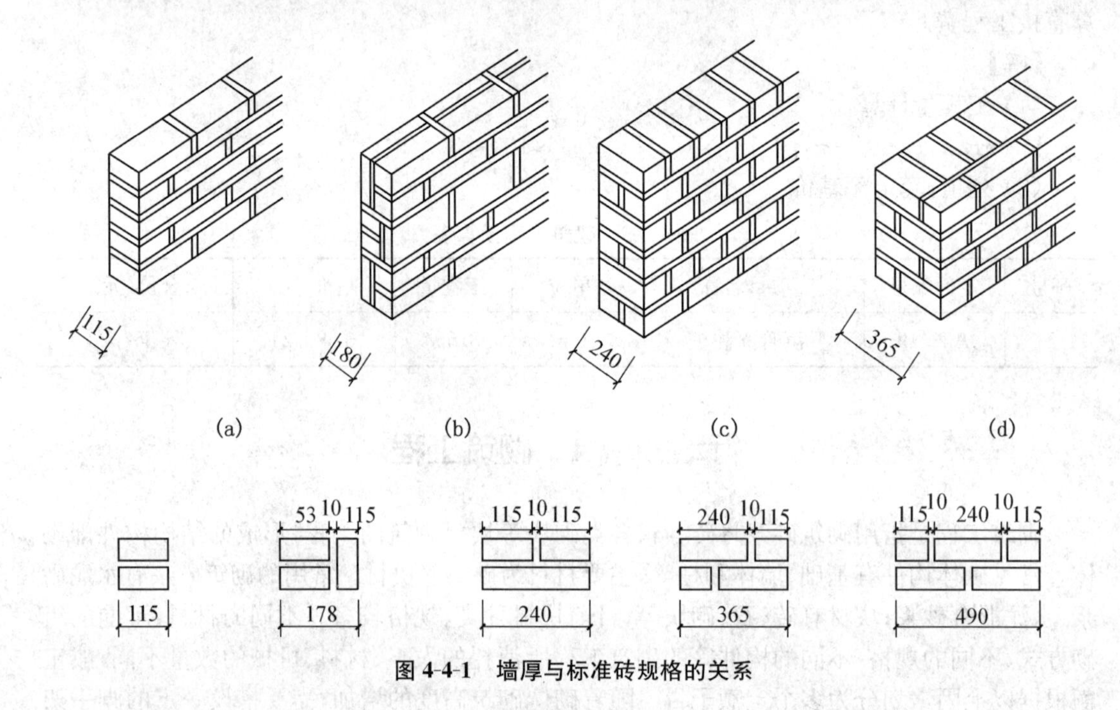

图 4-4-1　墙厚与标准砖规格的关系

二、砌体工程工程量计算规则及定额套价

(一) 砖(石)基础

1. 工程量一般计算规则

除另有规定外，均按实砌体积以立方米计算。

计算公式：

基础工程量＝基础长度×基础断面面积－嵌入基础内的混凝土及钢筋混凝土等不属砌体构件体积－0.3 m^2 以外孔洞所占体积＋需增加的体积

(1) 基础长度

外墙墙基按外墙中心线长度计算；内墙墙基按内墙基净长计算(如图 4-4-2 所示)。基础大放脚 T 形接头处的重叠部分(如图 4-4-3 所示)不予扣除。

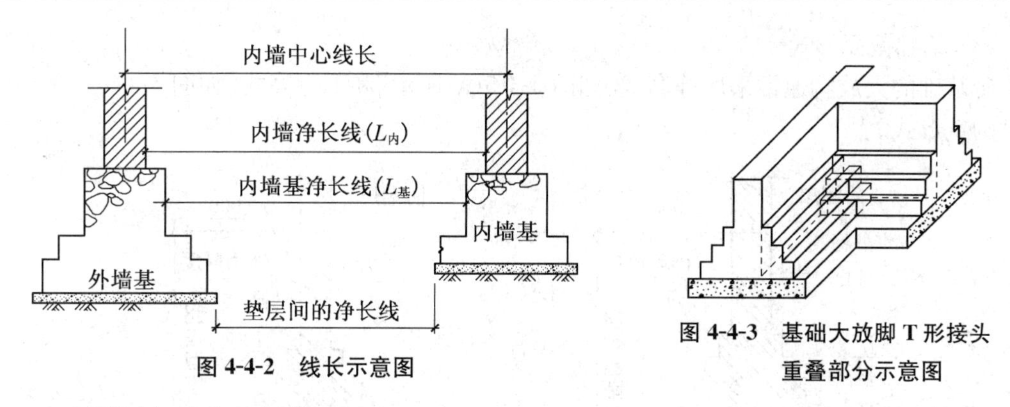

图 4-4-2　线长示意图

图 4-4-3　基础大放脚 T 形接头重叠部分示意图

(2) 基础与墙身的划分

① 砖基础与墙身使用同一种材料时[如图 4-4-4(a)所示],以设计室内地面为界(有地下室者,以地下室室内设计地面为界),以下为基础,以上为墙身。

② 基础与墙身使用不同材料时,不同材料分界线位于设计室内地面±300 mm 以内时[如图 4-4-4(b)所示],以不同材料为分界线,距设计室内地面超过±300 mm 时[如图 4-4-4(c)所示],以设计室内地面为分界线。

③ 石基础与墙身的划分:以设计室内地面为界,以下为基础,以上为墙身[如图 4-4-4(d)所示]。

④ 砖、石围墙,以设计室外地坪为界线,以下为基础,以上为墙身。

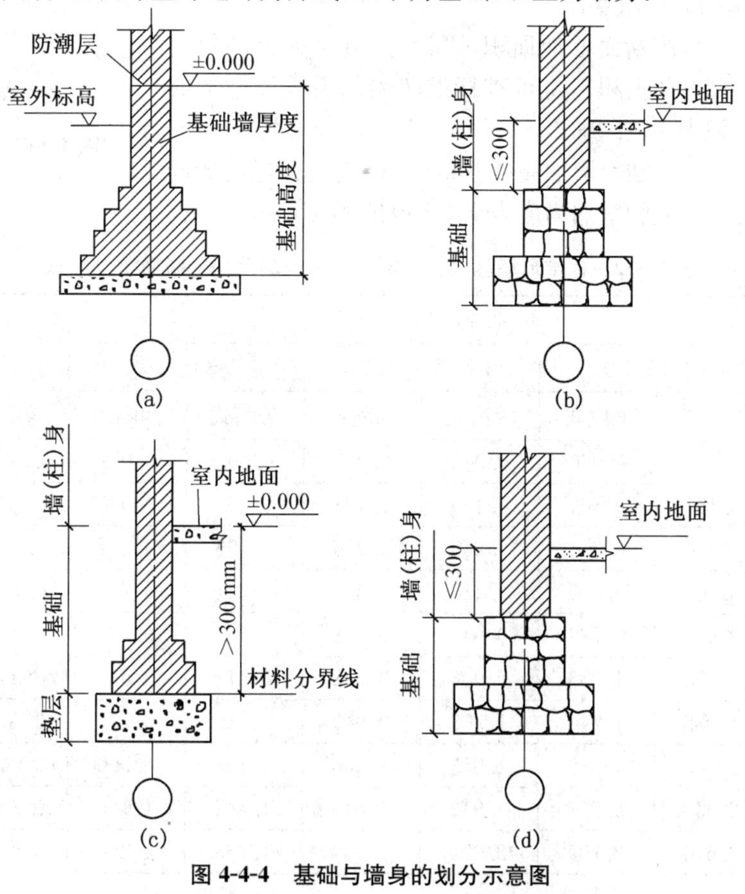

图 4-4-4　基础与墙身的划分示意图

(3) 基础截面形式

砖基础的大放脚通常采用等高式[如图 4-4-5(a)所示]和不等高式[如图 4-4-5(b)所示]两种砌筑形式。

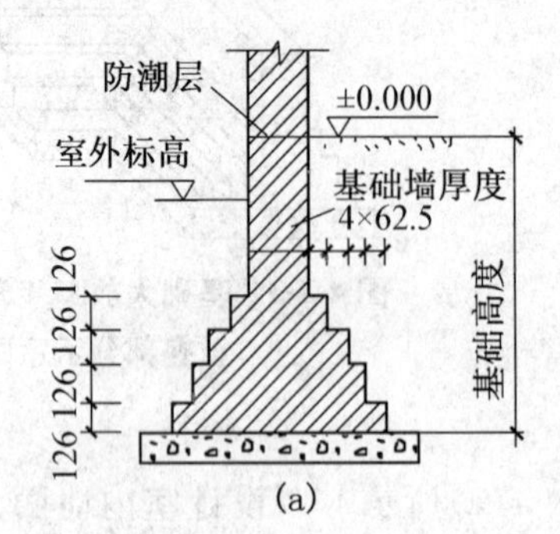

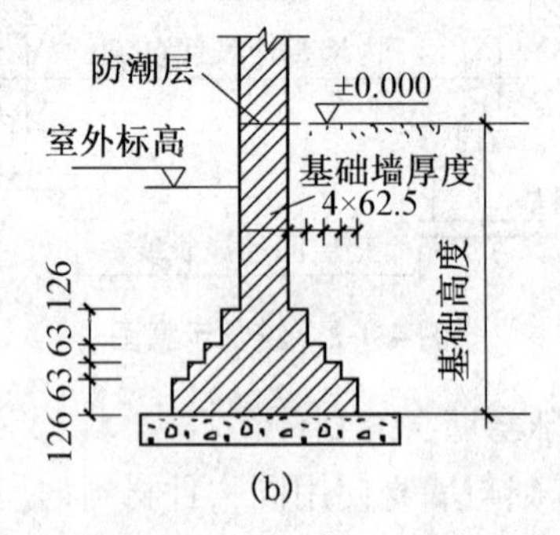

图 4-4-5　基础截面形式示意图

(4) 基础断面面积 S

把基础大放脚划分成如图 4-4-6 所示两部分。则基础断面面积为

$$S=bh+\Delta S \text{ 或 } S=b(h+\Delta h)$$

式中　b——基础墙宽度；

h——基础设计深度；

ΔS——大放脚断面增加面积，可计算得出(如上图斜线部分的面积)，也可查标准砖墙基大放脚增加面积表 4-4-2 得出。

Δh——大放脚断面增加高度，可计算得出或查标准砖墙基大放脚增加高度表 4-4-2 得出。

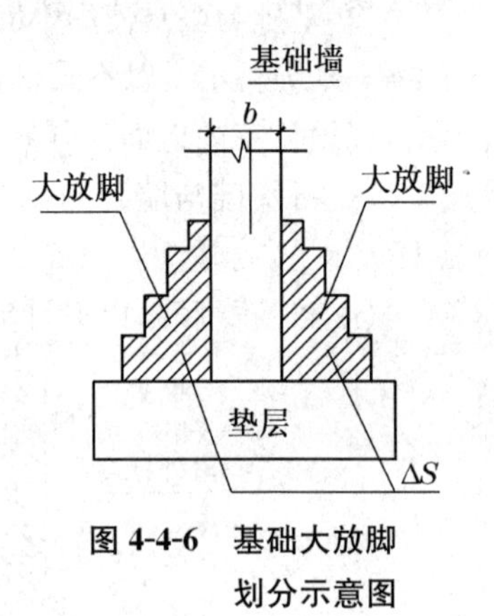

图 4-4-6　基础大放脚划分示意图

表 4-4-2　标准砖墙基大放脚折加高度(Δh)及增加断面面积(ΔS)表

放脚层数	折加高度 Δh(m)						增加断面积 ΔS(m^2)	
	1 砖(0.24)		1.5 砖(0.365)		2 砖(0.49)			
	等高式	间隔式	等高式	间隔式	等高式	间隔式	等高式	间隔式
一	0.066	0.066	0.043	0.043	0.032	0.032	0.015 75	0.007 9
二	0.197	0.164	0.129	0.108	0.096	0.080	0.047 25	0.039 4
三	0.394	0.328	0.259	0.216	0.193	0.161	0.094 5	0.063 0
四	0.656	0.525	0.432	0.345	0.321	0.253	0.157 5	0.126 0
五	0.984	0.788	0.674	0.518	0.482	0.380	0.236 3	0.165 4
六	1.378	1.083	0.906	0.712	0.672	0.530	0.330 8	0.259 9
七	1.838	1.444	1.208	0.949	0.900	0.707	0.441 0	0.315 0
八	2.363	1.838	1.553	1.208	1.157	0.900	0.567 0	0.441 0
九	2.953	2.297	1.942	1.510	1.447	1.125	0.708 8	0.511 9
十	3.610	2.789	2.372	1.834	1.768	1.366	0.866 3	0.669 4

(5) 定额规定不予扣除及不予增加的体积

嵌入基础的钢筋、铁件、管道、基础防潮层及单个面积在 0.3 m^2 以内孔洞所占体积不予扣除，靠墙暖气沟的挑檐亦不增加。

(6) 定额规定应增加的体积

附墙垛(如图 4-4-7 所示)基础宽出部分体积应并入基础工程量内。

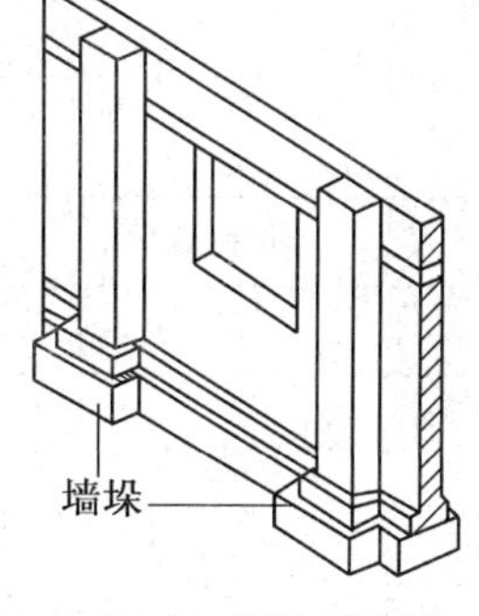

图 4-4-7　墙垛示意图

2. 砖(石)基础定额基价的套用

砖(石)基础定额子目包括工作内容为：调、运、铺砂浆；运、砌筑，清理基坑槽等。

砖基础套用的定额子目 A3－1，石基础套用的定额子目 A3－75、76；

注意：(1) 设计要求砌筑砂浆强度如与定额中的不同时，可以换算。

(2) 砖砌挡土墙，顶面宽 2 砖以上执行砖基础定额。

(3) 地垄墙按实砌体积套用砖基础定额。

3. 案例分析

【案例 4-4-1】 某工程基础如图 4-4-8 所示，室外地坪标高为－0.3 m，基础采用 MU10 的标准砖，M5 的水泥砂浆砌筑，试计算砖基础工程量及直接工程费用。

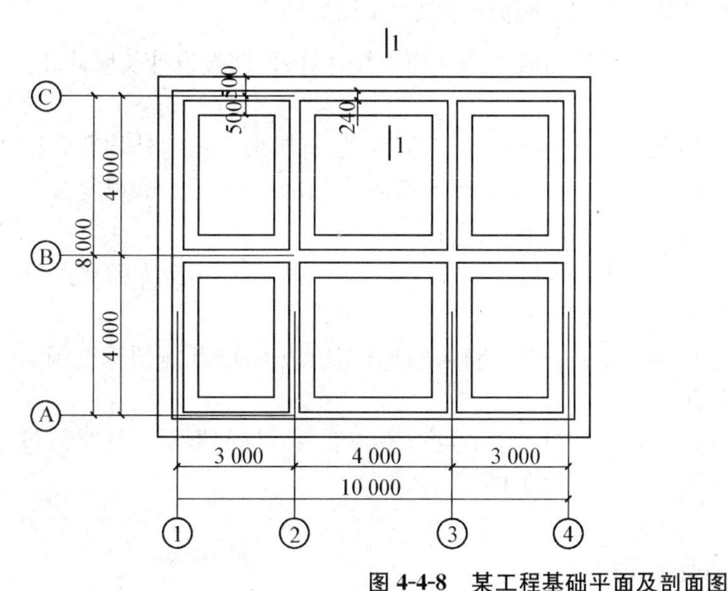

图 4-4-8　某工程基础平面及剖面图

【解】 (1) 砖基础工程量计算

① 砖基础长度 L

外墙基长：$L_{外}=(10+8)\times 2=36(\text{m})$

内墙基长：$L_{内}=10-0.24+(8-0.24\times 2)\times 2=24.8(\text{m})$

砖基础长度 $L=36+24.8=60.8(\text{m})$

② 基础截面面积 S

基础高度 h：$h=1.7$ m；

基础为 1 砖厚的二层等高式大放脚，查表 4-4-1 得出 $\Delta S=0.04725$；$\Delta h=0.197$；

基础截面面积 S：$S=0.24\times1.7+0.04725=0.455(m^2)$

或 $S=0.24\times(1.7+0.197)=0.455(m^2)$

③ 砖基础工程量 V：$V=60.8\times0.455=27.66(m^3)$

(2) 定额套用及直接工程费用见表 4-4-3

表 4-4-3

序号	定额编号	项目名称	单位	数量	定额基价(元)	合价(元)
1	A3－1	砖基础	10 m^3	2.768	1 729.71	4 787.84

(二) 墙体

墙体工程量计算，应根据块材材料、墙厚、组砌方法、砂浆类别、砂浆强度等级、清水、混水不同，分别列项计算。定额子目工作内容为：调、运、铺砂浆，运、砌砖，安放木砖、铁件。砌砖包括窗台虎头砖、腰线、门窗套、砌砖拱或钢筋砖过梁。

1. 工程量一般计算规则

除另有规定外，均按实砌体积以立方米计算。

计算公式：

$$V=\text{墙长}\times\text{墙高}\times\text{墙厚}-\text{应扣除部分体积}+\text{应增加部分体积}$$

(1) 墙的长度：外墙按外墙中心线计算；内墙按内墙净长线计算；围墙按设计长度计算。

(2) 墙身高度：

① 外墙墙身高度：斜(坡)屋面无檐口天棚者算至屋面板底；有屋架且室内外均有天棚者算至屋架下弦底另加 200 mm；无天棚者算至屋架下弦底另加 300 mm，出檐宽度超过 600 mm 时按实际高度计算；平屋面算至钢筋混凝土板底。

② 内墙墙身高度：内墙位于屋架下弦者，算至屋架下弦底；无屋架者算至天棚底另加 100 mm；有钢筋混凝土楼板隔层者算至楼板顶；有框架梁时算至梁底。

③ 围墙高度：从设计室外地坪至围墙砖顶面：有砖压顶算至压顶顶面；无压顶算至围墙顶面；其他材料压顶算至压顶底面。

(3) 应扣除部分体积：应扣除门窗洞口、过人洞、空圈、嵌入墙身的钢筋混凝土柱、梁(包括过梁、圈梁、挑梁)和暖气包壁龛及内墙板头的体积。

(4) 应增加部分体积：

① 凸出墙面的砖垛，并入墙身体积内计算。

② 附墙烟囱、通风道、垃圾道应按设计图示尺寸以体积(扣除孔洞所占体积)计算，并入所依附的墙体体积内。

③ 女儿墙分别按不同墙厚并入外墙计算，女儿墙高度，自外墙顶面至图示女儿墙顶面高度。

(5) 不扣除、不增加部分体积：不扣除梁头，板头，檩头，垫木，木楞头，沿椽木，木砖，门窗走头，砖墙内的加固钢筋、木筋、铁件、钢管及每个面积在 0.3 m^2 以下的孔洞等所占体积，突出墙面的窗台虎头砖、压顶线、山墙泛水、烟囱根、门窗套、腰线和挑檐等体积亦不增加。

2. 框架结构间砌体

不同墙厚,以框架间的净空面积乘以墙厚套相应砖墙定额计算。框架外表镶贴砖部分亦并入框架间砌体工程量内计算。

3. 空花墙

空花墙按空花部分外形体积以立方米计算,空花部分不予扣除,其中实体部分以立方米另列项目计算。

4. 空斗墙

空斗墙按外形尺寸以立方米计算,墙角、内外墙交接处、门窗洞口立边、窗台砖及到屋檐处的实砌部分已包括在定额内,不另计算,但窗间墙、窗台下、楼板下、梁头下、钢筋砖圈梁、附墙垛、楼板面踢脚线等实砌部分,应另行计算,套零星砌体定额项目。

5. 多孔砖、空心砖墙

多孔砖、空心砖墙按图示厚度以立方米计算,不扣除其孔、空心部分体积。

6. 填充墙

填充墙按外形尺寸以立方米计算,其中实砌部分已包括在定额内,不另计算。

7. 砌块墙

砌块墙(加气混凝土墙、硅酸盐砌块墙、小型空心砌块墙)按图示尺寸以立方米计算,砌块本身空心体积不予扣除,按设计规定需要镶嵌砖砌体部分已包括在定额内,不另计算。

(三) 砖柱

砖柱不分柱身、柱基,其工程量合并计算,套砖柱定额项目。

(四) 其他砌体

(1) 砖砌锅台、炉灶,不分大小,均按图示外形尺寸以立方米计算,不扣除各种空洞的体积。

(2) 砖砌台阶(不包括牵边)按水平投影面积以平方米计算。

(3) 零星砌体按实体积计算。

(4) 毛石台阶按图示尺寸以立方米计算,套相应石基础定额。方整石台阶按图示尺寸以立方米计算。

(5) 砖、石地沟不分墙基、墙身合并以立方米计算。

(6) 明沟按图示尺寸以延长米计算。

(7) 检查井及化粪池不分壁厚均以立方米计算。

(五) 砌体内钢筋加固

砖砌体内的钢筋加固,按设计规定以吨计算。套用定额子目为 A3－41。常见的砌体钢筋加固钢筋类型有两种,一种是为提高砌体的承载能力而设计的砌体配筋;另一种是为满足构件间的拉结而设置的拉结钢筋。如图 4-4-9 所示为砌体与构造柱之间拉结。

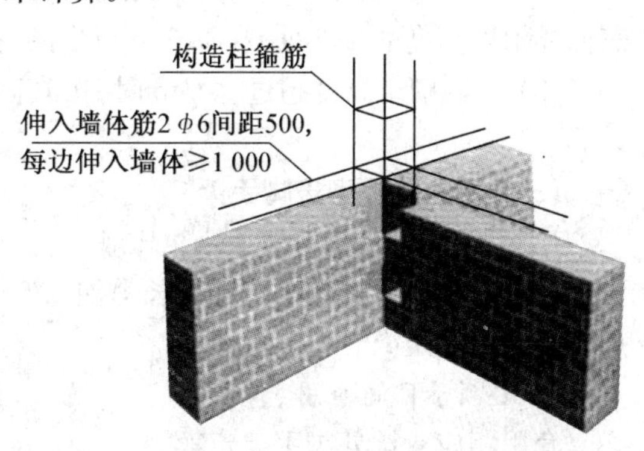

图 4-4-9　砌体与构造柱拉结示意图

三、砌筑脚手架工程工程量计算规则及定额套用

定额规定:当砌体高度超过 1.2 m,均需计算脚手架措施费用。同一建筑物高度不同时,应按不同高度分别计算(不同高度的划分系指建筑物的垂直方向划分)。脚手架按搭设部位不同分外墙脚手架和内墙脚手架;按搭设方式不同分单排脚手架、双排脚手架、满堂脚手架、挑脚手架、电梯井字架、独立斜道、烟囱脚手架等;按材料分有毛竹和钢管脚手架。

(一) 外墙脚手架

1. 外墙脚手架工程量计算规则

外脚手架按外墙外边线长度乘以外墙砌筑高度以平方米计算,不扣除门、窗洞口、空圈洞口等所占的面积。突出墙外宽度在 24 cm 以内的墙垛、附墙烟囱等不计算脚手架;宽度超过 24 cm 以外时按图示尺寸展开计算,并入外脚手架工程量内。

计算公式:

$$S=L_{外边线}\times H$$

式中　$L_{外边线}$——外墙外边线长度;

H——外墙砌筑高度;外墙砌筑高度系指设计室外地面至砌体顶面的高度,山墙为1/2 高。

2. 定额子目的套用

建筑物外墙脚手架以檐高(设计室外地坪至檐口滴水高度)划分,区分不同材料套用单、双排脚手架

毛竹架:檐高在 7 m 以内时,按单排外架计算;外墙檐高超过 7m 时按双排外架计算。钢管架:檐高在 15 m 以内时,按单排外架计算;檐高超过 15 m 时,按双排外架计算。檐高虽未超过 7 m 或 15 m,但外墙门及装饰面积超过外墙表面 60%以上时,均按双排脚手架计算。

(二) 内墙脚手架

1. 内墙脚手架工程量计算规则

按墙面垂直投影面积计算。不扣除门、窗洞口、空圈洞口等所占的面积。

2. 定额子目的套用

(1) 建筑物内墙脚手架,内墙砌筑高度(凡设计室内地面或楼板面至上层楼板或顶板下表面或山墙高度的 1/2 处)在 3.6 m 以内的,按里脚手架计算。

(2) 内墙砌筑高度超过 3.6 m 时,按其高度的不同分别套用相应单排或双排外脚手架计算。

(三) 独立砖柱砌筑脚手架

1. 独立柱脚手架工程量计算规则

独立柱按图示柱结构外围周长另加 3.6 m,乘以砌筑高度层楼板顶面的距离)。

2. 定额子目的套用

套用相应双排外脚手架定额。

【案例分析 4-4-2】 根据 4-4-10 图示尺寸计算独立柱脚手架工程量(双排钢管外脚手架),已知砌筑高度10.2 米。

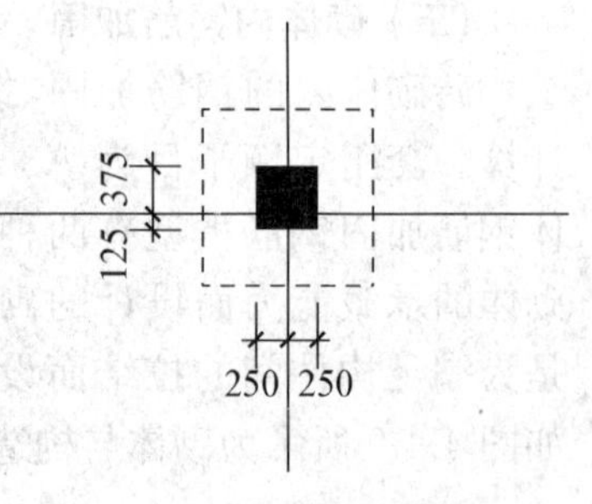

图 4-4-10　柱的示意图

【解】 (1) 列项,工程量计算:KZ3:$S_{脚手架}$=(0.5×4+3.6)×10.2=57.12(m^2)

(2) 套价计算直接工程费。如表4-4-4所示。

表4-4-4　工程预算表

工程楼

序号	定额编号	项目名称	单位	工程量	定额单价(元)	合价(元)
1	A11-5	独立柱脚手架	m^2	57.12	6.3941	365.07

行动领域5　混凝土及钢筋混凝土工程

混凝土及钢筋混凝土工程包括模板、钢筋、混凝土及脚手架等多个工种工程,按施工方法分为现浇钢筋混凝土工程、预制钢筋混凝土工程和预应力钢筋混凝土工程;常见的混凝土构件有基础、柱、梁、板、墙等,不同的施工方法、不同的构件所消耗的人工、材料、机械数量各不相同。混凝土及钢筋混凝土工程定额根据主要工种分模板、钢筋、混凝土及脚手架四部分,并按照施工方法、构件类型划分了多个定额子目。

一、混凝土及钢筋混凝土工程相关知识

(一) 钢筋混凝土构件的施工工艺流程

支模板→绑扎钢筋→浇灌混凝土→混凝土养护

(二) 钢筋混凝土各构件的划分

1. 基础

(1) 基础与墙、柱的划分,均以基础扩大顶面为界。如图4-5-1所示。

(2) 有肋式带形基础,肋高与肋宽比在4∶1以内的按有肋式变形基础计算;肋高与肋宽之比超过4∶1的,其底板按板式带形基础计算,以上部分按墙计算。

(3) 杯形基础杯口高度大于等于杯口大边长度者按杯形基础计算;杯口高度小于杯口大边长度时按高杯基础计算。如图4-5-2所示。

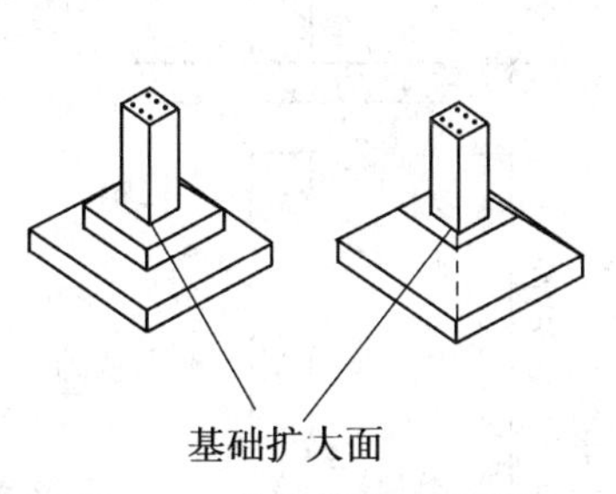

图4-5-1　基础扩大面示意图

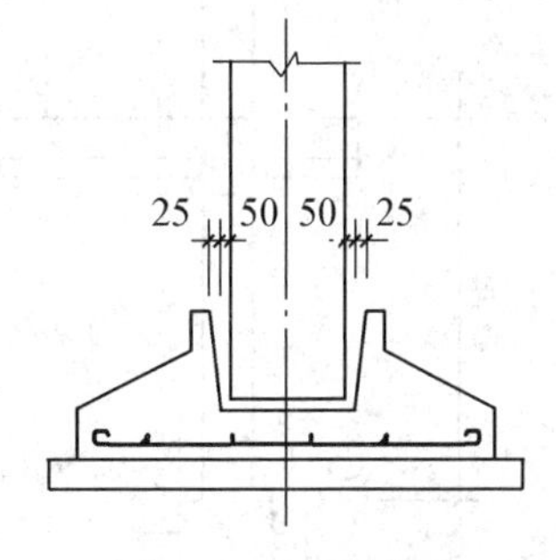

图4-5-2　杯形基础

(4) 箱式满堂基础应分别按满堂基础、柱、墙、梁有关规定计算(如图4-5-3所示)。

(5) 设备基础除块体外,其他类型设备基础分别按基础、梁、柱、板、墙等有关规定计算。

(6) 基础梁与地圈梁的区别:凡在柱基之间承受上部墙身荷载而下部无其他承托的梁是基础梁。基础梁与地圈梁的主要区别是地圈梁下有墙或基础作为支撑。在计算模板和混

凝土时一定要注意区分(见图 4-5-4 所示)。

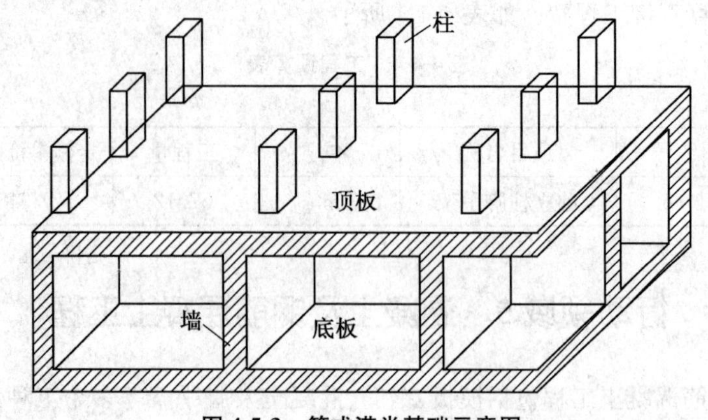

图 4-5-3　箱式满堂基础示意图

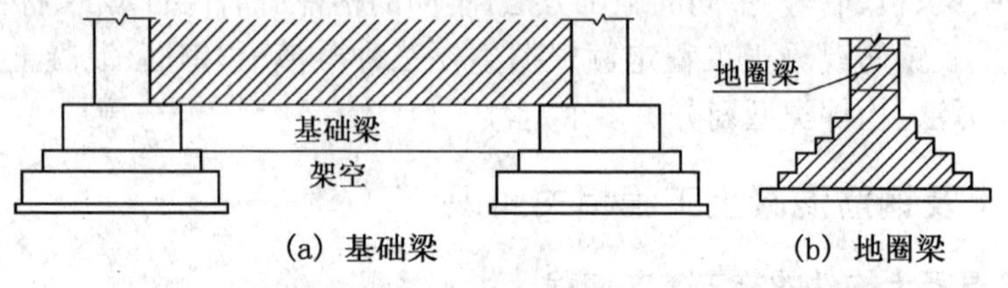

图 4-5-4　基础梁与地圈梁

2. 柱

(1) 有梁板的柱高按基础上表面至楼板上表面,或楼板上表面至上一层楼板上表面计算。如图 4-5-5 所示。

(2) 无梁板的柱高按基础上表面或楼板上表面至柱帽下表面计算。如图 4-5-6 所示。

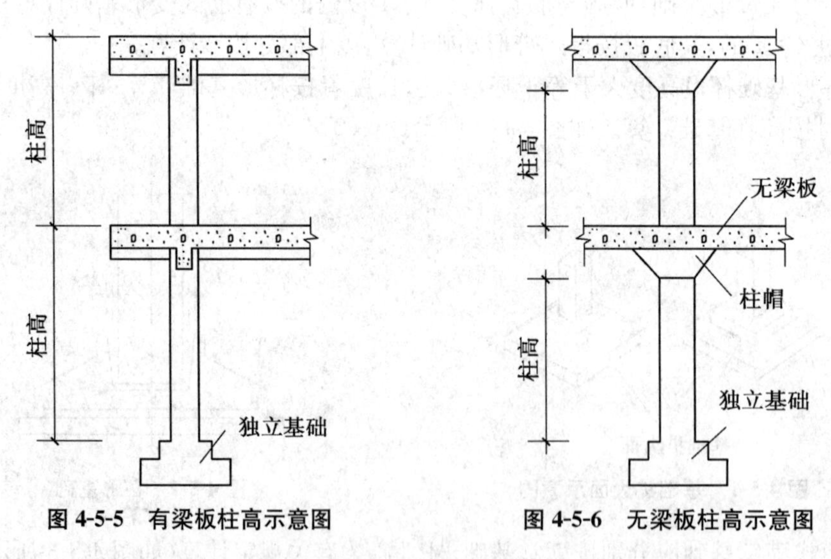

图 4-5-5　有梁板柱高示意图　　图 4-5-6　无梁板柱高示意图

(3) 构造柱按全高计算,嵌接墙体部分(如图 4-5-7 所示)并入柱身体积。

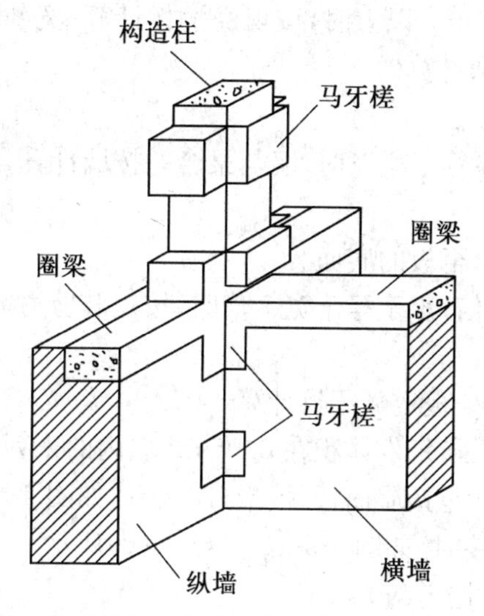

图 4-5-7　构造柱与砖墙嵌接部分体积(马牙槎)示意图

(4) 依附柱上的牛腿,并入柱内计算。

(5) 附墙柱并入墙内计算。

3. 梁

(1) 梁与柱连接时,梁长算至柱的侧面。如图 4-5-8(a)所示。

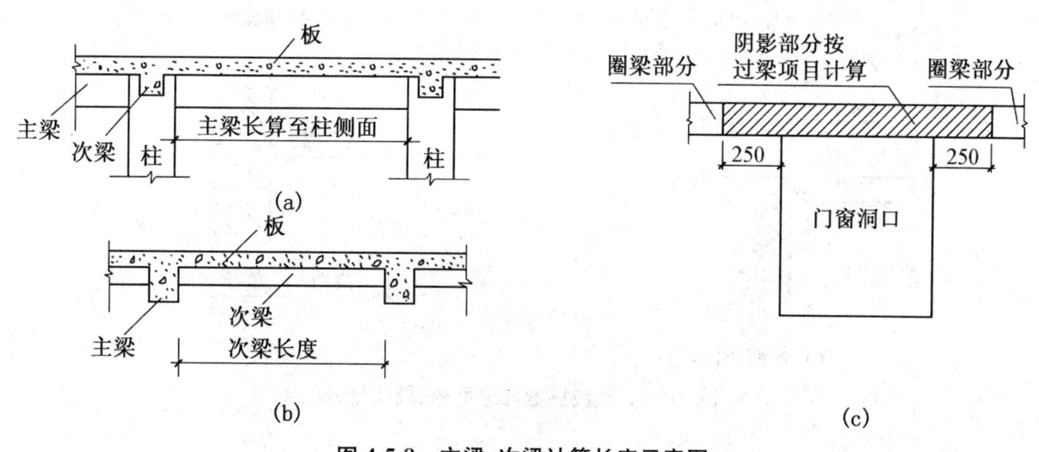

图 4-5-8　主梁、次梁计算长度示意图

(2) 主梁与次梁连接时,次梁长算至主梁的侧面。如图 4-5-8(b)所示。

(3) 圈梁与过梁连接时[如图 4-5-8(c)]过梁长度按门窗洞口宽度加 500 mm 计算。地圈梁按圈梁定额计算。

(4) 现浇挑梁的悬挑部分按单梁计算,嵌入墙身部分分别按圈、过梁计算。

4. 板

(1) 有梁板包括主梁、次梁与板,梁板合并计算。

(2) 无梁板的柱帽并入板内计算。

(3) 平板与圈梁、过梁连接时,板算至梁的侧面。

(4) 预制板缝宽度在 60 mm 以上时，按现浇平板计算；宽 60 mm 以下的板缝已在接头灌缝的子目内考虑，不再列项计算。

5. 墙

(1) 墙与梁重叠，当墙厚等于梁宽时，墙与梁合并按墙计算；当墙厚小于梁宽时，墙梁分别计算。

(2) 墙与板相交，墙高算至板的底面。

(3) 墙的净长大于宽 4 倍，小于等于宽 7 倍时，按短肢剪力墙计算。

6. 其他

(1) 带反梁的雨篷按有梁板定额子目计算。

(2) 小型混凝土构件，系指每件体积在 0.05 m^3 以内的未列出定额项目的构件。

(3) 现浇挑檐天沟与板(包括屋面板、楼板)连接时[如图 4-5-9(c)所示]，以外墙为分界线，与圈梁(包括其他梁)连接时[如图 4-5-9(a)、(b)、(d)所示]，以梁外边线为分界线。外墙外边线或梁外边线以外为挑檐天沟。

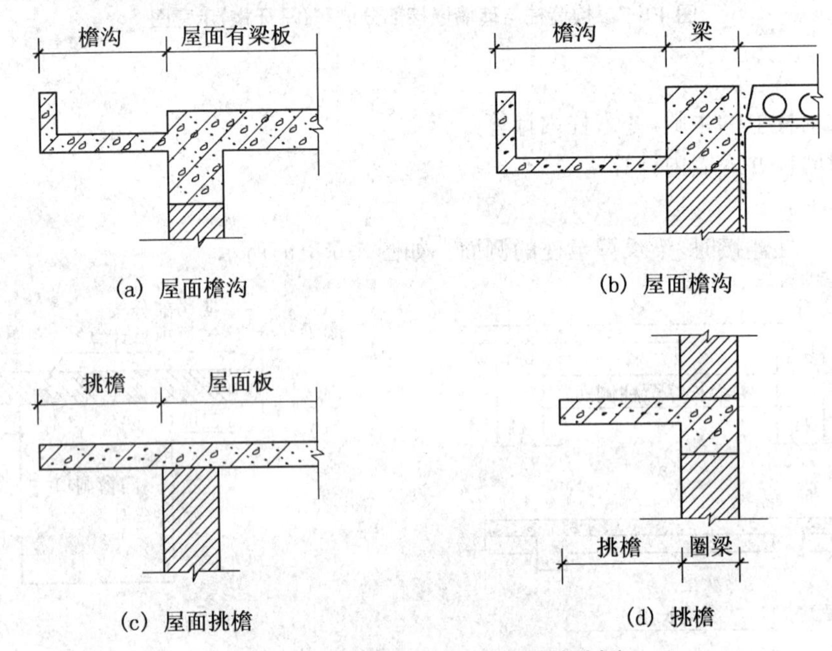

图 4-5-9　现浇挑檐与屋面板、圈梁划分

二、混凝土及钢筋混凝土工程工程量计算规则及定额套用

(一) 现浇混凝土工程

1. 混凝土工程及模板工程量一般计算规定及定额套用

(1) 混凝土工程工程量一般计算规定及定额套用

1) 混凝土工程工程量计算一般规则

混凝土工程量除另有规定外，均按图示尺寸以实体体积以立方米计算。不扣除构件内钢筋、预埋铁件及墙、板中 0.3 m^2 内的孔洞所占体积。

2) 混凝土工程定额子目的套用

混凝土由水泥、粗骨料、细骨料和水拌合而形成，水泥强度等级、粗骨料种类、粒径及混凝土配合比等都将引起混凝土价格的差异，使用定额价格时，必须按下列定额规定执行。

① 混凝土的工作内容包括：筛砂子、筛洗石子、后台运输、搅拌，前台运输、清理、润湿模板、浇灌、捣固、养护。

② 建筑定额中混凝土粗集料系按卵石考虑，如设计图纸采用碎石混凝土时，按附录碎石混凝土配合比进行换算，但含量不变。

③ 在混凝土配合比表中，同一种强度等级均列有两种强度等级水泥的基价，建筑定额均采用低强度等级水泥组成混凝土基价，实际使用水泥强度等级或混凝土强度等级与定额不同时，应按混凝土配合比表换算混凝土价格，但混凝土含量不变。

④ 建筑定额中混凝土养护系按洒水养护考虑，如采用其他方法养护时应按实计算。

⑤ 定额混凝土按施工方法编制了现场搅拌混凝土、集中搅拌混凝土相应定额子目，集中搅拌混凝土是按混凝土搅拌站、混凝土搅拌输送车及混凝土的泵送机械都是按在施企业自备的情况下编制的。采用集中搅拌混凝土不分构件名称和规格分别以混凝土输送泵或输送泵车，套用同一泵送混凝土的定额子目。该定额子目不适用于使用商品混凝土的构件。

⑥ 混凝土子目中已列出常用强度等级，如与设计要求不同时，可以换算。

(2) 模板及支撑工程工程量计算一般规则及定额套用

1) 模板及支撑工程工程量计算一般规则

现浇混凝土及钢筋混凝土模板工程量，除另有规定者外，均应区别模板的不同材质，按混凝土与模板接触面的面积，以平方米计算。现浇混凝土柱、梁、板、墙的支撑高度以：室外地坪至板底(梁底)或板面(梁面)至板底(梁底)之间的高度以 3.6 m 以内为准，超过 3.6 m 以上部分，另按超过部分每增高 1 m 增加支撑工程量，不足 0.5 m 时不计，超过 0.5 m 按 1 m 计算。现浇钢筋混凝土墙、板上单孔面积在 0.3 m^2 以内的孔洞，不予扣除，洞侧壁模板亦不增加，但突出墙、板面的混凝土模板应相应增加；单孔面积在 0.3 m^2 以外时，应予扣除，洞侧壁模板并入墙、板模板工程量内计算。柱与梁、柱与墙、梁与梁等连接的重叠部分以及伸入墙内的梁头、板头部分，均不计算模板面积。

2) 模板及支撑工程定额子目的套用

① 现浇混凝土模板按不同构件，分别以组合钢模板、钢支撑或木支撑，九夹板模板、钢支撑或木支撑，木模板、木支撑配制。使用其他模板时，可以编制补充单位基价表。

② 一个工程使用不同模板时，以一个构件为准计算工程量及套用定额。如同一构件使用两种模板，则以与混凝土接触面积大的套用定额。

③ 模板工作内容包括：清理、场内运输、安装、刷隔离剂、浇灌混凝土时模板维护、拆模、集中堆放、场外运输。木模板包括制作(预制包括刨光，现浇不刨光)，组合钢模板、九夹板模板包括装箱。

④ 整板基础、带形基础的反梁、基础梁或地下室墙侧面的模板用砖侧模时，可按砖基础计算，同时不计算相应面积的模板费用。

⑤ 钢筋混凝土墙及高度大于 700 mm 的深梁模板的固定，若审定的施工组织设计采用对拉螺栓时，可按实计算。

⑥ 钢筋混凝土后浇带按相应定额子目中模板人工乘以 1.2 系数；模板用量及钢筋支撑乘以 1.5 系数。

⑦ 坡屋面坡度大于等于 1/4(26°34′)时，套相应的定额子目，但子目中人工乘以 1.15 的系数，模板用量及钢支撑乘以 1.30 的系数。

2. 现浇混凝土构件混凝土工程及模板工程计算

(1) 现浇混凝土垫层

垫层有地面垫层、基础垫层等。

1) 垫层混凝土工程量计算公式

$$V=b\times L\times h$$

式中：V——垫层工程量(m^3)；

b——垫层宽度(m)；

L——垫层长度(m)，外墙基础下垫层长度按外墙中心线长度计算，内墙基础下垫层长度按内墙基础垫层间净长线长度计算。

h—垫层厚度(m)。

2) 模板工程量计算公式

$$S=2hL-\text{重叠部分的面积}$$

3) 定额子目套用

① 钢筋混凝土垫层按垫层项目执行，其钢筋部分按本章相应项目规定计算。

② 垫层用于基础垫层时，按相应定额人工乘以 1.2 系数。地面垫层需分格支模时，按技术措施中的垫层支模定额执行。

(2) 现浇钢筋混凝土基础

常见的混凝土基础形式有独立基础、杯形基础、带形基础、满堂基础、箱形基础、桩基础、设备基础等。

1) 带形基础

① 混凝土工程量计算公式(图 4-5-10)

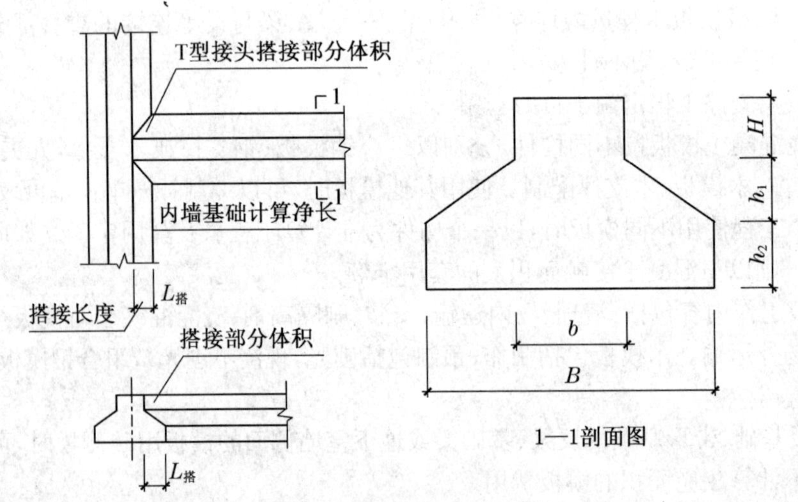

图 4-5-10　混凝土带形基础 T 形接头示意图

$$V=F\times L+V_T$$

式中　V——带型基础工程量(m^3)。

F——带型基础断面面积(m^2)；带形基础断面形式一般有梯形、阶梯形和矩形等。

L——带型基础长度(m)。外墙基础长度：按外墙带型基础中心线长度；

内墙基础长度：按内墙带型基础净长线长度计算。

V_T——T 形接头的搭接部分体积。

T 形接头的搭接部分体积计算如图 4-5-11 所示。

$$V_T=V_1+V_2+V_3$$

$$V_1=L_{搭}Hb \quad V_2=\frac{1}{2}L_{搭}h_1b \quad V_3=\frac{1}{3}\times\frac{1}{2}\frac{B-b}{2}h_1L_{搭}\times 2$$

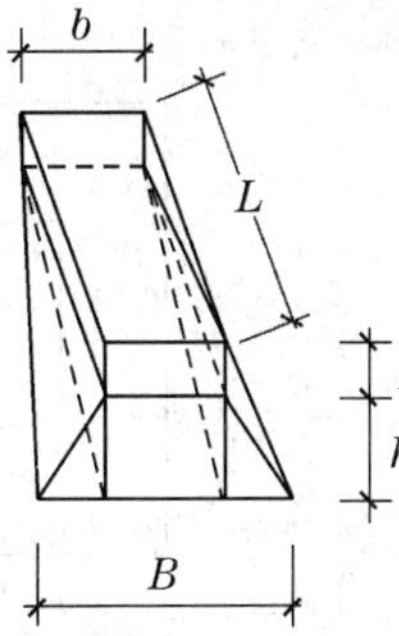

图 4-5-11　T 形接头图

② 带形基础模板工程量计算公式

a. 坡面带形基础[如图 4-5-12(a)所示]

$$S=2\times(h+h_2)L$$

b. 阶梯形截面[如图 4-5-12(b)所示]

$$S=2(h_1+h_2)L$$

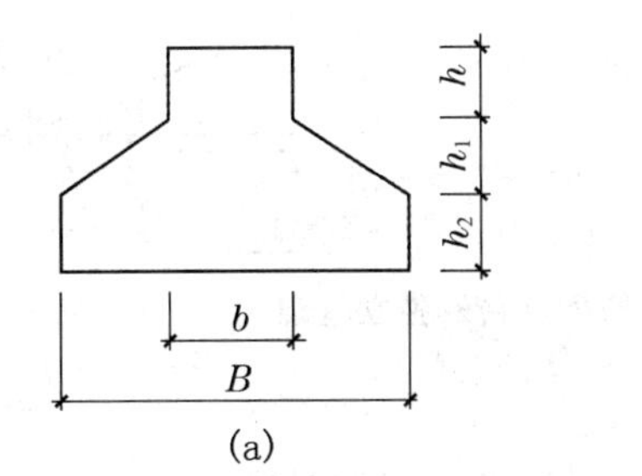

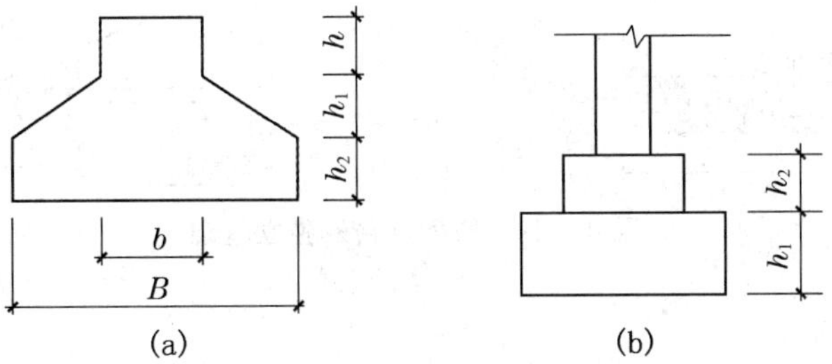

(a)　　(b)

图 4-5-12　带形基础断面示意图

③ 带形基础定额子目的套用

带形基础混凝土工程按材料有毛石混凝土 A4－15 和混凝土 A4－16 两子目；模板工程按混凝土材料分毛石混凝土、无筋混凝土、钢筋混凝土；钢筋混凝土基础按类型分有肋式和无肋式；每种基础按模板的不同材质分组合钢模板、九夹板、木模板等共 12 个子目(A10－1～A10－12)。当肋式带形基础，上部肋高与肋宽之比超过 4∶1 时，上部的梁套用墙的相应子目，下部要套用带形基础子目。

2）独立基础

独立基础有阶梯形和四棱锥台形。

① 混凝土工程量计算公式

a. 阶梯形基础：如图 4-5-13 所示。

$$V=ABh_1+abh_2$$

b. 四棱锥台形基础：如图 4-5-14 所示。

$$V=ABh_1+[AB+(A+a)(B+b)+ab]h_2/6$$

② 模板工程量计算公式

a. 阶梯形基础：

$$S=2(A+B)h_1+2(a+b)h_2$$

b. 四棱锥台形基础：

$$S=2(A+B)h_1$$

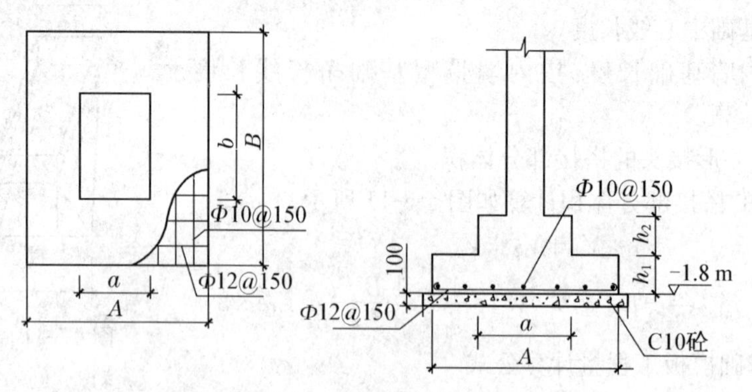

图 4-5-13　阶梯形独立基础

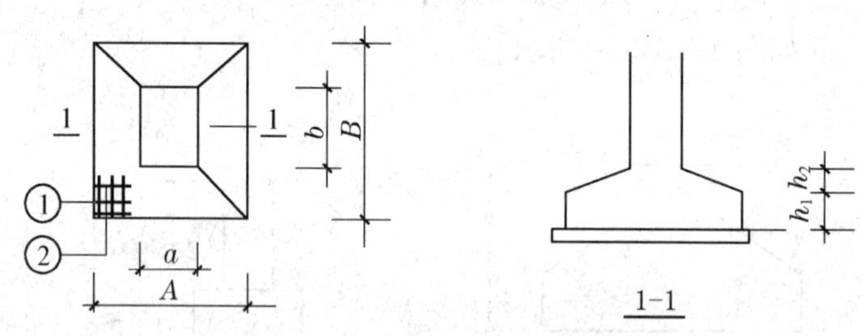

图 4-5-14　四棱锥台形独立基础

3）满堂基础

满堂基础分有梁式满堂基础[图 4-5-15(a)]和无梁式满堂基础[图 4-5-15(b)]。

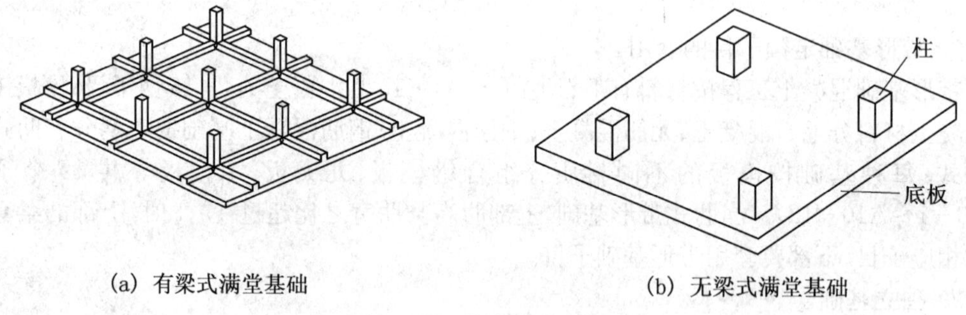

(a) 有梁式满堂基础　　(b) 无梁式满堂基础

图 4-5-15　满堂基础示意图

① 满堂基础混凝土工程量计算公式：

a. 有梁式满堂基础混凝土工程量＝基础底板的体积＋梁肋体积

b. 无梁式满堂基础混凝土工程量＝基础底板的体积

② 满堂基础模板工程量计算公式：

a. 有梁式满堂基础模板工程量＝基础底板的侧面面积＋凸出底板的梁肋侧面面积

b. 无梁式满堂基础模板工程量＝基础底板的侧面面积

4）箱形基础

箱形基础(图 4-5-16)是指由顶板、底板及纵横墙板(包括镶入钢筋混凝土墙板中的柱)连成整体的基础,底板混凝土工程量按底板面积乘以底板厚度以立方米计算,模板工程量按底板侧面面积计算,执行无梁式满堂基础定额基价。墙板混凝土工程量按实体积计算,模板工程量按墙板两侧的侧面面积计算,执行钢筋混凝土墙相应定额基价子目。顶板混凝土应根据板的结构类型,按有梁板、平板或无梁板分别列项计算体积。模板工程量按相应楼板底面积和梁侧面积之和计算,执行现浇钢筋混凝土板相应定额子目。

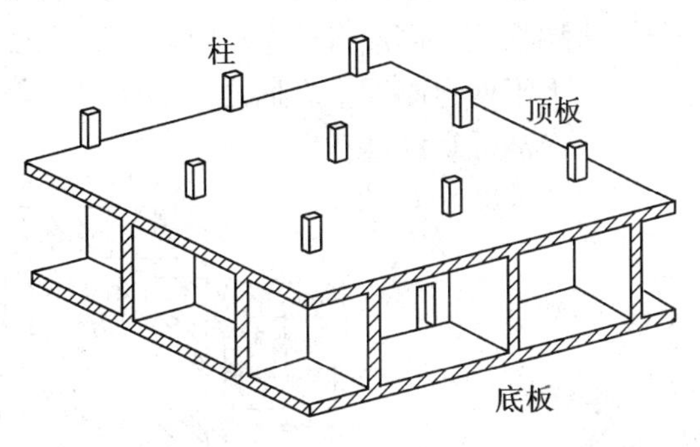

图 4-5-16　箱形基础

5）桩承台

桩承台分独立桩承台和带形桩承台两类。

① 桩承台混凝土工程量计算公式:

$$V=LBH$$

式中　L——承台的长;

B——承台的宽;

H——承台的高。

② 桩承台模板工程量计算公式:

$$S=2(L+B)H$$

③ 定额子目套用

独立桩承台混凝土工程套用 A4－22,定额已考虑了凿桩头用工;带型桩承台混凝土子目按带型基础定额(A4－16)执行。

(3）现浇钢筋混凝土柱

柱有矩形柱、圆形柱、异形柱和构造柱。柱混凝土工程量按图示断面面积乘以柱高以立方米计算,依附柱上的牛腿的体积并入柱身体积计算。柱的模板工程量按混凝土与模板接触面的面积计算,应扣除柱与梁、柱与墙等连接的重叠部分的面积。

1）混凝土工程量计算公式

① 矩形柱、圆形柱、异形柱:

$$V=SH$$

式中　S——柱图示截面面积。

H——柱高度。有梁板的柱高:应自柱基(或楼板)上表面算至上一层楼板上表面。无梁板的柱高:应自柱基(或楼板)上表面算至柱帽下表面。

② 构造柱:

$$V=SH$$

式中　S——按设计图示尺寸(包括与砖墙咬接部分在内)计算断面面积,即考虑马牙槎增加的断面面积。不同位置的构造柱马牙槎增加的断面面积:$S_{增}=0.03\times$墙厚$\times$马牙槎边数;如图 4-5-17 所示。

H——构造柱的高度，应自柱基（或地圈梁）上表面算至柱顶面；如需分层计算时，首层构造柱高应自柱基（或地圈梁）上表面算至上一层圈梁上表面，其他各层为各楼层上下两道圈梁上表面之间的距离。若构造柱上、下与主、次梁连接则以上下主次梁间净高计算柱高。

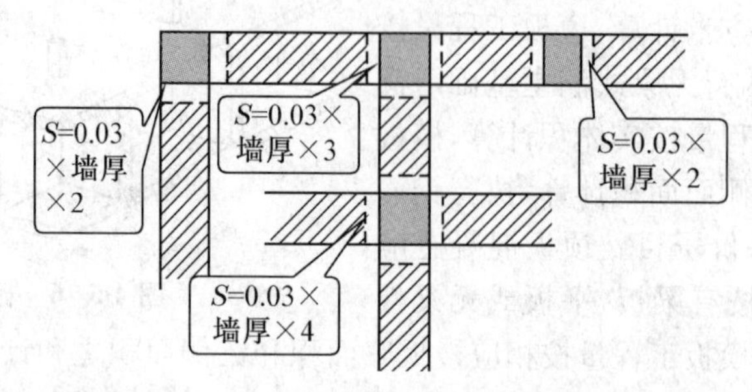

图 4-5-17　构造柱马牙槎增加的断面面积示意图

2）模板工程量计算公式

$$S_{模板}=S_{柱侧}-S_{叠}$$

式中　$S_{柱侧}$——柱的侧面面积，即 $S_{柱侧}=LH$；

L——柱的周长；

H——柱的高度；

$S_{叠}$——柱与梁、柱与墙重叠部分的面积。

构造柱按图示外露部分计算模板面积。留马牙槎的按最宽面计算模板宽度。构造柱与墙接触面不计算模板面积。

（4）现浇钢筋混凝土梁

现浇钢筋混凝土梁的定额子目分为基础梁、单梁连续梁、异形梁、圈梁、过梁和弧形拱形梁等子目，基础梁是指直接以独立基础或柱为支点的梁。一般多用于不设条形基础时墙体的承托梁。单梁、连续梁是指单跨简支梁和多跨连续梁。异形梁是指梁截面为“T”、“十”“工”形。圈梁是指在房屋的檐口、楼层或基础顶面标高处，沿砌体水平方向设置封闭的按构造配筋的，以墙体为底模板浇筑的梁。过梁是指在墙体砌筑过程中，门窗洞口上同步浇筑的梁。

1）现浇钢筋混凝土梁的混凝土工程量计算公式：

$$V=SL$$

式中　S——梁的截面面积。

L——梁的长度；梁与柱（不包括构造柱）交接时，梁长算至柱侧面；主、次梁交接时，次梁长度算至主梁的侧面；伸入墙内的梁头（如图 4-5-18 所示）包括在梁的长度内计算。现浇梁垫，其体积并入梁内计算。圈梁代替过梁者，过梁部分应与圈梁部分分别列项，其过梁长度按门、窗洞口宽度两端共加 50 cm 计算，分别套用圈梁和过梁定额基价子目。

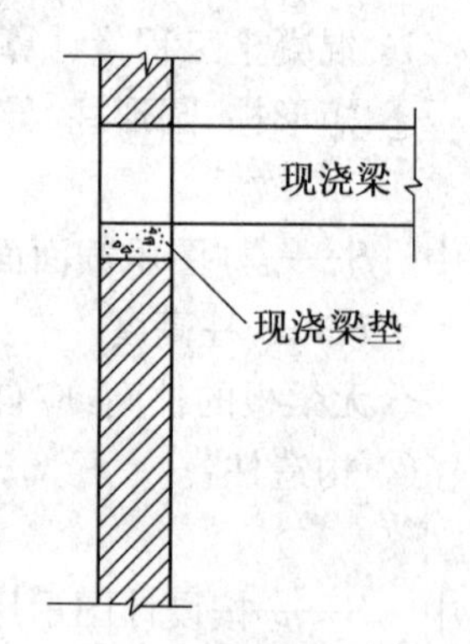

图 4-5-18　现浇梁垫并入梁体积内计算示意图

2）现浇钢筋混凝土梁的模板工程量计算公式：

$$S_{模板}=(2h+b)L-S_{叠}$$

式中 h——梁的高度。

b——梁的宽度;圈梁不需支底模。

L——梁的长度。

$S_{叠}$——梁与梁等重叠部分的面积。

3) 定额子目套用

梁的混凝土工程应根据梁的类型分别套用相应定额子目,模板工程应区分不同类型、不同材质分别套用相应定额子目,支模高度超过 3.6 m 时,应按规定套用超高子目。

(5) 钢筋混凝土板

现浇钢筋混凝土板的定额子目分为有梁板、无梁板、平板、拱板、双层拱形屋面板等子目。

1) 有梁板

有梁板是指梁(包括主、次梁)与板整浇构成一体并至少有三边是以承重梁支承的板。

① 有梁板混凝土工程量计算式:

有梁板混凝土工程量=梁的体积+板的体积-单孔面积 0.3 m^2 外的孔洞所占体积

② 有梁板模板土工程量计算式:

有梁板模板工程量=板与梁的底面积+凸出板面的梁肋的侧面面积-单孔面积在 0.3 m^2 以外的面积+洞侧面积

2) 无梁板

无梁板是指不带梁而直接用柱头支承的板。

① 无梁板混凝土工程量计算式:

无梁板混凝土工程量=板的体积+柱帽的体积-单孔面积 0.3 m^2 外的孔洞所占体积

② 无梁板模板工程量计算式:

无梁板模板工程量=板的底面积+凸出板面的模板面积-单孔面积在 0.3 m^2 以外的面积+洞侧面积

3) 平板

平板是指无柱、梁支撑,而直接由墙(包括钢筋混凝土墙)支撑的板。圈梁与现浇板整浇时,板算至圈梁侧面。

① 平板混凝土工程量计算式:

平板混凝土工程量=板的体积-单孔面积在 0.3 m^2 以外的孔洞所占的体积

② 平板模板土工程量计算式:

平板模板工程量=板的底面积-单孔面积在 0.3 m^2 以外的面积+洞侧面积

4) 定额子目套用

现浇钢筋混凝土板的混凝土、模板工程应区分不同板的类型、模板的不同材质分别套用相应定额子目,模板支模高度超过 3.6 m 时,应按规定套用超高子目。

(6) 现浇钢筋混凝土墙

现浇钢筋混凝土墙定额子目分直形墙、电梯井壁直形墙、弧形墙和短肢剪力墙。短肢剪力墙为墙的净长大于宽 4 倍,小于等于宽 7 倍的墙。

1) 现浇钢筋混凝土墙的混凝土工程量计算公式:

$$V = bHL - \sum(\text{门窗洞口及 0.3 m}^2\text{ 以上的孔洞所占体积}) + \text{附墙柱的体积}$$

式中　b——墙厚度。

H——墙的高度，墙与板相交，墙高算至板底；墙与梁重叠，当墙厚等于梁宽时，墙与梁合并按墙计算；当墙厚小于梁宽时，墙与梁分别计算，即墙高算至梁底。

L——墙长，外墙按中心线长，内墙按净长计算（有柱者算至柱侧）。

2）现浇钢筋混凝土墙的模板工程量计算公式：

$S_{模板} = 2HL - \sum$（门窗洞、单孔面积在 0.3 m² 以外的面积＋与柱重叠的面）$+ \sum$（单孔面积在 0.3 m² 以外的孔洞侧面积＋凸出墙面的模板面积）

3）定额子目套用

现浇钢筋混凝土墙的混凝土、模板工程应区分不同墙的类型、模板的不同材质分别套用相应定额子目，模板支模高度超过 3.6 m 时，应按规定套用超高子目。

（7）现浇整体楼梯

现浇整体楼梯混凝土、模板工程定额子目分为直型、弧形两子目。

现浇钢筋混凝土整体楼梯的混凝土及模板工程量计算规则：

整体楼梯包括休息平台、平台梁、斜梁及楼梯的连接梁，按水平投影面积计算，不扣除宽度小于 500 mm 的楼梯井，伸入墙内部分不另增加。楼梯与楼板连接时，楼梯算至楼梯梁外侧面。楼梯的踏步、踏步板、平台梁等侧面模板，不另计算。

圆形楼梯按悬挑楼梯间水平投影面积计算（不包括中心柱）。

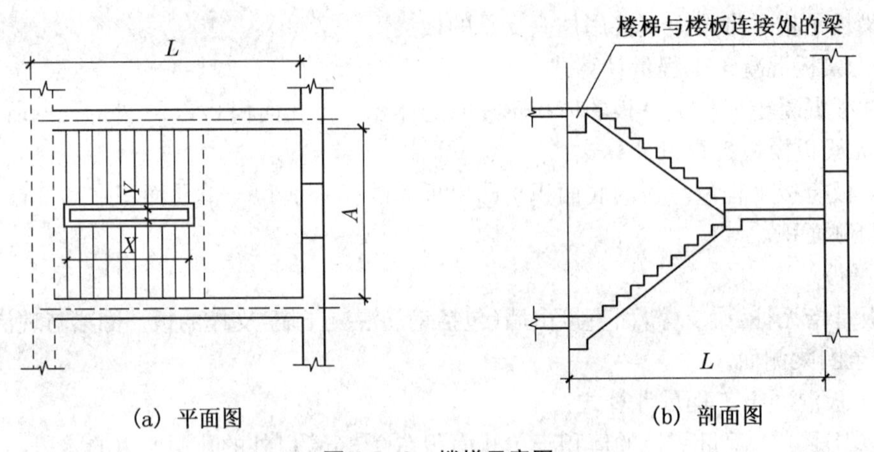

图 4-5-19　楼梯示意图

图 4-5-19 所示现浇钢筋混凝土整体楼梯的混凝土及模板工程量计算公式：

当 $Y \leqslant 500$ mm 时，投影面积＝$A \times L$

当 $Y > 500$ mm 时，投影面积＝$(A \times L) - (X \times Y)$

式中　X——楼梯井长度；

Y——楼梯井宽度；

A——楼梯间净宽；

L——楼梯间长度。

（8）现浇阳台、雨篷（悬挑板）

现浇阳台、雨篷混凝土工程定额分为阳台、雨篷两个子目，模板工程合为一个子目按形式分为直形和弧形两子目。其混凝土和模板工程量计算规则均按伸出外墙的水平投面积计算，伸出外墙的牛腿、封口梁不另计算。带反边的雨篷按展开面积并入雨篷内计算。带反梁的雨篷按有梁板子目计算。

(9) 现浇混凝土扶手、栏板

扶手混凝土及模板工程按延长米计算。栏板混凝土工程按长度(包括伸入墙内的长度)乘截面积以立方米计算，栏板模板工程按混凝土与模板接触面的面积计算。

(10) 现浇混凝土台阶

台阶混凝土及模板工程按图示尺寸以水平投影面积计算。台阶端头两侧不另计算模板面积。

(11) 现浇混凝土挑檐、天沟

现浇混凝土挑檐、天沟混凝土工程按其设计图示尺寸以立方米计算。模板工程按混凝土与模板接触面的面积，以平方米计算。

(12) 现浇小型构件

现浇小型构件，指每件体积在 0.05 m^3 以内，而未列项目的构件。混凝土工程量，均按设计图示尺寸以立方米计算，模板工程按混凝土与模板接触面的面积，以平方米计算。

(13) 商品混凝土

1) 商品混凝土单价的组成

预拌混凝土价格的构成：① 预拌混凝土出厂价；② 预拌混凝土生产厂至施工现场的运输费；③ 施工现场的泵送费，包括泵送、接管、布管拆洗人工费、水费、泵送管及配件摊销费。④ 泵送车和地泵进(出)场费。

2) 商品混凝土换算规定

江西省造价文件规定；① 凡使用预拌混凝土的工程项目均按《江西省建筑工程消耗量定额及统一基价表》中的基价取费。预拌混凝土与定额混凝土的价差取费按材料差价的方法计算。在计算浇捣混凝土定额费用时，定额混凝土配合比不作调整，按定额取定配合比计价(即不按图纸设计配合比计价)。② 非泵送混凝土仅扣除表 4-5-1 中后台工料机费用。

3) 工业建筑、民用建筑应根据工程的部位，檐高及采用垂直运输机械情况的不同进行预拌混凝土差价的计算。预拌混凝土差价的计算方法：

预拌混凝土差价 $=\sum$(预拌混凝土市场价格 − 定额子目取定混凝土价格 − 扣除表 4-5-1 中相应的费用) × 图示工程量 (m^3 或 m^2) × 定额含量/10

表 4-5-1　使用预拌混凝土(泵送)工料机费用扣除表(单位：元/m^3 混凝土)

	基础	檐高20 m内机吊	檐高20 m内塔吊	檐高30 m内机吊	檐高30 m内塔吊	檐高40 m内机吊	檐高40 m内塔吊	檐高50 m内	檐高60 m内	檐高70 m内	檐高80 m内	檐高90 m内	檐高100 m内	檐高110 m内	檐高120 m内
后台费用	18.72	20.67	20.67	20.67	20.67	20.67	20.67	20.67	20.67	20.67	20.67	20.67	20.67	20.67	20.67
前台费用	17.19	16.87	16.87	16.87	16.87	16.87	16.87	16.87	16.87	16.87	16.87	16.87	16.87	16.87	16.87

（续表）

	基础	檐高20 m内机吊	檐高20 m内塔吊	檐高30 m内机吊	檐高30 m内塔吊	檐高40 m内机吊	檐高40 m内塔吊	檐高50 m内	檐高60 m内	檐高70 m内	檐高80 m内	檐高90 m内	檐高100 m内	檐高110 m内	檐高120 m内
垂直运输费	0	7.33	19.45	8.06	21.40	8.21	21.78	22.37	33.64	35.04	36.44	37.84	40.36	42.05	43.45
小计	35.91	44.87	56.99	45.60	58.94	45.75	59.32	59.91	71.18	72.58	73.98	75.38	77.90	79.59	80.99

3. 现浇混凝土构件的钢筋、铁件工程工程量计算规则及定额套用

现浇混凝土构件中的钢筋工程定额按钢筋品种、规格和桩基础钢筋等划分为多个子目（A4－444～A4－454），现浇构件圆钢筋分Φ5 以内、Φ10 以内、Φ10 以外；现浇构件螺纹钢筋分Φ20 以内、Φ20 以外；现浇构件变形钢筋分冷轧带肋和冷轧扭钢筋；桩基础钢筋分钢筋笼和护壁钢筋，钢筋笼又按成孔工艺分沉管灌注混凝土桩钢筋笼、人工挖孔桩钢筋笼、钻（冲）孔桩钢筋笼等共 11 个子目。

（1）钢筋工程

1）钢筋工程量计算一般规则

应区别不同钢种和规格，分别按设计长度乘以单位重量，以吨计算。计算钢筋工程量时，通长钢筋的接头，设计已规定钢筋搭接长度的，按规定搭接长度计算；设计未规定搭接长度的，钢筋直径在 10 mm 以内的，不计算搭接长度；钢筋直径在 10 mm 以上的，当单个构件的单根钢筋设计长度大于 8 m 时，按 8 m 长一个搭接长度计算在钢筋用量内，其搭接长度按实用钢筋 HPB 300 钢 30 倍、HRB 335 钢 35 倍直径计算。钢筋电渣压力焊接接头以个计算。

2）钢筋长度确定

钢筋在构件中常有直钢筋、弯起钢筋、箍筋、S 形拉筋等四种形式。

① 直钢筋

直钢筋长度＝构件支座（或相关联构件）间的净长度＋伸入支座（或相关联构件）内的构造长度＋两端部需做弯钩的增加长度

② 弯起钢筋

弯起钢筋长度＝构件支座（或相关联构件）间的净长度＋伸入支座（或相关联构件）内的构造长度＋两端部需做弯钩的增加长度＋弯起钢筋增加值

③ 箍筋

箍筋在构件中常有等截面箍筋、变截面箍筋、螺旋箍筋三种。

a. 等截面箍筋长度计算

单根双肢箍筋长度计算 $L_{单}$：

$$L_{单}=[(b-2c)+(h-2c)]\times 2+两弯钩增加值$$

式中　b、h——构件的截面尺寸；

C——混凝土保护层厚度。

单构件箍筋根数：

$$N=布筋范围\div布筋间距+1$$

单构件箍筋总长度 L：

$$L=L_{单}\times N$$

b. 变截面箍筋(图 4-5-20)长度计算

变截面构件箍筋的总长度＝构件箍筋总根数×中间截面箍筋的长度

构件箍筋总根数、中间截面箍筋的长度计算方法同等截面箍筋计算。

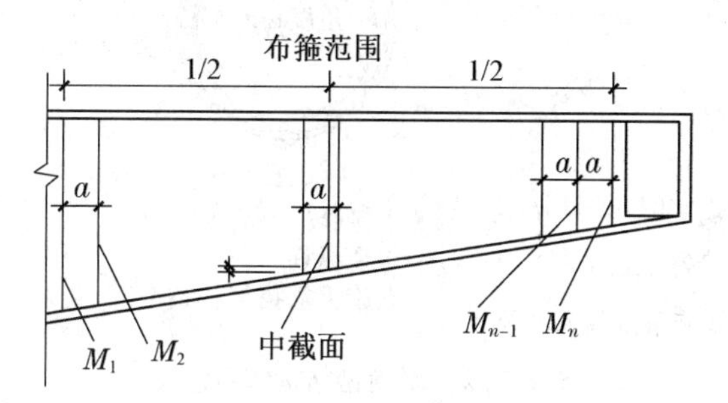

图 4-5-20　变截面箍筋示意图

c. 螺旋箍筋长度计算(图 4-5-21)

构件螺旋箍筋的总长度 L＝螺旋箍筋部分长度＋螺旋开始与结束端部的构造长度

螺旋箍筋部分长度$=N\times\sqrt{P^2+\pi^2(D-2c)^2}$

式中　$N=L/P$，L 为布箍范围即构件长；P 为间距。

D——构件直径。

c——混凝土保护层厚度。

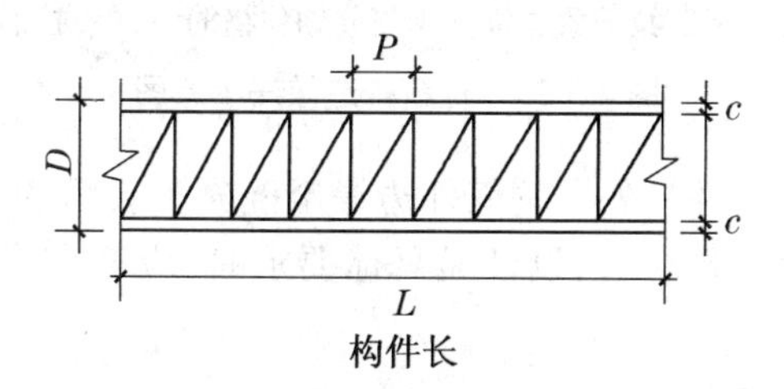

图 4-5-21　螺旋箍筋示意图

根据 11G101－1 中螺旋箍筋的构造要求(图 4-5-22)规定螺旋箍筋开始与结束应有水平段，长度不应小于一圈半，端部需做 135°弯钩，平直段长度：非抗震为 $5d$，抗震为 $10d$、75 mm 中取大值。

构件螺旋箍筋的总长度 $L=N\times\sqrt{P^2+\pi^2(D-2c)^2}+2\times1.5\pi(D-2c)+2$ 弯钩增加长度

④ S 形拉筋

S 形拉筋根据 11G101－1 中构造要求(如图 4-5-23 所示)有三种做法，工程中应按设计指定具体计算。

若采用第一种做法的长度计算：

$$S_{形拉筋长度}=构件厚度-混凝土保护层厚度\times2+两端弯钩增加长度$$

3) 混凝土保护层厚度确定

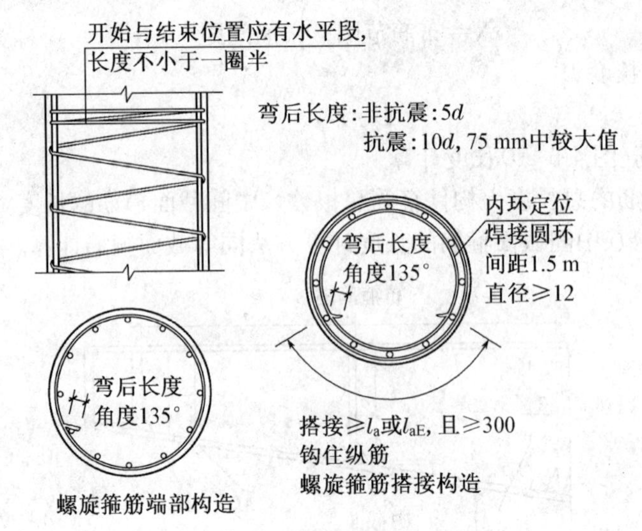

图 4-5-22　螺旋箍筋构造示意图

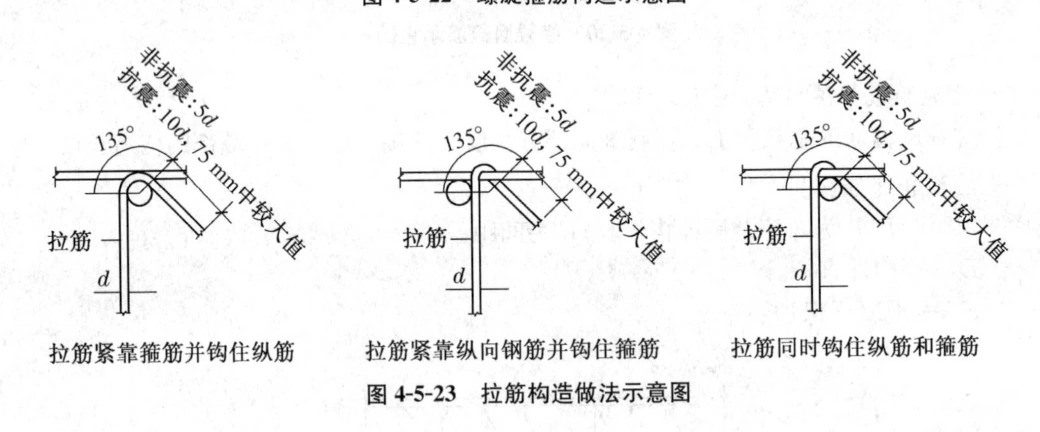

图 4-5-23　拉筋构造做法示意图

混凝土保护层厚度指构件最外层钢筋外边缘至混凝土表面的距离如图 4-5-24 所示，混凝土保护层厚度应符合设计要求，当设计无具体要求时，应符合表 4-5-2 要求，且构件中受

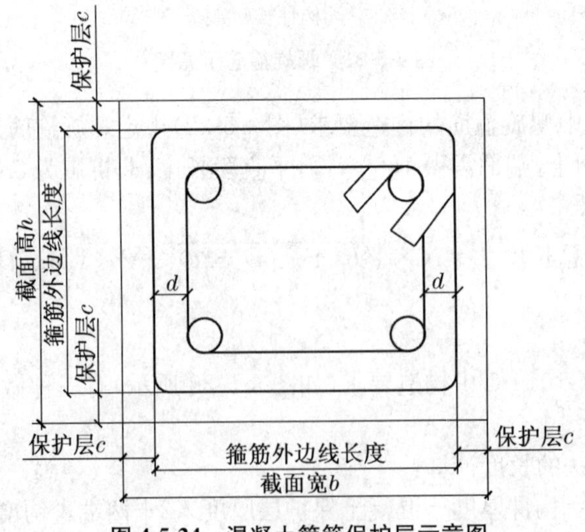

图 4-5-24　混凝土箍筋保护层示意图

力钢筋的保护层厚度不应小于钢筋的公称直径。

表 4-5-2　混凝土保护层的最小厚度(mm)

环境类别	板、墙	梁、柱
一	15	20
二 a	20	25
环境类别	板、墙	梁、柱
二 b	25	35
三 a	30	40
三 b	40	50

注:① 设计使用年限为 100 年的混凝土结构,一类环境中,最外层钢筋的保护层厚度不应小于表中数值的 1.4 倍;二、三类环境中,应采取专门的有效措施。

② 混凝土强度等级不大于 C25 时,表中保护层厚度数值应增加 5。

③ 基础底面钢筋的保护层厚度,有混凝土垫层时应从垫层顶面算起,且不应小于 40 mm。

4）钢筋的弯钩长度

HPB300 的钢筋末端常需做成 180°、135°、90°三种弯钩(图 4-5-25),弯钩平直段长度应符合设计要求,规范规定其弯弧内直径不小于钢筋直径的 2.5 倍。

① 180°弯钩长度

$$180°\text{弯钩长度}=3.25d+\text{平直段长度}$$

② 135°弯钩长度

$$135°\text{弯钩长度}=1.9d+\text{平直段长度}$$

③ 90°弯钩长度

$$90°\text{弯钩长度}=0.5d+\text{平直段长度}$$

注:“d”为钢筋的直径。

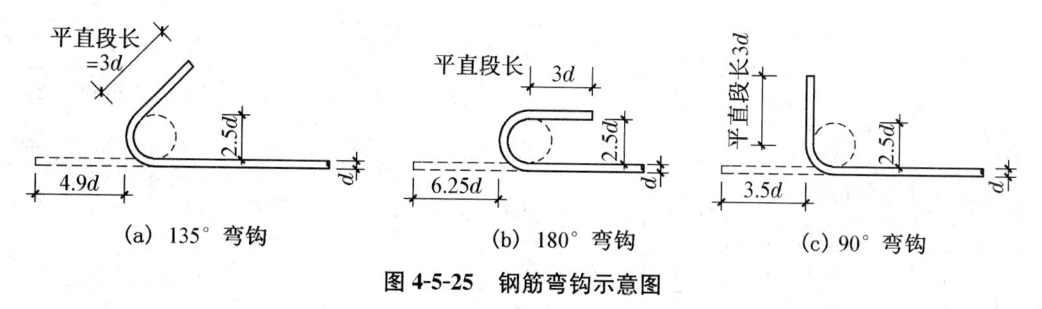

图 4-5-25　钢筋弯钩示意图

5）钢筋弯起的增加长度

HRB335、HRB400 等钢筋在构件中常需做 30°、45°、60°三种弯起。规范规定其弯弧内直径不小于钢筋直径的 4 倍。

弯起钢筋长度增加值是指斜长与水平投影长度之间的差值。弯起钢筋斜长及增加长度计算方法见表 4-5-3。

表 4-5-3　弯起钢筋斜长及增加长度计算表

形　状		30°	45°	60°
计算方法	斜边长 S	$2h$	$1.414h$	$1.155h$
	增加长度 $S-L=\Delta l$	$0.268h$	$0.414h$	$0.577h$

6）钢筋锚入支座（或伸入相关联构件）内的构造长度，如图 4-5-26 所示

钢筋锚入支座或伸入相关联构件内的构造长度，应符合设计要求，图集 11G101－1 中，对混凝土柱、梁和墙等构件节点中钢筋锚入作了相应的要求。受拉钢筋基本锚固长度、锚固长度、锚固长度修正系数 ζ_a 分别见表 4-5-4、表 4-5-5、表 4-5-6。

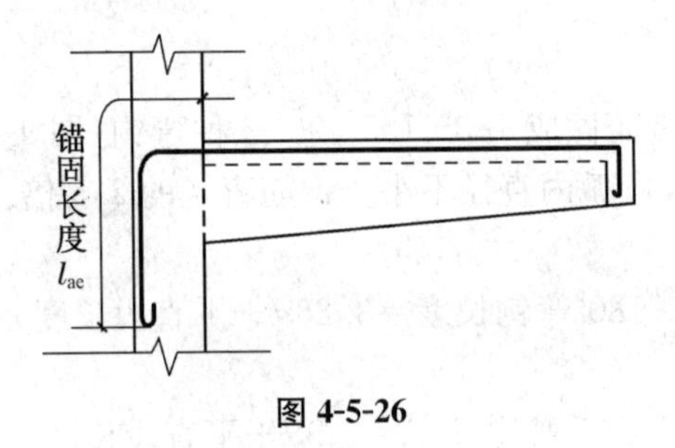

图 4-5-26

表 4-5-4　受拉钢筋基本锚固长度 l_{ab}，l_{abE}

受拉钢筋基本锚固长度 l_{ab}，l_{abE}										
钢筋种类	抗震等级	混凝土强度等级								
		C20	C25	C30	C35	C40	C45	C50	C55	≥C60
HPB300	一、二级 l_{abE}	$45d$	$39d$	$35d$	$32d$	$29d$	$28d$	$26d$	$25d$	$24d$
	三级 l_{abE}	$41d$	$36d$	$32d$	$29d$	$26d$	$25d$	$23d$	$24d$	$22d$
	四级 l_{abE} 非抗震 l_{ab}	$39d$	$34d$	$30d$	$28d$	$25d$	$24d$	$23d$	$22d$	$21d$
HRB335 HRBF335	一、二级 l_{abE}	$44d$	$38d$	$33d$	$31d$	$29d$	$26d$	$25d$	$24d$	$24d$
	三级 l_{abE}	$40d$	$35d$	$31d$	$28d$	$26d$	$24d$	$23d$	$22d$	$22d$
	四级 l_{abE} 非抗震 l_{ab}	$38d$	$33d$	$29d$	$27d$	$25d$	$23d$	$22d$	$21d$	$21d$
HRB440 HRBF440 RRB440	一、二级 l_{abE}	—	$46d$	$41d$	$37d$	$33d$	$32d$	$31d$	$30d$	$29d$
	三级 l_{abE}	—	$42d$	$37d$	$34d$	$30d$	$29d$	$28d$	$27d$	$26d$
	四级 l_{abE} 非抗震 l_{ab}	—	$40d$	$35d$	$32d$	$29d$	$28d$	$27d$	$26d$	$25d$

（续表）

受拉钢筋基本锚固长度 l_{ab}，l_{abE}										
钢筋种类	抗震等级	混凝土强度等级								
		C20	C25	C30	C35	C40	C45	C50	C55	≥C60
HRB500 HRBF500	一、二级 l_{abE}	—	$55d$	$49d$	$45d$	$41d$	$39d$	$37d$	$36d$	$35d$
	三级 l_{abE}	—	$50d$	$45d$	$41d$	$38d$	$36d$	$34d$	$33d$	$32d$
	四级 l_{abE} 非抗震 l_{ab}	—	$48d$	$43d$	$39d$	$36d$	$34d$	$32d$	$31d$	$30d$

表 4-5-5　受拉钢筋锚固长度 l_a，抗震锚固长度 l_{aE}

非抗震	抗震	
$l_a=\zeta_a l_{ab}$	$l_{aE}=\zeta_{aE} l_{ab}$	1. l_a 不应小于 200。 2. 锚固长度修正系数 ζ_a 按下表取用，当多于一项时，可按连乘计算，但不应小于 0.6。 3. ζ_{aE} 为抗震锚固长度修正系数，对一、二级抗震等级取 1.15，对三级抗震等级取 1.05，对四级抗震等级取 1.00。

表 4-5-6　受拉锚固长度修正系数 ζ_a

锚固条件		Z_a	
带肋钢筋的公称直径大于 25 mm		1.10	——
环氧树脂涂层带肋钢筋		1.25	
施工过程中易受扰动的钢筋		1.1	
锚固区保护层厚度	$3d$	0.80	注：中间时按内插值； d 为锚固钢筋的直径
	$5d$	0.70	

注：1. HPB300 级钢筋末端应做 180°弯钩，弯后平直段长度不应小于 $3d$，但做受压钢筋时可不做弯钩。

2. 当锚固钢筋的保护层厚度不大于 $5d$ 时，锚固钢筋长度范围内应设置横向构造钢筋，其直径不应小于 $d/4$（d 为锚固钢筋的最大直径）；对梁、柱等构件间距不应大于 $5d$；对板、墙等构件间距不应大于 $10d$，且均不应大于 100 mm（d 为锚固钢筋的最小直径）。

① 框架梁钢筋的构造要求

a. 楼层框架梁端部节点构造如图 4-5-27 所示：

如果梁上、下部钢筋锚固长度 $l_{aE} \leqslant h_c$（柱宽）－保护层厚，梁上、下部钢筋伸入柱内直锚[图 4-5-27(a)]，长度 $L=\max(l_{aE}, 0.5h_c+5d)$。

如果梁上、下部钢筋锚固长度 $l_{aE}>h_c$（柱宽）－保护层厚，梁上、下部钢筋伸入柱内弯锚[图 4-5-27(b)]，长度 $L=h_c-c$（保护层厚度）$+15d$。

b. 屋面框架梁端部节点构造做法如图 4-5-27(c)所示：

梁上部钢筋弯锚入柱至梁底，长度 $L=h_c-c$（保护层厚度）$+h_b$（梁高）$-c$（保护层厚度）。

梁下部钢筋锚入柱的做法同楼层框架梁。

c. 楼层、屋面框架梁中间节点如图 4-5-27(d)图所示：

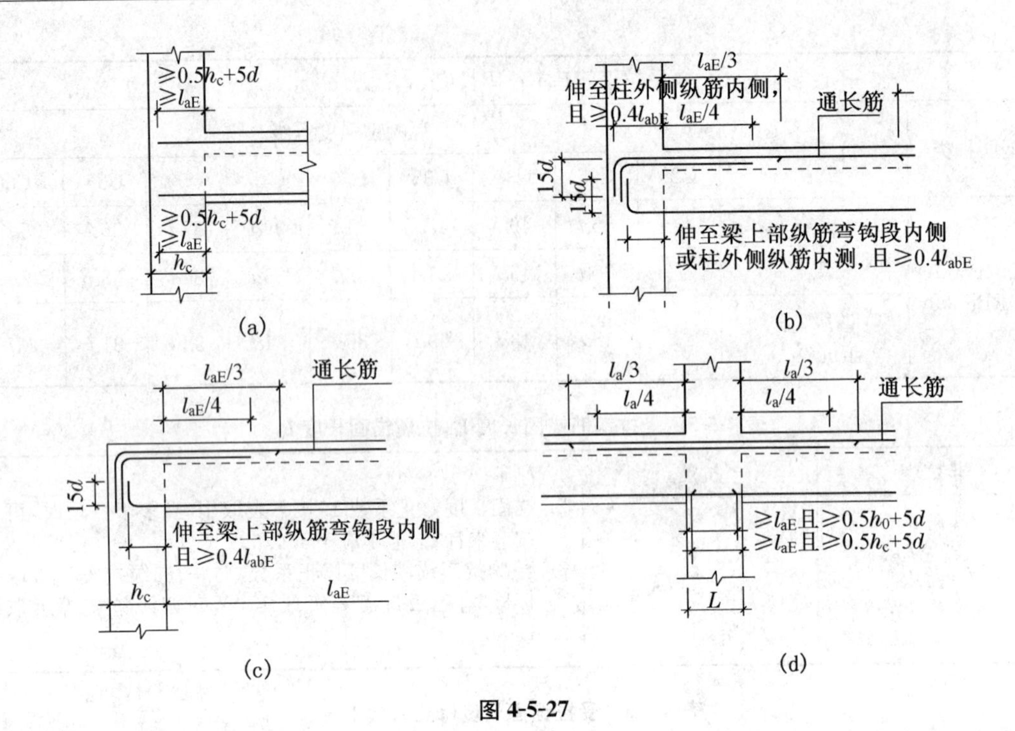

图 4-5-27

梁下部钢筋伸入柱内直锚，长度 $L=\max(l_{aE}, 0.5h_c+5d)$。

② 框架柱钢筋的构造要求

a. 边柱、角柱柱顶纵向钢筋构造图集有 A，B，C，D，E 五种节点做法(如图 4-5-28 所示)，应配合使用，可选择 B+D 或 C+D 或 A+B+D 或 A+C+D 做法，伸入梁内的柱外侧纵筋不少于柱外侧全部纵筋面积的 65%。

如采用 B 节点，柱外侧纵筋伸入梁的长度(从梁底算起)$L=1.5l_{abE}(l_{ab})$，当柱外侧纵筋配筋率>1.2%时，分两批截断，长的部分再加 $20d$；内侧纵筋伸入梁的长度 $L=h_b$(梁高)$-c$(保护层厚度)$+12d$。

如采用 C 节点，柱外侧纵筋伸入梁的长度(从梁底算起)$L=\max[1.5l_{abE}(l_{ab}), h_b-c+15d]$，当柱外侧纵筋配筋率>1.2%时，分两批截断，长的部分再加 $20d$；内侧纵筋伸入梁的长度 $L=h_b$(梁高)$-c$(保护层厚度)$+12d$。

如采用 D 节点，柱外侧纵筋在柱顶第一层伸入柱内边向下弯 $8d$，柱外侧纵筋伸入梁的长度(从梁底算起)$L=h_b$(梁高)$-c$(保护层厚度)$+h_c$(柱宽)$-2c$(保护层厚度)$+8d$。

柱外侧纵筋在柱顶第二层伸入柱内至柱内边，则柱外侧纵筋伸入梁的长度(从梁底算起)$L=h_c$(柱宽)$-2c$(保护层厚度)。

b. 抗震中柱柱顶纵向钢筋构造(如图 4-5-29 所示)四种节点做法。

当 $h_b-c<l_{aE}$时，可采用 A 或 B 节点，柱内、外侧纵筋伸入梁内的长度 $L=h_b$(梁高)$-c$(保护层厚度)$+12d$。

当 $h_b-c\geq l_{aE}$时，可采用 D 节点，柱内、外侧纵筋伸入梁内的长度 $L=h_b$(梁高)$-c$(保护层厚度)。

③ 柱钢筋在基础中的锚固长度

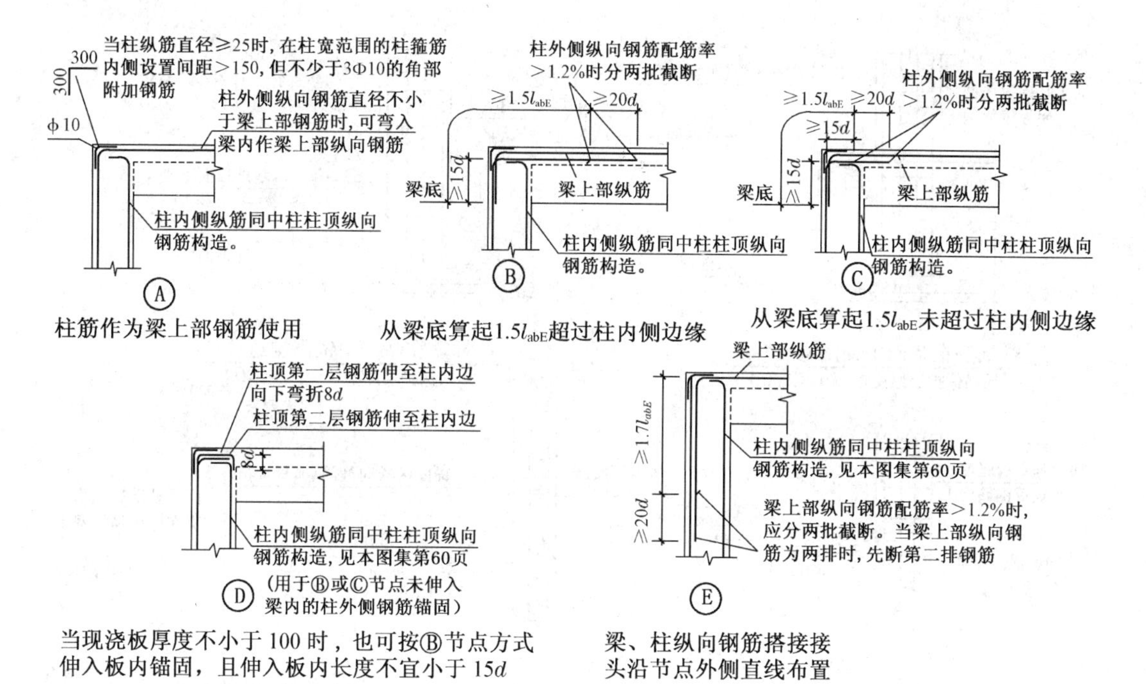

图 4-5-28　抗震边柱、角柱柱顶纵向钢筋构造

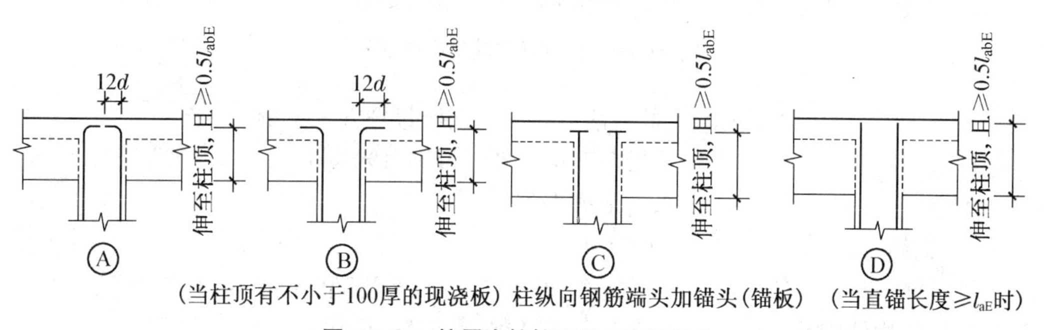

图 4-5-29　抗震中柱柱顶纵向钢筋构造

柱钢筋在基础中的锚固的四种构造做法如图 4-5-30 所示。

采用构造(一)、(三)做法，柱纵筋伸入基础内的长度：

$$L=h_j(\text{基础高度})-c(\text{保护层厚度})+\max(6d,150\ \text{mm})$$

采用构造(二)、(四)做法，柱纵筋伸入基础内的长度：

$$L=h_j(\text{基础高度})-c(\text{保护层厚度})+15d$$

7) 钢筋重量计算

钢筋理论重量＝钢筋长度×每米理论重量

钢筋每米理论重量＝0.006 17d^2(d 为钢筋直径，单位为 mm)。

(2) 铁件工程

预先埋设在混凝土及钢筋混凝土的金属零件叫预埋铁件，其工程量按设计图示尺寸以 t 计算。

预埋铁件工程量＝图示铁件重量

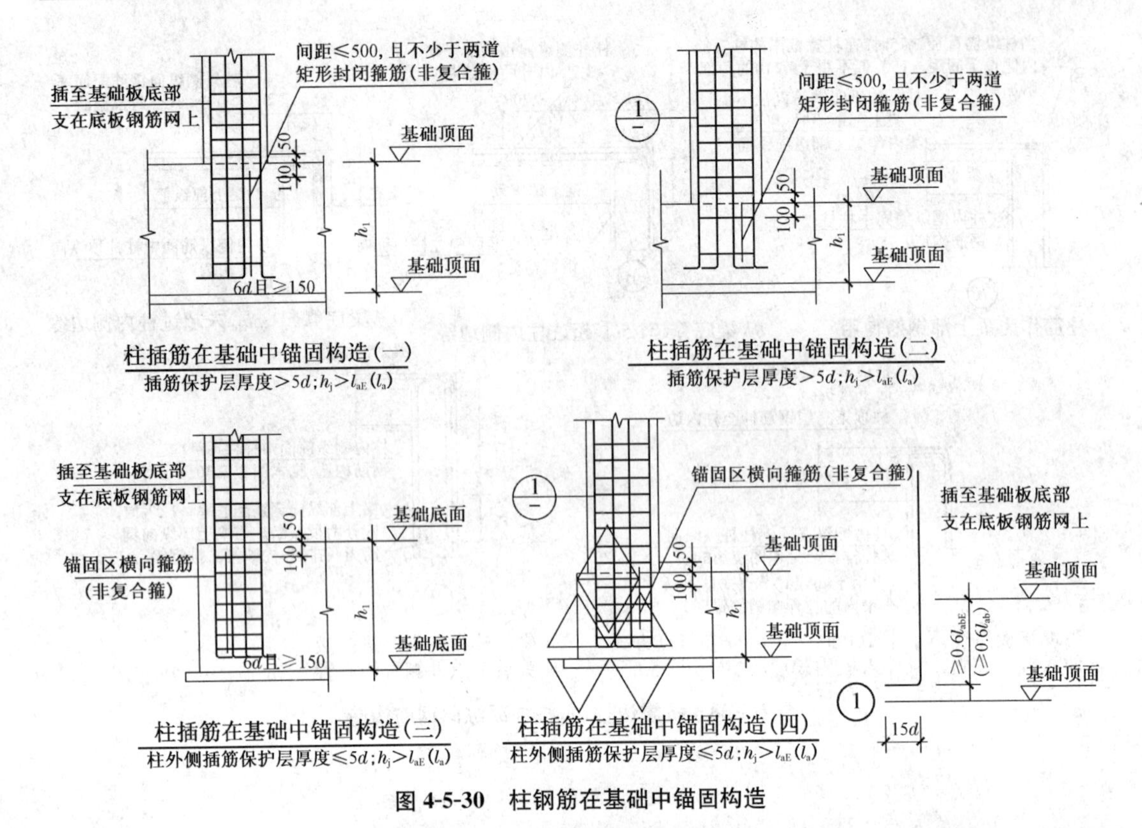

图 4-5-30　柱钢筋在基础中锚固构造

钢板的重量＝钢板面积×钢板每平方米重量

型钢重量＝型钢长度×型钢每米重量

钢板每平方米重量、型钢每米重量可查表确定。

(3) 钢筋、铁件工程定额子目的套用

① 钢筋工程定额工作内容包括制作、绑扎、安装以及浇灌混凝土时维护钢筋用工。

② 现浇构件钢筋以手工绑扎考虑，实际与定额不符，不换算。

③ 各种钢筋、铁件的损耗已包括在定额子目中。

(4) 综合案例分析

【案例分析 4-5-1】 计算本书附图公用工程楼的 J－1 的混凝土、模板和钢筋工程量及直接工程费用。基础如图 4-5-31 所示，由图纸基础配筋表可知，J－1 的平面尺寸 $A\times B=2\ \text{m}\times 2\ \text{m}$，$h_1=300$ mm，$h_2=200$ mm，板的受力筋双向为⌀ 12@150，模板采用九夹板、木支撑。

【解】 根据图纸说明基础采用 C25 混凝土，钢筋查基础配筋表，J－1 是 KZ－1 的基础，KZI 截面为 400 mm×500 mm。混凝土保护层厚为 50 mm。

(1) J－1 混凝土工程量：

$$V=2\times 2\times 0.3+\frac{0.2}{6}(2\times 2+0.5\times 0.6+2.5\times 2.6)$$

$$=1.2+0.35=1.55(\text{m}^3)$$

(2) 模板工程量：$S=4\times 2\times 0.3=2.4(\text{m}^2)$

(3) 钢筋工程量计算:

⌀12@150: $L_{单}=2-0.05\times2=1.9(m)$

根数 $n=(1.9\div0.15+1)\times2=28$(根)

$L_{总}=1.9\times28=53.2(m)$

钢筋的重量: $G=L_{总}\,0.006\,17d^2=53.2\times0.006\,17\times12^2=47.267(kg)$

(4) 定额套用及直接工程费用见表 4-5-7。

表 4-5-7

序号	定额编号	项目名称	单位	数量	定额基价(元)	合价(元)
1	A4－18 换	独立基础 C25	10 m^3	0.155	2 127.80	329.81
2	A10－17	独立基础模板	100 m^2	0.024	1 856.8	44.56
3	A4－447	A20 以内螺纹钢	t	0.047 3	3 411.89	161.38
					小计	535.75

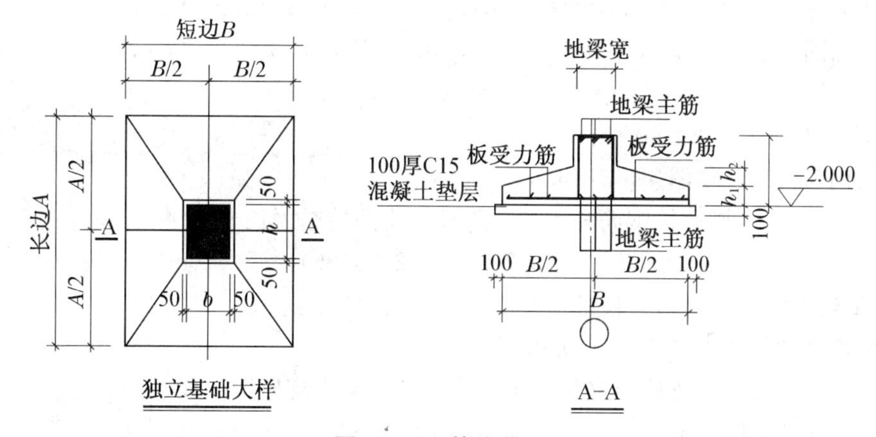

图 4-5-31　基础详图

【案例分析 4-5-2】 图 4-5-32 为本书附图公用工程楼中标高为 5.97 楼层,③轴线上的 KL3(2),试计算该梁的混凝土、模板和钢筋工程量及直接工程费用。工程采用九夹板模板,钢支撑。

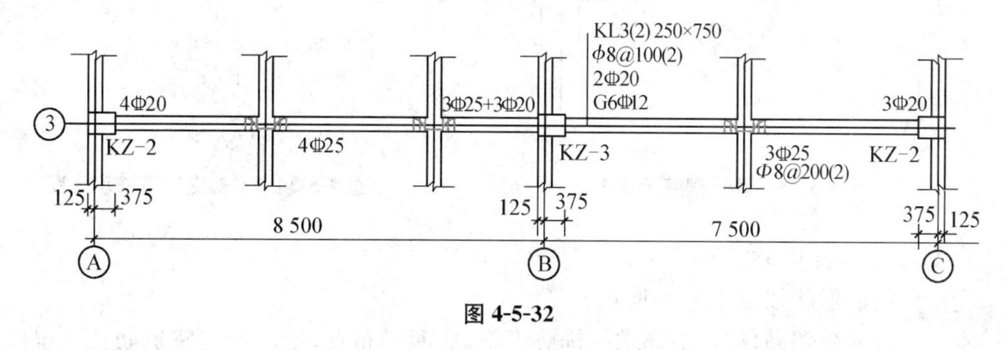

图 4-5-32

【解】 根据图纸结构设计说明可知:本工程为非抗震设防,构造符合 11G101－1 的要求,混凝土强度等级为 C25,混凝土保护层厚为 25 mm。KZ－2 截面尺寸为 400 mm×

500 mm,KZ－3 截面尺寸为 500 mm×500 mm,图纸在纵横梁相交处每处均设置 2⌀16 的吊筋。搁置在此梁上的梁的截面尺寸为 250 mm×500 mm。

(1) 混凝土工程量 V:

$$L=(8.5+7.5)-0.375\times2-0.5=14.75(\mathrm{m})$$

$$S=0.25\times0.75=0.188(\mathrm{m}^2)$$

$$V=L\times S=14.75\times0.188=2.77(\mathrm{m}^3)$$

(2) 模板工程量 S:

由于梁上板厚 100 mm,梁侧的支模高度为 0.65 m,则

$$S=14.75\times(0.65\times2+0.25)-0.25\times0.4\times2\times3=22.26(\mathrm{m}^2)$$

(3) 钢筋工程量 G:

⌀20:$l_a=40d=40\times0.02=0.8(\mathrm{m})>h_c=0.5$ m,故钢筋应弯锚。

弯锚锚固长度 $l_a=h_c-c+15d=0.5-0.025+15\times0.02=0.775(\mathrm{m})$

$$l_1=1.2l_{ab}=1.2\times40d=0.96(\mathrm{m})$$

⌀25:$l_a=40d=40\times0.025(\mathrm{m})=1(\mathrm{m})>h_c=0.5$ m,故钢筋应弯锚。

弯锚锚固长度 $l_a=h_c-c+15d=0.5-0.025+15\times0.025=0.85(\mathrm{m})$

$$l_1=1.2l_{ab}=1.2\times40d=1.2(\mathrm{m})$$

① 梁上部通长筋 2⌀20 长:

通长钢筋的形状如图 4-5-34 所示。

梁通长钢筋长＝梁净跨长＋梁两端锚固长＋搭接长

2⌀20 长:$L=(16-0.375\times2+0.775\times2+2\times0.96)=37.44(\mathrm{m})$

② A 轴支座负筋 2⌀20 长:

支座负筋的形状如图 4-5-35 所示,

支座负筋长＝梁净跨长/3＋梁入支座锚固长

2⌀20 长:$L=[(8.5-0.375-0.125)/3+0.775]\times2=6.88(\mathrm{m})$

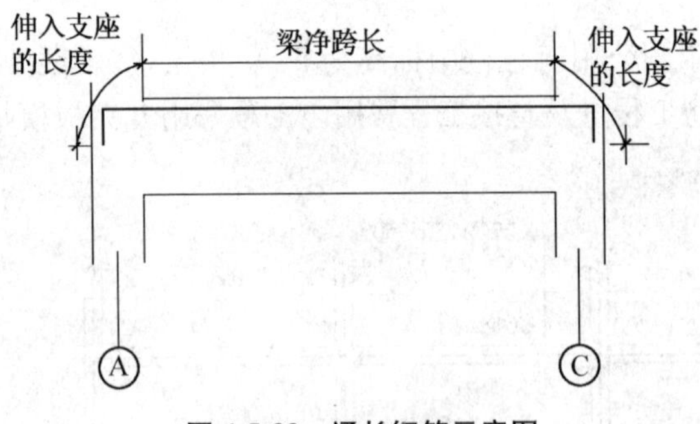

图 4-5-33　通长钢筋示意图

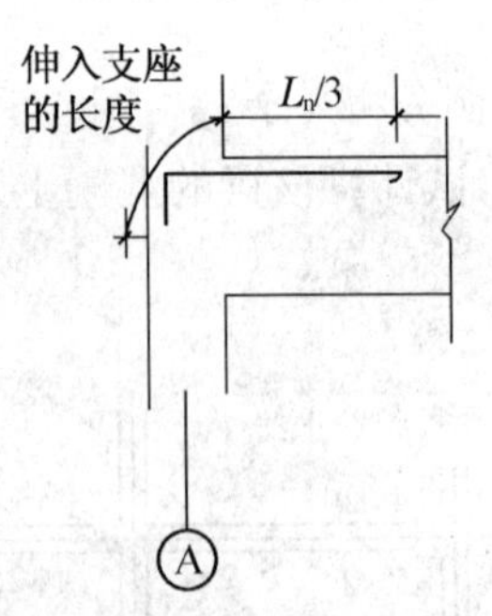

图 4-5-34　A 轴支座负筋示意图

③ B 轴支座负筋 3⌀25＋1⌀20 长:

支座负筋的形状如图 4-5-35 所示。

本支座有 6 根钢筋,按构造要求一排放不下,应两排布置,第一排支座负筋长＝梁净跨长/3×2＋支座宽,第二排支座负筋长＝梁净跨长/4×2＋支座宽。

第一排 2⌀25 长:$L=[2\times(8.5-0.375-0.125)/3+0.5]\times2=11.67(\mathrm{m})$

第二排 1⌀25 长：L=2×(8.5－0.375－0.125)/4+0.5=4.5(m)

第二排 1⌀20 长：L=2×(8.5－0.375－0.125)/4+0.5=4.5(m)

④ C 轴支座负筋 1⌀20 长：

C 轴支座负筋的形状同 A 轴负筋，如图 4-5-34 所示。

支座负筋长=梁净跨长/3+梁入支座锚固长

1⌀20 长：L=(8.5－0.375－0.125)/3+0.775=3.44(m)

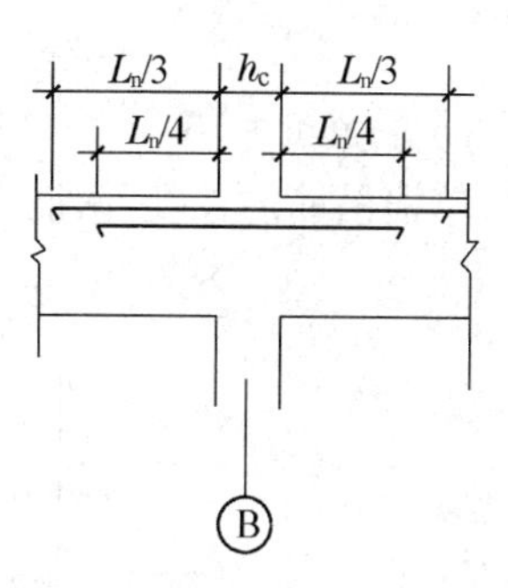

图 4-5-35　B 轴支座负筋示意图

⑤ 梁下部钢筋：AB 跨 4⌀25，BC 跨 3⌀25，所以 3⌀25 为通长筋，1⌀25 在 B 支座满足构造要求后截断，图 4-5-36 所示。

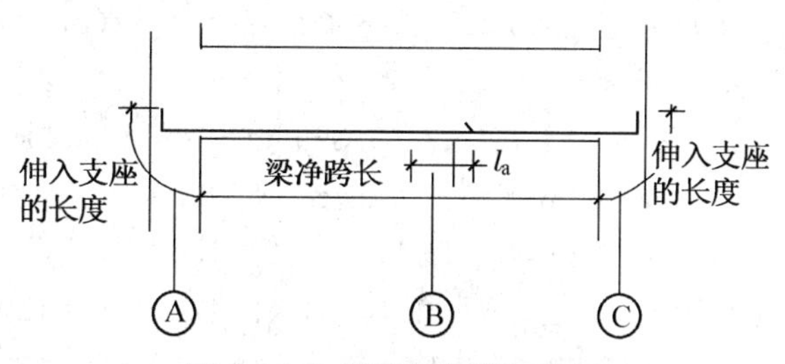

图 4-5-36　梁下部钢筋示意图

梁下部钢筋长=梁净跨长+两端锚固长+搭接长

AB 跨 4⌀25，BC 跨 3⌀25

3⌀25 长：L=(16－0.375×2+0.85×2+2×1.2)×3=58.05(m)

1⌀25 长：L=8.5－0.375－0.125+0.85+1=9.85(m)

⑥ 梁侧构造钢筋长：梁侧构造钢筋长=梁净跨长+两端锚固长+搭接长

G6⌀12：L=(16－0.375×2+15×0.012×2+15×0.012×2)×6=95.82(m)

⑦ 箍筋长度 Φ8@100(2)，Φ8@200(2)

单根箍筋的长度：

$L_{单}$=(0.25－0.025×2+0.75－0.025×2)×2+6.9×0.008×2=1.91(m)

箍筋根数 n：

n=(8.5－0.375－0.125－0.05×2)/0.1+1+(7.5－0.375×2－0.05×2)/0.2+1+18(附加箍筋)(根)=80+35+18(根)=133(根)

箍筋总长 $L=n\times L_{单}$=133×1.91=254.03(m)

⑧ 拉筋(Φ8@200，Φ8@400)

单根拉筋的长度：

$L_{单}$=0.25－0.025×2+6.9×0.008×2=0.31(m)

拉筋根数 n：

n=[(8.5－0.375－0.125－0.05×2)/0.2+1+(7.5－0.375×2－0.05×2)/0.4+1]×3(根)

=[41+18]×3(根)=177(根)

拉筋总长 $L=n\times L_{单}=177\times 0.31=54.87(\text{m})$

⑨ 吊筋 6⌀16

单根吊筋的长度:吊筋形式如图 4-5-37 所示。

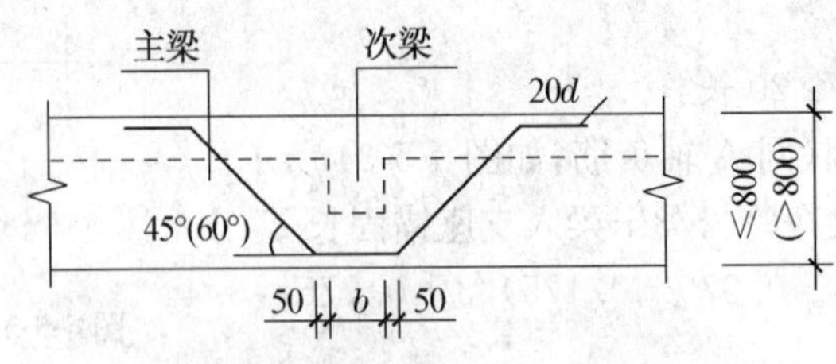

图 4-5-37 吊筋构造示意图

$$L_{单}=20\times 0.016\times 2+0.35+1.414\times 0.7\times 2=2.97(\text{m})$$

$$吊筋总长\ L=n\times L_{单}=6\times 2.97=17.82(\text{m})$$

现浇梁钢筋重量汇总:

Φ8 (254.03 m+54.87 m)×0.395 kg/m=122.02 kg

⌀12 95.82 m×0.888 kg/m=85.09 kg

⌀16 17.82 m×1.58 kg/m=28.156 kg

⌀20 (37.44 m+6.88 m+4.5 m+3.44 m)×2.47 kg/m=120.082 kg

⌀25 (11.67 m+4.5 m+58.05 m+9.85 m)×3.85 kg/m=323.67 kg

列项:1) Φ10 以内圆钢 工程量 0.122 t

2) ⌀20 以内螺纹钢 工程量 0.233 t

3) ⌀20 以外螺纹钢 工程量 0.324 t

(5) 定额套用及直接工程费用

本工程是现浇框架结构,框架梁应与板合并套有梁板子目,工程如采用九夹板模板,钢支撑,楼层标高为 5.97 m,室外地坪标高为−0.2 m,支撑超高为 2.57 m,定额套用及直接工程费用见表 4-5-8。

表 4-5-8 KL3(2)的混凝土、模板及钢筋工程定额套用及直接工程费用表

序号	定额编号	项目名称	单位	数量	定额基价(元)	合价(元)
1	A4－43 换	有梁板 C25	10 m³	0.277	2 272.32	629.43
2	A10－99	有梁板九夹板模板及钢支撑	100 m²	0.222 6	2 137.11	475.72
3	A10－115 换	有梁板支撑超过 3.6 m	100 m²	0.228 6	645.75	147.62
4	A4－445	Φ10 以内圆钢	t	0.122	3 532.42	430.95
5	A4－447	⌀20 以内螺纹钢	t	0.233	3 411.89	794.97
6	A4－448	⌀20 以外螺纹钢	t	0.324	3 288.91	1 065.61
					小计	3 544.30

【案例分析 4-5-3】 试计算本书附图公用工程楼中⑦轴与Ⓒ轴相交处的柱 KZ－1 的混凝土、模板和钢筋工程量及直接工程费用。工程采用九夹板模板,钢支撑。柱 KZ－1 的配筋如图 4-5-38 所示。

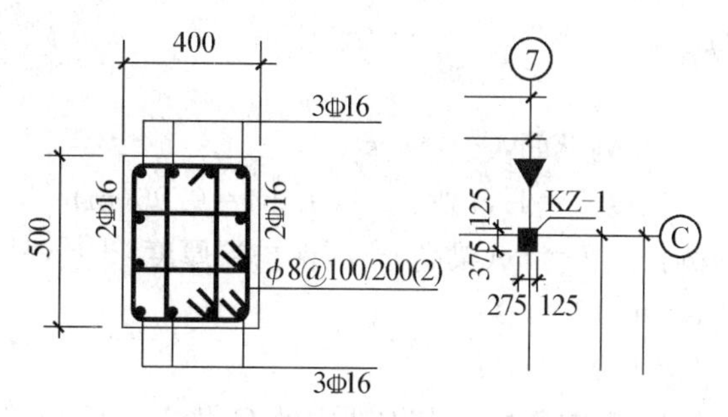

图 4-5-38　KZ－1 的位置、配筋图

【解】 根据图纸结构设计说明可知：本工程为非抗震设防，构造符合 11G101－1 的要求，混凝土强度等级为 C25，混凝土保护层厚为 25 mm。柱箍筋加密区长度参照四级抗震的构造要求，柱基为独立基础 J－1，各标高层与 KZ－1 相连的梁、板等构件见表 4-5-9。

表 4-5-9　与柱 KZ－1 相连的构件表

梁面标高	⑦轴	C 轴
基础处	DL－1 300×700	DL－2 300×500
5.97 标高	KL6(2) 250×750	KL7(7) 250×600
9.95 标高	KL2(2) 250×750	KL3(7) 250×600
13.25 标高	WKL1(1) 250×750	WKL2(1) 250×600
基础底标高—2 m	J－1 高 500	
4 m、8 m、13.25 m	板厚 120	

(1) KZ－1 的混凝土工程量 V

$$H=13.25+1.5=14.75(\text{m})$$

$$S=0.4\times0.5=0.2(\text{m}^2)$$

$$V=HS=14.75\times0.2=2.95(\text{m}^3)$$

(2) KZ－1 的模板工程量 S

$$S_{柱侧}=14.75\times(0.4+0.5)\times2=26.55(\text{m}^2)$$

柱与梁重叠的面积 $S_{叠1}=0.3\times0.2+0.25\times0.75\times3+0.25\times0.6\times3=1.07(\text{m}^2)$

柱与板重叠的面积 $S_{叠2}=0.12\times(0.4+0.5)\times2+0.12\times(0.4+0.5-0.25\times2)$

$=0.264(\text{m}^2)$

$$S_{模板}=S_{柱侧}-S_{叠1}-S_{叠2}=26.55-1.07-0.264=25.22(\text{m}^2)$$

(3) 钢筋工程量

混凝土 C25，$l_a=l_{ab}=40d=40\times0.016=0.64(\text{m})$

1) 柱纵筋 12⌀16 长度

柱纵筋的长度＝柱的净高＋伸入梁内的长度＋插入基础内的长度

柱的净高：

⑦轴线上 WKL1(1) 250×750　$H_n=14.75-0.75=14(\text{m})$

C 轴线上 WKL1(1) 250×600　$H_n=14.75-0.6=14.15(\text{m})$

① 伸入梁内的长度

a. 外侧纵筋

此柱为角柱，7⌀16 为外侧纵筋，

外侧纵筋伸入梁内的长度 $L=1.5l_{ab}=1.5\times0.64=0.96$(m)

外侧纵筋伸至柱内侧长度 $L=h_b$(梁高)$-c$(保护层厚度)$+h_c$(柱宽)$-2c$(保护层厚度)

梁高为 750 mm 时 $L=1.175$(m)；

梁高为 600 mm 时 $L=1.025$(m)；

柱顶应选定为 11G101－1 中角柱节点构造中的 C 做法。所以

位于垂直于⑦轴线柱边上的外侧纵筋伸入梁内的长度 L：

4⌀16 伸入梁内的长度 L：

$$L=\max[1.5l_{abE}(l_{ab}),h_b-c+15d]=0.965(\text{m})$$

位于垂直于 C 轴线柱边上的外侧纵筋伸入梁内的长度 L：

3⌀16 伸入梁内的长度 L：

$$L=\max[1.5l_{abE}(l_{ab}),h_b-c+15d]=0.96(\text{m})$$

b. 内侧纵筋

3⌀16 伸入梁内的长度 $L=h_b$(梁高)$-c$(保护层厚度)$+12d$

$=0.75-0.025+12\times0.016$

$=0.917$(m)

2⌀16 伸入梁内的长度 $L=0.6-0.025+12\times0.016$

$=0.767$(m)

② 插入基础内的长度：

KZ－1 与基础 J－1 相连，基础高度 $h_j=0.5$ m，基础混凝土保护层厚度为 0.05 m。

混凝土 C25：$l_a=40d=40\times0.016(\text{m})=0.64(\text{m})>h_j=500$ mm，柱插筋在基础内的构造应按 11G101－3 中柱插筋在基础内的构造做法(二)。

柱纵筋伸入基础内的长度：

$L=h_j$(基础高度)$-c+15d=0.5-0.05+15\times0.016(\text{m})=0.69(\text{m})$

综上所述，12C16 柱纵筋长度分别为：

4⌀16 外侧纵筋长度：$4\times(14+0.965+0.69)=62.62$(m)

3⌀16 外侧纵筋长度：$3\times(14.15+0.96+0.69)=47.4$(m)

5⌀16 内侧纵筋长度：$5\times(14+0.917+0.69)=78.04$(m)

12⌀16 柱纵筋长度总长度：$62.62+47.4+78.04=188.06$(m)

2) 箍筋长度计算 Φ8@100/200(2)

单根箍筋长度：

① 基本箍筋长：

$$L_{单}=(0.4-0.025\times2+0.5-0.025\times2)\times2+11.9\times0.008\times2$$
$$=1.79(\text{m})$$

复合箍筋：

$$L_{单}=1.79+[(0.4-0.025\times2)/3+0.5-0.025\times2]\times2+11.9\times0.008\times2+$$
$$[0.4-0.025\times2+(0.5-0.025\times2)/3]\times2+11.9\times0.008\times2$$

$=1.79+1.32+1.19=4.3(\mathrm{m})$

② 箍筋根数：柱箍筋加密区长度参照四级抗震的构造要求。

基础内 2 根非复合箍筋：

密箍筋 n_1

加密区长度：底层 $L_1=(5.97+1.5-0.6)/3=2.29(\mathrm{m})>0.5\ \mathrm{m}$

楼层 $L_2=(5.97+1.5-0.6)/6=1.15(\mathrm{m})>0.5\ \mathrm{m}$

顶层 $L_3=(13.25-9.95)/6=0.55(\mathrm{m})>0.5\ \mathrm{m}$

$n_1=(2.29-0.05+0.56\times2+0.6+0.55+0.6-0.025)/0.1+1=52$(根)

非加密区根数 n_2

$n_2=(14.75-2.29+0.56\times2+0.6+0.55+0.6)/0.2=77$(根)

③ 箍筋总长度箍筋总长度 $L=2\times1.79+(52+48)\times4.3=433.58(\mathrm{m})$

钢筋工程量：

Φ10 以内圆钢：Φ 8@100/200(2)　$G=433.58\times0.006\ 17\times8\times8=171.21(\mathrm{kg})$

Φ20 以内螺纹钢：12 Φ 16　$G=188.06\times0.006\ 17\times16\times16=297.04(\mathrm{kg})$

④ 定额套用及直接工程费用见表

表 4-5-10　KZ－1 混凝土、模板及钢筋工程定额套用及直接工程费用表

序号	定额编号	项目名称	单位	数量	定额基价(元)	合价(元)
1	A4－29 换	矩形柱 C25	10 m³	0.295	2 373.52	700.19
2	A10－53	矩形柱九夹板模板及钢支撑	100 m²	0.252 2	1 940.13	489.3
3	A4－445	Φ10 以内圆钢	t	0.171	3 532.42	604.04
4	A4－447	Φ 20 以内螺纹钢	t	0.297	3 411.89	1 013.33
小计						2 806.86

【案例分析 4-5-4】　试计算本书附图公用工程楼中标高 13.25 m 处的屋面板的混凝土、模板和钢筋工程量及直接工程费用。工程采用九夹板模板，钢支撑。标高 13.25 m 处的屋面板的配筋如图 4-5-39 所示。

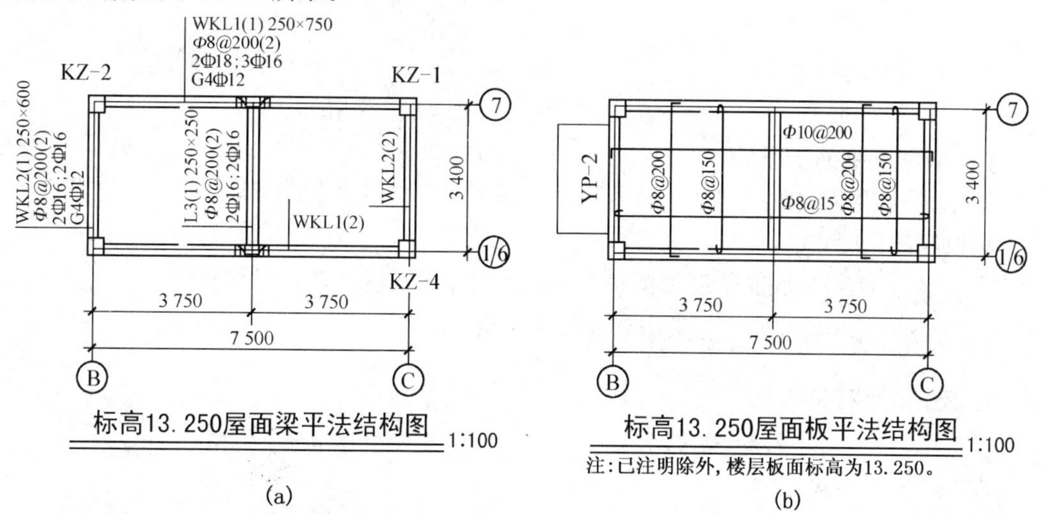

图 4-5-39　标高 13.25 屋面梁、板平法结构图

【解】 根据图纸结构设计说明可知：本工程为非抗震设防，构造符合 11G101－1 的要求，混凝土强度等级为 C25，混凝土保护层厚为 15 mm。板厚为 120 mm，KZ－1 截面尺寸为 400 mm×500 mm，KZ－2 截面尺寸为 400 mm×500 mm，KZ－4 截面尺寸为 400 mm×400 mm。

(1) 有梁板混凝土工程量

① 板混凝土工程量：

$V_1=(7.5+0.125\times2)\times(3.4+0.125\times2)\times0.12-(0.4\times0.5+0.4\times0.4)\times2\times0.12$
$=3.395-0.086$
$=3.31(m^3)$

② 梁混凝土工程量：

$V_2=0.25\times0.63\times(7.5\times2-0.375\times2-0.275\times2)+0.25\times0.48\times(3.4-0.275\times2)\times2+0.25\times0.38\times(3.4-0.25)$
$=0.25\times0.63\times13.7+0.25\times0.48\times5.7+0.25\times0.38\times3.15$
$=2.16+0.684+0.3$
$=3.14(m^3)$

③ 有梁板混凝土工程量：

$$V=V_1+V_2=3.31+3.14=6.45(m^3)$$

(2) 有梁板模板工程量

① 板的模板：

$S_1=7.75\times3.65+[(7.75+3.65)\times2-(0.9+0.8)\times2]\times0.12-(0.4\times0.5+0.4\times0.4)\times2$
$=28.29+2.33-0.72$
$=29.9(m^2)$

② 梁肋的侧模板：

$S_2=2\times0.63\times13.7+2\times0.48\times5.7+2\times0.38\times3.15-0.25\times0.38\times2$
$=17.26+5.47+2.39-0.19$
$=24.94(m^2)$

③ 有梁板模板工程量：

$$S=S_1+S_2=29.9+24.93=54.83(m^2)$$

(3) 有梁板钢筋工程量

① 板下部钢筋长度：

单根底筋长度

单根板底筋长度＝板净跨＋伸入支座的长度＋弯钩增加长度

$\left[\text{伸入支座的长度为 }\max\left(\frac{\text{支座宽}}{2},5d\right)\right]$

A8@150 平行长边

$$L_{单}=7.5-0.25+0.125\times2+6.25\times0.008\times2=7.6(m)$$

A8@150 平行短边

$$L_{单}=3.4-0.25+0.125\times2+6.25\times0.008\times2=3.5(m)$$

底筋的根数

底筋的根数 n=(板的净距－板筋的间距)/间距＋1

Φ8@150 平行长边

$$n=(3.4-0.25-0.15)/0.15+1=21(根)$$

Φ8@150 平行短边

$$n=(7.5-0.25-0.15)/0.15+1=49(根)$$

板下部钢筋Φ8 总长度 L：

$$L=L_{单}\times n=7.6\times 21+3.5\times 49=331.1(m)$$

② 板上部钢筋Φ10@200

单根上部负筋长度

单根板通长负筋长度＝板净跨＋伸入支座的长度(负筋伸入梁角筋内侧弯下且垂直段长度为 15d)

Φ10@200

$$L_{单}=7.5-0.25+(0.25-0.025+15\times 0.01)\times 2=8(m)$$

Φ8@200

$$L_{单}=3.4-0.25+(0.25-0.025+15\times 0.008)\times 2=3.84(m)$$

负筋的根数：

负筋的根数 n=(板的净距－板筋的间距)/间距＋1

Φ10@200

$$n=(3.4-0.25-0.2)/0.2+1=16(根)$$

Φ8@200

$$n=(7.5-0.25-0.2)/0.2+1=37(根)$$

板上部钢筋总长度 L：

Φ10：$L=8\times 16=128(m)$

Φ8：$L=3.84\times 37=142.08(m)$

(3) 马凳筋

设计无规定，按Φ8 采用，单根长度＝2 板厚＋0.2 m＝$0.12\times 2+0.2=0.44(m)$

数量按每 m^2 设 1 根，共 23 根，则马凳筋总长度 $L=0.44\times 23=10.12(m)$

板钢筋工程量汇总：

Φ8：　长度 $L=331.1+142.08+10.12=483.3(m)$；

　　　重量 $G=483.3\times 0.00617\times 8\times 8=190.85(kg)$；

Φ10：　长度 $L=128(m)$

　　　重量 $G=128\times 0.00617\times 10\times 10=78.98(kg)$；

Φ10 以内圆钢：$G=190.85+78.98=269.83(kg)$；

梁的钢筋工程量计算方法同【案例分析 4-5-2】，通过计算梁内钢筋：

Φ8：$215.83\times 0.00617\times 8\times 8=85.23(kg)$

Φ12：$83.36\times 0.00617\times 12\times 12=74.06(kg)$

Φ16：$107.04\times 0.00617\times 16\times 16=169.07(kg)$

Φ18：$36.8\times 0.00617\times 18\times 18=73.57(kg)$

有梁板钢筋工程量：

⌀10以内圆钢：$G=269.83+85.23=355.06$(kg)

⌀20以内螺纹钢：$G=74.06+169.07+73.57=316.7$(kg)

(4) 定额套用及直接工程费用见表4-5-11。

表4-5-11　有梁板的混凝土、模板及钢筋工程定额套用及直接工程费用表

序号	定额编号	项目名称	单位	数量	定额基价(元)	合价(元)
1	A4-43换	有梁板C25	10 m³	0.645 3	2 272.32	1 466.33
2	A10-99	有梁板九夹板模板及钢支撑	100 m²	0.548 3	2 137.11	1 171.78
3	A4-445	Φ10以内圆钢	t	0.355	3 532.42	1 254.01
4	A4-447	⌀20以内螺纹钢	t	0.317	3 411.89	1 081.57
					小计	4 973.69

(二) 预制混凝土工程

预制混凝土构件应分别按构件的制作、运输、安装及灌缝等列项计算。

1. 预制混凝土构件制作

预制混凝土构件制作定额按构件类型划分定额子目，混凝土工程量应区分构件分别列项计算。

(1) 混凝土工程工程量计算规则

① 混凝土工程量均按图示尺寸实体积以立方米计算，不扣除构件内钢筋、铁件、后张法预应力钢筋灌缝孔及小于0.3 m²以内孔洞所占体积。

② 预制桩按桩全长(包括桩尖)乘以桩断面以立方米计算。预制桩尖按实体积计算。

③ 混凝土与钢杆件组织的构件，混凝土部分按构件实体积以立方米计算，钢构件按金属结构定额以吨计算。

④ 建筑定额中未包括预制混凝土桩及预制混凝土构件的制作废品率。在编制预算时，先按施工图纸算出工程量后，再按构件制作废品率规定，分别增加制作废品率(各类预制构件制作废品率为0.2%，预制混凝土桩制作废品率为0.1%)。

计算公式：

制作工程量＝按施工图算出的数量×(1＋构件制作废品率)

(2) 定额套用

混凝土的强度等级，石子种类、粒径，与定额子目不同时，允许换算。

(3) 制作时模板工程量计算

预制钢筋混凝土构件模板工程量，除另有规定者外，均按混凝土实体积以立方米计算。混凝土地模已包括在定额中，不另计算。空腹构件应扣除空腹体积。

(4) 制作时钢筋工程量计算

预制钢筋混凝土构件钢筋工程应区分不同钢种和规格，分别按设计长度乘以单位重量，以吨计算。

2. 预制混凝土构件运输

预制混凝土构件运输按构件的类别及运输距离分别设置多个定额子目，构件的运输类别，根据构件的类型和外形尺寸分为四类，见表 4-5-12。

表 4-5-12　预制混凝土构件分类

类别	项　　目
1	4 m 以内空心板、实心板
2	6 m 以内的桩、屋面板、工业楼板、进深梁、基础梁、吊车梁、楼梯休息板、楼梯段、阳台板
3	6 m 以上至 14 m 梁、板、柱、桩，各类屋架、桁架、托架(14 m 以上另行处理)
4	天窗架、挡风架、侧板、端壁板、天窗上下档、门框及单件体积在 0.1 m^3 以内的小构件

(1) 运输工程量的计算规则

① 构件运输均按构件图示尺寸，以实体积计算。

② 加气混凝土板(块)、硅酸盐块运输每立方米折合钢筋混凝土构件体积 0.4 m^3，并按一类构件运输计算。

③ 预制花格板按其外围面积(不扣除孔洞)乘以厚度以立方米计算，执行小型构件定额。

④ 建筑定额中未包括预制混凝土桩及预制混凝土构件的运输堆放损耗。在编制预算时，先按施工图纸算出工程量后，再按构件运输堆放损耗率规定，分别增加运输堆放损耗(各类预制构件运输堆放损耗率为 0.8%，预制混凝土桩运输堆放损耗率为 0.4%)。

计算公式：

运输工程量＝按施工图算出的数量×(1＋运输堆放损耗率)

3. 预制混凝土构件安装

定额按不同构件的安装分别设置子目，本定额是按机械起吊点中心回转半径 15 m 以内的距离计算的。如超出 15 m 时，应另按构件 1 km 运输定额项目执行。

安装工程量的计算规则如下：

(1) 构件安装均按构件图示尺寸，以实体积计算。

(2) 预制花格板按其外围面积(不扣除孔洞)乘以厚度以立方米计算，执行小型构件定额。

(3) 建筑定额中未包括预制混凝土桩及预制混凝土构件的安装、打桩损耗。在编制预算时，先按施工图纸算出工程量后，再按构件安装、打桩损耗率规定，分别增加安装、打桩损耗(各类预制构件安装损耗率为 0.5%，预制混凝土桩打桩损耗损耗率为 1.5%)。

计算公式：

安装工程量＝按施工图算出的数量×(1＋安装、打桩损耗率)

4. 预制混凝土构件接头灌缝

(1) 钢筋混凝土构件接头灌缝，包括构件座浆、灌缝、堵板孔、塞板梁缝等。均按预制钢筋混凝土构件实体积以立方米计算。

(2) 柱与柱基的灌缝，按首层柱体积计算，首层以上柱灌缝按各层柱体积计算。

(3) 空心板堵塞端头孔的人工材料，已包括在定额内。

(三) 预应力混凝土工程

预应力混凝土构件有先张法和后张法构件，其混凝土、模板、非预应力钢筋工程的工程量应区分现浇构件和预制构件，按相应的计算规则执行。预应力钢筋工程量的计算应区分先张法和后张法，钢筋品种、规格，分别按设计长度乘以单位重量，以吨计算。长度计算应符合下列规定：

(1) 先张法预应力钢筋，按构件外形尺寸计算长度。

(2) 后张法预应力钢筋按设计图纸规定的预应力钢筋预留孔道长度，并区别不同的锚具类型，分别按下列规定计算：

① 低合金钢筋两端采用螺杆锚具时，预应力的钢筋按预留孔道长度减 0.35 m，螺杆另行计算。

② 低合金钢筋一端采用镦头插片，另一端采用螺杆锚具时，预应力钢筋长度按预留孔道长度计算，螺杆另行计算。

③ 低合金钢筋一端采用镦头插片，另一端采用绑条锚具时，预应力钢筋增加 0.15 m，两端均采用绑条锚具时，预应力钢筋共增加 0.3 m。

④ 低合金钢筋采用和混凝土自锚时，预应力钢筋长度增加 0.35 m。

⑤ 低合金钢筋或钢绞线采用 JM、XM、QM 型锚具，孔道长度在 20 m 以内时，预应力钢筋长度增加 1 m；孔道长度在 20 m 以上时，预应力钢筋长度增加 1.8 m。

⑥ 碳素钢丝采用锥形锚具，孔道长在 20 m 以内时，预应力钢筋长度增加 1 m；孔道长在 20 m 以上时，预应力钢筋长度增加 1.8 m。

⑦ 碳素钢丝两端采用镦粗头时，预应力钢筋长度增加 0.35 m。

(3) 后张法预制钢筋项目内已包括孔道灌浆，实际孔道长度和直径与定额不同时，不作调整按定额执行。

(四) 混凝土工程的脚手架

现浇钢筋混凝土墙、贮水(油)池、贮仓、设备基础、独立柱等高度超过 1.2 m，均需计算脚手架。

(1) 现浇钢筋混凝土独立柱，按柱图示周长另加 3.6 m，乘以柱高以平方米计算，套用相应双排外脚手架定额。柱高指设计室外地面或楼板面至上层楼板顶面的距离。建筑物周边的框架边柱不计算脚手架。

(2) 现浇钢筋混凝土单梁、连续梁、墙，按设计室外地面或楼板上表面至楼板底之间的高度，乘以梁、墙净长以平方米计算，套用相应双排外脚手架定额。

(3) 室外楼梯按楼梯垂直投影长边的一边长度乘以楼梯总高度以平方米计算套相应双排外脚手架定额。

(4) 挑出外墙面在 1.2 m 以上的阳台、雨篷，可按顺墙方向长度计算挑脚手架。

(5) 满堂基础及带形基础底宽超过 3 m，柱基、设备基础底面积超过 20 m^2，按底板面积计算满堂脚手架。

【案例分析 4-5-5】　根据图 4-5-40 所示，计算现浇 C25/20/32.5 雨篷混凝土、模板及装饰工程量并套用定额，计算直接工程费。

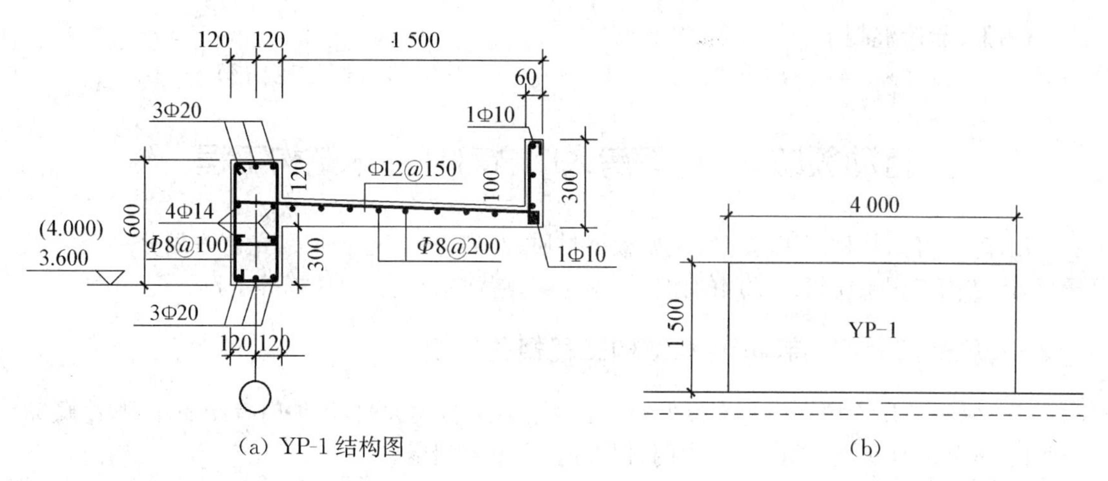

(a) YP-1 结构图　　　　(b)

注：1. 雨篷长度 L＝门洞宽＋2×500；

2. 雨篷梁(YPL)伸入两边框架柱内；

3. 悬挑雨篷板转角处设放射钢筋 5 Φ12；

4. 括号内高度为变压电室的雨篷标高。

图 4-5-40

【解】　工程量及列项计算 YP－1：$S=4\times1.5=6(m^2)$

(1) $S_{雨篷混凝土}=6\ m^2$

A4－50 换：255.51＋1.07×(181.21－167.97)＝269.677 元/10 m^2

直接工程费：6×26.967 7＝161.806 2(元)

(2) $S_{雨篷模板}=6\ m^2$

A10－119：46.686 元/m^2

技术措施费：6×46.686＝280.116(元)

(3) 雨篷粉水泥砂浆：(1∶3 水泥砂浆)

顶面：$S=6\times1.2=7.2(m^2)$

底面：$S=6\ m^2$

小计 $S=13.2\ m^2$

B3－3 天棚粉刷：937.29＋0.72×(157.3－184.03)＝918.044 4(元/100 m^2)

直接工程费：13.2×9.180 444＝121.182(元)

【案例分析 4-5-6】　根据 4-5-41 图示尺寸计算混凝土台阶工程量。

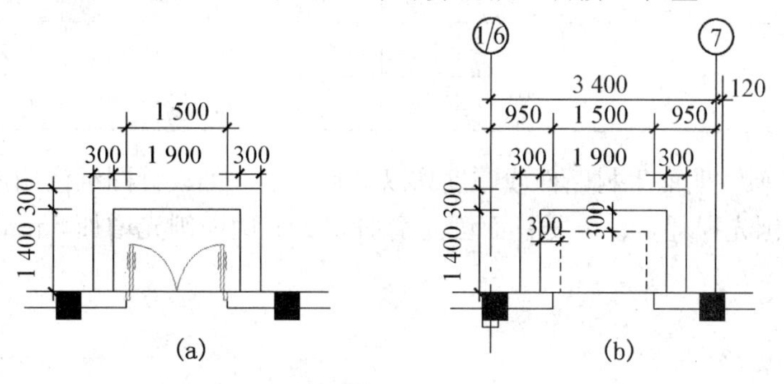

(a)　　　　(b)

图 4-5-41

【解】 台阶混凝土 C25 工程量计算.

$$S_{台}=(1.9+0.3\times2)\times(1.4+0.3)-1.3\times1.1=2.82(m^2)$$

行动领域 6　厂库房大门、特种门、木结构工程

厂库房大门、特种门工程定额主要根据材质、开启方式、是否带采光窗等划分多个定额子目，木结构工程主要根据常用的构件有木屋架、屋面木基层、木楼梯等子目。

一、厂库房大门、特种门、木结构工程相关知识

(1) 常见的厂库房大门有木板大门、钢木大门、全板钢大门，特种门有冷藏库门、冷藏冻结闸门、实拼式防火门、框架式防火门、保温门、变电室门扇。

(2) 厂库房大门开启方式有平开、推拉、折叠式等。

(3) 特种门中的冷藏库门、冷藏冻结闸门的保温层厚度常有 100 mm、150 mm 等规格。

(4) 防火门常用双面石棉板、单面石棉板、不衬石棉板等形式。

(5) 木材木种分类如下：

一类：红松、水桐木、樟子松。

二类：白松(方杉、冷杉)、杉木、杨木、柳木、椴木。

三类：青松、黄花松、秋子木、马尾松、东北榆木、柏木、苦楝木、梓木、黄菠萝、椿木、楠木、柚木、樟木。

四类：栎木(柞木)、檀木、色木、槐木、荔木、麻栗木(麻栎、青刚)、桦木、荷木、水曲柳、北华榆木。

(6) 定额中木材木种均以一、二类木种为准，如采用三、四类木种时，分别乘以下列系数：木门窗制作，按相应项目人工和机械乘以系数 1.3；木门窗安装，按相应项目的人工和机械乘以系数 1.16；其他项目按相应项目人工和机械乘以系数 1.35。

(7) 本定额板、方材规格，分类见表 4-6-1。

表 4-6-1　定额板、方材规格分类表

项目	按宽厚尺寸比例分类	按板材厚度、方材宽、厚乘积				
板材	宽≥3×厚	名称	薄板	中板	厚板	特厚板
		厚度(mm)	≤18	19～35	36～65	≥66
方材	宽<3×厚	名称	小方	中方	大方	特大方
		宽×厚(cm^2)	≤54	55～100	101～225	≥226

(8) 定额中所注明的木材断面或厚度均以毛料为准。如设计图纸注明的断面或厚度为净料时，应增加刨光损耗，板、方材一面刨光增加 3 mm；两面刨光增加 5 mm；圆木每立方米材积增加 0.05 m^3。

二、厂库房大门、特种门工程工程量计算规则与定额套用

(一) 厂库房大门、特种门工程工程量计算规则

厂库房大门、钢木门及其他特种门按扇制作、扇安装分别列项，厂库房大门、特种门制作安装均按洞口面积以平方米计算。

(二) 定额套用

(1) 弹簧门、厂库房大门、钢木大门及其他特种门，定额所附五金铁件表均按标准图用量计算列出，仅作备料参考。

(2) 保温门的填充料与定额不同时，可以换算，其他工料不变。

(3) 厂库房大门及特种门的钢骨架制作，以钢材重量表示，已包括在定额项目中，不再另列项目计算。

(4) 钢门的钢材含量与定额不同时，钢材用量可以换算，其他不变。

(5) 门不论现场或附属加工厂制作，均执行本定额，现场外制作点至安装地点的运输应另行计算。

三、木结构工程工程量计算规则与定额套用

(一) 木屋架工程量计算规则

(1) 木屋架制作安装均按设计断面竣工木料以立方米计算，其后备长度及配制损耗均不另行计算。附属于屋架的夹板、垫木等已并入相应的屋架制作项目中，不另行计算；与屋架连接的挑檐木、支撑等，其工程量并入屋架竣工木料体积内计算。

(2) 屋架的制作安装应区别不同跨度，其跨度应以屋架上下弦杆的中心线交点之间的长度为准。带气楼的屋架并入所依附屋架的体积内计算。

(3) 钢木屋架区分圆、方木，按竣工木料以立方米计算。

(二) 屋面木基层工程量计算规则

屋面木基层工程量按屋面的斜面积计算。天窗挑檐重叠部分按设计规定计算，屋面烟囱及斜沟部分所占面积不扣除。

(三) 封檐板工程量计算规则

封檐板工程量按图示檐口外围长度计算，博风板按斜长度计算，每个大刀头增加长度 500 mm。

(四) 木楼梯工程量计算规则

木楼梯工程量按水平投影面积计算，不扣除宽度小于 300 mm 的楼梯井，定额中包括踏步板、踢脚板、休息平台和伸入墙内部分的工料。但未包括楼梯及平台底面的钉天棚，其天棚工程量以楼梯投影面积乘以系数 1.1，按相应天棚面层计算。

行动领域 7　金属结构工程

金属结构工程是指钢柱、钢屋架、钢梁、钢托架、钢支撑、钢楼梯等构件的制作、运输和安装。金属结构制作、运输和安装分别按构件类型划分多个定额子目。

一、金属结构工程相关知识

(1) 金属结构工程按构件的类型和外形尺寸分为三类，见表 4-7-1。

表 4-7-1　金属结构构件分类

类别	项　目
1	钢柱、屋架、托架梁、防风桁架
2	吊车梁、制动梁、型钢檩条、钢支撑、上下档、钢拉杆栏杆、盖板、垃圾出灰门、倒灰门、篦子、爬梯、零星构件平台、操作台、走道休息台、扶梯、钢吊车梯台、烟囱紧固箍
3	墙架、挡风架、天窗架、组合檩条、轻型屋架、滚动支架、悬挂支架、管道支架

(2) 常用的起吊设备有履带式起重机、汽车式起重机、塔式起重机等。

(3) 定额内未包括金属构件拼装和安装所需的连接螺栓，连接螺栓已包括在金属结构制作相应定额内。

(4) 钢屋架单榀重量在 1 t 以下者，按轻钢屋架定额计算。

(5) 钢屋架、天窗架安装定额中，不包括拼装工序，如需拼装时，按拼装定额项目计算。

(6) 定额中的塔式起重机、卷扬机台班均已包括在垂直运输机械费用定额中。

二、金属结构工程工程量计算规则与定额套用

(一) 金属结构制作工程量计算规则

(1) 金属结构制作按图示钢材尺寸以吨计算，不扣除孔眼、切边的重量，焊条、铆钉、螺栓等重量已包括在定额内不另计算。在计算不规则或多边形钢板重量时，均按外接矩形面积计算。

(2) 制动梁的制作工程量，包括制动梁、制动桁架、制动板重量；墙架的制作工程量，包括墙架柱、墙架及连接柱杆重量；钢柱制作工程量，包括依附在柱上的牛腿及悬臂梁。

(3) 实腹柱、吊车梁、H 型钢按图示尺寸计算，其中腹板及翼板宽度按每边增加 25 mm 计算。

(二) 金属结构构件运输及安装工程量

同金属结构构件制作工程量。

(三) 定额套用

(1) 构件安装定额是按机械起吊点中心回转半径 15 m 以内的距离计算的。如超出 15 m，应另按构件 1 km 运输定额项目执行。

(2) 单层厂房屋盖系统构件必须在跨外安装时，按相应构件安装定额中的人工、机械台班乘系数 1.08。使用塔式起重机、卷扬机时，不乘此系数。

(3) 钢柱安装在混凝土柱上，其人工、机械乘以系数 1.43。

(4) 钢构件安装的螺栓均为普通螺栓，若使用其他螺栓时，应按有关规定进行调整。

行动领域 8　屋面及防水工程

屋面及防水工程包括屋面工程、防水工程及变形缝三部分。屋面工程包括瓦屋面、屋面防水、屋面排水；防水工程适用于基础、墙身、楼地面、构筑物的防水、防潮工程；变形缝包括填缝和盖缝工程。

一、屋面及防水工程相关知识

（1）瓦屋面常用瓦的品种有水泥瓦、黏土瓦、英红彩瓦、石棉瓦、玻璃钢波形瓦等，定额根据瓦品种、不同的基层分别划分定额子目，实际工程瓦的规格与定额不同时，瓦材数量可以换算，其他不变。

（2）常见的屋面形式有坡屋面和平屋面。坡屋面是指屋面坡度大于 1∶10 的屋面。坡屋面可做成单坡屋面、双坡屋面或四坡屋面等多种形式。屋面斜面积与水平投影面积的比值称为坡度系数（见表 4-8-1）。平屋面是指屋面排水坡度小于 10%的屋面。

表 4-8-1　屋面坡度系数

坡度 $B(A=1)$	坡度 $B/2A$	坡度角度（α）	延尺系数 $C(A=1)$	隅延尺系数 $D(A=1)$
1	1/2	45°	1.414 2	1.732 1
0.75	—	36°52′	1.250 0	1.600 8
0.70	—	35°	1.220 7	1.577 9
0.666	1/32	33°40′	1.201 5	1.562 0
0.65	—	33°01′	1.192 6	1.556 4
0.60	—	30°58′	1.166 2	1.536 2
0.577	—	30°	1.154 7	1.527 0
0.55	—	28°49′	1.141 3	1.517 0
0.50	1/4	26°34′	1.118 0	1.500 0
0.45	—	26°14′	1.096 6	1.483 9
0.40	1/5	21°48′	1.077 0	1.469 7
0.35	—	19°17′	1.059 4	1.456 9
0.3	—	16°42′	1.044 0	1.445 7
0.25	—	14°02′	1.030 8	1.436 2
0.2	1/10	11°19′	1.019 8	1.428 3
0.15	—	8°32′	1.011 2	1.422 1
0.125	—	7°8′	1.007 8	1.419 1
0.10	1/20	5°42′	1.005 0	1.417 7
0.083	—	4°45′	1.003 5	1.416 6
0.066	1/30	3°49′	1.002 2	1.415 7

（3）平屋面一般由结构层、找平层、隔气层、保温层、防水层及架空隔热层等构造层次组成。

（4）防水层按其所用防水材料的性能不同，可分为刚性防水和柔性防水两大类。柔性防水包括卷材防水和涂膜防水。

（5）防水卷材的种类有石油沥青防水卷材、高聚物改性沥青防水卷材和合成高分子防水卷材等。卷材铺贴方法有冷粘法、自粘法和热熔法；冷粘法有满铺、空铺、点铺、条铺等形式。卷材防水施工工艺流程：基层处理——铺贴卷材附加层——铺贴大面卷材——蓄水试验——保护层施工——质量验收。

(6) 涂膜防水涂料的种类有合成高分子、高聚物改性沥青防水涂料等，如塑料油膏、APP油膏、聚氨酯涂料等；涂膜防水屋面常用的胎体增强材料有玻璃纤维布、合成纤维薄毡、聚酯纤维无纺布等。涂膜防水施工工艺流程：基层处理——特殊部位的附加增强处理——大面涂膜——蓄水试验——保护层施工——质量验收。

(7) 刚性防水层有以细石混凝土、防水砂浆、钢筋细石混凝土等刚性材料作为防水层，刚性防水层施工时应设置分隔缝，分隔缝应作填缝、盖缝处理。

(8) 屋顶排水的方式有无组织排水和有组织排水两种。无组织排水又称自由落水；有组织排水是指屋面雨水通过排水系统，有组织地排至室外地面或地下管沟的一种排水方式。排水系统由水斗、弯头、直管等部分组成(图4-8-1)。

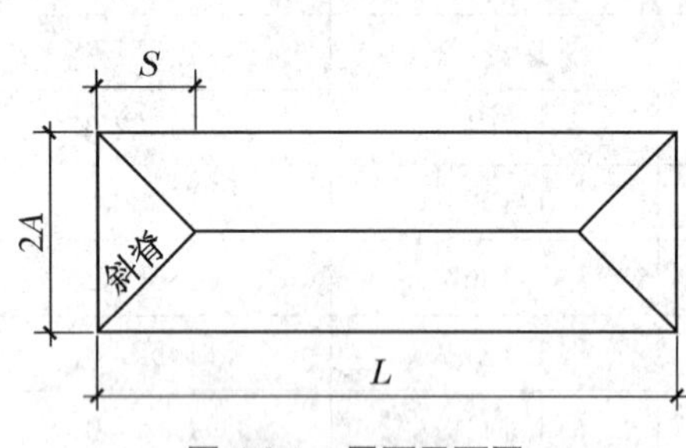

图4-8-1　屋面平面图

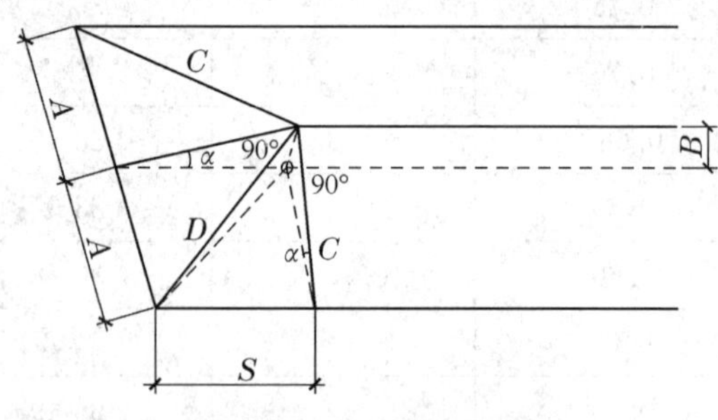

图4-8-2　屋面透视图

注：① 两坡排水屋面面积为屋面水平投影面积乘以延尺系数 C；② 四坡排水屋面斜脊长度 $=A\times D$（当 $S=A$ 时）；③ 沿山墙泛水长度 $=A\times C$。

二、屋面及防水工程工程量计算规则及定额套用

(一) 瓦屋面、金属压型板屋面工程

1. 工程量计算规则

瓦屋面、金属压型板(包括挑檐部分)均按图示尺寸以水平投影面积乘以屋面坡度系数以平方米计算，不扣除房上烟囱、风帽底座、屋面小气窗和斜沟等所占面积。屋面小气窗的出檐与屋面重叠部分亦不增加，但天窗出檐部分重叠的面积并入相应屋面工程量内。

计算公式：$S=$水平投影面积$\times$坡度系数 C

2. 案例分析

【案例分析4-8-1】　根据图4-8-4所示计算屋面工程量及脊长。已知坡度角为26°34′。(图中尺寸均以毫米计算。)

【解】　(1) 延尺系数 C、隅延尺系数 D

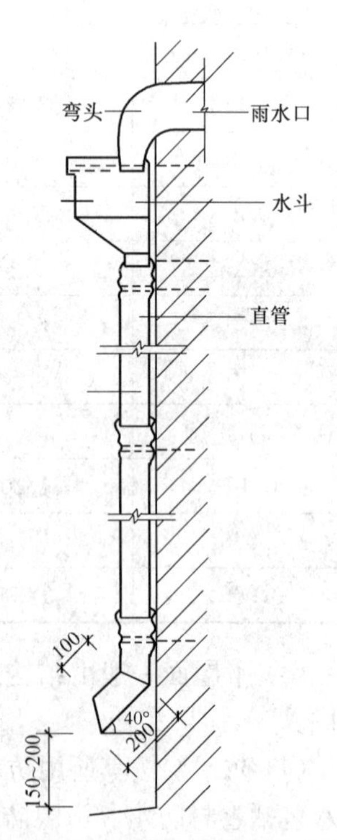

图4-8-3　屋面排水系统构造立面图

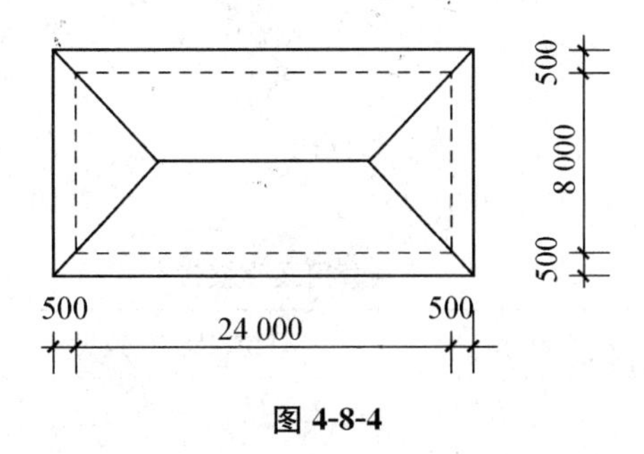

图 4-8-4

根据坡度角为 26°34′，查表 4-8-1 得知 C=1.118；D=1.5。

(2) 瓦屋面工程量 S=25×9×1.118=251.55(m^2)

(3) 脊长 L

斜脊长 L_1=4.5×1.5×4=27(m)

水平脊长 L_2=25−4.5×2=16(m)

脊长 $L=L_1+L_2$=27+16=43(m)

(二) 卷材屋面工程

1. 工程量计算规则

卷材屋面工程量按图示尺寸以水平投影面积乘以规定的坡度系数以平方米计算，不扣除房上烟囱、风帽底座、风道、斜沟等所占面积，屋面的女儿墙、伸缩缝、天窗等处的弯起部分及天窗出檐与屋面重叠部分，按图示尺寸并入屋面工程量内计算。如图纸无规定时，伸缩缝、女儿墙的弯起部分可以按 250 mm 计算，天窗弯起部分可按 500 mm 计算。

计算公式：S=水平投影面积×坡度系数 C+上翻部分的面积

2. 案例分析

【案例分析 4-8-2】　某屋面工程如图 4-8-5 所示，屋面采用冷粘、满铺施工方法铺贴三元乙丙橡胶卷材，试计算该工程防水工程量及直接工程费用。

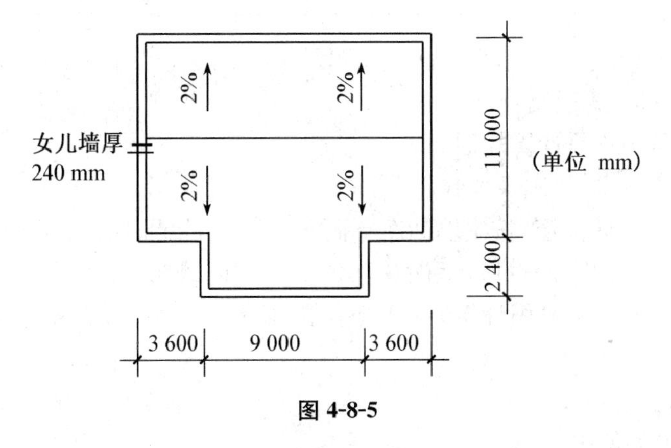

图 4-8-5

【解】 (1) 工程量计算 S

$$S_{平面}=(11-0.24)\times(3.6\times2+9-0.24)+2.4\times(9-0.24)$$
$$=192.75(m^2)$$

$$S_{立面}=[(11+2.4-0.24)\times2+(3.6\times2+9-0.24)\times2]\times0.25$$
$$=14.56(m^2)$$
$$S=192.75+14.56=207.31(m^2)$$

(2) 定额套用及直接工程费用见表 4-8-2。

表 4-8-2 定额套用及直接工程费用

序号	定额编号	项目名称	单位	数量	定额基价(元)	合价(元)
1	A7-27	屋面三元乙丙橡胶卷材冷粘、满铺	100 m²	2.073 1	4 905.03	10 168.62

(三) 涂膜屋面工程量计算规则

涂膜屋面工程量计算规则同卷材屋面。涂膜屋面的油膏嵌缝、玻璃布盖缝、屋面分隔缝,以延长米计算。

(四) 屋面排水工程量按以下规定计算

(1) 铁皮排水按图示尺寸以展开面积计算,如图没有注明尺寸,可按表 4-8-3 计算。咬口和搭接等已计入定额项目中,不另计算。

表 4-8-3 铁皮排水单体零件折算表

名称		单位	水落管(M)	檐沟(M)	水斗(个)	漏斗(个)	下水口(个)		
铁皮	水落管、檐沟、水斗、漏斗、下水口	m²	0.32	0.30	0.40	0.16	0.45		
排水	天沟、斜沟、天窗窗台泛水、天窗侧面泛水、烟囱泛水、通气管泛水、滴水檐头泛水、滴水	m²	天沟(m)	斜沟天窗窗台泛水(m)	烟囱泛水(m)	通气管泛水(m)	滴水檐头泛水(m)	天窗侧面泛水(m)	滴水(m)
			1.30	0.50	0.80	0.22	0.24	0.70	0.11

(2) 铸铁、PVC 水落管区别不同直径按图示尺寸以延长米计算,雨水口、水斗、弯头以个计算,PVC 阳台排水管以组计算。

(五) 防水工程工程量计算规则

1. 建筑物地面防水、防潮层工程

建筑物地面防水、防潮层,按主墙间净空面积计算,扣除凸出地面的构筑物、设备基础等所占的面积,不扣除柱、垛、间壁墙、烟囱及 0.3 m² 以内孔洞所占体积。与墙面连接处高度在 500 mm 以内者按展开面积计算,并入平面工程量内,超过 500 mm 时,按立面防水层计算。

计算公式:$S_{平面}=A\times B-S_{凸出}+S_{上翻}$

式中 A——房间净长;

B——房间净宽;

$S_{凸出}$——凸出地面的构筑物、设备基础的面积;

$S_{上翻}$——与墙面连接处高度在 500 mm 以内上翻的展开面积,即 $S_{上翻}=2(A+B)h$,h 为上翻高度($h\leqslant500$ mm)。

$$S_{立面}=S_{上翻}=2(A+B)h$$

式中　$S_{上翻}$——与墙面连接处高度在 500 mm 以上上翻的展开面积，h 为上翻高度（$h>500$ mm）。

2. 建筑物墙基防水、防潮层工程

建筑物墙基防水、防潮层，外墙长度按中心线、内墙按净长乘以宽度以平方米计算。

计算公式：$S=L\times b$

式中　L——防水、防潮层长度；

b——防水、防潮层宽度。

3. 构筑物及建筑物地下室防水层工程

构筑物及建筑物地下室防水层工程量，按实铺面积计算，但不扣除 0.3 m^2 以内的孔洞面积。平面与立面交接处的防水层，其上卷高度超过 500 mm 时，按立面防水层计算。

4. 案例分析

【案例分析 4-8-3】　本工程基础平面布置如图 4-8-6 所示内外墙身在－0.06 m 处设置防潮层，采用防水砂浆满铺 20 mm 厚，整个地面采用二毡三油的沥青卷材防水层，上翻 600 mm，试计算本工程防水、防潮层直接工程费用。

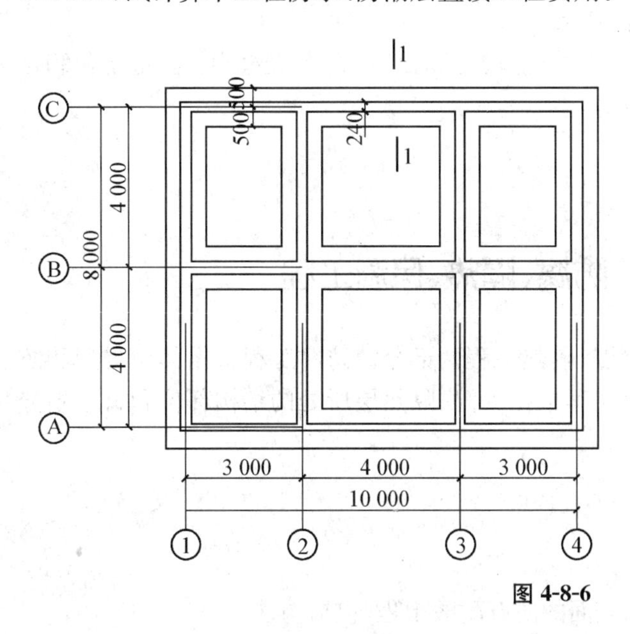

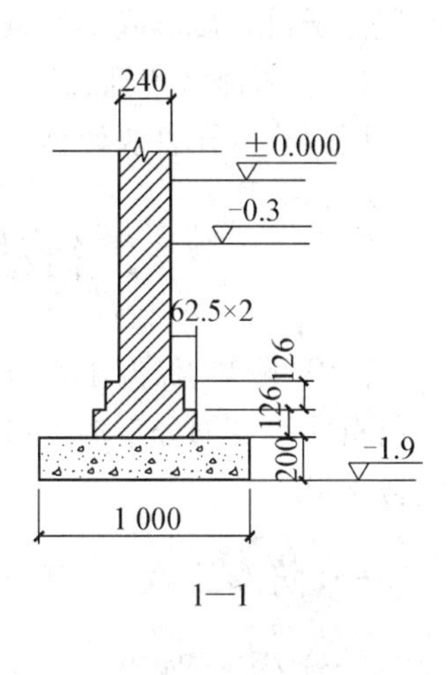

图 4-8-6

【解】（1）墙基防潮层工程量 S

1）墙基宽 $b=0.24$ m

2）墙基长度 L：

① 外墙基长按中心线长 $L_1=(10+8)\times 2=36$(m)

② 内墙基长按净长线长 $L_2=(10-0.24)+(8-0.24\times 2)\times 2=24.8$(m)

$$L=L_1+L_2=36+24.8=60.8\text{(m)}$$

3）墙基防潮层工程量 $S=Lb=60.8\times 0.24=14.59(m^2)$

（2）地面平面防水层工程量 $S_{平面}$

$S_{平面}=(3-0.24)\times(4-0.24)\times4+(4-0.24)\times(4-0.24)\times2$

$=69.79(m^2)$

(3) 地面立面防水层工程量 $S_{立面}$

$S_{立面}=[(3-0.24+4-0.24)\times2\times4+(4-0.24+4-0.24)\times2\times2]\times0.6$

$=[52.16+30.08]\times0.6$

$=49.34(m^2)$

(4) 定额套用及直接工程费用表4-8-4。

表4-8-4　定额套用及直接工程费用表

序号	定额编号	项目名称	单位	数量	定额基价(元)	合价(元)
1	A7－88	墙基防潮层	100 m²	0.145 9	729.85	106.49
2	A7－104	地面平面防水层	100 m²	0.490 3	1 712.65	839.71
3	A7－105	地面立面防水层	100 m²	0.493 4	1 890.06	932.56
					小计	1 878.76

(六) 变形缝工程量计算规则与定额套用

变形缝工程包括填缝和盖缝，填缝根据填缝材料分别划分子目，盖缝根据盖缝部位和材料划分子目。变形缝工程量按延长米计算。

(七) 屋面检查孔工程

屋面检查孔以块计算。

行动领域9　防腐、隔热、保温工程

防腐、隔热、保温工程分为防腐和保温、隔热工程两部分。防腐工程根据面层类型和防腐材料及厚度划分定额子目；保温、隔热工程根据保温、隔热层所处的结构部位和材料划分定额子目。

一、防腐工程

(一) 相关知识

(1) 整体面层、隔离层适用与平面、立面的防腐耐酸工程，包括沟、坑、槽。

(2) 块料面层以平面砌为准，砌立面者按平面砌相应项目，人工乘以系数1.38，踢脚板人工乘以系数1.56，其他不变。

(3) 各种砂浆、胶泥、混凝土材料种类，配合比等各种整体面层的厚度，如设计与定额不同时，可以换算。但各种块料面层的结合层砂浆或胶泥厚度不变。

(4) 本章的各种面层，除软聚氯乙烯塑料地面外，均不包括踢脚板。

(5) 花岗岩板以六面剁斧的材板为准。如底面为毛面者，水玻璃砂浆增加0.38 m^3；耐酸沥青砂浆增加0.44 m^3。

(二) 防腐工程工程量计算规则

(1) 防腐工程项目应区分不同防腐材料种类及厚度，按设计实铺面积以平方米计算，就扣除凸出地面的构筑物、设备基础等所占的面积。砖垛等凸出墙面部分按展开面积计算并入墙面防腐工程量内。

（2）踢脚板按实铺长度乘以高度以平方米计算，应扣除门洞所占面积并相应增加侧壁展开面积。

（3）平面砌筑双层耐酸块料时，按单层面积乘以2计算。

（4）防腐卷材接缝、附加层、收头等人工、材料，已计入定额中，不再另行计算。

二、保温隔热工程

（一）相关知识

（1）本定额适用于中温、低温及恒温的工业厂（库）房隔热工程，以及一般保温工程。

（2）本定额只包括保温隔热材料的铺贴，不包括隔气防潮、保护层或衬墙等。

（3）隔热层铺贴，除松散稻壳、玻璃棉、矿渣棉为散装外，其他保温材料均以石油沥青（30#）作胶结材料。

（4）稻壳已包括装前的筛选、除尘工序，稻壳中如需增加药物防虫时，材料另行计算，人工不变。

（5）玻璃棉、矿渣棉包装材料和人工均已包括在定额内。

（6）墙体铺贴块体材料，包括基层涂沥青一遍。

（二）保温隔热工程工程量计算规则

（1）一般规则：保温隔热层应区分不同保温隔热材料，除另有规定者外，均按设计实铺厚度以立方米计算。保温隔热层的厚度按隔热材料（不包括胶结材料）净厚度计算。

（2）地面隔热层按围护结构墙体间净面积乘以设计厚度以立方米计算，不扣除柱、垛所占的体积。

（3）墙体隔热层，外墙按隔热层中心线、内墙按隔热层净长乘以图示尺寸的高度及厚度以立方米计算，应扣除冷藏门洞口和管理穿墙洞口所占的体积。

（4）柱包隔热层，按图示的隔热层中心线的展开长度乘以图示尺寸的高度及厚度以立方米计算。

（5）其他保温隔热：

① 池槽隔热层按图示池、槽保温隔热层的长、宽及其厚度以立方米计算，其中池壁按墙面计算，池底按地面计算。

② 门洞口侧壁周围的隔热部分，按图示隔热层尺寸以立方米计算，并入墙面的保温隔热工程量内。

③ 柱帽保温隔热层按图示保温隔热层体积并入天棚保温隔热层工程量内。

行动领域10　建筑超高增加费

建筑物檐高20 m（层数6层）以上的工程，当檐高或层数两者之一符合规定时，需计算建筑超高费。建筑物超高增加费的内容包括：人工降效、其他机械降效、用水加压等费用。檐高是指设计室外地坪到檐口的高度。突出主体建筑屋顶的楼梯间、电梯间、屋顶水箱间、屋面天窗等不计入檐高之内。层数是指建筑物地面以上部分的层数。突出主体建筑屋顶的楼梯间、电梯间、水箱间等不计算层数。同一建筑物高度不同时，按不同高度的定额子目分别计算。

一、计算规则

建筑物超高增加费以超过檐高 20 m 以上(6 层)的建筑面积，以平方米计算。

(1) 超高部分的建筑面积按建筑面积计算规则的规定计算。

(2) 六层以上的建筑物，有自然层分界(层高在 3.3 m 以内时)的按自然层计算超高部分的建筑面积；无自然层分界的单层建筑物和层高较高的多层或高层建筑物，总高度超过 20 m 时，其超过部分可按每 3.3 m 高折算为一层计算超过部分的建筑面积。高度折算的余量大于等于 2 m 时，可增加一层计算超高建筑面积，不足 2 m 时不计。

二、案例分析

【案例分析 4-10-1】 试计算图 4-10-1 工程的超高增加费，1 号楼檐高 16.7 m，层高为 3.3 m；2 号楼檐高 42 m，层高为 4 m；3 号楼檐高 22.7 m，层高为 4.5 m。

【解】 (1) 超高增加费工程量计算

① 1 号楼 5 层，檐高 16.5 m，未超过檐高 20 m(6 层)，不计超高费用。

② 2 号楼 10 层，檐高 42 m，超过檐高 20 m(6 层)，应计超高费用。

$$42-20=22(\text{m})，层高\ 4\ \text{m}>3.3\ \text{m}$$

计算层数按 3.3 m 折算为 6 层(19.8 m)，余 2.2 m>2 m，应按七层计算。

超高增加费工程量：$7\times2\,000=14\,000(\text{m}^2)$

③ 3 号楼 5 层，檐高 22.7 m>20 m，应计超高费用。

$$22.7-20=2.7(\text{m})>2\ \text{m}，应按一层计算。$$

超高增加费工程量：$1\times1\,000=1\,000(\text{m}^2)$

(2) 定额子目套用及直接工程费用见表 4-10-1。

表 4-10-1　定额子目套用及直接工程费用

序号	定额编号	项目名称	单位	数量	定额基价(元)	合价(元)
1	A9 - 3	檐高 20～50 m，7～15 层以内	100 m^2	140	1 721.99	241 078.6
2	A9 - 1	檐高 20～30 m，7～9 层以内	100 m^2	10	1 096.62	10 966.2
·					小计	252 044.8

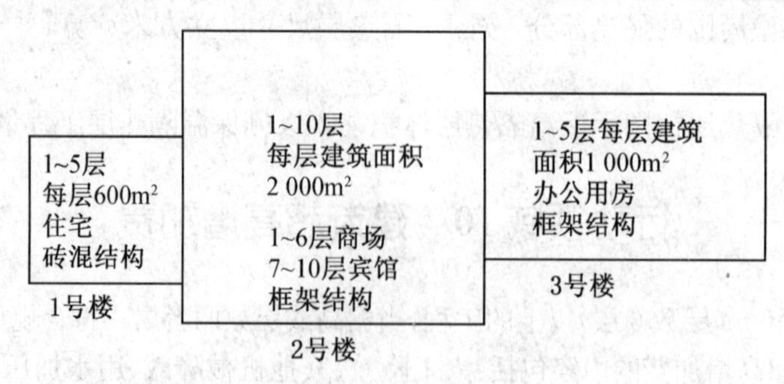

图 4-10-1

行动领域11　垂直运输工程

垂直运输工程包括建筑物垂直运输和构筑物垂直运输。建筑物垂直运输定额是指施工主体结构(包括屋面保温防水)所需的垂直运输费用。檐高3.6 m以内的单层建筑,不计算垂直运输机械台班。建筑物垂直运输定额包括20 m(六层)以内卷扬机施工、20 m(六层)以内塔式起重机施工、20 m(六层)以上塔式起重机施工、20 m(六层)以上卷扬机施工四部分,各部分又根据结构类型、建筑物用途划分多个子目,檐高、层数的界定与超过增加费中界定相同。这两个指标只要有一个指标达到定额规定,即可套用该定额子目。构筑物垂直运输是按不同构筑物及其高度划分定额子目,构筑物的高度指设计室外地坪至构筑物的顶面高度。突出构筑物主体的机房等高度,不计入构筑物高度内。

一、建筑物垂直运输相关知识

(1) 定额垂直运输费用包括单位工程在合理工期完成主体结构全部工程项目(包括屋面保温防水)所需的垂直运输机械台班费用,不包括机械的场外运输、一次安拆及路基铺垫和轨道铺拆等费用。

(2) 同一建筑物多种用途(或多种结构),按不同用途(或结构)分别计算建筑面积,并均以该建筑物总高度为准,分别套用各自相应的定额。当上层建筑面积小于下层建筑面积的50%,应垂直分割为两部分,按不同高度的定额子目分别计算。

(3) 定额中现浇框架指柱、梁全部为现浇的钢筋混凝土框架结构,如部分现浇(柱、梁中有一项现浇)时按现浇框架定额乘以0.96系数;如楼板也为现浇混凝土,按现浇框架定额乘以1.04系数。

(4) 预制钢筋混凝土柱、钢屋架的单层厂房按预制排架定额计算。

(5) 单身宿舍按住宅定额乘以0.9系数。

(6) 本定额是按一类厂房为准编制的,二类厂房定额乘以1.14系数。

(7) 服务用房指城镇、街道、居民区具有较小规模综合服务功能的设施,其建筑面积不超过1 000 m^2,层数不超过三层,如副食品、百货、餐饮店等。

二、垂直运输工程工程量计算规则

(一) 计算规则

(1) 建筑物垂直运输机械台班,区分不同建筑物的结构类型及高度按建筑面积,以平方米计算。建筑面积按建筑面积计算规则计算。

(2) 构筑物垂直运输机械台班以座计算。超过规定高度时再按每增高1 m定额项目计算,其高度不足1 m时,按1 m计算。

(二) 案例分析

【案例分析4-11-1】　试计算图4-11-1工程的垂直运输费用。1号楼檐高16.5 m,采用龙门架为垂直运输机械;2号楼檐高42 m,采用塔式起重机;3号楼檐高25 m,采用塔式起重机。

【解】　(1) 垂直运输工程量计算

① 1号楼为砖混结构住宅5层,檐高16.5 m。

计算垂直运输工程量为 $5\times600=3\ 000(m^2)$

② 2 号楼为框架结构，檐高 42 m，1～6 层为商场，7～10 层为宾馆。

商场垂直运输工程量为 $6\times2\ 000=12\ 000(m^2)$

宾馆垂直运输工程量为 $4\times2\ 000=8\ 000(m^2)$

③ 3 号楼为办公用房框架结构，檐高 25 m。

办公用房垂直运输工程量为 $5\times1\ 000=5\ 000(m^2)$

(2) 定额子目套用及直接工程费用见表 4-11-1。

表 4-11-1　定额子目套用及直接工程费用

序号	定额编号	项目名称	单位	数量	定额基价(元)	合价(元)
1	A12－1	20 m(6 层)内卷扬机施工住宅砖混结构	100 m^2	30	774.87	23 246.1
2	A12－76	20 m(6 层)外塔式起重机施工宾馆框架结构 50 m(16 层)内	100 m^2	80	3 012.84	241 027.2
3	A12－97	20 m(6 层)外塔式起重机施工商场框架结构 50 m(16 层)内	100 m^2	120	2 882.65	345 918.00
4	A12－56	20 m(6 层)外塔式起重机施工办公用房框架结构 30 m(10 层)内	100 m^2	50	1 376.70	68 835.00
					小计	888 226.30

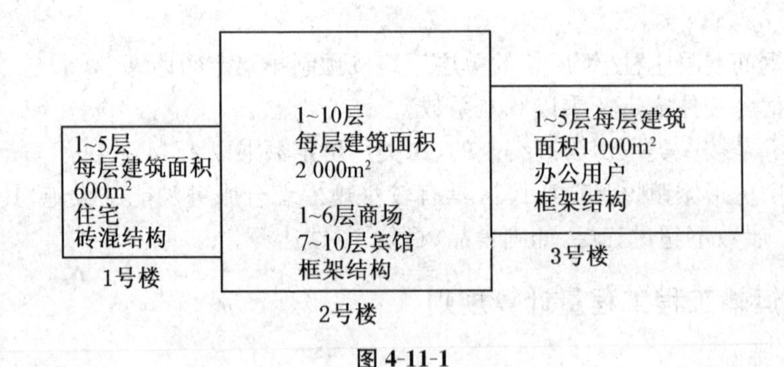

图 4-11-1

实训课题

1. 某工程建筑物现浇框架柱如图 4－1 所示，计算：

任务 1：C25/40/42.5 混凝土柱工程量。

任务 2：柱模板工程量(九夹板木支撑)列项。

任务 3：套用定额基价计算柱混凝土、柱模板直接工程费及间接费、税金(三类工程取费)。

任务 4：计算现浇柱箍筋工程量。

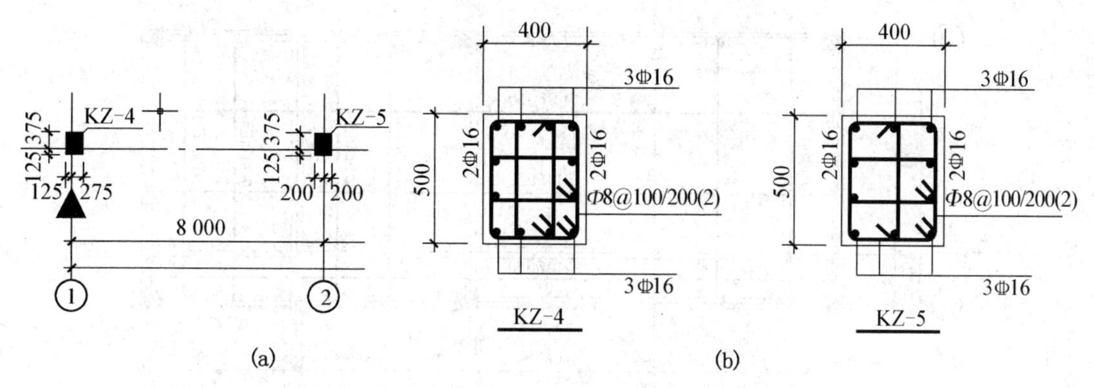

图 4-1　柱高基础顶～8.000 柱平法配筋图

2. 根据图 1-1 所示尺寸，计算：

任务 1：独立基础钢筋工程量并套用定额计算直接工程费。

任务 2：已知：钢筋信息价为：Φ10 内：4 479 元/t，Φ10 上：4 650 元/t，⏀ 20 内：4 383 元/t，⏀ 20 上：4 375 元/t，计算该工程钢筋材料差价。

3. 根据工程现浇梁(C30/40/42.5)图示尺寸，图 4-2，已知现浇梁钢筋保护层厚 25 mm，按三级抗震等级，计算：

任务 1：现浇梁混凝土及模板(九夹板钢支撑)分项工程量并套用定额基价进行换算计算，混凝土及模板直接工程费。

任务 2：分析计算现浇梁钢筋工程量并套用列项定额基价计算直接工程费。

任务 3：列出分部分项工程预算表。

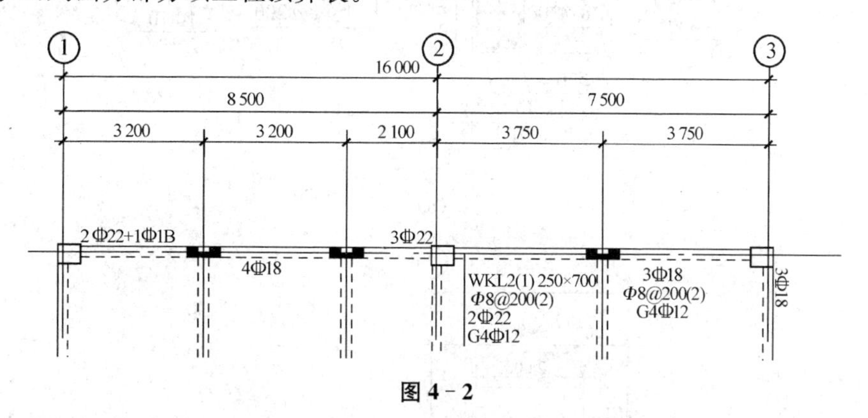

图 4-2

4. 根据工程图示尺寸，图 4-3，现浇有梁板钢筋保护层厚 20 mm，板厚 100 mm，梁：250 mm×500 mm，标高以米为单位，计算：

任务 1：有梁板钢筋工程量。

任务 2：套用定额基价计算直接工程费，并计算人工、材料、机械用量。

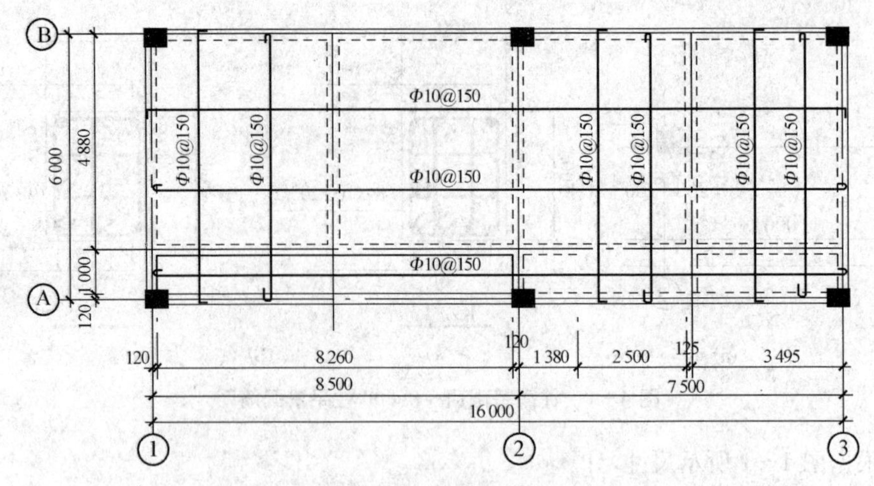

图 4－3　标高 3.970 板平法结构图(1∶100)

5. 根据图示尺寸,图 4－4,已知现浇雨篷钢筋保护层厚 15 mm,板厚 80 mm,计算雨篷钢筋工程量,并分析工料机用量,及计算直接工程费。

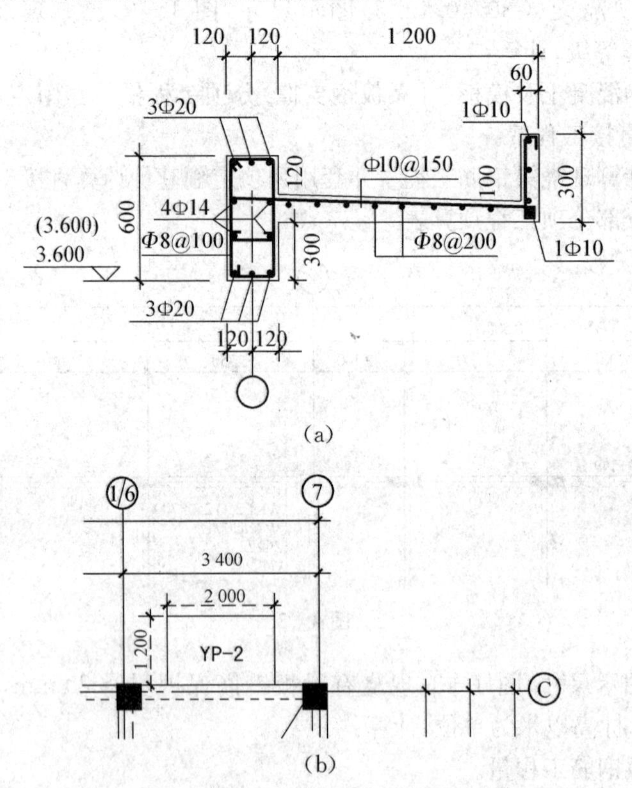

图 4－4　YP－2 结构图

复习思考题

1. 建筑面积的概念及作用。
2. 平整场地的概念及计算。
3. 分别简述人工挖土方、人工挖基槽及人工挖基坑的区别。
4. 简述沉管灌注桩的计算规则并举例说明。
5. 分别简述现浇有梁板、无梁板、平板的概念及计算规则。
6. 简述措施项目的概念并举例说明。

项目五　建筑工程装饰装修工程预算

【学习目标】

(1) 掌握装饰装修工程工程量计算规则。

(2) 会计算分部分项工程量，并能正确使用定额，具有装饰装修工程计价的能力。

【能力要求】

通过学习，具备岗位工作的岗位职责意识和协同工作理念，能够依据设计资料及目标进行装饰工程计量与计价。

学习情境　装饰装修工程量计算与定额应用

本项目采用的是《江西省装饰装修工程消耗量定额及统一基价表》(2004)(以下简称《装饰定额》)。

行动领域1　楼地面工程

一、楼地面工程相关知识

(1) 楼地面工程中地面构造一般为面层、垫层和基层(素土夯实)；楼层地面构造一般为面层、找平层和楼板。当地面和楼层地面的基本构造不能满足使用或构造要求时，可增设结合层、隔离层、填充层、找平层等其他构造层次。如图5-1-1所示。

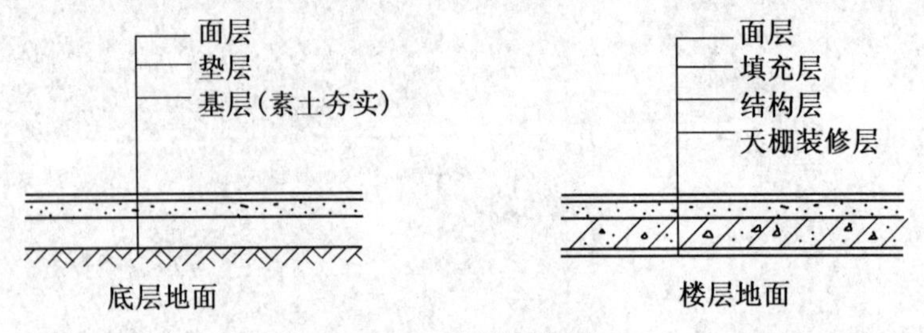

图5-1-1　楼地面构造

(2) 地面垫层材料常用的有混凝土、砂、炉渣、碎(卵)石等。

(3) 结合层材料常用的有水泥砂浆、干硬性水泥砂浆、粘结剂等。

(4) 填充层材料有水泥炉渣、加气混凝土块、水泥膨胀珍珠岩块等。

(5) 找平层常用水泥砂浆和混凝土。

(6) 隔离层材料有防水涂膜、热沥青、油毡等。

(7) 面层材料常用的有混凝土、水泥砂浆、现浇(预制)水磨石、天然石材(大理石、花岗岩等)、陶瓷锦砖、地砖、木质板材、塑料、橡胶、地毯等。

二、楼地面工程列项

楼地面工程分项内容是工程量计算时列项的依据,《装饰定额》对分项工程的内容和项目划分给予了明确的规定,具有实际的指导意义。《装饰定额》是从结构部位和材料类型、规格及型号等方面进行划分的,我们可以根据下面的介绍进行系统地认知和学习,掌握列项方法和技巧。

楼地面工程分 4 节。

(1) 找平层 5 个子目(包括 1 水泥砂浆 2 细石混凝土);

(2) 整体面层 17 个子目(包括水泥砂浆、水磨石、水泥豆石浆);

(3) 块料面层 174 个子目,包括:① 大理石;② 花岗岩;③ 石材刷养护液及保护液;④ 预制水磨石块;⑤ 陶瓷地砖(彩釉砖);⑥ 玻璃地砖;⑦ 缸砖;⑧ 陶瓷锦砖;⑨ 水泥花砖;⑩ 广场砖;⑪ 凹凸假麻石块;⑫ 红(青)砖;⑬ 分隔嵌条、防滑条;⑭ 酸洗打蜡;⑮ 塑料、橡胶板;⑯ 地毯及附件;⑰ 竹、木地板;⑱ 防静电活动地板;⑲ 钛金不锈钢复合地砖等。

(4) 栏杆、栏板、扶手(包括:① 栏杆、栏板;② 扶手、弯头;③ 靠墙扶手)。

三、工程量计算规则

(1) 整体面层、找平层按主墙间净空面积以平方米计算。应扣除凸出地面的构筑物、设备基础、室内管道、地沟等所占的面积,不扣除柱、垛、间壁墙、附墙烟囱及面积在 0.3 m^2 以内的孔洞所占面积,但门洞、空圈、暖气包槽、壁龛等开口部分亦不增加。

(2) 块料面层按饰面的实铺面积计算,不扣除 0.1 m^2 以内的孔洞所占面积。拼花部分按实贴面积计算。

(3) 整体面层踢脚板按延长米计算,洞口、空圈长度不予扣除,门洞、空圈、垛、附墙烟囱等侧壁长度亦不增加。块料楼地面踢脚线按实贴长乘高以平方米计算,成品及预制水磨石块踢脚线按实贴延长米计算。楼梯踏步踢脚线按相应定额基价乘以 1.15 系数。

【案例分析 5-1-1】 某工程楼面建筑平面如图 5-1-2 所示,设计楼面做法为 30 厚细石混凝土找平,1∶3 水泥砂浆铺贴 300 mm×300 mm 地砖面层,踢脚为 150 mm 高地砖。列项并计算楼面装饰的直接工程费及人工费。(M1:900 mm×2 400 mm,M2:900 mm×2 400 mm,C1:1 800 mm×1 800 mm)

【解】 (1) 列项、计算工程量

① 30 mm 厚细石混凝土找平层:定额(B1-4),基价 918.9 元/100 m^2

其中人工 292.12 元/100 m^2

工程量:$S=(4.5\times2-0.24\times2)\times(6-0.24)-0.6\times2.4=47.64(m^2)$

找平层直接工程费为:47.64 m^2×918.9 元/100 m^2=437.4 元

其中人工费为:47.64×292.12 元/100 m^2=139.17 元

② 300 mm×300 mm 地砖面层:定额(B1-85)基价 4 541.87 元/100 m^2

其中人工 1 006.34 元/100 m^2

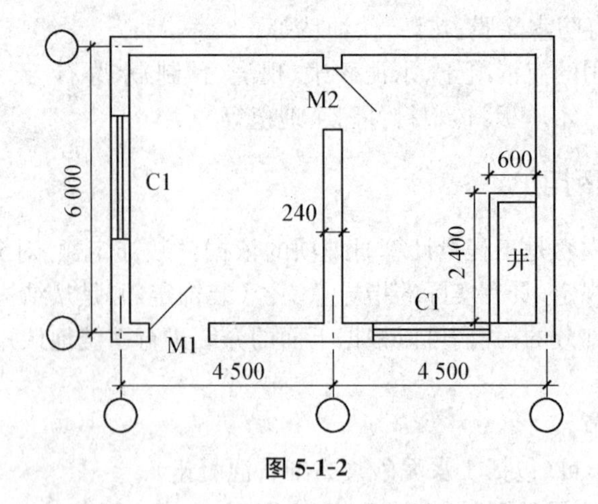

图 5-1-2

工程量：$S=(4.5\times2-0.24\times2)\times(6-0.24)-0.6\times2.4+0.9\times0.24\times2=48.07(m^2)$

地砖面层直接工程费为：$48.07\ m^2\times4\ 541.87$ 元/100 m^2 = 2 183.28 元

其中人工费为：$48.07\ m^2\times1\ 006.34$ 元/100 m^2 = 483.75 元

③ 地砖踢脚：定额(B1－91)，基价 5 661.66 元/100 m^2

其中人工 2 280.01 元/100 m^2

工程量：$S=[(4.5-0.24+6-0.24)\times2\times2-0.9\times3+0.24\times4]\times0.15$

$=38.34\times0.15=5.75(m^2)$

地砖踢脚直接工程费为：$5.75\ m^2\times5\ 661.66$ 元/100 m^2 = 325.55 元

其中人工费为：$5.75\ m^2\times2\ 280.01$ 元/100 m^2 = 131.10 元

(2) 工程预算表如下：

表 5-1-1　工程预算

序号	定额编号	项目名称	单位	数量	定额基价（元）	其中：人工(元)	合价（元）	其中：人工(元)
1	B1－4	30 mm 厚细石混凝土找平	100 m^2	0.476 4	918.9	292.12	437.4	139.17
2	B1－85	300 mm × 300 mm 地砖面层	100 m^2	0.480 7	4 541.87	1 006.34	2 183.28	483.75
3	B1－91	地砖踢脚	100 m^2	0.057 5	5 661.66	2 280.01	325.22	131.1
		小计					2 945.9	754.02

(3) 楼梯面层(包括踏步、休息平台，以及小于 500 mm 宽的楼梯井)按水平投影面积计算。

计算公式：直形楼梯水平投影面积(一层)＝楼梯间长度×楼梯间宽度－500 mm 以上宽的楼梯井投影面积

(4) 台阶面层(包括踏步及最上一层踏步沿 300 mm)按水平投影面积计算。

计算公式：台阶面层面积＝(台阶的水平投影长度＋300 mm)×台阶宽度

(5) 栏杆、栏板、扶手均按其中心线长度以延长米计算，计算扶手时不扣除弯头所占长度。

(6) 弯头按个计算。

行动领域2　墙柱面工程

一、墙柱面工程相关知识

墙面装饰的基本构造包括基层、中间层、面层三部分。如图5-2-1所示。

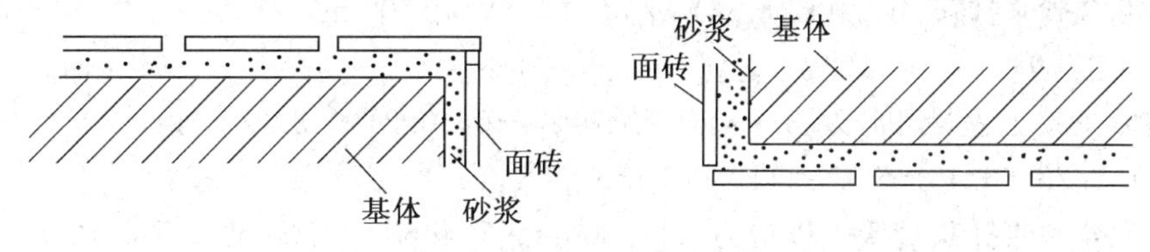

图5-2-1　墙面构造示意图

二、墙柱面工程列项

《装饰定额》中墙柱面工程分项内容是工程量计算时列项的依据，墙柱面工程分五节。

(1) 一般抹灰

依据抹灰材料不同分为：① 石灰砂浆；② 水泥砂浆；③ 混合砂浆；④ 其他砂浆；⑤ 一般抹灰砂浆厚度调整及墙面分格嵌条增加工料；⑥ 砖石墙面勾缝、假面砖。

(2) 装饰抹灰

主要有：① 水刷石；② 干粘石；③ 斩假石；④ 普通水磨石；⑤ 拉条灰、甩毛灰；⑥ ZL胶粉聚苯颗粒外墙外保温(外饰涂料)；⑦ 装饰抹灰厚度调整及分格嵌缝。

(3) 镶贴块料面层

主要有：① 大理石；② 花岗岩；③ 挂贴大理石、花岗岩包圆柱饰面；④ 钢骨架上干挂石板；⑤ 圆柱挂贴大理石其他零星项目；⑥ 预制水磨石块；⑦ 凹凸假麻石；⑧ 陶瓷锦砖；⑨ 劈离砖；⑩ 金属面砖；⑪ 瓷板；⑫ 文化石；⑬ 面砖。

(4) 墙、柱面装饰

主要有：① 龙骨基层；② 夹板、卷材钢网基层；③ 面层；④ 隔断；⑤ 柱龙骨基层及饰面。

(5) 幕墙。

三、工程量计算规则

1. 内墙抹灰工程量按以下规定计算

(1) 内墙抹灰面积，应扣除门窗洞口和空圈所占的面积，不扣除踢脚板、挂镜线、0.3 m^2以内的孔洞和墙与构件交接处的面积，洞口侧壁亦不增加。墙垛和附墙烟囱侧壁面积与内墙抹灰工程量合并计算。

(2) 内墙面抹灰的长度，以主墙间的图示净长尺寸计算。其高度确定如下：

① 无墙裙时，其高度按室内地面或楼面至天棚底面计算。

② 有墙裙时，其高度按墙裙顶至天棚底面计算。

③ 有吊筋时装饰天棚的内墙面抹灰，其高度按室内地面或楼面至天棚底面另加100 mm计算。

(3) 内墙裙抹灰面积按内墙净长乘以高度计算。应扣除门窗洞口和空圈所占的面积，门窗洞口和空圈的侧壁不另增加，墙垛、附墙烟囱侧壁面积并入墙裙抹灰面积内计算。

【案例分析 5-2-1】 某工程楼面建筑平面如上节图 5-1-1，该建筑内墙净高为 3.3 m，窗台高 900 mm。墙面为混合砂浆底纸筋灰面抹灰，计算墙面装饰直接工程费及人工费。(M1：900 mm×2 400 mm，M2：900 mm×2 400 mm，C1：1 800 mm×1 800 mm)

【解】 列项、计算工程量

墙面混合砂浆抹灰：定额(B2－33)，基价 784.68 元/100 m^2

其中人工 494.13 元/100 m^2

工程量：S＝工程量，即 S＝3.3×(4.5－0.24＋6－0.24)×2×2－1.8×1.8×2－0.9×2.4×3＝132.26－6.48－6.48＝119.30(m^2)

墙面混合砂浆抹灰直接工程费为：119.30 m^2×784.68 元/100 m^2＝936.12 元

其中人工费为：119.30×494.13 元/100 m^2＝589.50 元

说明：外墙一般抹灰、装饰抹灰计算方法同内墙抹灰。

2. 镶贴块料面层工程量按以下规定计算

(1) 墙面贴块料面层，按实贴面积计算。面砖镶贴子目用于镶贴柱时人工定额量乘以系数 1.10，其他不变。

(2) 墙面贴块料饰面高度在 300 mm 以内者，按踢脚板定额执行。

【案例分析 5-2-2】 某工程楼面建筑平面如上节图 5-1-2，该建筑内墙净高为 3.3 m，窗台高 900 mm。设计内墙裙为水泥砂浆贴 152 mm×152 mm 瓷砖，高度为 1.8 m，其余部分墙面为混合砂浆底纸筋灰面抹灰，计算墙面装饰直接工程费及人工费。(M1：900 mm×2 400 mm，M2：900 mm×2 400 mm，C1：1 800 mm×1 800 mm)。

【解】 (1) 列项、计算工程量

① 水泥砂浆贴瓷砖墙裙：定额(B2－191)，基价为 2 925.58 元/m^2

其中人工 696.13 元/100 m^2

工程量：S＝1.8×[(4.5－0.24＋6－0.24)×2×2－0.9×3]－(1.8－0.9)×1.8×2＋0.12×(1.8×8＋0.9×4)＝67.28－3.24＋2.16＝66.2(m^2)

水泥砂浆贴瓷砖墙裙直接工程费为：66.2 m^2×2 925.58 元/m^2＝1 936.73 元

其中人工费为：66.2 m^2×696.13 元/m^2＝460.84 元

② 墙面混合砂浆抹灰：定额(B2－33)，基价 784.68 元/100 m^2

其中人工 494.13 元/100 m^2

工程量：S＝3.3×(4.5－0.24＋6－0.24)×2×2－1.8×1.8×2－0.9×2.4×3－(67.28－3.24)＝132.26－6.48－6.48－64.04＝55.26(m^2)

墙面混合砂浆抹灰直接工程费为：55.26 m^2×784.68 元/100 m^2＝433.61 元

其中人工费为：55.26 m^2×494.13 元/100 m^2＝273.06 元

(2) 工程预算表如下：

表 5-1-2　工程预算表

序号	定额编号	项目名称	单位	数量	定额基价（元）	其中：人工（元）	合价（元）	其中：人工（元）
1	B2－33	墙面混合砂浆抹灰	100 m^2	0.552 6	784.68	494.13	433.61	273.06
2	B2－191	152 mm×132 mm 瓷砖面层	100 m^2	0.662	2 925.58	696.13	1 936.73	460.84
		小计					2 370.34	733.9

行动领域 3　天棚工程

一、天棚工程相关知识

天棚工程主要分为抹灰天棚、吊顶天棚。

吊顶天棚构造如图 5-3-1 所示。

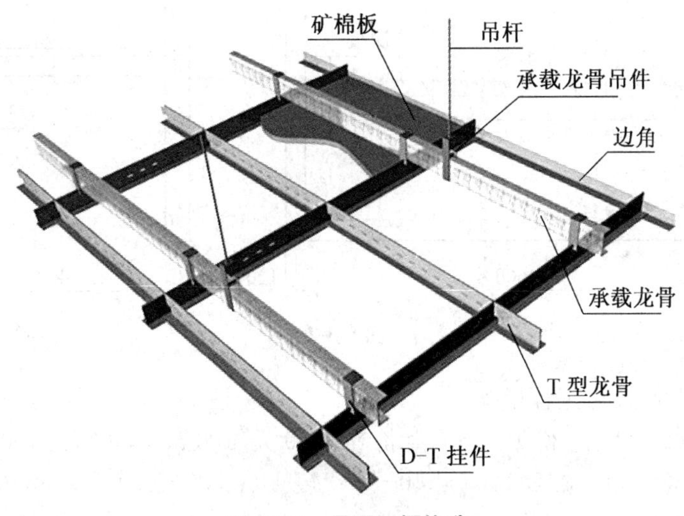

图 5-3-1　吊顶天棚构造

二、天棚工程列项

（一）抹灰面层

依据不同抹灰材料、施工工艺分为不同项。

（二）天棚吊顶（平面、跌级天棚）

（1）天棚龙骨：① 对剖圆木楞；② 方木楞；③ 轻钢龙骨；④ 天棚铝合金龙骨。

（2）天棚面层。

（3）天棚灯槽、灯带。

（三）艺术造型天棚

（1）天棚龙骨：① 轻钢龙骨；② 方木龙骨。（2）基层。（3）面层。

(四) 其他天棚(龙骨和面层)

(1) 烤漆龙骨天棚。(2) 铝合金格栅天棚。(3) 玻璃采光天棚。(4) 木格栅天棚。(5) 网架及其他天棚。(6) 其他：① 天棚设置保温吸音层；② 送(回)风口安装；③ 嵌缝、贴绷带、贴胶带。

三、天棚工程工程量计算规则

(1) 天棚抹灰工程量计算。

① 天棚抹灰面积，按主墙间的净面积计算，不扣除柱、垛、间壁墙、附墙烟囱、检查口和管道所占的面积。带梁天棚、梁两侧抹灰面积，并入天棚抹灰工程量内计算。

天棚抹灰工程量＝主墙间的净长度×主墙间的净宽度＋梁侧面面积

② 密肋梁和井字梁天棚抹灰面积，按展开面积计算。

井字梁天棚抹灰工程量＝主墙间的净长度×主墙间的净宽度＋梁侧面面积

【案例分析 5-3-1】　某工程现浇井字梁顶棚如图 5-3-2 所示，混合砂浆打底，计算工程量，确定定额项目。

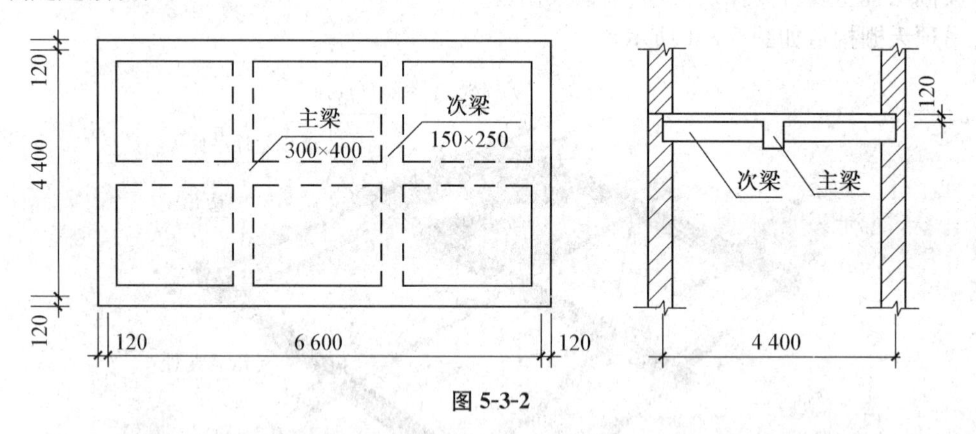

图 5-3-2

【解】　1. 列项、计算工程量

天棚混合砂浆抹灰：定额(B3－1)，基价 868.29 元/100 m^2，其中人工 500.49 元/100 m^2

工程量：S＝(6.60－0.24)×(4.40－0.24)＋(0.40－0.12)×6.36×2＋(0.25－0.12)×3.86×2×2－(0.25－0.12)×0.15×4＝31.95(m^2)

天棚混合砂浆抹灰直接工程费为：31.95 m^2×868.29 元/100 m^2＝277.42 元

其中人工费为：31.95×500.49 元/100 m^2＝159.91 元

2. 工程预算表

表 5-1-3　工程预算表

序号	定额编号	项目名称	单位	数量	定额基价(元)	其中：人工(元)	合价(元)	其中：人工(元)
1	B3－1	天棚混合砂浆抹灰	100 m^2	0.319 5	868.29	500.49	277.42	159.91

③ 阳台底面抹灰按水平投影面积以平方米计算，并入相应天棚抹灰面积内。阳台如带悬臂梁者，其工程量乘系数 1.30。阳台上表面的抹灰按水平投影面积以平方米计算，套楼

地面的相应定额子目。

④ 雨篷底面或顶面抹灰分别按水平投影面积计算，并入相应天棚抹灰面积内。雨篷顶面带反沿或反梁者，其工程量乘系数 1.20；底面带悬臂梁者，其工程量亦乘以系数 1.20。

⑤ 板式楼梯底面的装饰工程量按水平投影面积乘 1.15 系数计算，梁式及螺旋楼梯底面按展开面积计算。

(2) 各种吊顶天棚龙骨按墙间净面积计算，不扣除检查口、附墙烟囱、柱、垛和管道所占面积。但天棚中的折线、迭落等圆弧形、高低吊灯槽等面积不展开计算。

(3) 天棚基层板、装饰面层，按墙间实钉(粘贴)面积以平方米计算，不扣除检查口、附墙烟囱、垛和管道、开挖灯孔及 0.3 m^2 以内孔洞所占面积。

天棚基层＝室内净面积＋凸凹面展开面积－0.3 m^2 以上的孔洞、独立柱、灯槽及与天棚相连的窗帘盒所占面积

(4) 龙骨、基层、面层合并列项的子目，工程量计算规则同(2)。

(5) 灯光按延长米计算。

行动领域 4　门窗工程

一、门窗工程列项

门窗工程列项主要有：普通木门窗、钢门窗安装、铝合金门窗、卷闸门、塑钢门窗安装、防盗装饰门窗安装、防火门安装、防火卷帘安装、门窗套、门窗筒子板、窗帘盒、窗台板、门窗五金、门窗运输等。

二、门窗工程工程量计算规则

(1) 普通木门、窗制作、安装工程量均按以下规定计算：

① 各类门、窗制作、安装工程量均按门窗洞口面积计算。

② 普通窗上部带有半圆窗的工程量应分别按半圆窗和普通窗计算。其分界线以普通窗和半圆窗之间的框上裁口线为分界线。门窗扇包镀锌铁皮计算规则——按门窗洞口面积以平方米计算。

(2) 钢门窗安装及玻璃安装均按洞口面积计算。钢门上部安玻璃，按安装玻璃部分的面积计算。

(3) 铝合金门窗、彩板组角门窗、塑钢门窗均按框外围面积以平方米计算。纱扇制作、安装按扇外围面积计算。

(4) 卷闸门安装按其安装高度乘以门的实际宽度以平方米计算。安装高度算至滚筒顶点为准。带卷筒罩的按展开面积增加。电动装置安装以套计算，小门安装以个计算，小门面积不扣除。

(5) 防盗门、不锈钢格栅门按框外围面积以平方米计算。防盗窗按展开面积计算。

(6) 成品防火门以框外围面积计算，防火卷帘门从地(楼)面算至端板顶点乘设计宽度。

(7) 装饰实木门框制作安装以延长米计算。装饰门扇、窗扇制作安装按扇外围面积计算。装饰门扇及成品门扇安装按樘或扇计算。

(8) 门扇双面包不锈钢板、门扇单面包皮制和装饰板隔音面层，均按单面面积计算。

(9) 不锈钢板包门框、门窗套、花岗岩门套、门窗筒子板按展开面积计算。

(10) 窗帘盒、窗帘轨按延长米计算。

(11) 窗台板按实铺面积计算。

(12) 电子感应门及转门按定额尺寸以樘计算。

(13) 不锈钢电动伸缩门以米计算。

(14) 木门窗运输按洞口面积以平方米计算。木门窗在现场制作者，不得计取运输费。

行动领域 5　油漆、涂料、裱糊工程

一、油漆、涂料、裱糊工程列项

油漆、涂料、裱糊工程列项主要有木材面油漆、金属面油漆、抹灰面油漆、喷塑、喷(刷)刮涂料、裱糊等。

二、油漆、涂料、裱糊工程工程量计算规则

木材面油漆、金属面油漆、抹灰面油漆的工程量分别按定额中各表规定计算。见表5-5-1 至表 5-5-4。

表 5-5-1　执行木门定额工程量系数表

项目名称	系数	工程量计算方法
单层木门	1.00	按单面洞口面积计算
双层(一玻一纱)木门	1.36	
双层(单裁口)木门	2.00	
单层全玻门	0.83	
木百叶门	1.25	
厂库大门	1.10	

表 5-5-2　执行木窗定额工程量系数表

项目名称	系数	工程量计算方法
单层玻璃窗	1.00	按单面洞口面积计算
双层(一玻一纱)木窗	1.36	
双层框扇(单裁口)木窗	2.00	
双层框三层(二玻一纱)木窗	2.60	
单层组合窗	0.83	
双层组合窗	1.13	
木百叶窗	1.50	

表 5-5-3　执行其他金属定额工程量系数表

项目名称	系数	工程量计算方法
钢屋架、天窗架、挡风架、屋架梁、支撑、檩条	1.00	按重量(吨)计算
墙架(空腹式)	0.5	
墙架(格板式)	0.82	
钢柱、吊车梁、花式梁柱、空花构件	0.63	

表 5-5-4　抹灰面油漆、涂料、裱糊定额工程量系数表

项目名称	系数	工程量计算方法
混凝土楼梯底(板式)	1.15	水平投影面积
混凝土楼梯底(梁式)	1.00	展开面积
混凝土花格窗、栏杆花饰	1.82	单面外围面积
楼地面、天棚、墙、柱、梁面	1.00	展开面积

行动领域 6　其他工程

一、其他工程内容

其他工程列项主要有:柜类、货架、暖气罩、压条、装饰线条、招牌灯箱、美术字安装、零星装修、拆除工程等。

二、其他工程工程量计算规则

(1) 柜橱、货架类均以正立面的高(包括脚的高度在内)乘以宽以平方米计算。

(2) 收银台、试衣间等以个计算,其他以延长米为单位计算。

(3) 非附图家具按其成品各部位最大外切矩形正投影面积以平方米计算(抽屉按挂面投影面积;层板不扣除切角的投影面积)。

(4) 暖气罩(包括脚的高度在内)按边框外围尺寸垂直投影面积计算。

(5) 招牌、灯箱:

① 平面招牌基层按正立面面积计算,复杂形的凹凸造型部分亦不增减。

② 沿雨篷、檐口或阳台走向的立式招牌基层,按平面招牌复杂型执行时,应按展开面积计算。

③ 箱体招牌和竖式灯箱的基层,按外围体积计算。突出墙外的灯饰、店徽及其他艺术装潢等均另行计算。

④ 灯箱的面层按展开面积以平方米计算。

⑤ 广告牌钢骨架以吨计算。

(6) 压条、装饰线条均按延长米计算。

(7) 石材、玻璃开孔按个计算,金属面开孔按周长以米计算。

(8) 石材及玻璃磨边按其延长米计算。

(9) 美术字安装按字的最大外围矩形面积以个计算。

(10) 镜面玻璃安装、盥洗室木镜箱以正立面面积计算。

(11) 塑料镜箱、毛巾环、肥皂盒、金属帘子杆、浴缸拉手、毛巾杆安装以只或副计算。洗漱台以台面延长米计算(不扣除孔洞面积)。

(12) 拆除工程量按拆除面积或长度计算,执行相应子目。

行动领域 7　超高增加费

一、适用范围

本定额适用于建筑物檐高 20 m 以上的工程。檐高是指设计室外地坪至檐口的高度。突出主体建筑屋顶的电梯间、水箱间等不计入檐高之内。

二、工程量计算规则

装饰装修楼面(包括楼层所有装饰装修工程量)区别不同的垂直运输高度(单层建筑物系檐口高度)以人工费与机械费之和按元分别计算。

行动领域 8　成品保护工程、装饰装修脚手架、垂直运输

一、成品保护

成品保护是指对已做好的项目面层上覆盖保护层,实际施工中未覆盖的不得计算成品保护费;成品保护按被保护面积计算。

二、装饰装修脚手架

装饰装修脚手架包括满堂脚手架、外脚手架、内墙面粉饰脚手架。

(1) 满堂脚手架,按实际搭设的水平投影面积计算,不扣除附墙柱、柱所占的面积,其基本层高以 3.6 m 以上至 5.2 m 为准。凡超过 3.6 m、在 5.2 m 以内的天棚抹灰及装饰,应计算满堂脚手架基本层;层高超过 5.2 m,每增加 1.2 m 计算一个增加层,增加层的层数=(层高−5.2 m)÷1.2 m,按四舍五入取整数。室内凡计算了满堂脚手架者,其内墙面粉饰不再计算粉饰架,只按每 100 m^2 墙面垂直投影面积增加改架工 1.28 工日。

(2) 装饰装修外脚手架,按外墙的外边线长乘墙高以平方米计算,不扣除门窗洞口的面积。同一建筑物各面墙的高度不同,且不在同一定额步距内时,应分别计算工程量。定额中所指的高度,系指建筑物自设计室外地坪面至外墙顶点或构筑物顶面的高度。

(3) 独立柱按柱周长增加 3.6 m 乘柱高套用装饰装修外脚手架相应高度的定额。

(4) 内墙面粉饰脚手架,均按内墙面垂直投影面积计算,不扣除门窗洞口的面积。

(5) 高度超过 3.6 m 的喷浆,每 100 m^2 按 50 元包干使用。

三、垂直运输

装饰装修楼层(包括楼层所有装饰装修工程量)区别不同垂直运输高度(单层建筑物系檐口高度)按定额工日分别计算。

【案例分析 5-8-1】　如图 5-8-1 所示办公室一层装饰工程，墙厚 240 mm，木门 M1：800 mm×2 100 mm，木门 M2：1 000 mm×2 100 mm，铝合金窗 C1：1 200 mm×1 500 mm，轴线尺寸为墙中心线，地面为地砖饰面，地砖踢脚线高 150 mm。如果设计外墙总高 3.3 m，内墙净高 2.9 m。试计算：(1) 地砖地面的饰面工程量；(2) 地砖地面踢脚线工程量；(3) 内墙面水泥砂浆粉刷、刮瓷二遍工程量；(4) 外墙面水泥砂浆打底、面层刷高级涂料工程量；(5) 木门及铝合金窗工程量。

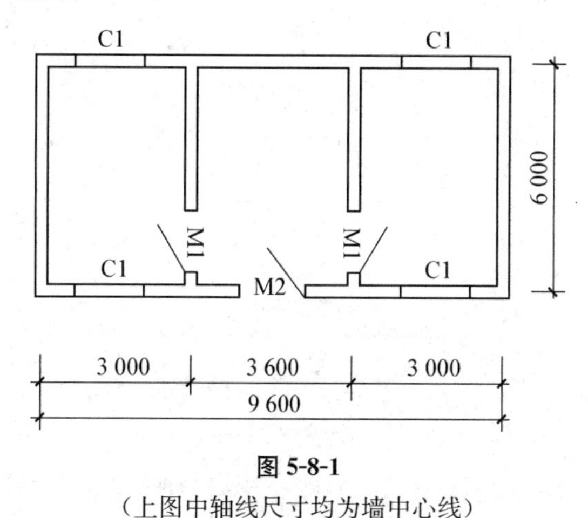

图 5-8-1

(上图中轴线尺寸均为墙中心线)

【解】　(1) 地砖地面的饰面工程量＝2.76×5.76×2＋3.36×5.76＋0.8×0.24×2＋1×0.24＝51.77(m^2)

(2) 地砖地面踢脚线工程量＝(5.76×6＋2.76×4＋3.36×2－0.8×4－1＋0.24×6)×0.15＝7.43(m^2)

(3) 内墙面水泥砂浆粉刷、刮瓷二遍工程量＝52.32×2.9－0.8×2.1×4－1×2.1－1.2×1.5×4＝135.71(m^2)

(4) 外墙面水泥砂浆打底、面层刷高级涂料工程量＝[(9.6＋0.24)＋(6＋0.24)]×2×3.3－1×2.1－1.2×1.5×4＝96.83(m^2)

(5) 木门工程量＝0.8×2.1×2＋1×2.1＝5.46(m^2)

铝合金窗工程量 S＝1.2×1.5×4＝7.2(m^2)

实训课题

1. 将【案例分析 5-8-1】图纸装饰设计地面改为水磨石整体面层，水磨石踢脚线。试计算：(1) 水磨石整体面层地面的工程量；(2) 水磨石(120 mm)高踢脚线工程量；(3) 顶棚水泥砂浆粉刷、刮瓷二遍工程量；(4) 顶棚胡桃木顶角线工程量。

复习思考题

1. 举例说明按地面工程中整体面层的工程量计算规则。
2. 举例说明楼地面块料的面层计算规则。
3. 整体面层、块料面层的踢脚线计算规则。
4. 简述天棚工程量计算规则。
5. 简述装饰工程措施项目费有哪些,举例说明。

项目六　房屋建筑与装饰工程工程量清单编制

【学习目标】

(1) 熟悉建设工程量清单,工程量清单计价的概念。

(2) 掌握《房屋建筑与装饰工程工程量计算规范》的内容及清单计算规则。

(3) 作为招标人,掌握建筑工程工程量清单的编制和招标控制价的编制。

(4) 作为投标人,掌握建筑工程工程量清单计价方法和投标报价的编制。

【能力要求】

(1) 具有编制建筑工程工程量清单及清单计价的能力。

(2) 逐步具备建筑工程造价确定与控制的能力,提升计量计价顶岗能力。

学习情境　建筑工程工程量清单编制

《房屋建筑与装饰工程工程量计算规范》GB50854—2013 主要内容如下:

一、总　则

(1) 为规范房屋建筑与装饰工程造价计量行为,统一房屋建筑与装饰工程工程量计算规则、工程量清单的编制方法,制定本规范。

(2) 本规范适用于工业与民用的房屋建筑与装饰工程发承包及实施阶段活动中的工程计量和工程量清单编制。

(3) 房屋建筑与装饰工程计价,必须按本规范规定的工程量计算规则进行工程计量。

(4) 房屋建筑与装饰工程计量活动,除应遵守本规范外,尚应符合国家现行有关标准的规定。

二、术　语

1. 工程量计算

指建设工程项目以工程设计图纸、施工组织设计或施工方案及有关技术经济文件为依据,按照相关工程国家标准的计算规则、计量单位等规定,进行工程数量的计算活动,在工程建设中简称工程计量。

2. 房屋建筑

在固定地点,为使用者或占用物提供庇护覆盖以进行生活、生产或其他活动的实体,可分为工业建筑与民用建筑。

3. 工业建筑

提供生产用的各种建筑物,如车间、厂区建筑、动力站、与厂房相连的生活间、厂区内的库房和运输设施等。

4. 民用建筑

非生产性的居住建筑和公共建筑，如住宅、办公楼、幼儿园、学校、食堂、影剧院、商店、体育馆、旅馆、医院、展览馆等。

三、工程计量

(1) 工程量计算除依据本规范各项规定外，尚应依据以下文件：

1) 经审定通过的施工设计图纸及其说明。

2) 经审定通过的施工组织设计及施工方案。

3) 经审定通过的其他有关技术经济文件。

(2) 工程实施过程中的计量应按照现行国家标准《建设工程工程量清单计价规范》GB50500—2013 的相关规定执行。

(3) 本规范附录中有两个或两个以上计量单位的，应结合拟建工程项目的实际情况，确定其中一个为计量单位。同一工程项目的计量单位应一致。

(4) 工程计量时每一项目汇总的有效位数应遵守下列规定：

1) 以“t”为单位，应保留小数点后三位数字，第四位小数四舍五入。

2) 以“m”、“m^2”、“m^3”、“kg”为单位，应保留小数点后两位数字，第三位小数四舍五入。

3) 以“个”、“件”、“根”、“组”、“系统”为单位，应取整数。

(5) 本规范各项目仅列出了主要工作内容，除另有规定和说明者外，应视为已经包括完成该项目所列或未列的全部工作内容。

(6) 房屋建筑与装饰工程涉及电气、给排水、消防等安装工程的项目，按照现行国家标准《通用安装工程工程量计算规范》GB 50856—2013 的相应项目执行；涉及仿古建筑工程的项目，按现行国家标准《仿古建筑工程工程量计算规范》GB 50855—2013 的相应项目执行；涉及室外地(路)面、室外给排水等工程的项目，按现行国家标准《市政工程工程量计算规范》GB 50857—2013 的相应项目执行；采用爆破法施工的石方工程按照现行国家标准《爆破工程工程量计算规范》GB 50862—2013 的相应项目执行。

四、工程量清单编制

(一) 一般规定

(1) 编制工程量清单应依据：

1) 本规范和现行国家标准《建设工程工程量清单计价规范》GB 50500—2013。

2) 国家或省级、行业建设主管部门办颁发的计价依据和办法。

3) 建设工程设计文件。

4) 与建设工程项目有关的标准、规范、技术资料。

5) 拟定的招标文件。

6) 施工现场情况、工程特点及常规施工方案。

7) 其他相关资料。

(二) 分部分项工程

(1) 工程量清单应根据附录规定的项目编码、项目名称、项目特征、计量单位和工程量计算规则进行编制。

(2) 工程量清单的项目编码,应采用十二位阿拉伯数字表示,一至九位应按附录的规定设置,十至十二位应根据拟建工程的工程量清单项目名称和项目特征设置,同一招标工程的项目编码不得有重码。

(3) 工程量清单的项目名称应按附录的项目名称结合拟建工程的实际确定。

(4) 工程量清单项目特征应按附录中规定的项目特征,结合拟建工程项目的实际予以描述。

(5) 工程量清单中所列工程量应按附录中规定的工程量计算规则计算。

(6) 工程量清单的计量单位应按附录中规定的工程量计量单位确定。

(7) 本规范现浇混凝土工程项目"工作内容"中包括模板工程的内容,同时又在措施项目中单列了现浇混凝土模板工程项目。对此,招标人应根据工程实际情况选用。若招标人在措施项目清单中未编列现浇混凝土模板项目清单,即表示现浇混凝土模板项目不单列,现浇混凝土工程项目的综合单价中应包括模板工程费用。

(8) 本规范对预制混凝土构件按现场制作编制项目,"工作内容"中包括模板工程,不再另列。若采用成品预制混凝土构件时,构件成品价(包括模板、钢筋、混凝土等所有费用)应计入综合单价中。

(9) 金属结构构件按成品编制项目,构件成品价应计入综合单价中,若采用现场制作,包括制作的所有费用。

(10) 门窗(橱窗除外)按成品编制项目,门窗成品价应计入综合单价中。若采用现场制作,包括制作的所有费用。

(三) 措施项目

(1) 措施项目中列出了项目编码、项目名称、项目特征、计量单位、工程量计算规则的项目,编制工程量清单时,应按照本规范 4.2 分部分项工程的规定执行。

(2) 措施项目中仅列出项目编码、项目名称、未列出项目特征、计量单位和工程量计算规则的项目,编制工程量清单时,应按本规范附录 S 措施项目规定的项目编码、项目名称确定。

(四) 其他项目等

(1) 其他项目、规费和税金项目清单应按照现行国家标准《建设工程工程量清单计价规范》GB 50500—2013 的相关规定编制。

(2) 编制工程量清单出现附录中未包括的项目,编制人应作补充,并报省级或行业工程造价管理机构备案,省级或行业工程造价管理机构应汇总报住房和城乡建设部标准定额研究所。

(3) 补充项目的编码由本规范的代码 01 与 B 和三位阿拉伯数字组成,并应从 01B001 起顺序编制,同一招标工程的项目不得重码。

(4) 补充的工程量清单需附有补充项目的名称、项目特征、计量单位、工程量计算规则、工作内容。不能计量的措施项目,需附有补充项目的名称、工作内容及包含范围。

行动领域1 附录A 土石方工程

A.1 土方工程

土方工程工程量清单项目设置、项目特征描述的内容、计量单位及工程量计算规则，应按表A.1的规定执行。

表A.1 土方工程(编号:010101)

<table>
<tr><th>项目编码</th><th>项目名称</th><th>项目特征</th><th>计量单位</th><th>工程量计算规则</th><th>工作内容</th></tr>
<tr><td>010101001</td><td>平整场地</td><td>1. 土壤类别
2. 弃土运距
3. 取土运距</td><td>m^2</td><td>按设计图示尺寸以建筑物首层建筑面积计算</td><td>1. 土方挖填
2. 场地找平
3. 运输</td></tr>
<tr><td>010101002</td><td>挖一般土方</td><td rowspan="3">1. 土壤类别
2. 弃土运距
3. 取土运距</td><td rowspan="5">m^3</td><td>按设计图示尺寸以体积计算</td><td rowspan="3">1. 排地表水
2. 土方开挖
3. 围护(挡土板)及拆除
4. 基底钎探
5. 运输</td></tr>
<tr><td>010101003</td><td>挖沟槽土方</td><td rowspan="2">按设计图示尺寸以基础垫层底面积乘以挖土深度计算</td></tr>
<tr><td>010101004</td><td>挖基坑土方</td></tr>
<tr><td>10101005</td><td>冻土开挖</td><td>1. 冻土厚度
2. 弃土运距</td><td>按设计图示尺寸开挖面积乘厚度以体积计算</td><td>1. 爆破
2. 开挖
3. 清理
4. 运输</td></tr>
<tr><td>010101006</td><td>挖淤泥、流沙</td><td>1. 挖掘深度
2. 弃淤泥、流沙距离</td><td>按设计图示位置、界限以体积计算</td><td>1. 开挖
2. 运输</td></tr>
<tr><td>010101007</td><td>管沟土方</td><td>1. 土壤类别
2. 管外径
3. 挖沟深度
4. 回填要求</td><td>1. m
2. m^3</td><td>1. 以米计量，按设计图示以管道中心线长度计算
2. 以立方米计量，按设计图示管底垫层面积乘以挖土深度计算；无管底垫层按管外径的水平投影面积乘以挖土深度计算。不扣除各类井的长度，井的土方并入</td><td>1. 排地表水
2. 土方开挖
3. 围护(挡土板)、支撑
4. 运输
5. 回填</td></tr>
</table>

注：1. 挖土方平均厚度应按自然地面测量标高至设计地坪标高间的平均厚度确定。基础土方开挖深度应按基础垫层底表面标高至交付施工场地标高确定，无交付施工场地标高时，应按自然地面标高确定。

2. 建筑物场地厚度≤±300 mm 的挖、填、运、找平，应按本表中平整场地项目编码列项。厚度>±300 mm的竖向布置挖土或山坡切土应按本表中挖一般土方项目编码列项。

3. 沟槽、基坑、一般土方的划分为：底宽≤7 m且长>3倍底宽为沟槽；底长≤3倍底宽且底面积≤150 m^2为基坑；超出上述范围则为一般土方。

4. 挖土方如需截桩头时，应按桩基工程相关项目列项。

（续表）

5. 桩间挖土不扣除桩的体积，并在项目特征中加以描述。
6. 弃、取土运距可以不描述，但应注明由投标人根据施工现场实际情况自行考虑，决定报价。
7. 土壤的分类应按表 A.1-1 确定，如土壤类别不能准确划分时，招标人可注明为综合，由投标人根据地勘报告决定报价。
8. 土方体积应按挖掘前的天然密实体积应按表 A.1-2 折算。
9. 挖沟槽、基坑、一般土方因工作面和放坡增加的工程量（管沟工作面增加的工程量）是否并入各土方工程量中，应按各省、自治区、直辖市或行业建设主管部门的规定实施，如并入各土方工程量，办理工程计算时，按经发包人认可的施工组织设计规定计算，编制工程量清单时，可按表 A.1-3～表 A.1-5 规定计算。
10. 挖方出现流沙、淤泥时，如设计未明确，在编制工程量清单时，其工程数量可为暂估量，结算时应根据实际情况由发包人与承包人双方现场签证确认工程量。
11. 管沟土方项目适用于管道（给排水、工业、电力、通信）、光（电）缆沟[包括：人（手）孔、接口坑]及连接井（检查井）等。

表 A.1-1　土壤分类表

土壤分类	土壤名称	开挖方法
一、二类土	粉土、砂土（粉砂、细砂、中砂粗砂、砾砂）、粉质粘土、弱中盐渍土、软土（淤泥质土、泥炭、泥炭质土）软塑红黏土、冲填土	用锹、少许用镐、条锄开挖。机械能全部直接铲挖满载者
三类土	黏土、碎石土（圆砾、角砾）混合土、可塑红黏土、硬塑红黏土、强盐渍土、素填土、压实填土	主要用镐、条锄、少许用锹开挖。机械需部分刨松方能铲挖满载者或可直接铲挖但不能满载者
四类土	碎石土（卵石、碎石、漂石、块石）、坚硬红黏土、超盐渍土、杂填土	全部用镐、条锄挖掘、少许用撬棍挖掘。机械需普遍刨松方能铲挖满载者

注：本表土的名称及其含义按国家标准《岩土工程勘察规范》GB500Z1—Z001（2009 年版）定义。

表 A.1-2　土方体积折算系数表

天然密实度体积	虚方体积	夯实后体积	松填体积
0.77	1.00	0.67	0.83
1.00	1.30	0.87	1.08
1.15	1.50	1.00	1.25
0.92		0.80	1.00

注：1. 虚方指未经碾压、堆积时间<1 年的土壤。
2. 本表按《全国统一建筑工程预算工程量计算规则》GJDGZ—101—95 整理。
3. 设计密实度超过规定的，填方体积按工程设计要求执行；无设计要求按各省、自治区、直辖市或行业建设行政主管部门规定的系数执行。

表 A.1-3　放坡系数表

土类别	放坡起点(m)	人工挖土	机械挖土		
			在坑内作业	在坑上作业	顺沟槽在坑上作业
一、二类土	1.20	1∶0.5	1∶0.33	1∶0.75	1∶0.5
三类土	1.50	1∶0.33	1∶0.25	1∶0.67	1∶0.33
四类土	2.00	1∶0.25	1∶0.10	1∶0.33	1∶0.25

注：1. 沟槽、基坑中土类别不同时，分别按其放坡起点、放坡系数，依不同土类别厚度加权平均计算。
2. 计算放坡时，在交接处的重复工程量不予扣除，原槽、坑作基础垫层时，放坡自垫层上表面开始计算。

表 A.1-4　基础施工所需工作面宽度计算表

基础材料	每边各增加工作面宽度(mm)
砖基础	200
浆砌毛石、条石基础	150
混凝土基础垫层支模板	300
混凝土基础支模板	300
基础垂直面做防水层	1 000(防水层面)

注：本表按《全国统一建筑工程预算工程量计算规则》GJDGZ—101—95 整理。

表 A.1-5　管沟施工每侧所需工作面宽度计算表

管道结构宽(mm)／管沟材料	≤500	≤1 000	≤2 500	>2 500
混凝土及钢筋混凝土管道(mm)	400	500	600	700
其他材质管道(mm)	300	400	500	600

注：1. 本表按《全国统一建筑工程预算工程量计一算规则》GJDGZ—101—95 整理。
2. 管道结构宽：有管座的按基础外缘，无管座的按管道外径。

A.2　石方工程

石方工程工程量清单项目设置、项目特征描述的内容、计量单位及工程量计一算规则，应按表 A.2 的规定执行。

表 A.2　石方工程(编号：010102)

项目编码	项目名称	项目特征	计量单位	工程量计算规则	工作内容
010102001	挖一般石方	1. 岩石类别 2. 开凿深度 3. 弃碴运距	1. m^3	按设计图示尺寸以体积计算	1. 排地表水 2. 凿石 3. 运输
010102002	挖沟槽石方			按设计图示尺寸沟槽底面积乘以挖石深度以体积计算	
010102003	挖基坑石方			按设计图示尺寸基坑底面积乘以挖石深度以体积计算	

（续表）

项目编码	项目名称	项目特征	计量单位	工程量计算规则	工作内容
010102004	挖管沟石方	1. 岩石类别 2. 管外径 3. 挖沟深度	1. m 2. m^3	1. 以米计量，按设计图示以管道中心线长度计算 2. 以立方米计量，按设计图示截面积乘以长度计算	1. 排地表水 2. 凿石 3. 回填 4. 运输

注：1. 挖石应按自然地面测量标高至设计地坪标高的平均厚度确定。基础石方开挖深度应按基础垫层底表面标高至交付施工现场地标高确定，无交付施工场地标高时，应按自然地面标高确定。
2. 厚度＜±300 mm 的竖向布置挖石或山坡凿石应按本表中挖一般石方项目编码列项。
3. 沟槽、基坑、一般石方的划分为：底宽≤7 m 且底长＞3 倍底宽为沟槽；底长≤3 倍底宽且底面积 150 m^2 为基坑；超出上述范围则为一般石方。
4. 弃碴运距可以不描述，但应注明由投标人根据施工现场实际情况自行考虑，决定报价。
5. 岩石的分类应按表 A.2－1 确定。
6. 石方体积应按挖掘前的天然密实体积计算。非天然密实石方应按表 A.2－2 折算。
7. 管沟石方项目适用于管道（给排水、工业、电力、通信）、光（电）缆沟[包括：人（手）孔、接口坑]及连接井（检查井）等。

表 A.2－1　岩石分类表

岩石分类		代表性岩石	开挖方法
极软岩		1. 全风化的各种岩石 2. 各种半成岩	部分用手凿工具、部分用爆破法开挖
软质岩	软岩	1. 强风化的坚硬岩或较硬岩 2. 中等风化—强风化的较软岩 3. 未风化—微风化的页岩、泥岩、泥质砂岩等	用风镐和爆破法开挖
	较软岩	1. 中等风化强风化的坚硬岩或较硬岩 2. 未风化—微风化的凝灰岩、千枚岩、泥灰岩、砂质泥岩等	用爆破法开挖
硬质岩	较硬岩	1. 微风化的坚硬岩 2. 未风化—微风化的大理岩、板岩、石灰岩、白云岩、钙质砂岩等	用爆破法开挖
	坚硬岩	未风化—微风化的花岗岩、闪长岩、辉绿岩、玄武岩、安山岩、片麻岩、石英岩、石英砂岩、硅质砾岩、硅质石灰岩等	用爆破法开挖

注：本表依据国家标准《工程岩体分级标准》GB 50218—94 和《岩土工程勘察规范》GB 50021—2001（2009 年版）整理。

表 A.2－2　石方体积折算系数表

石方类别	天然密实度体积	虚方体积	松填体积	码方
石方	1.0	1.54	1.31	
块石	1.0	1.75	1.43	1.67
砂夹石	1.0	1.07	0.94	

注：本表按建设部颁发《爆破工程消耗量定额》GYD—102—2008 整理。

A3　回填

回填工程量清单项目设置、项目特征描述的内容、计量单位及工程量计算规则，应按表A.3的规定执行。

表 A.3　回填(编号:010103)

项目编码	项目名称	项目特征	计量单位	工程量计算规则	工作内容
010103001	回填方	1. 密实度要求 2. 填方材料品种 3. 填方粒径要求 4. 填方来源、运距	m^3	按设计图示尺寸以体积计算 1. 场地回填：回填面积乘平均回填厚度 2. 室内回填：主墙间面积乘回填厚度，不扣除间隔墙 3. 基础回填：按挖方清单项目工程量减去自然地坪以下埋设的基础体积(包括基础垫层及其他构筑物)	1. 运输 2. 回填 3. 压实
010103002	余方弃置	1. 废弃料品种 2. 运距		按挖方清单项目工程量减利用回填方体积(正数)计算	余方点装料运输至弃置点

注：1. 填方密实度要求，在无特殊要求情况下，项目特征可描述为满足设计和规范的要求。
2. 填方材料品种可以不描述，但应注明由投标人根据设计要求验方后方可填入，并符合相关工程的质量规范要求。
3. 填方粒径要求，在无特殊要求情况下，项目特征可以不描述。
4. 如需买土回填应在项目特征填万来源中描述，并注明买土方数量。

【案例分析 6-1-1】　根据建设工程工程量清单计价规范(GB50854—2013)和项目九附录建筑结构施工图纸编制公用工程楼平整场地工程量清单及工程量清单投标报价。

【解】　1. 招标人根据清单规范施工图纸计算平整场地清单工程量。

$$S_{清单}=a\times b=36.24\times 16.24=588.54\ m^2$$

2. 投标人根据图纸及江西省定额报价。

平整场地定额计价工程量：

$$S_{定额}=(a+4)(b+4)=814.46\ m^2$$

三类工程，企业管理费 5.45%、利润 4%

定额基价 A1－1：2.385 3 元/m^2，2012 年：47 元/工日，2004 年：23.5 元/工日

3. 综合单价计算：A1－1　直接工程费＝2.385 3 元/m^2×814.46 m^2＝1 942.73 元

企业管理费＝5.45%×1 942.73 元＝105.87 元

利润＝(直接费＋企业管理费)×4%＝81.944 元

人工价差＝(47－23.5)×814.46 m^2×0.101 5 工日/m^3＝1 942.7 元

合计：4 073.24 元

平整场地清单综合单价＝4 073.24 元÷588.54 m^2＝6.92 元/m^2

【案例分析 6-1-2】 如图 6-1-1 所示现浇钢筋混凝土独立基础 C25 混凝土，图中尺寸除标高外均以毫米为单位，独立基础长边的尺寸 2 000 mm，短边尺寸 1 800 mm，垫层底标高为－1.9 m，自然标高为－0.3 m，三类土壤，试编制本土方工程工程量清单。

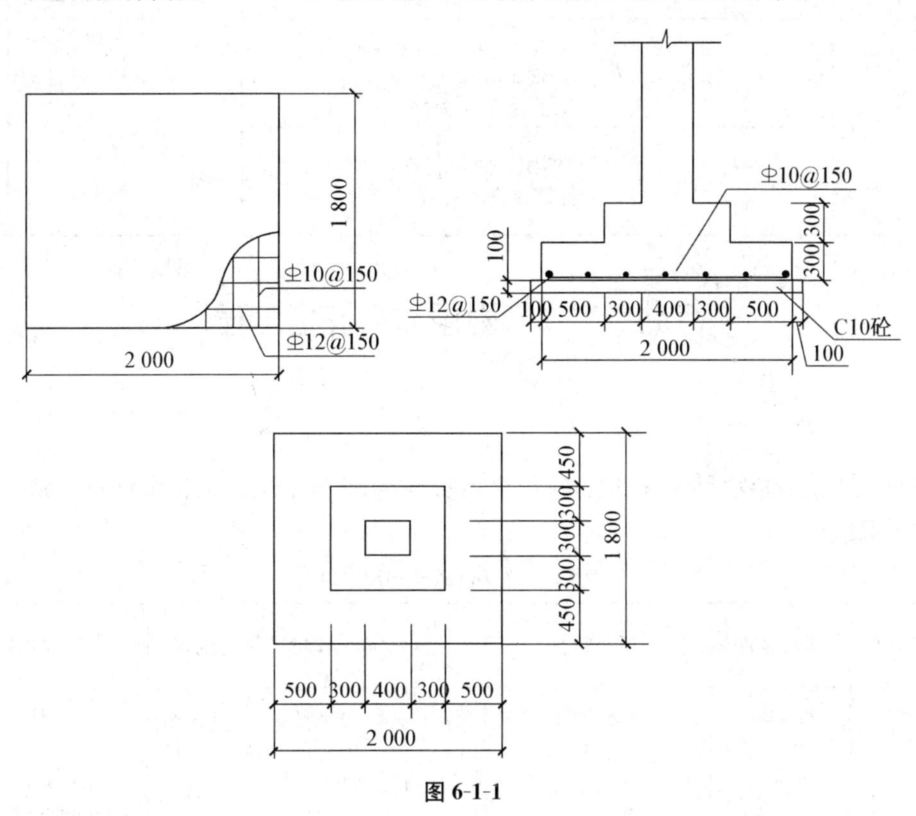

图 6-1-1

【解】 1. 挖基坑土方

独立基础垫层长边尺寸 $a=2.2$ m；短边尺寸 $b=2$ m；工作面＝300 mm；放坡系数 $K=0.33$

$H=1.8+0.1-0.3=1.6\text{ m}>1.5\text{ m}$ ∴ 需放坡。

$$V_{坑}=(a+2c+KH)\times(b+2c+KH)\times H+\frac{1}{3}K^2\times H^3$$

$$=(2.2+0.6+0.33\times1.6)\times(2+0.6+0.33\times1.6)\times1.6+\frac{1}{3}\times0.33^2\times1.6^3=16.81\text{ m}^3$$

2. 回填土方

$$V_{回填}=V_{挖}-V_{下埋}=V_{挖}-(V_{独基}+V_{垫}+V_{小柱})$$

(1) $V_{挖}=16.81\text{ m}^3$

(2) $V_{垫}=2.2\times2\times0.1=0.44\text{ m}^3$

(3) $V_{小柱}=0.4\times0.3\times0.9=0.108\text{ m}^3$

(4) $V_{独基}=2\times1.8\times0.3+1\times0.9\times0.3=1.35\text{ m}^3$

∴ $V_{回填}=V_{挖}-V_{下埋}=V_{挖}-(V_{独基}+V_{垫}+V_{小柱})=16.81-1.35-0.44-0.108=14.91\text{ m}^3$

表 6-1-1　土方工程工程量清单

工程名称:某工程

序号	项目编码	项目名称	项目特征	计量单位	工程量	金额(元)	
						综合单价	合价
1	010101004001	挖基坑土方	1. 三类土 2. 挖土深度 1.6 m 3. 弃土运距 20 m	m^3	16.81		
2	010103001001	回填土	密实度、回填材料品种等符合设计要求	m^3	14.91		

行动领域 2　附录 C　桩基工程

C.1　打桩

打桩工程量清单项目设置、项目特征描述的内容、计量单位及工程量计算规则,应按表 C.1 的规定执行。

表 C.1　打桩(编号:0I0301)

项目编码	项目名称	项目特征	计量单位	工程量计算规则	工作内容
010301001	预制钢筋混凝土方桩	1. 地层情况 2. 送桩深度、桩长 3. 桩截面 4. 桩倾斜度 5. 沉桩方法 6. 接桩方式 7. 混凝土强度等级	1. m 2. m^3 3. 根	1. 以米计量,按设计图示尺寸以桩长(包括桩尖)计算 2. 以立方米计量,按设计图示截面积乘以桩长(包括桩尖)以实体积计算 3. 以根计量,按设计图示数量计算	1. 工作平台搭拆 2. 桩机竖拆、移位 3. 沉桩 4. 接桩 5. 送桩
010301002	预制钢筋混凝土管桩	1. 地层情况 2. 送桩深度、桩长 3. 桩外径、壁厚 4. 桩倾斜度 5. 沉桩方法 6. 桩尖类型 7. 混凝土强度等级 8. 填充材料种类 9. 防护材料种类			1. 工作平台搭拆 2. 桩机竖拆、移位 3. 沉桩 4. 接桩 5. 送桩 6. 桩尖制作安装 7. 填充材料、刷防护材料

（续表）

项目编码	项目名称	项目特征	计量单位	工程量计算规则	工作内容
010301003	钢管桩	1. 地层情况 2. 送桩深度、桩长 3. 材质 4. 管径、壁厚 5. 桩倾斜度 6. 沉桩方法 7. 填充材料种类 8. 防护材料种类	1. t 2. 根	1. 以吨计量，按设计图示尺寸以质量计算 2. 以根计量，按设计图示数量计算	1. 工作平台搭拆 2. 桩机竖拆、移位 3. 沉桩 4. 接桩 5. 送桩 6. 切割钢管、精割盖帽 7. 管内取土 8. 填充材料、刷防护材料
010301004	截（凿）桩头	1. 桩类型 2. 桩头截面、高度 3. 混凝土强度等级 4. 有无钢筋	1. m^3 2. 根	1. 以立方米计量，按设计桩截面乘以桩头长度以体积计算 2. 以根计量，按设计图示数量计算	1. 截（切割）桩头 2. 凿平 3. 废料外运

注：1. 地层情况按本规范表 A.1－1 和表 A.2－1 的规定，并根据岩土工程勘察报告按单位工程各地层所占比例（包括范围值）进行描述。对无法准确描述的地层情况，可注明由投标人根据岩土工程勘察报告自行决定报价。
2. 项目特征中的桩截面、混凝土强度等级、桩类型等可直接用标准图代号或设计桩型进行描述。
3. 预制钢筋混凝土方桩、预制钢筋混凝土管桩项目以成品桩编制，应包括成品桩购置费，如果用现场预制，应包括现场预制桩的所有费用。
4. 打试验桩和打斜桩应按相应项目单独列项，并应在项目特征中注明试验桩或斜桩（斜率）。
5. 截（凿）桩头项目适用于本规范附录 B、附录 C 所列桩的桩头截（凿）。
6. 预制钢筋混凝土管桩桩顶与承台的连接构造按本规范附录 E 相关项目列项。

C.2　灌注桩

灌注桩工程量清单项目设置、项目特征描述的内容、计量单位及工程量计算规则，应按表 C.2 的规定执行。

表 C.2　灌注桩（编号：010302）

项目编码	项目名称	项目特征	计量单位	工程量计算规则	工作内容
010302001	泥浆护壁成孔灌注桩	1. 地层情况 2. 空桩长度、桩长 3. 桩径 4. 成孔方法 5. 护筒类型、长度 6. 混凝土种类、强度等级	1. m 2. m^3 3. 根	1. 以米计量，按设计图示尺寸以桩长（包括桩尖）计算 2. 以立方米计量，按不同截面在桩上范围内以体积计算 3. 以根计量，按设计图示数量计算	1. 护筒埋设 2. 成孔、固壁 3. 混凝土制作、运输、灌注、养护 4. 土方、废泥浆外运 5. 打桩场地硬化及泥浆池、泥浆沟
010302002	沉管灌注桩	1. 地层情况 2. 空桩长度、桩长 3. 复打一长度 4. 桩径 5. 沉管方法 6. 桩尖类型 7. 混凝土种类、强度等级			1. 打（沉）拔钢管 2. 桩尖制作、安装 3. 混凝土制作、运输、灌注、养护

(续表)

项目编码	项目名称	项目特征	计量单位	工程量计算规则	工作内容
010302003	干作业成孔灌注桩	1. 地层情况 2. 空桩长度、桩长 3. 桩径 4. 扩孔直径、高度 5. 成孔方法 6. 混凝土种类、强度等级	1. m 2. m^3 3. 根	1. 以米计量,按设计图示尺寸以桩长(包括桩尖)计算 2. 以立方米计量,按不同截面在桩上范围内以体积计算 3. 以根计量,按设计图示数量计算	1. 成孔、扩孔 2. 混凝土制作、运输、灌注、振捣、养护
010302004	挖孔桩土(石)方	1. 地层情况 2. 挖孔深度 3. 弃土(石)运距	m^3	按设计图示尺寸(含护壁)截面积乘以挖孔深度以立方米计算	1. 排地表水 2. 挖土、凿石 3. 基底钎探 4. 运输
010302005	人工挖孔灌注桩	1. 桩芯长度 2. 桩芯直径、扩底直径、扩底高度 3. 护壁厚度、高度 4. 护壁混凝土种类、强度等级 5. 桩芯混凝土种类、强度等级	1. m^3 2. 根	1. 以立方米日计量,按桩芯混凝土体积计算 2. 以根计量,按设计图示数量计算	1. 护壁制作 2. 混凝土制作、运输、灌注、振捣、养护
010302006	钻孔压浆桩	1. 地层情况 2. 空钻长度、桩长 3. 钻孔直径 4. 水泥强度等级	1. m 2. 根	1. 以米计量,按设计图示尺寸以桩长计算 2. 以根计量,按设计图示数量计算	钻孔、下注浆管、投放骨料、浆液制作、运输、压浆
010302007	灌注桩后压浆	1. 注浆导管材料、规格 2. 注浆导管长度 3. 单孔注浆量 4. 水泥强度等级	孔	按设计、图示以注浆孔数计算	1. 注浆导管制作、安装 2. 浆液制作、运输、压浆

注:1. 地层情况按本规范表 A. 1－1 和表 A. 2－1 的规定,并根据岩土工程勘察报告按单位工程各地层所占比例(包括范围值)进行描述。对无法准确描述的地层情况,可注明由投标人根据岩土工程勘察报告自行决定报价。
2. 项目特征中的桩长应包括桩尖,空桩长度＝孔深－桩长,孔深为自然地面至设计桩底的深度。
3. 项目特征中的桩截面(桩径)、混凝土强度等级、桩类型等可直接用标准图代号或设计桩型进行描述。
4. 泥浆护壁成孔灌注桩是指在泥浆护壁条件下成孔,采用水下灌注混凝土的桩。其成孔方法包括冲击钻成孔、冲抓锥成孔、回旋钻成孔、潜水钻成孔、泥浆护壁的旋挖成孔等。
5. 沉管灌注桩的沉管方法包括锤击沉管法、振动沉管法、振动冲击沉管法、内夯沉管法等。
6. 干作业成孔灌注桩是指不用泥浆护壁和套管护壁的情况下,用钻机成孔后,下钢筋笼,灌注混凝土的桩,适用于地下水位以上的土层使用。其成孔方法包括螺旋钻成孔、螺旋钻成孔扩底、干作业的旋挖成孔等。
7. 混凝土种类:指清水混凝土、彩色混凝土、水下混凝土等,如在同一地区既使用预拌(商品)混凝土,又允许现场搅拌混凝土时,也应注明(下同)。
8. 混凝土灌注桩的钢筋笼制作、安装,按本规范附录 E 中相关项目编码列项。

【案例分析 6-1-3】　某厂房预制混凝土方桩 80 根，设计断面尺寸 $A\times B=300\times300$ 及桩长如图 6-2-1 所示，使用液压静力压桩机压制方桩，试编制本工程桩基工程量清单。

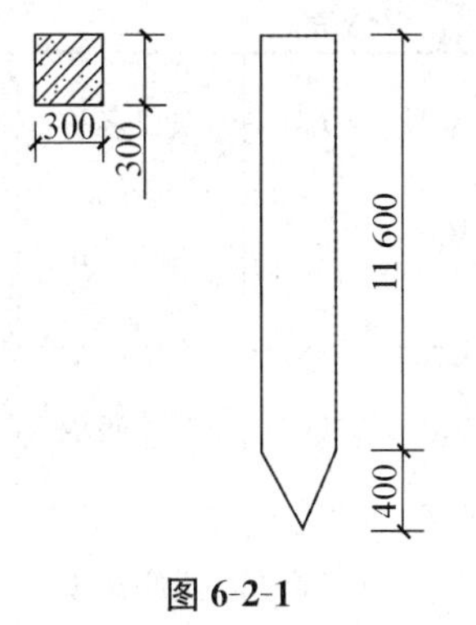

图 6-2-1

【解】

(1) 计算：由已知条件得：$A=B=0.3$ m

$L=11.6+0.4=12$ m

$N=80$ 根　$V_{方桩}=A\times B\times L\times N$

$=0.3\times0.3\times(11.6+0.4)\times80=86.4(m^3)$

表 6-2-1　桩基工程量清单

工程名称：某厂房

序号	项目编码	项目名称	项目特征	计量单位	工程量	金额(元)	
						综合单价	合价
1	010301001001	预制钢筋混凝土方桩	1. 三类土 2. 桩长 12 m 3. 桩截面 300×300 mm 4. 混凝土采用 C30 5. 液压静力压桩	m^3	86.4		

行动领域 3　附录 D　砌筑工程

D.1　砖砌体

砖砌体工程量清单项目设置、项目特征描述的内容、计量单位及工程量计算规则，应按表 D.1 的规定执行。

表 D.1　砖砌体(编号:010401)

项目编码	项目名称	项目特征	计量单位	工程量计算规则	工作内容
010401001	砖基础	1. 砖品种、规格、强度等级 2. 基础类型 3. 砂浆强度等级 4. 防潮层材料种类		按设计图示尺寸以体积计算，包括附墙垛基础宽出部分体积，扣除地梁(圈梁)、构造柱所占体积，不扣除基础大放脚T形接头处的重叠部分及嵌入基础内的钢筋、铁件、管道、基础砂浆防潮层和单个面积≤0.3 m^2 的孔洞所占体积，靠墙暖气沟的挑檐不增加基础长度：外墙按外墙中心线，内墙按内墙净长线计算	1. 砂浆制作、运输 2. 砌砖 3. 防潮层铺设 4. 材料运输
010401002	砖砌挖孔桩护壁	1. 砖品种、规格、强度等级 2. 砂浆强度等级		按设计图示尺寸以立方米计算	1. 砂浆制作、运输 2. 砌砖 3. 材料运输

（续表）

项目编码	项目名称	项目特征	计量单位	工程量计算规则	工作内容
010401003	实心砖墙	1. 砖品种、规格、强度等级 2. 墙体类型 3. 砂浆强度等级、配合比	m^3	按设计图示尺寸以体积计算 扣除门窗、洞口、嵌入墙内的钢筋混凝土柱、梁、圈梁、挑梁、过梁及凹进墙内的壁龛、管槽、暖气槽、消火栓箱所占体积，不扣除梁头、板头、檩头、垫木、木楞头、沿缘木、木砖、门窗走头、砖墙内加固钢筋、木筋、铁件、钢管及单个面积≤0.3 m^2 的孔洞所占的体积。凸出墙面的腰线、挑檐、压顶、窗台线、虎头砖、门窗套的体积亦不增加。凸出墙面的砖垛并入墙体体积内计算。 1. 墙长度：外墙按中心线、内墙按净长计算 2. 墙高度： (1) 外墙：斜（坡）屋面无檐口天棚者算至屋面板底；有屋架且室内外均有天棚者算至屋架下弦底另加 200 mm；无天棚者算至屋架下弦底另加 300 mm，出檐宽度超过 600 mm 时按实砌高度计算；与钢筋混凝土楼板隔层者算至板顶。平屋顶算至钢筋混凝土板底 (2) 内墙：位于屋架下弦者，算至屋架下弦底；无屋架者算至天棚底另加 100 mm；有钢筋混凝土楼板隔层者算至楼板顶；有框架梁时算至梁底 (3) 女儿墙：从屋面板上表面算至女儿墙顶面（如有混凝土压顶时算至压顶下表面） (4) 内、外山墙：按其平均高度计算 3. 框架间墙：不分内外墙按墙体净尺寸以体积计算 4. 围墙：高度算至压顶上表面（如有混凝土压顶时算至压顶下表面），围墙柱并入围墙体积内	1. 砂浆制作、运输 2. 砌砖 3. 刮缝 4. 砖压顶砌筑 5. 材料运输
010401004	多孔砖墙				
010401005	空心砖墙				

（续表）

项目编码	项目名称	项目特征	计量单位	工程量计算规则	工作内容
010401006	空斗墙	1. 砖品种、规格、强度等级 2. 墙体类型 3. 砂浆强度等级、配合比	m^3	按设计图示尺寸以空斗墙外形体积计算。墙角、内外墙交接处、门窗洞口立边、窗台砖、屋檐处的实砌部分体积并入空斗墙体积内	1. 砂浆制作、运输 2. 砌砖 3. 装填充料 4. 刮缝 5. 材料运输
010401007	空花墙			按设计图示尺寸以空花部分外形体积计算，不扣除空洞部分体积	
010401008	填充墙	1. 砖品种、规格、强度等级 2. 墙体类型 3. 填充材料种类及厚度 4. 砂浆强度等级、配合比		按设计图示尺寸以填充墙外形体积计算	
010401009	实心砖柱	1. 砖品种、规格、强度等级 2. 柱类型 3. 砂浆强度等级、配合比		按设计图示尺寸以体积计算。扣除混凝土及钢筋混凝土梁垫、梁头、板头所占体积	1. 砂浆制作、运输 2. 砌砖 3. 刮缝 4. 材料运输
010401010	多孔砖柱				
010401011	砖检查井	1. 井截面、深度 2. 砖品种、规格、强度等级 3. 垫层材料种类、厚度 4. 底板厚度 5. 井盖安装 6. 混凝土强度等级 7. 砂浆强度等级 8. 防潮层材料种类	座	按设计图示数量计算	1. 砂浆制作、运输 2. 铺设垫层 3. 底板混凝土制作、运输、浇筑、振捣、养护 4. 砌砖 5. 刮缝 6. 井池底、壁抹灰 7. 抹防潮层 8. 材料运输
010401012	零星砌砖	1. 零星砌砖名称、部位 2. 砖品种、规格、强度等级 3. 砂浆强度等级	1. m^3 2. m^2 3. m 4. 个	1. 以立方米计量，按设计图示尺寸截面积乘以长度计算 2. 以平方米计量，按设计图示尺寸水平投影面积计算 3. 以米计量，按设计图示尺寸长度计算 4. 以个计量，按设计图示数量计算	1. 砂浆制作、运输 2. 砌砖 3. 刮缝 4. 材料运输
010401013	砖散水、地坪	1. 砖品种、规格、强度等级 2. 垫层材料种类、厚度 3. 散水、地坪厚度 4. 面层种类、厚度 5. 砂浆强度等级	m^2	按设计图示尺寸以面积计算	1. 土方挖、运、填 2. 地基找平、夯实 3. 铺设垫层 4. 砌砖散水、地坪 5. 抹砂浆而层

(续表)

项目编码	项目名称	项目特征	计量单位	工程量计算规则	工作内容
010401014	砖地沟、明沟	1. 砖品种、规格、强度等级 2. 沟截面尺寸 3. 垫层材料种类、厚度 4. 混凝土强度等级 5. 砂浆强度等级	m	以米计量，按设计图示以中心线长度计算	1. 土方挖、运、填 2. 铺设垫层 3. 底板混凝土制作、运输、浇筑、振捣、养护 4. 砌砖 5. 刮缝、抹灰 6. 材料运输

注：1. "砖基础"项目适用于各种类型砖基础：柱基础、墙基础、管道基础等。

2. 基础与墙(柱)身使用同一种材料时，以设计室内地面为界(有地下室者，以地下室室内设计地 面为界)，以下为基础，以上为墙(柱)身。基础与墙身使用不同材料时，位于设计室内地面高度≤±300 mm时，以不同材料为分界线，高度>±300 mm时，以设计室内地面为分界线。

3. 砖围墙以设计室外地坪为界，以下为基础，以上为墙身。

4. 框架外表面的镶贴砖部分，按零星项目编码列项。

5. 附墙烟囱、通风道、垃圾道应按设计图示尺寸以体积(扣除孔洞所占体积)计算并人所依附的墙体体积内。当设计规定孔洞内需抹灰时，应按本规范附录M中零星抹灰项目编码列项。

6. 空斗墙的窗间墙、窗台下、楼板下、梁头下等的实砌部分，按零星砌砖项目编码列项。

7. "空花墙"项目适用于各种类型的空花墙，使用混凝土花格砌筑的空花墙，实砌墙体与混凝土花格应分别计算，混凝土花格按混凝土及钢筋混凝土中预制构件相关项目编码列项。

8. 台阶、台阶挡墙、梯带、锅台、炉灶、蹲台、池槽、池槽腿、砖胎模、花台、花池、楼梯栏板、阳台栏板、地垄墙、≤0.3 m^2 的孔洞填塞等，应按零星砌砖项目编码列项。砖砌锅台与炉灶可按外形尺寸以个计算，砖砌台阶可按水平投影面积以平方米计算，小便槽、地垄墙可按长度计算、其他工程以立方米计算。

9. 砖砌体内钢筋加固，应按本规范附录E中相关项目编码列项。

10. 砖砌体勾缝按本规范附录M中相关项目编码列项。

11. 检查井内的爬梯按本附录E中相关项目编码列项；井内的混凝土构件按本规范附录E中混凝土及钢筋混凝土预制构件编码列项。

12. 如施工图设计标注做法见标准图集时，应在项目特征描述中注明标注图集的编码、页号及节点大样。

D.2　砌块砌体

砌块砌体工程量清单项目设置、项目特征描述的内容、计量单位及工程量计算规则，应按表D.2的规定执行。

表 D.2　砌块砌体(编号:010402)

项目编码	项目名称	项目特征	计量单位	工程量计算规则	工作内容
010402001	砌块墙	1. 砌块品种、规格、强度等级 2. 墙体类型 3. 砂浆强度等级	m^3	按设计图示尺寸以体积计算 扣除门窗、洞口、嵌入墙内的钢筋混凝土柱、梁、圈梁、挑梁、过梁及凹进墙内的壁龛、管槽、暖气槽、消火栓箱所占体积，不扣除梁头、板头、檩头、垫木、木楞头、沿缘木、木砖、门窗走头、砌块墙内加固钢筋、木筋、铁件、钢管及单个面积≤0.3 m^2 的孔洞所占的体积。凸出墙面的腰线、挑檐、压顶、窗台线、虎头砖、门窗套的体积亦不增加。凸出墙面的砖垛并入墙体体积内计算 1. 墙长度：外墙按中心线、内墙按净长计算 2. 墙高度： (1) 外墙：斜(坡)屋面无檐口天棚者算至屋面板底；有屋架且室内外均有天棚者算至屋架下弦底另加 200 mm；无天棚者算至屋架下弦底另加 300 mm，出檐宽度超过 600 mm 时按实砌高度计算；与钢筋混凝土楼板隔层者算至板顶。平屋顶算至钢筋混凝土板底 (2) 内墙：位于屋架下弦者，算至屋架下弦底；无屋架者算至天棚底另加 100 mm；有钢筋混凝土楼板隔层者算至楼板顶；有框架梁时算至梁底 (3) 女儿墙：从屋面板上表面算至女儿墙顶面(如有混凝土压顶时算至压顶下表面) (4) 内、外山墙：按其平均高度计算 3. 框架间墙：不分内外墙按墙体净尺寸以体积计算 4. 围墙：高度算至压顶上表面(如有混凝土压顶时算至压顶下表面)，围墙柱并入围墙体积内	1. 砂浆制作、运输 2. 砌砖、砌块 3. 勾缝 4. 材料运输
010402002	砌块柱			按设计图示尺寸以体积计算 扣除混凝土及钢筋混凝土梁垫、梁头、板头所占体积	

(续表)

注：1. 砌体内加筋、墙体拉结的制作、安装，应按木规范附录E中相关项目编码列项。
2. 砌块排列应上、下错缝搭砌，如果搭错缝长度满足不了规定的压搭要求，应采取压砌钢筋网片的措施，具体构造要求按设计规定。若设计无规定时，应注明由投标人根据工程实际情况自行考虑；钢筋网片按本规范附录F中相应编码列项。
3. 砌体垂直灰缝宽>30 mm时，采用C20细石混凝土灌实。灌注的混凝土应按本规范附录E相关项目编码列项。

D.3　石砌体

石砌体工程量清单项目设置、项目特征描述的内容、计量单位及工程量计算规则，应按表D.3的规定执行。

表D.3　石砌体(编号：010403)

项目编码	项目名称	项目特征	计量单位	工程量计算规则	工作内容
010403001	石基础	1. 石料种类、规格 2. 基础类型 3. 砂浆强度等级	m^3	按设计图示尺寸以体积计算 包括附墙垛基础宽出部分体积，不扣除基础砂浆防潮层及单个面积$\leqslant$0.3 m^2的孔洞所占体积，靠墙暖气沟的挑檐不增加体积。基础长度：外墙按中心线，内墙按净长计算	1. 砂浆制作、运输 2. 吊装 3. 砌石 4. 防潮层铺设 5. 材料运输
010403002	石勒脚	1. 石料种类、规格 2. 石表面加工要求 3. 勾缝要求 4. 砂浆强度等级、配合比		按设计图示尺寸以体积计算，扣除单个面积>0.3 m^2的孔洞所占的体积	1. 砂浆制作、运输 2. 吊装 3. 砌石 4. 石表面加工 5. 勾缝 6. 材料运输
010403003	石墙			按设计图示尺寸以体积计算 扣除门窗、洞口、嵌入墙内的钢筋混凝土柱、梁、圈梁、挑梁、过梁及凹进墙内的壁龛、管槽、暖气槽、消火栓箱所占体积，不扣除梁头、板头、檩头、垫木、木楞头、沿缘木、木砖、门窗走头、砌块墙内加固钢筋、木筋、铁件、钢管及单个面积$\leqslant$0.3 m^2的孔洞所占的体积。凸出墙面的腰线、挑檐、压顶、窗台线、虎头砖、门窗套的体积亦不增加。凸出墙面的砖垛并入墙体体积内计算 1. 墙长度：外墙按中心线、内墙按净长计算 2. 墙高度： (1) 外墙：斜(坡)屋面无檐口天棚者算至屋面板底；有屋架且室内外均有天棚者算至屋架下弦底另加200 mm；无天棚者算至屋架下弦底另加300 mm，出檐宽度超过600 mm时按实砌高度计算；与钢筋混凝土楼板隔层者算至板顶。	

（续表）

项目编码	项目名称	项目特征	计量单位	工程量计算规则	工作内容
				平屋顶算至钢筋混凝土板底 （2）内墙：位于屋架下弦者，算至屋架下弦底；无屋架者算至天棚底另加 100 mm；有钢筋混凝土楼板隔层者算至楼板顶；有框架梁时算至梁底 （3）女儿墙：从屋面板上表面算至女儿墙顶面（如有混凝土压顶时算至压顶下表面） （4）内、外山墙：按其平均高度计算 3. 框架间墙：不分内外墙按墙体净尺寸以体积计算 4. 围墙：高度算至压顶上表面（如有混凝土压顶时算至压顶下表面），围墙柱并入围墙体积内	
010403004	石挡土墙	1. 石料种类、规格 2. 石表面加上要求 3. 勾缝要求 4. 砂浆强度等级、配合比	m^3	按设计图示尺寸以体积计算	1. 砂浆制作、运输 2. 吊装 3. 砌石 4. 变形缝、泄水孔、压顶抹灰 5. 滤水层 6. 勾缝 7. 材料运输
010403005	石柱				1. 砂浆制作、运输 2. 吊装 3. 砌石 4. 石表面加工 5. 勾缝 6. 材料运输
010403006	石栏杆		m	按设计图示以长度计算	
010403007	石护坡	1. 垫层材料种类、厚度 2. 石料种类、规格 3. 护坡厚度、高度 4. 石表面加工要求 5. 勾缝要求 6. 砂浆强度等级、配合比	m^3	按设计图示尺寸以体积计算	
010403008	石台阶				1. 铺设垫层 2. 石料加工 3. 砂浆制作、运输 4. 砌石 5. 石表面加工 6. 勾缝 7. 材料运输
010403009	石坡道		m	按设计图示以水平投影面积计算	
010403010	石地沟、明沟	1. 沟截面尺寸 2. 土壤类别 3. 运距 4. 垫层材料种类、厚度 5. 石料种类、规格 6. 石表面加工要求 7. 勾缝要求 8. 砂浆强度等级、配合比	m	按设计图示以中心线长度计算	1. 土方挖、运 2. 砂浆制作、运输 3. 铺设垫层 4. 砌石 5. 石表面加工 6. 勾缝 7. 回填 8. 材料运输

（续表）

1. 石基础、石勒脚、石墙的划分：基础与勒脚应以设计室外地坪为界。勒脚与墙身应以设计室内地面为界。石围墙内外地坪标高不同时，应以较低地坪标高为界，以下为基础；内外标高之差为挡土墙时，挡土墙以上为墙身。
2. "石基础"项目适用于各种规格（粗料石、细料石等）、各种材质（砂石、青石等）和各种类型（柱基、墙基、直形、弧形等）基础。
3. "石勒脚""石墙"项目适用于各种规格（粗料石、细料石等）、各种材质（砂石、青石、大理石、花岗石等）和各种类型（直形、弧形等）勒脚和墙体。
4. "石挡土墙"项目适用于各种规格（粗料石、细料石、块石、毛石、卵石等）、各种材质（砂石、青石、石灰石等）和各种类型（直形、弧形、台阶形等）挡土墙。
5. "石柱"项目适用于各种规格、各种石质、各种类型的石柱。
6. "石栏杆"项目适用于无雕饰的一般石栏杆。
7. "石护坡"项目适用于各种石质和各种石料（粗料石、细料石、片石、块石、毛石、卵石等）。
8. "石台阶"项目包括石梯带（垂带），不包括石梯膀，石梯膀应按本规范附录C石挡土墙项目编码列项。
9. 如施工图设计标注做法见标准图集时，应在项目特征描述中注明标注图集的编码、页号及节点大样。

垫层工程量清单项目设置、项目特征描述的内容、计量单位及工程量计算规则，应按表D.4的规定执行。

表D.4　垫层（编号：010404）

项目编码	项目名称	项目特征	计量单位	工程量计算规则	工作内容
010404001	垫层	垫层材料种类、配合比、厚度	m^3	按设计、图示尺寸以立方米计算	1. 垫层材料的拌制 2. 垫层铺设 3. 材料运输

注：除混凝土垫层应按本规范附录E中相关项目编码列项外，没有包括垫层要求的清单项目应按本表垫层项目编码列项。

D.5　相关问题及说明

D.5.1　标准砖尺寸应为240 mm×115 mm×53 mm

D.5.2　标准砖墙厚度应按表D.5.2计算。

表D.5.2　标准墙计算厚度表

砖数（厚度）	1/4	1/2	3/4	1	1.5	2	2.5	3
计算厚度（mm）	53	115	180	240	365	490	615	740

【案例6-1-4】　某工程基础如图6-1-4所示，室外地坪标高为－0.3 m，基础采用MU10的标准砖，M5的水泥砂浆砌筑，试编制本基础工程工程量清单。

【解】　1. 砖基础工程量计算

(1) 砖基础长度 L

1) 外墙基长：$L_{外}=(10+8)\times 2=36$(m)

2) 内墙基长：$L_{内}=10-0.24+(8-0.24\times 2)\times 2=24.8$(m)

砖基础长度 $L=36+24.8=60.8$(m)

(2) 基础截面面积 S

1) 基础高度 h：$h=1.7$ m；

2) 基础为 1 砖厚的二层等高式大放脚，查表 4-4-1 得出 $\Delta S=0.04725$；$\Delta h=0.197$；

基础截面面积 S：$S=0.24\times1.7+0.04725=0.455(m^2)$

或 $S=0.24\times(1.7+0.197)=0.455(m^2)$

(3) 砖基础工程量 V；$V=60.8\times0.455=27.66(m^3)$

2. 混凝土垫层工程量

1) 外墙基垫层长：$L_{外}=(10+8)\times2=36(m)$

2) 内墙基垫层长：$L_{内}=10-1+(8-1\times2)\times2=21(m)$

3) $V_{垫}=57\times1\times0.2=11.4(m^3)$

表 6-3-1　基础工程工程量清单

序号	项目编码	项目名称	项目特征	计量单位	工程量	金额(元)	
						综合单价	合价
1	010401001001	砖基础	1. MU10 红机砖 2. 带形基础 3. M5 水泥砂浆	m^3	27.66		
1	010501001001	混凝土垫层	1. C15 混凝土垫层 2. 200 mm 厚	m^3	11.4		

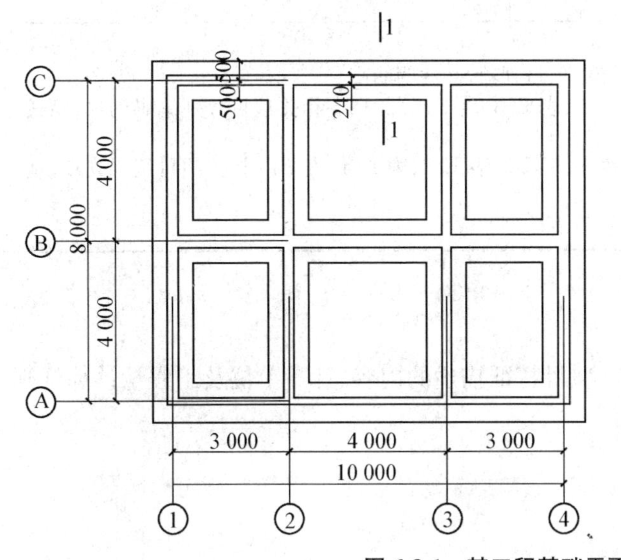

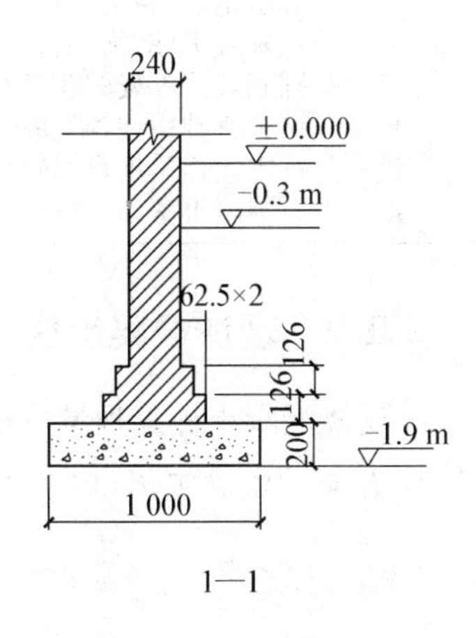

图 6-3-1　某工程基础平面及剖面图

行动领域 4　附录 E　混凝土工程及钢筋混凝土工程

E.1　现浇混凝土基础

现浇混凝土基础工程量清单项目设置、项目特征描述的内容、计量单位及工程量计算规则应按表 E.1 的规定执行。

表 E.1　现浇混凝土基础(编号:010501)

<table>
<tr><th>项目编码</th><th>项目名称</th><th>项目特征</th><th>计量单位</th><th>工程量计算规则</th><th>工作内容</th></tr>
<tr><td>010501001</td><td>垫层</td><td rowspan="5">1. 混凝土种类
2. 混凝土强度等级</td><td rowspan="6">m³</td><td rowspan="6">按设计图示尺寸以体积计算。不扣除伸入承台基础的桩头所占体积</td><td rowspan="6">1. 模板及支撑制作、安装、拆除、堆放、运输及清理模内杂物、刷隔离剂等
2. 混凝土制作、运输、浇筑、振捣、养护</td></tr>
<tr><td>010501002</td><td>带形基础</td></tr>
<tr><td>010501003</td><td>独立基础</td></tr>
<tr><td>010501004</td><td>满堂基础</td></tr>
<tr><td>010501005</td><td>桩承台基础</td></tr>
<tr><td>010501006</td><td>设备基础</td><td>1. 混凝土种类
2. 混凝土强度等级
3. 灌浆材料及其强度等级</td></tr>
</table>

注:
1. 有肋带形基础、无肋带形基础应按本表中相关项目列项,并注明肋高。
2. 箱式满堂基础中柱、梁、墙、板按本附录表 E.2、表 E.3、表 E.4、表 E.5 相关项目分别编码列项;箱式满堂基础底板按本表的满堂基础项目列项。
3. 框架式设备基础中柱、梁、墙、板分别按本附录表 E.2、表 E.3、表 E.4、表 E.5 相关项目编码列项;基础部分按本表相关项目编码列项。
4. 如为毛石混凝土基础,项目特征应描述毛石所占比例。

E.2　现浇混凝土柱

现浇混凝土柱工程量清单项目设置、项目特征描述的内容、计量单位及工程量计算规则应按表 E.2 的规定执行。

表 E. 2　现浇混凝土柱(编号:010502)

项目编码	项目名称	项目特征	计量单位	工程量计算规则	工作内容
010502001	矩形柱	1. 混凝土种类 2. 混凝土强度等级		按设计图示尺寸以体积计算柱高: 1. 有梁板的柱高,应自柱基上表面(或楼板上表面)至上一层楼板上表面之间的高度计算 2. 无梁板的柱高,应自柱基上表面(或楼板上表面)至柱帽下表面之间的高度计算 3. 框架柱的柱高:应自柱基上表面至柱顶高度计算 4. 构造柱按全高计算,嵌接墙体部分(马牙槎)并入柱身体积 5. 依附柱上的牛腿和升板的柱帽,并入柱身体积计算	1. 模板及支架(撑)制作、安装、拆除、堆放、运输及清理模内杂物、刷隔离剂等 2. 混凝土制作、运输、浇筑、振捣、养护
010502002	构造柱				
010502003	异形柱	1. 柱形状 2. 混凝土种类 3. 混凝土强度等级			

注:混凝土种类:指清水混凝土、彩色混凝土等,如在同一地区既使用预拌(商品)混凝土,又允许现场搅拌混凝土时,也应注明(下同)。

E. 3　现浇混凝土梁

现浇混凝土梁工程量清单项目设置、项目特征描述的内容、计量单位及工程量计算规则应按表 E. 3 的规定执行。

表 E. 3　现浇混凝土梁！编号:010503)

项目编码	项目名称	项目特征	计量单位	工程量计算规则	工作内容
010503001	基础梁	1. 混凝土种类 2. 混凝土强度等级	m^3	按设计图示尺寸以体积计算。伸入墙内的梁头、梁垫并入梁体积内 梁长: 1. 梁与柱连接时,梁长算至柱侧面 2. 主梁与次梁连接时,次梁长算至主梁侧面	1. 模板及支架(撑)制作、安装、拆除、堆放、运输及清理模内杂物、刷隔离剂等 2. 混凝土制作、运输、浇筑、振捣、养护
010503002	矩形梁				
010503003	异形梁				
010503004	圈梁				
010503005	过梁				
010503006	弧形、拱形梁				

E. 4　现浇混凝土墙

现浇混凝土墙工程量清单项目设置、项目特征描述的内容、计量单位及工程量计算规则应按表 E. 4 的规定执行。

表 E.4　现浇混凝土墙(编号:010504)

项目编码	项目名称	项目特征	计量单位	工程量计算规则	工作内容
010504001	直形墙	1. 混凝土种类 2. 混凝土强度等级	m^3	按设计图示尺寸以体积计算。扣除门窗洞口及单个面积>0.3 m^2 的孔洞所占体积,墙垛及突出墙面部分并入墙体体积计算内	1. 模板及支架(撑)制作、安装、拆除、堆放、运输及清理模内杂物、刷隔离剂等 2. 混凝土制作、运输、浇筑、振捣、养护
010504002	弧形墙				
010504003	短肢剪力墙				
010504004	挡土墙				

注:短肢剪力墙是指截面厚度不大于 300 mm、各肢截面高度与厚度之比的最大值大于 4 但不大于 8 的剪力墙;各肢截面高度与厚度之比的最大值不大于 4 的剪力墙按柱项目编码列项。

E.5　现浇混凝土板

现浇混凝土板工程量清单项目设置、项目特征描述的内容、计量单位及工程量计算规则应按表 E.5 的规定执行

表 E.5　现浇混凝土板(编号:010505)

项目编码	项目名称	项目特征	计量单位	工程量计算规则	工作内容
010505001	有梁板	1. 混凝土种类 2. 混凝土强度等级	m^3	按设计图示尺寸以体积计算,不扣除单个面积≤0.3 m^2 的柱、垛以及孔洞所占体积,压形钢板混凝土楼板扣除构件内压形钢板所占体积,有梁板(包括主、次梁与板)按梁、板体积之和计算,无梁板按板和柱帽体积之和计算,各类板伸入墙内的板头并入板体积内,薄壳板的肋、基梁并入薄壳体积内计算	1. 模板及支架(撑)制作、安装、拆除、堆放、运输及清理模内杂物、刷隔离剂等 2. 混凝土制作、运输、浇筑、振捣、养护
010505002	无梁板				
010505003	平板				
010505004	拱板				
010505005	薄壳板				
010505006	栏板				
010505007	天沟(檐沟)、挑檐板			按设计图示尺寸以体积计算	
010505008	雨篷、悬挑板、阳台板			按设计图示尺寸以墙外部分体积计算。包括伸出墙外的牛腿和雨篷反挑檐的体积	
010505009	空心板			按设计图示尺寸以体积计算。空心板(GBF 高强薄壁蜂巢芯板等)应扣除空心部分体积	
010505010	其他板			按设计图示尺寸以体积计算	

注:现浇挑檐、天沟板、雨篷、阳台与板(包括屋面板、楼板)连接时,以外墙外边线为分界线;与圈梁(包括其他梁)连接时,以梁外边线为分界线。外边线以外为挑檐、天沟、雨篷或阳台。

E.6　现浇混凝土楼梯

现浇混凝土楼梯工程量清单项目设置、项目特征描述的内容、计量单位及工程量计算规则应按表 E.6 的规定执行。

表 E.6　现浇混凝土楼梯(编号:010506)

项目编码	项目名称	项目特征	计量单位	工程量计算规则	工作内容
010506001	直形楼梯	1. 混凝土种类 2. 混凝土强度等级	1. m^2 2. m^3	1. 以平方米计量,按设计图示尺寸以水平投影面积计算。不扣除宽度≤500 mm 的楼梯井,伸入墙内部分不计算 2. 以立方米计量,按设计图示尺寸以体积计算	1. 模板及支架(撑)制作、安装、拆除、堆放、运输及清理模内杂物、刷隔离剂等 2. 混凝土制作、运输、浇筑、振捣、养护
010506002	弧形楼梯				

注:整体楼梯(包括直形楼梯、弧形楼梯)水平投影面积包括休息平台、平台梁、斜梁和楼梯的连接梁。当整体楼梯与现浇楼板无梯梁连接时,以楼梯的最后一个踏步边缘加 300 mm 为界。

E.7　现浇混凝土其他构件

现浇混凝土其他构件工程量清单项目设置、项目特征描述的内容、计量单位及工程量计算规则应按表 E.7 的规定执行。

表 E.7　现浇混凝土其他构件(编号:010507)

项目编码	项目名称	项目特征	计量单位	工程量计算规则	工作内容
010507001	散水、坡道	1. 垫层材料种类、厚度 2. 面层厚度 3. 混凝土种类 4. 混凝土强度等级 5. 变形缝填塞材料种类	m^2	按设计图示尺寸以水平投影面积计算。不扣除单个≤0.3 m^2 的孔洞所占面积	1. 地基夯实 2. 铺设垫层 3. 模板及支撑制作、安装、拆除、堆放、运输及清理模内杂物、刷隔离剂等 4. 混凝土制作、运输、浇筑、振捣、养护 5. 变形缝填塞
010507002	室外地坪	1. 地坪厚度 2. 混凝土强度等级			
010507003	电缆沟、地沟	1. 土壤类别 2. 沟截面净空尺寸 3. 垫层材料种类、厚度 4. 混凝土种类 5. 混凝土强度等级 6. 防护材料种类	m	按设计图示以中心线长度计算	1. 挖填、运土石方 2. 铺设垫层 3. 模板及支撑制作、安装、拆除、堆放、运输及清理模内杂物、刷隔离剂等 4. 混凝土制作、运输、浇筑、振捣、养护 5. 刷防护材料

(续表)

项目编码	项目名称	项目特征	计量单位	工程量计算规则	工作内容
010507004	台阶	1. 踏步高、宽 2. 混凝土种类 3. 混凝土强度等级	1. m^2 2. m^3	1. 以平方米计量，按设计图示尺寸水平投影面积计算 2. 以立方米计量，按设计图示尺寸以体积计算	1. 模板及支撑制作、安装、拆除、堆放、运输及清理模内杂物、刷隔离剂等 2. 混凝土制作、运输、浇筑、振捣、养护
010507005	扶手、压顶	1. 断面尺寸 2. 混凝土种类 3. 混凝土强度等级	1. m 2. m^3	1. 以米计量，按设计图示的中心线延长米计算 2. 以立方米计量，按设计图示尺寸以体积计算	1. 模板及支撑制作、安装、拆除、堆放、运输及清理模内杂物、刷隔离剂等 2. 混凝土制作、运输、浇筑、振捣、养护
010507006	化粪池、检查井	1. 部位 2. 混凝土强度等级 3. 防水、抗渗要求	1. m^3 2. 座		
010507007	其他构件	1. 构件的类型 2. 构件规格 3. 部位 4. 混凝土种类 5. 混凝土强度等级	1. m^3		

注：1. 现浇混凝土小型池槽、垫块、门框等，应按本表其他构件项目编码列项。
　　2. 架空式混凝土台阶，按现浇楼梯计算。

E.8　后浇带

后浇带工程量清单项目设置、项目特征描述的内容、计量单位及工程量计算规则应按表E.8的规定执行。

表 E.8　后浇带(编号:010508)

项目编码	项目名称	项目特征	计量单位	工程量计算规则	工作内容
010508001	后浇带	1. 混凝土种类 2. 混凝土强度等级	m^3	按设计图示尺寸以体积计算	1. 模板及支架(撑)制作、安装、拆除、堆放、运输及清理模内杂物、刷隔离剂等 2. 混凝土制作、运输、浇筑、振捣、养护及混凝土交接面、钢筋等的清理

E.9　预制混凝土柱

预制混凝土柱工程量清单项目设置、项目特征描述的内容、计量单位及工程量计算规则应按表E.9的规定执行。

表 E.9 预制混凝土柱(编号:010509)

项目编码	项目名称	项目特征	计量单位	工程量计算规则	工作内容
010509001	矩形柱	1. 图代号 2. 单件体积 3. 安装高度 4. 混凝土强度等级 5. 砂浆(细石混凝土)强度等级、配合比	1. m^3 2. 根	1. 以立方米计量,按设计图示尺寸以体积计算 2. 以根计量,按设计图示尺寸以数量计算	1. 模板制作、安装、拆除、堆放、运输及清理模内杂物、刷隔离剂等 2. 混凝土制作、运输、浇筑、振捣、养护 3. 构件运输、安装 4. 砂浆制作、运输 5. 接头灌缝、养护
010509002	异形柱				

注:以根计量,必须描述单件体积。

E.10 预制混凝土梁

预制混凝土梁工程量清单项目设置、项目特征描述的内容、计量单位及工程量计算规则应按表 E.10 的规定执行。

表 E.10 预制混凝土梁(编号:010510)

项目编码	项目名称	项目特征	计量单位	工程量计算规则	工作内容
010510001	矩形梁	1. 图代号 2. 单件体积 3. 安装高度 4. 混凝土强度等级 5. 砂浆(细石混凝土)强度等级、配合比	1. m^3 2. 根	1. 以立方米计量,按设计图示尺寸以体积计算 2. 以根计量,按设计图示尺寸以数量计算	1. 模板制作、安装、拆除、堆放、运输及清理模内杂物、刷隔离剂等 2. 混凝土制作、运输、浇筑、振捣、养护 3. 构件运输、安装 4. 砂浆制作、运输 5. 接头灌缝、养护
010510002	异形梁				
010510003	过梁				
010510004	拱形梁				
010510005	鱼腹式吊车梁				
010510006	其他梁				

注:以根计量,必须描述单件体积。

E.11 预制混凝土屋架

预制混凝土屋架工程量清单项目设置、项目特征描述的内容、计量单位及工程量计算规则应按表 E.11 的规定执行。

表 E.11　预制混凝土屋架(编号:010511)

项目编码	项目名称	项目特征	计量单位	工程量计算规则	工作内容
010511001	折线型	1. 图代号 2. 单件体积 3. 安装高度 4. 混凝土强度等级 5. 砂浆(细石混凝土)强度等级、配合比	1. m^3 2. 榀	1. 以立方米计量，按设计图示尺寸以体积计算 2. 以榀计量，按设计图示尺寸以数量计算	1. 模板制作、安装、拆除、堆放、运输及清理模内杂物、刷隔离剂等 2. 混凝土制作、运输、浇筑、振捣、养护 3. 构件运输、安装 4. 砂浆制作、运输 5. 接头灌缝、养护
010511001	组合				
010511001	薄腹				
010511001	门式刚架				
010511001	天窗架				

注:1. 以榀计量,必须描述单件体积。
　2. 三角形屋架按本表中折线型屋架项目编码列项。

E.12　预制混凝土板

预制混凝土板工程量清单项目设置、项目特征描述的内容、计量单位及工程量计算规则应按表 E.12 的规定执行。

表 E.12 预制混凝土板(编号:010512)

项目编码	项目名称	项目特征	计量单位	工程量计算规则	工作内容
010512001	平板	1. 图代号 2. 单件体积 3. 安装高度 4. 混凝土强度等级 5. 砂浆(细石混凝土)强度等级、配合比	1. m^3 2. 块	1. 以立方米计量,按设计图尺寸以体积计算。不扣除单个面积$\leqslant$300 mm×300 mm的孔洞所占体积,扣除空心板空洞体积 2. 以块计量,按设计图示尺寸以数量计算	1. 模板制作、安装、拆除、堆放、运输及清理模内杂物、刷隔离剂等 2. 混凝土制作、运输、浇筑、振捣、养护 3. 构件运输、安装 4. 砂浆制作、运输 5. 接头灌缝、养护
010512002	空心板				
010512003	槽形板				
010512004	网架板				
010512005	折线板				
010512006	带肋板				
010512007	大型板				
010512008	沟盖板、井盖板、井圈	1. 单件体积 2. 安装高度 3. 混凝土强度等级 4. 砂浆强度等级、配合比	1. m^3 2. 块(套)	1. 以立方米计量,按设计图示尺寸以体积计算 2. 以块计量,按设计图示尺寸以数量计算	

注:1. 以块、套计量,必须描述单件体积。
　2. 不带肋的预制遮阳板、雨篷板、挑檐板、拦板等,应按本表平板项目编码列项。
　3. 顶制 F 形板、双 T 形板、单肋板和带反挑檐的雨篷板、挑檐板、遮阳板等,应按本表带肋板项目编码列项。
　4. 预制大型墙板、大型楼板、大型屋面板等,按本表中大型板项目编码列项。

E.13　预制混凝土楼梯

预制混凝土楼梯工程量清单项目设置、项目特征描述的内容、计量单位及工程量计算规则应按表 E.13 的规定执行。

表 E.13　预制混凝土楼梯(编号:010513)

项目编码	项目名称	项目特征	计量单位	工程量计算规则	工作内容
010513001	楼梯	1. 楼梯类型 2. 单件体积 3. 混凝土强度等级 4. 砂浆(细石混凝土)强度等级	1. m^3 2. 段	1. 以立方米计量,按设计图示尺寸以体积计算。扣除空心踏步板空洞体积 2. 以段计量,按设计图示数量计算	1. 模板制作、安装、拆除、堆放、运输及清理模内杂物、刷隔离剂等 2. 混凝土制作、运输、浇筑、振捣、养护 3. 构件运输、安装 4. 砂浆制作、运输 5. 接头灌缝、养护

注:以块计量,必须描述单件体积。

E.14　其他预制构件

其他预制构件工程量清单项目设置、项目特征描述的内容、计量单位及工程量计算规则应按表 E.14 的规定执行。

表 E.14　其他预制构件(编号:010514)

项目编码	项目名称	项目特征	计量单位	工程量计算规则	工作内容
010514001	垃圾道、通风道、烟道	1. 单件体积 2. 混凝土强度等级 3. 砂浆强度等级	1. m^3 2. m^2 3. 根(块、套)	1. 以立方米计量,按设计图示尺寸以体积计算。不扣除单个面积≤300 mm×300 mm的孔洞所占体积,扣除烟道、垃圾道、通风道的孔洞所占体积 2. 以平方米计量,按设计图示尺寸以面积计算。不扣除单个面积≤300 mm×300 mm的孔洞所占面积 3. 以根计量,按设计图示尺寸以数量计算	1. 模板制作、安装、拆除、堆放、运输及清理模内杂物、刷隔离剂等 2. 混凝土制作、运输、浇筑、振捣、养护 3. 构件运输、安装 4. 砂浆制作、运输 5. 接头灌缝、养护
01051400	其他构件	1. 单件体积 2. 构件的类型 3. 混凝土强度等级 4. 砂浆强度等级			

注:1. 以块、根计量,必须描述单件体积。
2. 预制钢筋混凝土小型池槽、压顶、扶手、垫块、隔热板、花格等,按本表中其他构件项目编码列项。

E.15　钢筋工程

钢筋工程工程量清单项目设置、项目特征描述的内容、计量单位及工程量计算规则应按表 E.15 的规定执行。

表 E.15　钢筋工程(编号:010515)

项目编码	项目名称	项目特征	计量单位	工程量计算规则	工作内容
010515001	现浇构件钢筋	钢筋种类、规格	t	按设计图示钢筋(网)长度(面积)乘单位理论质量计算	1. 钢筋制作、运输 2. 钢筋安装 3. 焊接(绑扎)
010515002	预制构件钢筋				1. 钢筋网制作、运输 2. 钢筋网安装 3. 焊接(绑扎)
010515003	钢筋网片				
010515004	钢筋笼				1. 钢筋笼制作、运输 2. 钢筋笼安装 3. 焊接(绑扎)
010515005	先张法预应力钢筋	1. 钢筋种类、规格 2. 锚具种类		按设计图示钢筋长度乘单位理论质量计算	1. 钢筋制作、运输 2. 钢筋张拉
010515006	后张法预应力钢筋	1. 钢筋种类、规格 2. 钢丝种类、规格 3. 钢绞线种类、规格 4. 锚具种类 5. 砂浆强度等级		按设计图示钢筋(丝束、绞线)长度乘单位理论质量计算 1. 低合金钢筋两端均采用螺杆锚具时,钢筋长度按孔道长度减 0.35 m 计算,螺杆另行计算 2. 低合金钢筋一端采用墩头插片,另一端采用螺杆锚具时,钢筋长度按孔道长度计算,螺杆另行计算 3. 低合金钢筋一端采用墩头插片,另一端采用帮条锚具时,钢筋增加 0.15 m 计算;两端均采用帮条锚具时,钢筋长度按孔道长度增加 0.3 m 计算 4. 低合金钢筋采用后张混凝土自锚时,钢筋长度按孔道长度增加 0.35 m 计算 5. 低合金钢筋(钢绞线)采用 JM,XM,QM 型锚具,孔道长度≤20 m 时,钢筋长度增加 1 m 计算,孔道长度>20 m 时,钢筋长度增加 1.8 m 计算 6. 碳素钢丝采用锥形锚具,孔道长度≤20 m 时,钢丝束长度按孔道长度增加 1 m 计算,孔道长度>20 m 时,钢丝束长度按孔道长度增加 1.8 m 计算 7. 碳素钢丝采用墩头锚具时,钢丝束长度按孔道长度增加 0.35 m 计算	1. 钢筋、钢丝、钢绞线制作、运输 2. 钢筋、钢丝、钢绞线安装 3. 预埋管孔道铺设 4. 锚具安装 5. 砂浆制作、运输 6. 孔道压浆、养护
010515007	预应力钢丝				
010515008	预应力钢绞线				

（续表）

项目编码	项目名称	项目特征	计量单位	工程量计算规则	工作内容
010515009	支撑钢筋（铁马）	1. 钢筋种类 2. 规格	t	按钢筋长度乘单位理论质量计算	钢筋制作、焊接、安装
0105150010	声测管	1. 材质 2. 规格型号		按设计图示尺寸以质量计算	1. 检测管截断、封头 2. 套管制作、焊接 3. 定位、固定

注：1. 现浇构件中伸出构件的锚固钢筋应并入钢筋工程量内。除设计（包括规范规定）标明的搭接外，其他施工搭接不计算工程量，在综合单价中综合考虑。
2. 现浇构件中固定位置的支撑钢筋、双层钢筋用的“铁马”在编制工程量清单时，如果设计未明确，其工程数量可为暂估量，结算时按现场签证数量计算。

E.16　螺栓、铁件

螺栓、铁件工程量清单项目设置、项目特征描述的内容、计量单位及工程量计算规则应按表 E.16 的规定执行。

表 E.16　螺栓、铁件（编号：010516）

项目编码	项目名称	项目特征	计量单位	工程量计算规则	工作内容
010516001	螺栓	1. 螺栓种类 2. 规格	t	按设计图示尺寸以质量计算	1. 螺栓、铁件制作、运输 2. 螺栓、铁件安装
010516002	预埋铁件	1. 钢材种类 2. 规格 3. 铁件尺寸			
010516003	机械连接	1. 连接方式 2. 螺纹套筒种类 3. 规格	个	按数量计算	1. 钢筋套丝 2. 套筒连接

注：编制工程量清单时，如果设计未明确，其工程数量可为暂估量，实际工程量按现场签证数量计算。

E.17　相关问题及说明

E.17.1　预制混凝土构件或预制钢筋混凝土构件，如施工图设计标注做法见标准图集时，项目特征注明标准图集的编码、页号及节点大样即可。

E.17.2　现浇或预制混凝土和钢筋混凝土构件，不扣除构件内钢筋、螺栓、预埋铁件、张拉孔道所占体积，但应扣除劲性骨架的型钢所占体积。

【案例分析 6-1-5】　试编制下图 6-4-1 现浇混凝土柱工程量清单。

【解】　现浇混凝土框架柱：C25/40/32.5

1. 混凝土柱清单工程量：

除1/6轴—⑦轴交Ⓑ，Ⓒ轴（楼梯间）标高为基础顶至13.3 m，其余柱标高均为基础顶至10.00 m

KZ－1（400×500）（J－1）Ⓐ，①轴（柱高）：$h=10+1.5=11.5$ m

$V_1=0.4\times0.5\times11.5\times3$ 个 $=6.9$ m³

楼梯间 $V_1=0.4\times0.5\times(13.3+1.5)\times1=2.96$ m³

KZ－2（400×500）（J－2）：柱高 $h=10+1.4=11.4$ m

$V_2=0.4\times0.5\times11.4\times11$ 个 $=25.08$ m³

Ⓑ，⑦楼梯间：$V_2=0.4\times0.5\times(13.3+1.4)\times1$ 个 $=2.94$ m³

KZ－3（500×500）：高 $h=10+1.3=11.3$ m

$V_3=0.5\times0.5\times11.3\times5=14.13$ m³

KZ－4（400×400）：高 $h=13.3+1.5=14.8$ m

$V_4=0.4\times0.4\times14.8\times2$ 个 $=4.74$ m³

∴ $\sum V$ 柱（C25混凝土）$=56.75$ m³

表6-4-1　混凝土柱工程量清单

序号	项目编码	项目名称	项目特征	计量单位	工程量	综合单价	合价
1	010502001001	混凝土矩形柱	强度等级：C25/40/32.5	m²	56.75		

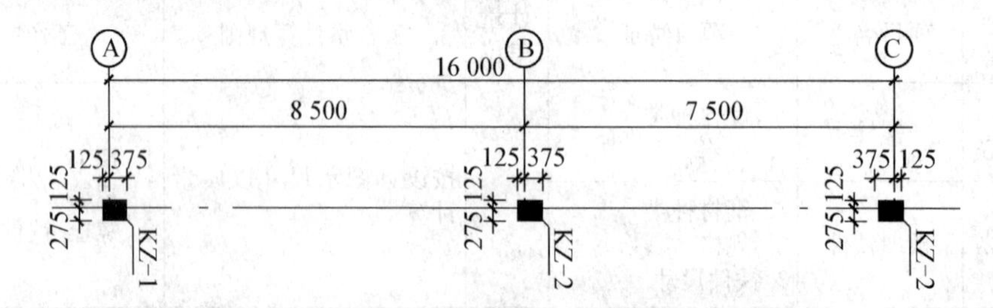

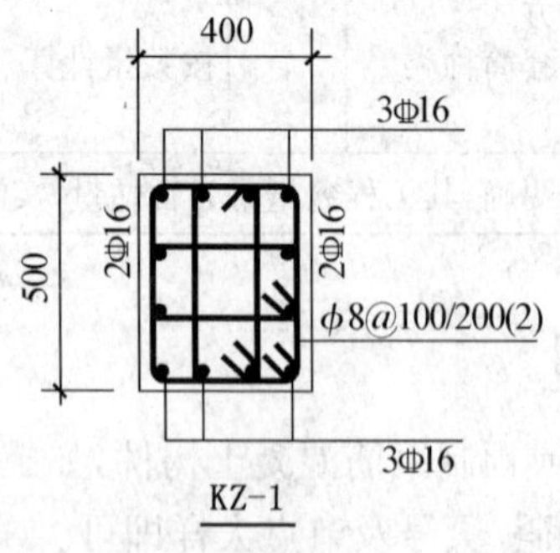

图6-4-1

【案例分析6-1-6】　根据下图所示尺寸和条件编制现浇直形楼梯分部分项工程量及工程量清单项目综合单价。

【解】　(1) 清单工程量（招标人根据图纸计算）

楼梯1(LT－1)工程量计算

(1) 层高±0.000～2 m：ⓐ～Ⓐ′

$S_1=1.48\times(3.08+1.58)=6.90\ m^2$

(2) 层高2 m～4 m：Ⓐ～Ⓐ′

$S_2=1.48\times(1.5+3.08+1.58)=9.12\ m^2$

(3) 层高4 m～6 m：Ⓐ～ⓐ′

$S_3=1.48\times(1.5+3.08+0.25)=7.15\ m^2$

楼梯清单工程量为　$\sum S_{楼梯}1=23.17\ m^2$(含梯梁、休息平台)

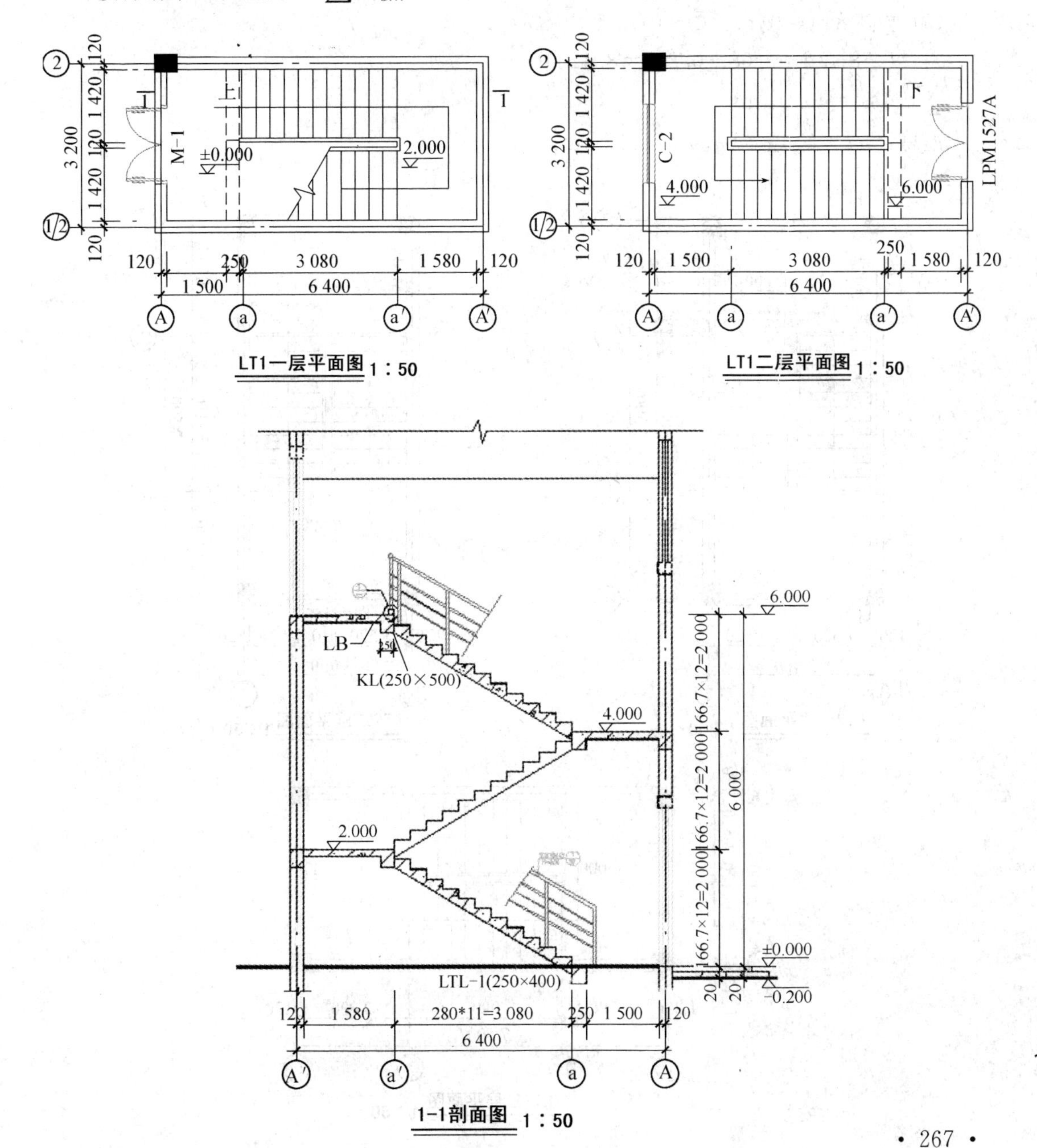

楼梯 2(LT－2)工程量计算

(1) 层高±0.000～2 m　Ⓒ′～Ⓑ

$S_1=1.58\times(3.08+2.18)=8.31\ m^2$

(2) 层高 2 m～4 m　Ⓑ～Ⓒ

$S_2=1.58\times(2+3.08+2.18)=11.47\ m^2$

(3) 层高 4 m～6 m　Ⓒ～Ⓑ′

$S_3=1.58\times(2+3.08+0.25)=8.42\ m^2$

(4) 层高 6 m～8 m　Ⓑ′～Ⓒ

$S_4=S_3=8.42\ m^2$

(5) 层高 8 m～10 m　Ⓒ～Ⓑ′

$S_5=1.58\times(2+3.08+0.25)=8.42\ m^2$

$\sum S_{楼梯2}=45.04\ m^2$

汇总：$S_{楼梯}=S_{楼梯1}+S_{楼梯2}=68.21(m^2)$

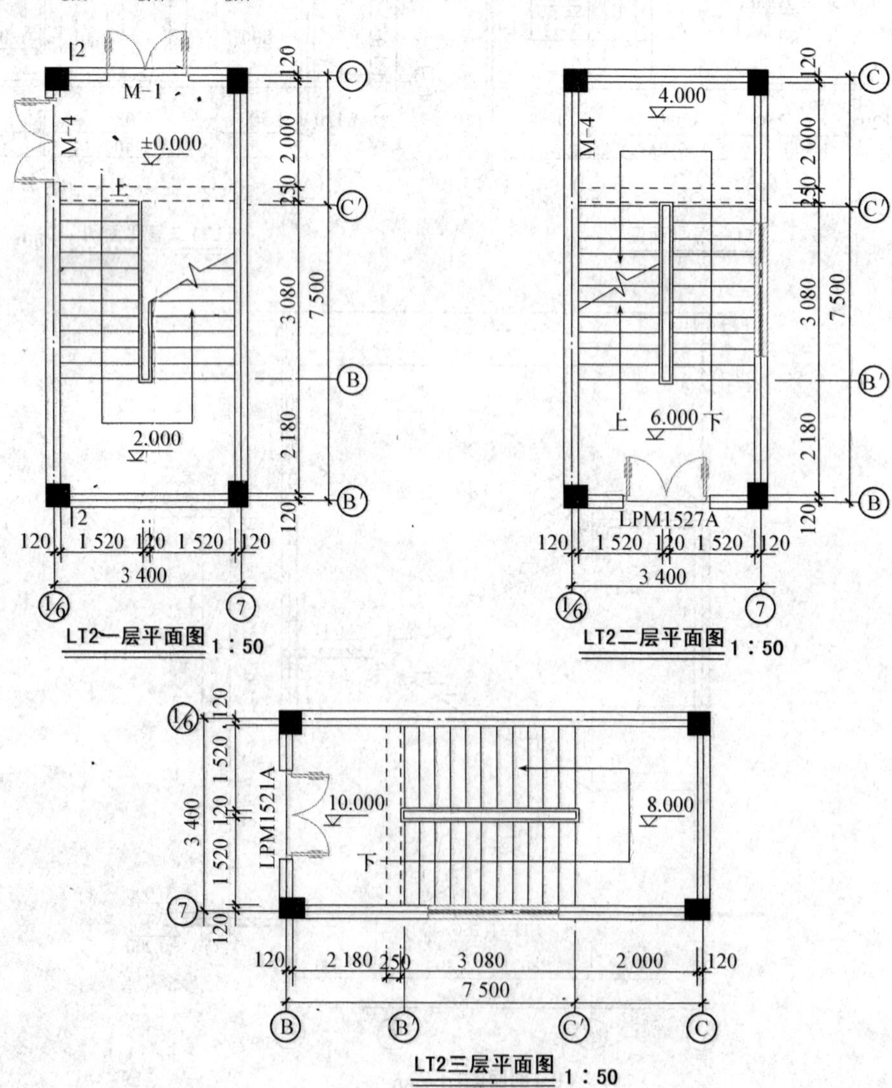

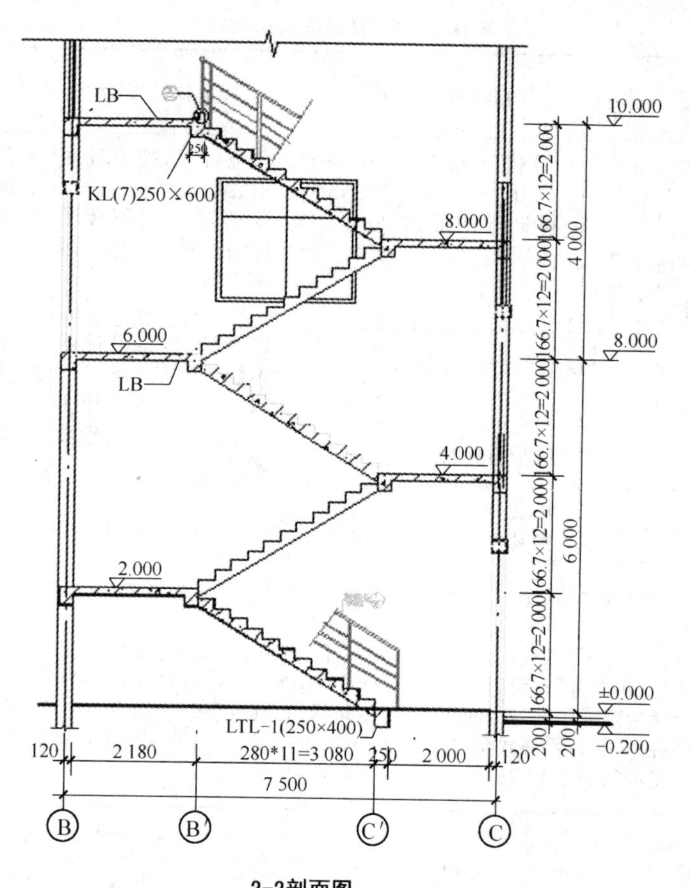

2-2剖面图　1：50

楼梯工程量清单

序号	项目编码	项目名称	项目特征描述	计量单位	工程量	综合单价	合价
1	010506001001	直形楼梯	强度等级：C25/40/32.5	m^2	68.21		

行动领域5　附录H　门窗工程

H.1　木门

木门工程量清单项目设置、项目特征描述、计量单位及工程量计算规则应按表}1. Y的规定执行。

表 H.1　木门(编码:0108011)

项目编码	项目名称	项目特征	计量单位	工程量计算规则	工作内容
010801001	木质门	1. 门代号及洞口尺寸 2. 镶嵌玻璃品种、厚度	1. 樘 2. m^2	1. 以樘计量,按设计图示数量计算 2. 以平方米计量,按设计图示洞口尺寸以面积计算	1. 门安装 2. 玻璃安装 3. 五金安装
010801002	木质门带套				
010801003	木质连窗门				
010801004	木质防火门				
010801005	木门框	1. 门代号及洞口尺寸 2. 框截面尺寸 3. 防护材料种类	1. 樘 2. m	1. 以樘计量,按设计图不数量计算 2. 以米计量,按设计图示框的中心线以延长米计算	1. 木门框制作、安装 2. 运输 3. 刷防护材料
010801006	门锁安装	1. 锁品种 2. 锁规格	个(套)	按设计图示数量计算	安装

注:1. 木质门应区分镶板木门、企口木板门、实木装饰门、胶合板门、夹板装饰门、木纱门、全玻门(带木质扇框)、木质半玻门(带木质扇框)等项目,分别编码列项。
2. 木门五金应包括:折页、插销、门碰珠、弓背拉手、搭机、木螺丝、弹簧折页(自动门)、管子拉手(自由门、地弹门)、地弹簧(地弹门)、角铁、门轧头(地弹门、自由门)等。
3. 木质门带套计量按洞口尺寸以面积计算,不包括门套的面积,但门套应计算在综合单价中。
4. 以樘计量,项目特征必须描述洞口尺寸;以平方米计量,项目特征可不描述洞口尺寸。
5. 单独制作安装木门框按木门框项目编码列项。

H.2　金属门

金属门工程量清单项目设置、项目特征描述、计量鱼位及工程量计算规则应按表 H.2 的规定执行。

表 H.2　金属门(编码:010802)

项目编码	项目名称	项目特征	计量单位	工程量计算规则	工作内容
010802001	金属(塑钢)门	1. 门代号及洞口尺寸 2. 门框或扇外围尺寸 3. 门框、扇材质 4. 玻璃品种、厚度	1. 樘 2. m^2	1. 以樘计量,按设计图示数量计算 2. 以平方米计量,按设计图示洞口尺寸以面积计算	1. 门安装 2. 五金安装 3. 玻璃安装
010802002	彩板门	1. 门代号及洞口尺寸 2. 门框或扇外围尺寸			
010802003	钢质防火门	1. 门代号及洞口尺寸 2. 门框或扇外围尺寸 3. 门框、扇材质			1. 门安装 2. 五金安装
010802004	防盗门				

(续表)

注:1. 金属门应区分金属平开门、金属推拉门、金属地弹门、全玻门(带金属扇框)、金属半玻门(带扇框)等项目,分别编码列项。
2. 铝合金门五金包括:地弹簧、门锁、拉手、门插、门铰、螺丝等。
3. 金属门五金包括L型执手插锁(双舌)、执手锁(单舌)、门轨头、地锁、防盗门机、门眼(猫眼)、门碰珠、电子锁(磁卡锁)、闭门器、装饰拉手等。
4. 以樘计量,项目特征必须描述洞口尺寸,没有洞口尺寸必须描述门框或扇外围尺寸;以平方米计量,项口特征可不描述洞口尺寸及框、扇的外围尺寸。
5. 以平方米计量,无设计图示洞口尺寸,按门框、扇外围以面积计算。

H.3 金属卷帘(闸)门

金属卷帘(闸)门工程量清单项目设置、项目特征描述、计量单位及工程量计算规则应按表H.3的规定执行。

表H.3 金属卷帘(闸)门(编码:010803)

项目编码	项目名称	项目特征	计量单位	工程量计算规则	工作内容
010803001	金属卷帘(闸)门	1. 门代号及洞口尺寸 2. 门材质 3. 启动装置品种、规格	1. 樘 2. m^2	1. 以樘计量,按设计图示数量计算 2. 以平方米计量,按设计图示洞口尺寸以面积计算	1. 门运输、安装 2. 启动装置、活动小门、五金安装
010803002	防火卷帘(闸)门				

注:以樘计量,项目特征必须描述洞口尺寸;以平方米计量,项目特征可不描述洞口尺寸。

H.4 厂库房大门、特种门

厂库房大门、特种门工程量清单项目设置、项目特征描述、计量单位及工程量计算规则应按表H.4的规定执行。

表H.4 厂库房大门、特种门(编码:010804)

项目编码	项目名称	项目特征	计量单位	工程量计算规则	工作内容
010804001	木板大门	1. 门代号及洞口尺寸 2. 门框或扇外围尺寸 3. 门框、扇材质 4. 五金种类、规格 5. 防护材料种类	1. 樘 2. m^2	1. 以樘计量,按设计图示数量计算 2. 以平方米计量,按设计图示洞口尺寸以面积计算	1. 门(骨架)制作、运输 2. 门、五金配件安装 3. 刷防护材料
010804002	钢木大门				
010804003	全钢板大门				
010804004	防护铁丝门			1. 以樘计量,按设计图示数量计算 2. 以平方米计量,按设计图示门框或扇以面积计算	

（续表）

项目编码	项目名称	项目特征	计量单位	工程量计算规则	工作内容
010804005	金属格栅门	1. 门代号及洞口尺寸 2. 门框或扇外围尺寸 3. 门框、扇材质 4. 启动装置的品种、规格	1. 樘 2. m^2	1. 以樘计量，按设计图示数量计算 2. 以平方米计量，按设计图示洞口尺寸以面积计算	1. 门安装 2. 启动装置、五金配件安装
010804006	钢质花饰大门	1. 门代号及洞口尺寸 2. 门框或扇外围尺寸 3. 门框、扇材质		1. 以樘计量，按设计图示数量计算 2. 以平方米计量，按设计图示门框或扇以面积计算	1. 门安装 2. 五金配件安装
010804007	特种门			1. 以樘计量，按设计图示数量计算 2. 以平方米计量，按设计图示洞口尺寸以面积计算	

注：1. 特种门应分冷藏门、冷冻间门、保温门、变电室门、隔音门、防射线门、人防门、金库门等项目，分别编码列项。
2. 以樘计量，项目特征必须描述洞口尺寸，没有洞口尺寸必须描述门框或扇外围尺寸；以平方米计量，项目特征可不描述洞口尺寸及框、扇的外围尺寸。
3. 以平方米计量，无设计图示洞口尺寸，按门框、扇外围以面积计算。

H.5　其他门

其他门工程量清单项目设置、项目特征描述、计量单位及工程量计算规则应按表 H.5 的规定执行。

表 H.5　其他门（编码：010805）

项目编码	项目名称	项目特征	计量单位	工程量计算规则	工作内容
010805001	电子感应门	1. 门代号及洞口尺寸 2. 门框或扇外围尺寸 3. 门框、扇材质 4. 玻璃品种、厚度 5. 启动装置的品种、规格 6. 电子配件品种、规格	1. 樘 2. m^2	1. 以樘计量，按设计图示数量计算 2. 以平方米计量，按设计图示洞口尺寸以面积计算	1. 门安装 2. 启动装置、五金、电子配件安装
010805002	旋转门				

（续表）

项目编码	项目名称	项目特征	计量单位	工程量计算规则	工作内容
010805003	电子对讲门	1. 门代号及洞口尺寸 2. 门框或扇外围尺寸 3. 门材质 4. 玻璃品种、厚度 5. 启动装置的品种、规格 6. 电子配件品种、规格	1. 樘 2. m^2		
010805004	电动伸缩门				
010805005	全玻自由门	1. 门代号及洞口尺寸 2. 门框或扇外围尺寸 3. 框材质 4. 玻璃品种、厚度			1. 门安装 2. 五金安装
010805006	镜面不锈钢饰面门	1. 门代号及洞口尺寸 2. 门框或扇外围尺寸 3. 框、扇材质 4. 玻璃品种、厚度			
010805007	复合材料门				

注：1. 以樘计量，项目特征必须描述洞口尺寸，没有洞口尺寸必须描述门框或扇外围尺寸；以平方米计量，项目特征可不描述洞口尺寸及框、扇的外围尺寸。
2. 以平方米计量，无设计图示洞口尺寸，按门框、扇外围以面积计算。

H.6　木窗

木窗工程量清单项口设置、项目特征描述、计量单位及下程量计算规则应按表 H.6 的规定执行。

表 H.6　木窗（编码：010806）

项目编码	项目名称	项目特征	计量单位	工程量计算规则	工作内容
010806001	木质窗	1. 窗代号及洞口尺寸 2. 玻璃品种、厚度	1. 樘 2. m^2	1. 以樘计量，按设计图示数量计算 2. 以平方米计量，按设计图示洞口尺寸以面积计算	1. 窗安装 2. 五金、玻璃安装
010806002	木飘（凸）窗				

(续表)

项目编码	项目名称	项目特征	计量单位	工程量计算规则	工作内容
010806003	木橱窗	1. 窗代号 2. 框截面及外围展开面积 3. 玻璃品种、厚度 4. 防护材料种类		1. 以樘计量，按设计图示数量计算 2. 以平方米计量，按设计图示尺寸以框外围展开面积计算	1. 窗制作、运输、安装 2. 五金、玻璃安装 3. 刷防护材料
010806004	木纱窗	1. 窗代号及框的外围尺寸 2. 窗纱材料品种、规格		1. 以樘计量，按设计图示数量计算 2. 以平方米计量，按框的外围尺寸以面积计算	1. 窗安装 2. 五金安装

注：1. 木质窗应区分木百叶窗、木组合窗、木天窗、木固定窗、木装饰空花窗等项目，分别编码列项。
2. 以樘计量，项目特征必须描述洞口尺寸，没有洞口尺寸必须描述窗框外围尺寸；以平方米计量，项目特征可不描述洞口尺寸及框的外围尺寸。
3. 以平方米计量，无设计图示洞口尺寸，按窗框外围以面积计算。
4. 木橱窗、木飘(凸)窗以樘计量，项目特征必须描述框截面及外围展开面积。
5. 木窗五金包括：折页、插销、风钩、木螺丝、滑轮滑轨(推拉窗)等。

H.7　金属窗

金属窗工程量清单项目设置、项目特征描述、计量单位及工程量计算规则应按表H.7的规定执行。

表H.7　金属窗(编码:010807)

项目编码	项目名称	项目特征	计量单位	工程量计算规则	工作内容
010807001	金属(塑钢、断桥)窗	1. 窗代号及洞口尺寸 2. 框、扇材质 3. 玻璃品种、厚度	1. 樘 2. m^2	1. 以樘计量，按设计图示数量计算 2. 以平方米计量，按设计图示洞口尺寸以面积计算	1. 窗安装 2. 五金、玻璃安装
010807002	金属防火窗				
010807003	金属百叶窗	1. 窗代号及洞口尺寸 2. 框、扇材质 3. 玻璃品种、厚度			1. 窗安装 2. 五金安装
010807004	金属纱窗	1. 窗代号及框的外围尺寸 2. 框材质 3. 窗纱材料品种、规格		1. 以樘计量，按设计图示数量计算 2. 以平方米计量，按框的外围尺寸以面积计算	
010807005	金属格栅窗	1. 窗代号及洞口尺寸 2. 框外围尺寸 3. 框、扇材质		1. 以樘计量，按设计图示数量计算 2. 以平方米计量，按设计图示洞口尺寸以面积计算	

（续表）

项目编码	项目名称	项目特征	计量单位	工程量计算规则	工作内容
010807006	金属（塑钢、断桥）橱窗	1. 窗代号 2. 框外围展开面积 3. 框、扇材质 4. 玻璃品种、厚度 5. 防护材料种类		1. 以樘计量，按设计图示数量计算 2. 以平方米计量，按设计图示尺寸似框外围展开面积计算	1. 窗制作、运输、安装 2. 五金、玻璃安装 3. 刷防护材料
010807007	金属（塑钢、断桥）飘（凸）窗	1. 窗代号 2. 框外围展开面积 3. 框、扇材质 4. 玻璃品种、厚度			1. 窗安装 2. 五金、玻璃安装
010807008	彩板窗	1. 窗代号及洞口尺寸 2. 框外围尺寸 3. 框、扇材质 4. 玻璃品种、厚度		1. 以樘计量，按设计图示数量计算 2. 以平方米计量，按设计图示洞口尺寸或框外围以面积计算	
010807009	复合材料窗				

注：1. 金属窗应区_分金属组合窗、防盗窗等项目，分别编码列项。
2. 以樘计量，项目特征必须描述洞口尺寸，没有洞口尺寸必须描述窗框外围尺寸；以平方米计量，项目特征可不描述洞口尺寸及框的外围尺寸。
3. 以平方米计量，无设计图示洞口尺寸，按窗框外围以面积计算。
4. 金属橱窗、飘（凸）窗以樘计量，项目特征必须描述框外围展开面积。
5. 金属窗五金包括：折页、螺丝、执手、卡锁、铰拉、风撑、滑轮、滑轨、拉把、拉手、角码、牛角制等。

H.8　门窗套

门窗套工程量清单项目设置、项目特征描述、计量单位及工程量计算规则应按表 H.8 的规定执行。

表 H.8　门窗套（编码：010808）

项目编码	项目名称	项目特征	计量单位	工程量计算规则	工作内容
010808001	木门窗套	1. 窗代号及洞口尺寸 2. 门窗套展开宽度 3. 基层材料种类 4. 面层材料品种、规格 5. 线条品种、规格 6. 防护材料种类	1. 樘 2. m^2 3. m	1. 以樘计量，按设计图示数量计算 2. 以平方米计量，按设计图示尺寸以展开面积计算 3. 以米计量，按设计图示中心以延长米计算	1. 清理基层 2. 立筋制作、安装 3. 基层板安装 4. 面层铺贴 5. 线条安装 6. 刷防护材料
010808002	木筒子板	1. 筒子板宽度 2. 基层材料种类 3. 面层材料品种、规格 4. 线条品种、规格 5. 防护材料种类			
010808003	饰面夹板筒子板				

（续表）

项目编码	项目名称	项目特征	计量单位	工程量计算规则	工作内容
010808004	金属门窗套	1. 窗代号及洞口尺寸 2. 门窗套展开宽度 3. 基层材料种类 4. 面层材料品种、规格 5. 防护材料种类			1. 清理基层 2. 立筋制作、安装 3. 基层板安装 4. 面层铺贴 5. 刷防护材料
010808005	石材门窗套	1. 窗代号及洞口尺寸 2. 门窗套展开宽度 3. 粘结层厚度、砂浆配合比 4. 面层材料品种、规格 5. 线条品种、规格			1. 清理基层 2. 立筋制作、安装 3. 基层抹灰 4. 面层铺贴 5. 线条安装
010808006	门窗木贴脸	1. 门窗代号及洞口尺寸 2. 贴脸板宽度 3. 防护材料种类	1. 樘 2. m	1. 以樘计量，按设计图示数量计算 2. 以米计量，按设计图示尺寸以延长米计算	安装
010808007	成品木门窗套	1. 门窗代号及洞口尺寸 2. 门窗套展开宽度 3. 门窗套材料品种、规格	1. 樘 2. m^2 3. m	1. 以樘计量，按设计图示数量计算 2. 以平方米计量，按设计图示尺寸以展开面积计算 3. 以米计量，按设计图示中心以延长米计算	1. 清理基层 2. 立筋制作、安装 3. 板安装

注：1. 以樘计量，项目特征必须描述洞口尺寸、门窗套展开宽度。
2. 以平方米计量，项目特征可不描述洞口尺寸、门窗套展开宽度。
3. 以米计量，项目特征必须描述门窗套展开宽度、筒子板及贴脸宽度。
4. 木门窗套适用于单独门窗套的制作、安装。

H.9　窗台板

窗台板工程量清单项目设置、项目特征描述、计量单位及工程量计算规则应按表 H.9 的规定执行

表 H.9　窗台板（编码：010809）

项目编码	项目名称	项目特征	计量单位	工程量计算规则	工作内容
010809001	木窗台板	1. 基层材料种类 2. 窗台面板材质、规格、颜色 3. 防护材料种类	m^2	按设计图示尺寸以展开面积计算	1. 基层清理 2. 基层制作、安装 3. 窗台板制作、安装 4. 刷防护材料
010809002	铝塑窗台板				
010809003	金属窗台板				

（续表）

项目编码	项目名称	项目特征	计量单位	工程量计算规则	工作内容
010809004	石材窗台板	1. 粘结层厚度、砂浆配合比 2. 窗台板材质、规格、颜色			1. 基层清理 2. 抹找平层 3. 窗台板制作、安装

H.10　窗帘、窗帘盒、轨

窗帘、窗帘盒、轨工程量清单项目设置、项目特征描述、计量单位及工程量计算规则应按表 H.10 的规定执行。

表 H.10　窗帘、窗帘盒、轨(编码:010810)

项目编码	项目名称	项目特征	计量单位	工程量计算规则	工作内容
010810001	窗帘	1. 窗帘材质 2. 窗帘高度、宽度 3. 窗帘层数 4. 带幔要求	1. m 2. m^2	1. 以米计量,按设计图示尺寸以成活后长度计算 2. 以平方米计量,按图示尺寸以成活后展开面积计算	1. 制作、运输 2. 安装
010810002	木窗帘盒	1. 窗帘盒材质、规格 2. 防护材料种类	m	按设计图示尺寸以长度计算	1. 制作、运输、安装 2. 刷防护材料
010810003	饰面夹板、塑料窗帘盒				
010810004	铝合金窗帘盒				
010810005	窗帘轨	1. 窗帘轨材质、规格 2. 轨的数量 3. 防护材料种类			

注:1. 窗帘若是双层,项目特征必须描述每层材质。
　2. 窗帘以米计量,项目特征必须描述窗帘高度和宽。

【案例分析 6-1-7】　某工程底层为厂房,二层为办公楼,厂房大门采用钢木大门,尺寸为 2 400×3 600(mm^2),共计 2 樘;办公室入户门采用防盗门,尺寸为 900×2 100(mm^2),共计 12 樘;塑钢窗尺寸为 1 500×1 800(mm^2),共计 12 樘。试编制本工程门窗工程量清单。

表 6-5-1　门窗工程量清单

序号	项目编码	项目名称	项目特征描述	计量单位	工程量	综合单价	合价
1	010804002001	钢木大门	M1 尺寸:2 400×3 600	樘	2		

（续表）

序号	项目编码	项目名称	项目特征描述	计量单位	工程量	综合单价	合价
2	010802004001	防盗门	M2 尺寸：900×2 100	樘	12		
3	010807001001	塑钢窗	C1 尺寸：1 500×1 800	樘	12		

行动领域6　附录J　屋面及防水工程

J.1　瓦、型材及其他屋面

瓦、型材及其他屋面工程量清单项口设置、项目特征描述、计量单位及工程量计算规则应按表J.1的规定执行。

表J.1　瓦、型材及其他屋面（编码：010901）

项目编码	项目名称	项目特征	计量单位	工程量计算规则	工作内容
010901001	瓦屋面	1. 瓦品种、规格 2. 粘结层砂浆的配合比	m^2	按设计图示尺寸以斜面积计算 不扣除房上烟囱、风帽底座、风道、小气窗、斜沟等所占面积。小气窗的出檐部分不增加面积	1. 砂浆制作、运输、摊铺、养护 2. 安瓦、作瓦脊
010901002	型材屋面	1. 型材品种、规格 2. 金属檩条材料品种、规格 3. 接缝、嵌缝材料种类			1. 檩条制作、运输、安装 2. 屋面型材安装 3. 接缝、嵌缝
010901003	阳光板屋面	1. 阳光板品种、规格 2. 骨架材料品种、规格 3. 接缝、嵌缝材料种类 4. 油漆品种、刷漆遍数		按设计图示尺寸以斜面积计算 不扣除屋面面积≤0.3 m^2孔洞所占面积	1. 骨架制作、运输、安装、刷防护材料、油漆 2. 阳光板安装 3. 接缝、嵌缝
010901004	玻璃钢屋面	1. 玻璃钢品种、规格 2. 骨架材料.品种、规格 3. 玻璃钢固定方式 4. 接缝、嵌缝材料种类 5. 油漆品种、刷漆遍数			1. 骨架制作、运输、安装、刷防护材料、油漆 2. 玻璃钢制作、安装 3. 接缝、嵌缝
010901005	膜结构屋面	1. 膜布品种、规格 2. 支柱（网架）钢材品种、规格 3. 钢丝绳品种、规格 4. 锚固基座做法 5. 油漆品种、刷漆遍数		按设计图示尺寸以需要覆盖的水平投影面积计算	1. 膜布热压胶接 2. 支柱（网架）制作、安装 3. 膜布安装 4. 穿钢丝绳、锚头锚固 5. 锚固基座、挖土、回填 6. 刷防护材料，油漆

（续表）

注：1. 瓦屋面若是在木基层上铺瓦，项目特征不必描述粘结层砂浆的配合比，瓦屋面铺防水层，按本附录表J.2屋面防水及其他中相关项目编码列项。
2. 型材屋面、阳光板屋面、玻璃钢屋面的柱、梁、屋架，按本规范附录F金属结构工程、附录G木结构工程中相关项目编码列项。

J.2　屋面防水及其他

屋面防水及其他工程量清单项目设置、项目特征描述、计量单位及工程量计算规则应按表J.2的规定执行。

表J.2　屋面防水及其他（编码：010902）

项目编码	项目名称	项目特征	计量单位	工程量计算规则	工作内容
010902001	屋面卷材防水	1. 卷材品种、规格、厚度 2. 防水层数 3. 防水层做法	m^2	按设计图示尺寸以面积计算 1. 斜屋顶（不包括平屋顶找坡）按斜面积计算，平屋顶按水平投影面积计算 2. 不扣除房上烟囱、风帽底座、风道、屋面小气窗和斜沟所占面积 3. 屋面的女儿墙、伸缩缝和天窗等处的弯起部分，并入屋面工程量内	1. 基层处理 2. 刷底油 3. 铺油毡卷材、接缝
010902002	屋面涂膜防水	1. 防水膜品种 2. 涂膜厚度、遍数 3. 增强材料种类			1. 基层处理 2. 刷基层处理剂 3. 铺布、喷涂防水层
010902003	屋面刚性层	1. 刚性层厚度 2. 混凝土种类 3. 混凝土强度等级 4. 嵌缝材料种类 5. 钢筋规格、型号		按设计图示尺寸以面积计算。不扣除房上烟囱、风帽底座、风道等所占面积	1. 基层处理 2. 混凝土制作、运输、铺筑、养护 3. 钢筋制安
010902004	屋面排水管	1. 排水管品种、规格 2. 雨水斗、山墙出水口品种、规格 3. 接缝、嵌缝材料种类 4. 油漆品种、刷漆遍数	m	按设计图示尺寸以长度计算。如设计未标注尺寸，以檐口至设计室外散水上表面垂直距离计算	1. 排水管及配件安装、固定 2. 雨水斗、山墙出水口、雨水篦子安装 3. 接缝、嵌缝 4. 刷漆
010902005	屋面排（透）气管	1. 排（透）气管品种、规格 2. 接缝、嵌缝材料种类 3. 油漆品种、刷漆遍数		按设计图示尺寸以长度计算	1. 排（透）气管及配件安装、固定 2. 铁件制作、安装 3. 接缝、嵌缝 4. 刷漆

（续表）

项目编码	项目名称	项目特征	计量单位	工程量计算规则	工作内容
010902006	屋面（廊、阳台）泄（吐）水管	1. 吐水管品种、规格 2. 接缝、嵌缝材料种类 3. 吐水管长度 4. 油漆品种、刷漆遍数	根（个）	按设计图示数量计算	1. 水管及配件安装、固定 2. 接缝、嵌缝 3. 刷漆
010902007	屋面天沟、檐沟	1. 材料品种、规格 2. 接缝、嵌缝材料种类	m^2	按设计图示尺寸以展开面积计算	1. 天沟材料铺设 2. 天沟配件安装 3. 接缝、嵌缝 4. 刷防护材料
010902008	屋面变形缝	1. 嵌缝材料种类 2. 止水带材料种类 3. 盖缝材料 4. 防护材料种类	m	按设计图示以长度计算	1. 清缝 2. 填塞防水材料 3. 止水带安装 4. 盖缝制作、安装 5. 刷防护材料

注：1. 屋面刚性层无钢筋，其钢筋项目特征不必描述。
2. 屋面找平层按本规范附录 L 楼地面装饰_E 程“平面砂浆找平层”项目编码列项。
3. 屋面防水搭接及附加层用量不另行计算，在综合单价中考虑。
4. 屋面保温找坡层按本规范附录 K 保温、隔热、防腐工程“保温隔热屋面”项目编码列项。

J.3　墙面防水、防潮

墙面防水、防潮工程量清单项目设置、项目特征描述、计量单位及工程量计算规则应按表 J.3 的规定执行。

表 J.3　墙面防水、防潮（编码：010903）

项目编码	项目名称	项目特征	计量单位	工程量计算规则	工作内容
010903001	墙面卷材防水	1. 卷材品种、规格、厚度 2. 防水层数 3. 防水层做法			1. 基层处理 2. 刷粘结剂 3. 铺防水卷材 4. 接缝、嵌缝
010903002	墙面涂膜防水	1. 防水膜品种 2. 涂膜厚度、遍数 3. 增强材料种类	m^2	按设计图示尺寸以面积计算	1. 基层处理 2. 刷基层处理剂 3. 铺布、喷涂防水层
010903003	墙面砂浆防水（防潮）	1. 防水层做法 2. 砂浆厚度、配合比 3. 钢丝网规格			1. 基层处理 2. 挂钢丝网片 3. 设置分格缝 4. 砂浆制作、运输、摊铺、养护

（续表）

项目编码	项目名称	项目特征	计量单位	工程量计算规则	工作内容
010903004	墙面变形缝	1. 嵌缝材料种类 2. 止水带材料种类 3. 盖缝材料 4. 防护材料种类	m	按设计图示以长度计算	1. 清缝 2. 填塞防水材料 3. 止水带安装 4. 盖缝制作、安装 5. 刷防护材料

注：1. 墙面防水搭接及附加层用量不另行计算，在综合单价中考虑。
2. 墙面变形缝，若做双面，工程量乘系数 2。
3. 墙面找平层按本规范附录 M 墙、柱面装饰与隔断、幕墙工程“立面砂浆找平层”项目编码列项。

J.4　楼(地)面防水、防潮

楼(地)面防水、防潮工程量清单项目设置、项目特征描述、计量单位及工程量计算规则应按表 J.4 的规定执行。

表 J.4　楼(地)面防水、防潮(编码:010904)

项目编码	项目名称	项目特征	计量单位	工程量计算规则	工作内容
010904001	楼(地)面卷材防水	1. 卷材品种、规格、厚度 2. 防水层数 3. 防水层做法 4. 反边高度	m^2	按设计图示尺寸以面积计算 1. 楼(地)面防水：按主墙间净空面积计算，扣除凸出地面的构筑物、设备基础等所占面积，不扣除间壁墙及单个面积≤0.3 m^2 柱、垛、烟囱和孔洞所占面积 2. 楼(地)面防水反边高度≤300 mm 算做地面防水，反边高度>300 mm按墙面防水计算	1. 基层处理 2. 刷粘结剂 3. 铺防水卷材 4. 接缝、嵌缝
010904002	楼(地)面涂膜防水	1. 防水膜品种 2. 涂膜厚度、遍数 3. 增强材料种类 4. 反边高度			1. 基层处理 2. 刷基层处理剂 3. 铺布、喷涂防水层
010904003	楼(地)面砂浆防水(防潮)	1. 防水层做法 2. 砂浆厚度、配合比 3. 反边高度			1. 基层处理 2. 砂浆制作、运输、摊铺、养护
010904004	楼(地)面变形缝	1. 嵌缝材料种类 2. 止水带材料种类 3. 盖缝材料 4. 防护材料种类	m	按设计图示以长度计算	1. 清缝 2. 填塞防水材料 3. 止水带安装 4. 盖缝制作、安装 5. 刷防护材料

注：1. 楼(地)面防水找平层按本规范附录 L 楼地面装饰工程“平面砂浆找平层”项目编码列项。
2. 楼(地)面防水搭接及附加层用量不另行计算，在综合单价中考虑。

【案例分析 6-1-8】　某原液车间屋顶平面图如图 6-1-8 所示，工程设计防水层采用高分子卷材(2 层)屋面；试编制屋面防水工程量清单。

【解】

1. 根据设计图纸计算工程量：

防水层：$(38+0.25\times2)\times(20+0.25\times2)=789.25\ m^2$

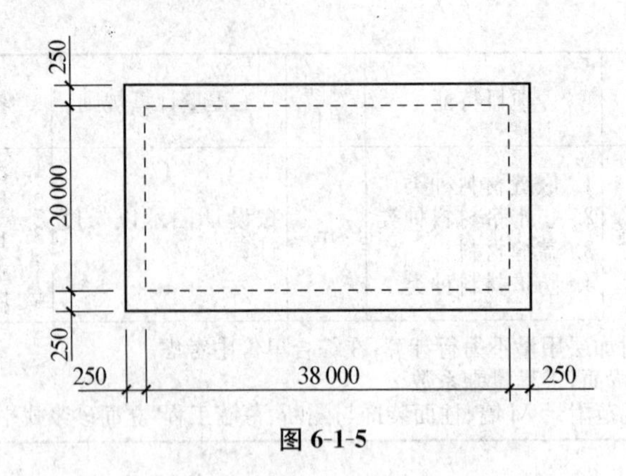

图 6-1-5

表 6-6-1　屋面防水工程量清单

序号	项目编码	项目名称	项目特征描述	计量单位	工程量	综合单价	合价
1	010902001001	高分子卷材防水屋面	1.5 mm 厚 SBS 卷材 2 层	M^2	789.25		

行动领域 7　附录 L　楼地面装饰工程

L.1　整体面层及找平层

整体面层及找平层工程量清单项目的设置、项目特征描述的内容、计量单位及工程量计算规则应按表 L.1 的规定执行。

表 L.1　整体面层及找平层(编码:011101)

项目编码	项目名称	项目特征	计量单位	工程量计算规则	工作内容
011101001	水泥砂浆楼地面	1. 找平层厚度、砂浆配合比 2. 素水泥浆遍数 3. 面层厚度、砂浆配合比 4. 面层做法要求	m^2	按设计图示尺寸以面积计算。扣除凸出地面构筑物、设备基础、室内铁道、地沟等所占面积,不扣除间壁墙及≤0.3 m^2 柱、垛、附墙烟囱及孔洞所占面积。门洞、空圈、暖气包槽、壁完的开口部分不增加面积	1. 基层清理 2. 抹找平层 3. 抹面层 4. 材料运输
011101002	现浇水磨石楼地面	1. 找平层厚度、砂浆配合比 2. 面层厚度、水泥石子浆配合比 3. 嵌条材料种类、规格 4. 石子种类、规格、颜色 5. 颜料种类、颜色 6. 图案要求 7. 磨光、酸洗、打蜡要求			1. 基层清理 2. 抹找平层 3. 面层铺设 4. 嵌缝条安装 5. 磨光、酸洗打蜡 6. 材料运输

(续表)

项目编码	项目名称	项目特征	计量单位	工程量计算规则	工作内容
011101003	细石混凝土楼地面	1. 找平层厚度、砂浆配合比 2. 面层厚度、混凝土强度等级			1. 基层清理 2. 抹找平层 3. 面层铺设 4. 材料运输
011101004	菱苦土楼地面	1. 找平层厚度、砂浆配合比 2. 面层厚度 3. 打蜡要求			1. 基层清理 2. 抹找平层 3. 面层铺设 4. 打蜡 5. 材料运输
011101005	自流平楼地面	1. 找平层砂浆配合比、厚度 2. 界面剂材料种类 3. 中层漆材料种类、厚度 4. 面漆材料种类、厚度 5. 面层材料种类		按设计图示尺寸以面积计算。扣除凸出地面构筑物、设备基础、室内铁道、地沟等所占面积，不扣除间壁墙及≤0.3m² 柱、垛、附墙烟囱及孔洞所占面积。门洞、空圈、暖气包槽、壁龛的开口部分不增加面积	1. 基层处理 2. 抹找平层 3. 涂界面剂 4. 涂刷中层漆 5. 打磨、吸尘 6. 馒自流平面漆(浆) 7. 拌合自流平浆料 8. 铺面层
011101006	平面砂浆找平层	找平层厚度、砂浆配合比		按设计图示尺寸以面积计算	1. 基层清理 2. 抹找平层 3. 材料运输

注：
1. 水泥砂浆面层处理是拉毛还是提浆压光应在面层做法要求中描述。
2. 平面砂浆找平层只适用于仅做找平层的平面抹灰。
3. 间壁墙指墙厚(120 mm)的墙。
4. 楼地面混凝土垫层另按附录 E.1 垫层项目编码列项，除混凝土外的其他材料垫层按本规范表 D.4 垫层项目编码列项

L.2　块料面层

块料面层工程量清单项目的设置、项目特征描述的内容、计量单位及工程量计算规则应按表 L.2 的规定执行。

表 L.2　块料面层(编码:011102)

项目编码	项目名称	项目特征	计量单位	工程量计算规则	工作内容
011102001	石材楼地面	1. 找平层厚度、砂浆配合比 2. 结合层厚度、砂浆配合比 3. 面层材料品种、规格、颜色 4. 嵌缝材料种类 5. 防护层材料种类 6. 酸洗、打蜡要求	m²	按设计图示尺寸以面积计算。门洞、空圈、暖气包槽、壁龛的开口部分并入相应的工程量内	1. 基层清理 2. 抹找平层 3. 面层铺设、磨边 4. 嵌缝 5. 刷防护材料 6. 酸洗、打蜡 7. 材料运输
011102002	碎石材楼地面				

(续表)

项目编码	项目名称	项目特征	计量单位	工程量计算规则	工作内容
011102003	块料楼地面	1. 找平层厚度、砂浆配合比 2. 结合层厚度、砂浆配合比 3. 面层材料品种、规格、颜色 4. 嵌缝材料种类 5. 防护层材料种类 6. 酸洗、打蜡要求		按设计图示尺寸以面积计算。门洞、空圈、暖气包槽、壁龛的开口部分并入相应的工程量内	1. 基层清理 2. 抹找平层 3. 面层铺设、磨边 4. 嵌缝 5. 刷防护材料 6. 酸洗、打蜡 7. 材料运输

注：1. 在描述碎石材项目的面层材料特征时可不用描述规格、颜色。
2. 石材、块料与粘结材料的结合面刷防渗材料的种类在防护层材料种类中描述。
3. 本表工作内容中的磨边指施工现场磨边，后面章节工作内容中涉及的磨边含义同。

L. 3　橡塑面层

橡塑面层工程量清单项目的设置、项目特征描述的内容、计一量单位及工程量计算规则应按表 L. 3 的规定执行。

表 L. 3　橡塑面层(编码：011103)

项目编码	项目名称	项目特征	计量单位	工程量计算规则	工作内容
011103001	橡胶板楼地面	1. 粘结层厚度、材料种类 2. 面层材料品种、规格、颜色 3. 压线条种类	m^2	按设计图示尺寸以面积计算。门洞、空圈、暖气包槽、壁龛的开口部分并入相应的工程量内	1. 基层清理 2. 面层铺贴 3. 压缝条装钉 4. 材料运输
011103002	橡胶板卷材楼地面				
011103003	塑料板楼地面				
011103004	塑料卷材楼地面				

注：本表项目中如涉及找平层，另按本附录表 L. 1 找平层项目编码列项。

L. 4　其他材料面层

其他材料面层工程量清单项目的设置、项目特征描述的内容、计量单位及工程量计算规则应按表 L. 4 的规定执行。

表 L.4　其他材料面层(编码:011104)

<table>
<tr><th>项目编码</th><th>项目名称</th><th>项目特征</th><th>计量单位</th><th>工程量计算规则</th><th>工作内容</th></tr>
<tr><td>011104001</td><td>地毯楼地面</td><td>1. 面层材料品种、规格、颜色
2. 防护材料种类
3. 粘结材料种类
4. 压线条种类</td><td rowspan="4">m^2</td><td rowspan="4">按设计图示尺寸以面积计算。门洞、空圈、暖气包槽、壁龛的开口部分并入相应的工程量内</td><td rowspan="3">1. 基层清理
2. 龙骨铺设
3. 基层铺设
4. 面层铺贴
5. 刷防护材料
6. 材料运输</td></tr>
<tr><td>011104002</td><td>竹、木(复合)地板</td><td rowspan="2">1. 龙骨材料种类、规格、铺设间距
2. 基层材料种类、规格
3. 面层材料品种、规格、颜色
4. 防护材料种类</td></tr>
<tr><td>011104003</td><td>金属复合地板</td></tr>
<tr><td>011104004</td><td>防静电活动地板</td><td>1. 支架高度、材料种类
2. 面层材料品种、规格、颜色
3. 防护材料种类</td><td>1. 基层清理
2. 固定支架安装
3. 活动面层安装
4. 刷防护材料
5. 材料运输</td></tr>
</table>

L.5　踢脚线

踢脚线工程量清单项目的设置、项目特征描述的内容、计量单位及工程量计算规则应按表 L.5 的规定执行。

表 L.5　踢脚线(编码:011105)

<table>
<tr><th>项目编码</th><th>项目名称</th><th>项目特征</th><th>计量单位</th><th>工程量计算规则</th><th>工作内容</th></tr>
<tr><td>011105001</td><td>水泥砂浆踢脚线</td><td>1. 踢脚线高度
2. 底层厚度、砂浆配合比
3. 面层厚度、砂浆配合比</td><td rowspan="4">1. m^2
2. m</td><td>1. 以平方米计量,按设计图示长度乘高度以面积计算
2. 以米计量,按延长米计算</td><td>1. 基层清理
2. 底层和面层抹灰
3. 材料运输</td></tr>
<tr><td>011105002</td><td>石材踢脚线</td><td rowspan="2">1. 踢脚线高度
2. 粘贴层厚度、材料种类
3. 面层材料品种、规格、颜色
4. 防护材料种类</td><td rowspan="3">1. 以平方米计量,按设计图示长度乘高度以面积计算
2. 以米计量,按延长米计算</td><td rowspan="3">1. 基层清理
2. 底层抹灰
3. 面层铺贴、磨边
4. 擦缝
5. 磨光、酸洗、打蜡
6. 刷防护材料
7. 材料运输</td></tr>
<tr><td>011105003</td><td>块料踢脚线</td></tr>
<tr><td>011105004</td><td>塑料板踢脚线</td><td>1. 踢脚线高度
2. 粘结层厚度、材料种类
3. 面层材料种类、规格、颜色</td></tr>
</table>

(续表)

项目编码	项目名称	项目特征	计量单位	工程量计算规则	工作内容
011105005	木质踢脚线	1. 踢脚线高度 2. 基层材料种类、规格 3. 面层材料品种、规格、颜色	1. m^2 2. m		1. 基层清理 2. 基层铺贴 3. 面层铺贴 4. 材料运输
011105006	金属踢脚线				
011105007	防静电踢脚线				

注:石材、块料与粘结材料的结合面刷防渗材料的种类在防护材料种类中描述。

L. 6　楼梯面层

楼梯面层工程量清单项目的设置、项目特征描述的内容、计量单位及工程量计算规则应按表 L. 6 的规定执行。

表 L. 6　楼梯面层(编码:011106)

项目编码	项目名称	项目特征	计量单位	工程量计算规则	工作内容
011106001	石材楼梯面层	1. 找平层厚度、砂浆配合比 2. 粘结层厚度、材料种类 3. 面层材料品种、规格、颜色 4. 防滑条材料种类、规格 5. 勾缝材料种类 6. 防护材料种类 7. 酸洗、打蜡要求	m^2	按设计图示尺寸以楼梯(包括踏步、休息平台及≤500 mm 的楼梯井)水平投影面积计算。楼梯与楼地面相连时,算至梯口梁内侧边沿;无梯口梁者,算至最上一层踏步边沿加 300 mm	1. 基层清理 2. 抹找平层 3. 面层铺贴、磨边 4. 贴嵌防滑条 5. 勾缝 6. 刷防护材料 7. 酸洗、打蜡 8. 材料运输
011106002	块料楼梯面层				
011106003	拼碎块料面层				
011106004	水泥砂浆楼梯面层	1. 找平层厚度、砂浆配合比 2. 面层厚度、砂浆配合比 3. 防滑条材料种类、规格			1. 基层清理 2. 抹找平层 3. 抹面层 4. 抹防滑条 5. 材料运输
011106005	现浇水磨石楼梯面层	1. 找平层厚度、砂浆配合比 2. 面层厚度、水泥石子浆配合比 3. 防滑条材料种类、规格 4. 石子种类、规格、颜色 5. 颜料种类、颜色 6. 磨光、酸洗、打蜡要求			1. 基层清理 2. 抹找平层 3. 抹面层 4. 贴嵌防滑条 5. 磨光、酸洗、打蜡 6. 材料运输

（续表）

项目编码	项目名称	项目特征	计量单位	工程量计算规则	工作内容
011106006	地毯楼梯面层	1. 基层种类 2. 面层材料品种、规格、颜色 3. 防护材料种类 4. 粘结材料种类 5. 固定配件材料种类、规格	m^2		1. 基层清理 2. 铺贴面层 3. 固定配件安装 4. 刷防护材料 5. 材料运输
011106007	木板楼梯面层	1. 基层材料种类、规格 2. 面层材料品种、规格、颜色 3. 粘结材料种类 4. 防护材料种类			1. 基层清理 2. 基层铺贴 3. 面层铺贴 4. 刷防护材料 5. 材料运输
011106008	橡胶板楼梯面层	1. 粘结层厚度、材料种类 2. 面层材料品种、规格、颜色 3. 压线条种类			1. 基层清理 2. 面层铺贴 3. 压缝条装钉 4. 材料运输
011106009	塑料板楼梯面层				

注：1. 在描述碎石材项目的面层材料特征时可不用描述规格、颜色。
　　2. 石材、块料与粘结材料的结合面刷防渗材料的种类在防护材料种类中描述。

L.7　台阶装饰

台阶装饰工程量清单项目的设置、项目特征描述的内容、i 十量单位及工程量计算规则应按表 L.7 的规定执行。

表 L.7　台阶装饰（编码：011107）

项目编码	项目名称	项目特征	计量单位	工程量计算规则	工作内容
011107001	石材台阶面	1. 找平层厚度、砂浆配合比 2. 粘结材料种类 3. 面层材料品种、规格、颜色 4. 勾缝材料种类 5. 防滑条材料种类、规格 6. 防护材料种类	m^2	按设计图示尺寸以台阶（包括最上层踏步边沿加 300 mm）水平投影面积计算	1. 基层清理 2. 抹找平层 3. 面层铺贴 4. 贴嵌防滑条 5. 勾缝 6. 刷防护材料 7. 材料运输
011107002	块料台阶面				
011107003	拼碎块料台阶面				

（续表）

项目编码	项目名称	项目特征	计量单位	工程量计算规则	工作内容
011107004	水泥砂浆台阶面	1. 找平层厚度、砂浆配合比 2. 面层厚度、砂浆配合比 3. 防滑条材料种类	m²		1. 基层清理 2. 抹找平层 3. 抹面层 4. 抹防滑条 5. 材料运输
011107005	现浇水磨石台阶面	1. 找平层厚度、砂浆配合比 2. 面层厚度、水泥石子浆配合比 3. 防滑条材料种类、规格 4. 石子种类、规格、颜色 5. 颜料种类、颜色 6. 磨光、酸洗、打蜡要求			1. 清理基层 2. 抹找平层 3. 抹面层 4. 贴嵌防滑条 5. 打磨、酸洗、打蜡 6. 材料运输
011107006	剁假石台阶面	1. 找平层厚度、砂浆配合比 2. 面层厚度、砂浆配合比 3. 剁假石要求			1. 清理基层 2. 抹找平层 3. 抹面层 4. 剁假石 5. 材料运输

注：1. 在描述碎石材项目的面层材料特征时可不用描述规格、颜色。
2. 石材、块料与粘结材料的结合面刷防渗材料的种类在防护材料种类中描述。

L.8　零星装饰项目

零星装饰项目下程量清单项目的设置、项目特征描述的内容、计量单位及工程量计算规则应按表 L.8 的规定执行。

表 L.8　零星装饰项目(编码:011108)

项目编码	项目名称	项目特征	计量单位	工程量计算规则	工作内容
011108001	石材零星项目	1. 工程部位 2. 找平层厚度、砂浆配合比 3. 贴结合层厚度、材料种类 4. 面层材料品种、规格、颜色 5. 勾缝材料种类 6. 防护材料种类 7. 酸洗、打蜡要求	m²	按设计图示尺寸以面积计算	1. 清理基层 2. 抹找平层 3. 面层铺贴、磨边 4. 勾缝 5. 刷防护材料 6. 酸洗、打蜡 7. 材料运输
011108002	拼碎石材零星项目				
011108003	块料零星项目				

（续表）

项目编码	项目名称	项目特征	计量单位	工程量计算规则	工作内容
011108004	水泥砂浆零星项目	1. 工程部位 2. 找平层厚度、砂浆配合比 3. 面层厚度、砂浆厚度	m^2		1. 清理基层 2. 抹找平层 3. 抹面层 4. 材料运输

注：1. 楼梯、台阶牵边和侧面镶贴块料面层，不大于 0.5 m^2 的少量分散的楼地面镶贴块料面层，应按本表执行。
2. 石材、块料与粘结材料的结合面刷防渗材料的种类在防护材料种类中描述。

【案例分析 6-1-9】如图 6-7-1 所示：某工厂车间为 240 mm 厚墙体，图中尺寸为毫米，现浇水磨石地面面层设计为 100 mm 混凝土垫层，20 mm 厚 1∶3 水泥砂浆找平层，3 mm 玻璃嵌条，15 mm 厚水磨石面层，试编制楼地面工程量清单。

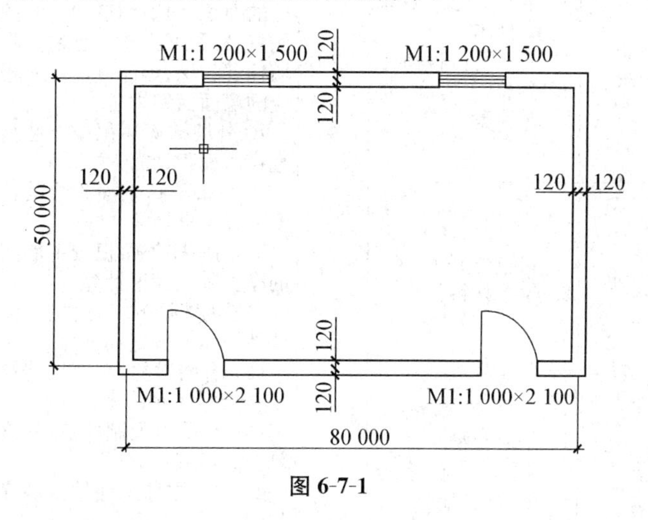

图 6-7-1

【解】

1. 根据图纸计算：

水磨石地面面层：

$S_{磨}=(80-0.24)\times(50-0.24)\times 49.76=3\,968.86\ m^2$

表 6-7-1　楼地面工程量清单

工程名称：某工厂车间

序号	项目编码	项目名称	项目特征	计量单位	工程量	金额（元）	
						综合单价	合价
1	011101002001	现浇水磨石地面	15 mm 厚水磨石面层；C10 混凝土垫层 100 厚；1∶3 水泥砂浆找平层 20 厚	m^2	3 968.86		

行动领域8　附录M　墙、柱面装饰与隔断、幕墙工程

M.1　墙面抹灰

墙面抹灰工程量清单项目的设置、项目特征描述的内容、计量单位及工程量计算规则应按表M.1的规定执行。

表M.1　墙面抹灰(编码:011201)

<table>
<tr><th>项目编码</th><th>项目名称</th><th>项目特征</th><th>计量单位</th><th>工程量计算规则</th><th>工作内容</th></tr>
<tr><td>011201001</td><td>墙面一般抹灰</td><td rowspan="2">1. 墙体类型
2. 底层厚度、砂浆配合比
3. 面层厚度、砂浆配合比
4. 装饰面材料种类
5. 分格缝宽度、材料种类</td><td rowspan="4">m²</td><td rowspan="4">按设计图示尺寸以面积计算。扣除墙裙、门窗洞口及单个>0.3 m²的孔洞面积,不扣除踢脚线、挂镜线和墙与构件交接处的面积,门窗洞口和孔洞的侧壁及顶面不增加面积。附墙柱、梁、垛、烟囱侧壁并入相应的墙面面积内
1. 外墙抹灰面积按外墙垂直投影面积计算
2. 外墙裙抹灰面积按其长度乘以高度计算
3. 内墙抹灰面积按主墙间的净长乘以高度计算
(1) 无墙裙的,高度按室内楼地面至天棚底面计算
(2) 有墙裙的,高度按墙裙顶至天棚底面计算
(3) 有吊顶天棚抹灰,高度算至天棚底
4. 内墙裙抹灰面按内墙净长乘以高度计算</td><td rowspan="2">1. 基层清理
2. 砂浆制作、运输
3. 底层抹灰
4. 抹面层
5. 抹装饰面
6. 勾分格缝</td></tr>
<tr><td>011201002</td><td>墙面装饰抹灰</td></tr>
<tr><td>011201003</td><td>墙面勾缝</td><td>1. 勾缝类型
2. 勾缝材料种类</td><td>1. 基层清理
2. 砂浆制作、运输
3. 勾缝</td></tr>
<tr><td>011201004</td><td>立面砂浆找平层</td><td>1. 基层类型
2. 找平层砂浆厚度、配合比</td><td>1. 基层清理
2. 砂浆制作、运输
3. 抹灰找平</td></tr>
</table>

注:1. 立面砂浆找平项目适用于仅做找平层的立面抹灰。
2. 墙面抹石灰砂浆、水泥砂浆、混合砂浆、聚合物水泥砂浆、麻刀石灰浆、石膏灰浆等按本表中墙面一般抹灰列项;墙面水刷石、斩假石、干粘石、假面砖等按本表中墙面装饰抹灰列项。
3. 飘窗凸出外墙面增加的抹灰并入外墙工程量内。
4. 有吊顶天棚的内墙面抹灰,抹至吊顶以上部分在综合单价中考虑。

M.2　柱(梁)面抹灰

柱(梁)面抹灰工程量清单项口的设置、项目特征描述的内容、计量单位及工程量计算规则应按表M.2的规定执行。

表 M.2　柱(梁)面抹灰(编码:011202)

项目编码	项目名称	项目特征	计量单位	工程量计算规则	工作内容
011202001	柱、梁面一般抹灰	1. 柱(梁)体类型 2. 底层厚度、砂浆配合比 3. 面层厚度、砂浆配合比 4. 装饰面材料种类 5. 分格缝宽度、材料种类	m^2	1. 柱面抹灰:按设计图示柱断面周长乘高度以面积计算 2. 梁面抹灰:按设计图示梁断面周长乘长度以面积计算	1. 基层清理 2. 砂浆制作、运输 3. 底层抹灰 4. 抹面层 5. 勾分格缝
011202002	柱、梁面装饰抹灰				
011202003	柱、梁面砂浆找平	1. 柱(梁)体类型 2. 找平的砂浆厚度、配合比		按设计图示柱断面周长乘高度以面积计算	1. 基层清理 2. 砂浆制作、运输 3. 抹灰找平
011202004	柱面勾缝	1. 勾缝类型 2. 勾缝材料种类			1. 基层清理 2. 砂浆制作、运输 3. 勾缝

注:1. 砂浆找平项目适用于仅做找平层的柱(梁)面抹灰。
2. 柱(梁)面抹石灰砂浆、水泥砂浆、混合砂浆、聚合物水泥砂浆、麻刀石灰浆、石膏灰浆等按本表中柱(梁)面一般抹灰编码列项;柱(梁)面水刷石、斩假石、干粘石、假面砖等按本表中柱(梁)面装饰抹灰项目编码列项。

M.3　零星抹灰

零星抹灰工程量清单项目的设置、项目特征描述的内容、计量单位及工程量计算规则应按表 M.3 的规定执行。

表 M.3　零星抹灰(编码:011203)

项目编码	项目名称	项目特征	计量单位	工程量计算规则	工作内容
011203001	零星项目一般抹灰	1. 基层类型、部位 2. 底层厚度、砂浆配合比 3. 面层厚度、砂浆配合比 4. 装饰面材料种类 5. 分格缝宽度、材料种类	m^2	按设计图示尺寸以面积计算	1. 基层清理 2. 砂浆制作、运输 3. 底层抹灰 4. 抹面层 5. 抹装饰而 6. 勾分格缝
011203002	零星项目装饰抹灰	1. 基层类型、部位 2. 底层厚度、砂浆配合比 3. 面层厚度、砂浆配合比 4. 装饰面材料种类 5. 分格缝宽度、材料种类			1. 基层清理 2. 砂浆制作、运输 3. 底层抹灰 4. 抹面层 5. 抹装饰面 6. 勾分格缝

（续表）

项目编码	项目名称	项目特征	计量单位	工程量计算规则	工作内容
011203003	零星项目砂浆找平	1. 基层类型、部位 2. 找平的砂浆厚度、配合比	m^2	按设计图示尺寸以面积计算	1. 基层清理 2. 砂浆制作、运输 3. 抹灰找平

注：1. 零星项目抹石灰砂浆、水泥砂浆、混合砂浆、聚合物水泥砂浆、麻刀石灰浆、石膏灰浆等按本表中零星项目一般抹灰编码列项，水刷石、斩假石、干粘石、假面砖等按本表中零星项目装饰抹灰编码列项。
2. 墙、柱（梁）面≤0.5 m^2的少量分散的抹灰按本表中零星抹灰项目编码列项。

M.4　墙面块料面层

墙面块料面层工程童清单项目的设置、项目特征描述的内容、计量单位及工程量计算规则应按表M.4的规定执行。

表M.4　墙面块料面层（编码：011204）

项目编码	项目名称	项目特征	计量单位	工程量计算规则	工作内容
011204001	石材墙面	1. 墙体类型 2. 安装方式 3. 面层材料品种、规格、颜色 4. 缝宽、嵌缝材料种类 5. 防护材料种类 6. 磨光、酸洗、打蜡要求	m^2	按镶贴表面积计算	1. 基层清理 2. 砂浆制作、运输 3. 粘结层铺贴 4. 面层安装 5. 嵌缝 6. 刷防护材料 7. 磨光、酸洗、打蜡
011204002	拼碎石材墙面				
011204003	块料墙面				
011204004	干挂石材钢骨架	1. 骨架种类、规格 2. 防锈漆品种遍数	t	按设计图示以质量计算	1. 骨架制作、运输、安装 2. 刷漆

注：1. 在描述碎块项目的面层材料特征时可不用描述规格、颜色。
2. 石材、块料与粘结材料的结合面刷防渗材料的种类在防护层材料种类中描述。
3. 安装方式可描述为砂浆或粘结剂粘贴、挂贴、干挂等，不论哪种安装方式，都要详细描述与组价相关的内容。

M.5　柱（梁）面镶贴块料

柱（梁）面镶贴块料工程量清单项目的设置、项目特征描述的内容、计量单位及工程量计算规则应按表M.5的规定执行。

表 M.5　柱(梁)面镶贴块料(编码:011205)

项目编码	项目名称	项目特征	计量单位	工程量计算规则	工作内容
011205001	石材柱面	1. 柱截面类型、尺寸 2. 安装方式 3. 面层材料品种、规格、颜色 4. 缝宽、嵌缝材料种类 5. 防护材料种类 6. 磨光、酸洗、打蜡要求	m^2	按镶贴表面积计算	1. 基层清理 2. 砂浆制作、运输 3. 粘结层铺贴 4. 面层安装 5. 嵌缝 6. 刷防护材料 7. 磨光、酸洗、打蜡
011205002	块料柱面				
011205003	拼碎块柱面				
011205004	石材梁面	1. 安装方式 2. 面层材料品种、规格、颜色 3. 缝宽、嵌缝材料种类 4. 防护材料种类 5. 磨光、酸洗、打蜡要求			
011205005	块料梁面				

注:1. 在描述碎块项目的面层材料特征时可不用描述规格、颜色。
2. 石材、块料与粘接材料的结合面刷防渗材料的种类在防护层材料种类中描述。
3. 柱梁面干挂石材的钢骨架按表 M. 4 相应项目编码列项。

M. 6　镶贴零星块料

镶贴零星块料工程量清单项目的设置、项目特征描述的内容、计量单位及工程量计算规则应按表 M. 6 的规定执行。

表 M. 6　镶贴零星块料(编码:011206)

项目编码	项目名称	项目特征	计量单位	工程量计算规则	工作内容
011206001	石材零星项目	1. 基层类型、部位 2. 安装方式 3. 面层材料品种、规格、颜色 4. 缝宽、嵌缝材料种类 5. 防护材料种类 6. 磨光、酸洗、打蜡要求	m^2	按镶贴表面积计算	1. 基层清理 2. 砂浆制作、运输 3. 面层安装 4. 嵌缝 5. 刷防护材料 6. 磨光、酸洗、打蜡
011206002	块料零星项目				
011206003	拼碎块零星项目				

注:1. 在描述碎块项目的面层材料特征时可不用描述规格、颜色。
2. 石材、块料与粘接材料的结合面刷防渗材料的种类在防护材料种类中描述。
3. 零星项目干挂石材的钢骨架按本附录表 M. M 相应项目编码列项。
4. 墙柱面≤0. 5 m^2 的少量分散的镶贴块料面层按本表中零星项目执行。

M.7　墙饰面

墙饰面工程量清单项目的设置、项目特征描述的内容、计量单位及工程量计算规则应按表 M.7 的规定执行。

表 M.7　墙饰面(编码:011207)

项目编码	项目名称	项目特征	计量单位	工程量计算规则	工作内容
011207001	墙面装饰板	1. 龙骨材料种类、规格、中距 2. 隔离层材料种类、规格 3. 基层材料种类、规格 4. 面层材料品种、规格、颜色 5. 压条材料种类、规格	m^2	按设计图示墙净长乘净高以面积计算。扣除门窗洞口及单个>0.3 m^2的孔洞所占面积	1. 基层清理 2. 龙骨制作、运输、安装 3. 钉隔离层 4. 基层铺钉 5. 面层铺贴
011207002	墙面装饰浮雕	1. 基层类型 2. 浮雕材料种类 3. 浮雕样式		按设计图示尺寸以面积计算	1. 基层清理 2. 材料制作、运输 3. 安装成型

M.8　柱(梁)饰面

柱(梁)饰面工程量清单项目的设置、项目特征描述的内容、计量单位及工程量计算规则应按表 M.8 的规定执行。

表 M.8　柱(梁)饰面(编码:011208)

项目编码	项目名称	项目特征	计量单位	工程量计算规则	工作内容
011208001	柱(梁)面装饰	1. 龙骨材料种类、规格、中距 2. 隔离层材料种类 3. 基层材料一种类、规格 4. 面层材料品种、规格、颜色 5. 压条材料种类、规格	m^2	按设计图示饰面外围尺寸以面积计算。柱帽、柱墩并入相应柱饰面工程量内	1. 清理基层 2. 龙骨制作、运输、安装 3. 钉隔离层 4. 基层铺钉 5. 面层铺贴
011208002	成品装饰柱	1. 柱截面、高度尺寸 2. 柱材质	1. 根 2. m	1. 以根计量,按设计数量计算 2. 以米计量,按设计长度计算	柱运输、固定、安装

M.9　幕墙工程

幕墙工程工程量清单项目的设置、项目特征描述的内容、计量单位及 r 一程量计算规则应按表 M.9 的规定执行。

表 M.9　幕墙工程(编码:011209)

项目编码	项目名称	项目特征	计量单位	工程量计算规则	工作内容
011209001	带骨架幕墙	1. 骨架材料种类、规格、中距 2. 面层材料品种、规格、颜色 3. 面层固定方式 4. 隔离带、框边封闭材料品种、规格 5. 嵌缝、塞口材料种类	m^2	按设计图示框外围尺寸以面积计算。与幕墙同种材质的窗所占面积不扣除	1. 骨架制作、运输、安装 2. 面层安装 3. 隔离带、框边封闭 4. 嵌缝、塞口 5. 清洗
011209002	全玻(无框玻璃)幕墙	1. 玻璃品种、规格、颜色 2. 粘结塞口材料种类 3. 固定方式		按设计图示尺寸以面积计算。带肋全玻幕墙按展开面积计算	1. 幕墙安装 2. 嵌缝、塞口 3. 清洗

注:幕墙钢骨架按本附录表 M.4 干挂石材钢骨架编码列项。

M.10　隔断

隔断工程量清单项目的设置、项目特征描述的内容、计量单位及工程量计算规则应按表 M.10 的规定执行。

表 M.10　隔断(编码:011210)

项目编码	项目名称	项目特征	计量单位	工程量计算规则	工作内容
011210001	木隔断	1. 骨架、边框材料种类、规格 2. 隔板材料品种、规格、颜色 3. 嵌缝、塞口材料品种 4. 压条材料种类	m^2	按设计图示框外围尺寸以面积计算。不扣除单个≤0.3 m^2 的孔洞所占面积;浴厕门的材质与隔断相同时,门的面积并入隔断面积内	1. 骨架及边框制作、运输、安装 2. 隔板制作、运输、安装 3. 嵌缝、塞口 4. 装钉压条
011210002	金属隔断	1. 骨架、边框材料种类、规格 2. 隔板材料品种、规格、颜色 3. 嵌缝、塞口材料品种			1. 骨架及边框制作、运输、安装 2. 隔板制作、运输、安装 3. 嵌缝、塞口

（续表）

项目编码	项目名称	项目特征	计量单位	工程量计算规则	工作内容
011210003	玻璃隔断	1. 边框材料种类、规格 2. 玻璃品种、规格、颜色 3. 嵌缝、塞口材料品种	m^2	按设计图示框外围尺寸以面积计算。不扣除单个≤0.3 m^2的孔洞所占面积	1. 边框制作、运输、安装 2. 玻璃制作、运输、安装 3. 嵌缝、塞口
011210004	塑料隔断	1. 边框材料种类、规格 2. 隔板材料品种、规格、颜色 3. 嵌缝、塞口材料品种			1. 骨架及边框制作、运输、安装 2. 隔板制作、运输、安装 3. 嵌缝、塞口
011210005	成品隔断	1. 隔断材料品种、规格、颜色 2. 配件品种、规格	1. m^2 2. 间	1. 以平方米计量，按设计图示框外围尺寸以面积计算 2. 以间计量，按设计间的数量计算	1. 隔断运输、安装 2. 嵌缝、塞口
011210006	其他隔断	1. 骨架、边框材料种类、规格 2. 隔板材料品种、规格、颜色 3. 嵌缝、塞口材料品种	m^2	按设计图示框外围尺寸以面积计算。不扣除单个≤0.3 m^2的孔洞所占面积	1. 骨架及边框安装 2. 隔板安装 3. 嵌缝、塞口

【案例分析 6-1-10】

某工程楼面建筑平面如图 6-8-1，该建筑内墙净高为 3.3 米，窗台高 900 mm。墙面为水泥砂浆抹灰，试编制墙面装饰工程量清单。（M1：900×2 400，M2：900×2 400，C1：1 800×1 800）

【解】　计算工程量

墙面混合砂浆抹灰工程量：

S=工程量：$S=3.3\times(4.5-0.24+6-0.24)\times2\times2-1.8\times1.8\times2-0.9\times2.4\times3=132.26-6.48-6.48=119.30\ m^2$

表 6-8-1　墙面装饰工程量清单

工程名称：某工厂车间

序号	项目编码	项目名称	项目特征	计量单位	工程量	金额（元）	
						综合单价	合价
1	011201001001	水泥砂浆墙面抹灰	14＋6 mm 厚水泥砂浆面层；	m^2	119.3		

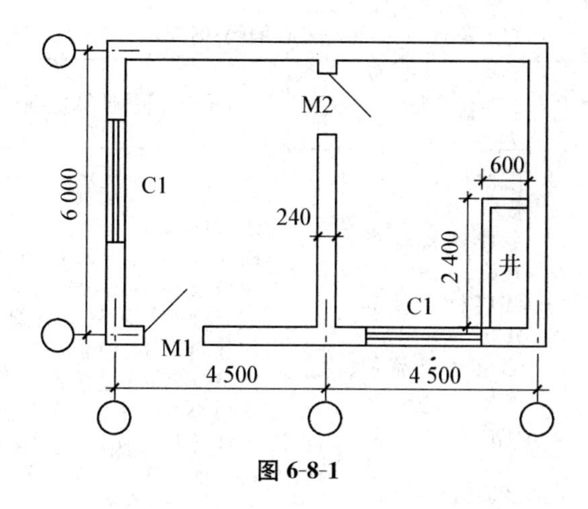

图 6-8-1

行动领域 9　附录 N　天棚工程

N.1　天棚抹灰

天棚抹灰工程量清单项目的设置、项目特征描述的内容、计量单位及工程量计算规则应按表 N.1 的规定执行。

表 N.1　天棚抹灰(编码:011301)

项目编码	项目名称	项目特征	计量单位	工程量计算规则	工作内容
011301001	天棚抹灰	1. 基层类型 2. 抹灰厚度、材料种类 3. 砂浆配合比	m^2	按设计图示尺寸以水平投影面积计算。不扣除间壁墙、垛、柱、附墙烟囱、检查口和管道所占的面积,带梁天棚的梁两侧抹灰面积并入天棚面积内,板式楼梯底面抹灰按斜面积计算,锯齿形楼梯底板抹灰按展开面积计算	1. 基层清理 2. 底层抹灰 3. 抹面层

N.2　天棚吊顶

天棚吊顶工程量清单项目的设置、项目特征描述的内容、计量单位及工程量计算规则应按表 N.2 的规定执行。

表 N.2　天棚吊顶(编码:011302)

<table>
<tr><th>项目编码</th><th>项目名称</th><th>项目特征</th><th>计量单位</th><th>工程量计算规则</th><th>工作内容</th></tr>
<tr><td>011302001</td><td>吊顶天棚</td><td>1. 吊顶形式、吊杆规格、高度
2. 龙骨材料种类、规格、中距
3. 基层材料种类、规格
4. 面层材料品种、规格
5. 压条材料种类、规格
6. 嵌缝材料种类
7. 防护材料种类</td><td rowspan="6">m²</td><td>按设计图示尺寸以水平投影面积计算。天棚面中的灯槽及跌级、锯齿形、吊挂式、藻井式天棚面积不展开计算。不扣除间壁墙、检查口、附墙烟囱、柱垛和管道所占面积，扣除单个＞0.3 m² 的孔洞、独立柱及与天棚相连的窗帘盒所占的面积</td><td>1. 基层清理、吊杆安装
2. 龙骨安装
3. 基层板铺贴
4. 面层铺贴
5. 嵌缝
6. 刷防护材料</td></tr>
<tr><td>011302002</td><td>格栅吊顶</td><td>1. 龙骨材料种类、规格、中距
2. 基层材料种类、规格
3. 面层材料品种、规格
4. 防护材料种类</td><td rowspan="5">按设计图示尺寸以水平投影面积计算</td><td>1. 基层清理
2. 安装龙骨
3. 基层板铺贴
4. 面层铺贴
5. 刷防护材料</td></tr>
<tr><td>011302003</td><td>吊筒吊顶</td><td>1. 吊筒形状、规格
2. 吊筒材料种类
3. 防护材料种类</td><td>1. 基层清理
2. 吊筒制作安装
3. 刷防护材料</td></tr>
<tr><td>011302004</td><td>藤条造型悬挂吊顶</td><td rowspan="2">1. 骨架材料种类、规格
2. 面层材料品种、规格</td><td rowspan="2">1. 基层清理
2. 龙骨安装
3. 铺贴面层</td></tr>
<tr><td>011302005</td><td>织物软雕吊顶</td></tr>
<tr><td>011302006</td><td>装饰网架吊顶</td><td>网架材料品种、规格</td><td>1. 基层清理
2. 网架制作安装</td></tr>
</table>

N.3　采光天棚

采光天棚工程量清单项目的设置、项目特征描述的内容、计量单位及工程量计算规则应按表 N.3 的规定执行。

表 N.3　采光天棚(编码:011303)

<table>
<tr><th>项目编码</th><th>项目名称</th><th>项目特征</th><th>计量单位</th><th>工程量计算规则</th><th>工作内容</th></tr>
<tr><td>011303001</td><td>采光天棚</td><td>1. 骨架类型
2. 固定类型、固定材料品种、规格
3. 面层材料品种、规格
4. 嵌缝、塞口材料种类</td><td>m²</td><td>按框外围展开面积计算</td><td>1. 清理基层
2. 面层制安
3. 嵌缝、塞口
4. 清洗</td></tr>
</table>

注:采光天棚骨架不包括在本节中，应单独按本规范附录 F 相关项目编码列项。

N.4　天棚其他装饰

天棚其他装饰工程量清单项目的设置、项目特征描述的内容、计量单位及工程量计算规则应按表 N.4 的规定执行。

表 N.4　天棚其他装饰(编码:011304)

项目编码	项目名称	项目特征	计量单位	工程量计算规则	工作内容
011304001	灯带(槽)	1. 灯带形式、尺寸 2. 格栅片材料品种、规格 3. 安装固定方式	m^2	按设计图示尺寸以框外围面积计算	安装、固定
011304002	送风口、回风口	1. 风口材料品种、规格 2. 安装固定方式 3. 防护材料种类	个	按设计图示数量计算	1. 安装、固定 2. 刷防护材料

【案例分析 6-1-11】

某工程现浇井字梁顶棚如图 6-9-1 所示,混合砂浆打底,试编制天棚工程量清单。

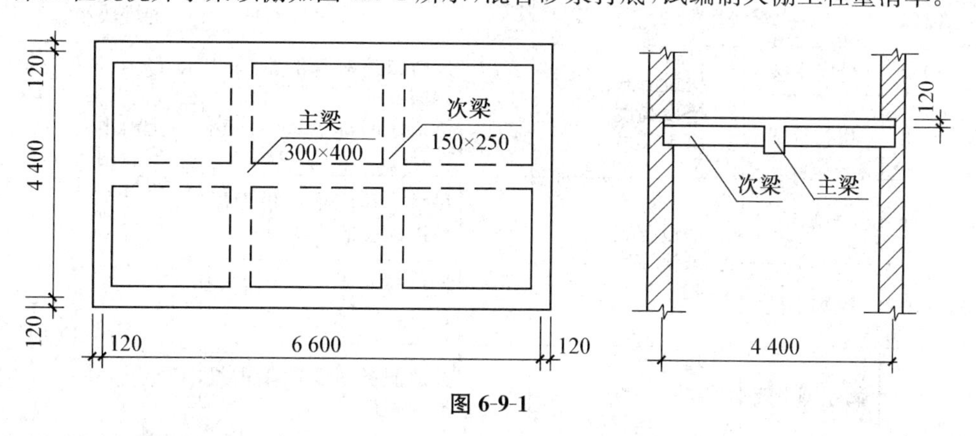

图 6-9-1

【解】 计算工程量

天棚混合砂浆抹灰工程量:

$S=(6.60-0.24)\times(4.40-0.24)+(0.40-0.12)\times6.36\times2+(0.25-0.12)\times3.86\times2\times2-(0.25-0.12)\times0.15\times4=31.95\ m^2$

表 6-9-1　天棚装饰工程量清单

工程名称:某工厂车间

序号	项目编码	项目名称	项目特征	计量单位	工程量	金额(元)	
						综合单价	合价
1	011301001001	混合砂浆天棚抹灰	20 mm 厚混合砂浆面层;	m^2	31.95		

行动领域 10　附录 S　措施项目

S.1　脚手架工程

脚手架工程工程量清单项目设置、项目特征描述的内容、计量单位及工程量计算规则，应按表 S.1 的规定执行。

表 S.1　脚手架工程(编码:011701)

项目编码	项目名称	项目特征	计量单位	工程量计算规则	工作内容
011701001	综合脚手架	1. 建筑结构形式 2. 檐口高度	m^2	按建筑面积计算	1. 场内、场外材料搬运 2. 搭、拆脚手架、斜道、上料平台 3. 安全网的铺设 4. 选择附墙点与主体连接 5. 测试电动装置、安全锁等 6. 拆除脚手架后材料的堆放
011701002	外脚手架	1. 搭设方式 2. 搭设高度 3. 脚手架材质		按所服务对象的垂直投影面积计算	1. 场内、场外材料搬运 2. 搭、拆脚手架、斜道、上料平台 3. 安全网的铺设 4. 拆除脚手架后材料的堆放
011701003	里脚手架			按搭设的水平投影面积计算	
011701004	悬空脚手架	1. 搭设方式 2. 悬挑宽度 3. 脚手架材质		按搭设长度乘以搭设层数以延长米计算	
011701005	挑脚手架			按搭设的水平投影面积计算	
011701006	满堂脚手架	1. 搭设方式 2. 搭设高度 3. 脚手架材质		按所服务对象的垂占投影面积计算	
011701007	整体提升架	1. 搭设方式及启动装置 2. 搭设高度		按所服务对象的垂直投影面积计算	1. 场内、场外材料搬运 2. 选择附墙点与主体连接 3. 搭、拆脚手架、斜道、上料平台 4. 安全网的铺设 5. 测试电动装置、安全锁等 6. 拆除脚手架后材料的堆放
011701008	外装饰吊篮	1. 升降方式及启动装置 2. 搭设高度及吊篮型号		按所服务对象的垂直投影面积计算	1. 场内、场外材料搬运 2. 吊篮的安装 3. 测试电动装置、安全锁、平衡控制器等 4. 吊篮的拆卸

(续表)

注：1. 使用综合脚手架时，不再使用外脚手架、里脚手架等单项脚手架；综合脚手架适用于能够按“建筑面积计算规则”计算建筑面积的建筑工程脚手架，不适用于房屋加层、构筑物及附属工程脚手架。
2. 同一建筑物有不同檐高时，按建筑物竖向切面分别按不同檐高编列清单项目。
3. 整体提升架已包括 2 m 高的防护架体设施。
4. 脚手架材质可以不描述，但应注明由投标人根据工程实际情况按照国家现行标准《建筑施工扣件式钢管脚手架安全技术规范》JGJ 130、《建筑施工附着升降脚手架管理暂行规定》(建[2000]230号)等规范自行确定。

S.2　混凝土模板及支架(撑)

混凝土模板及支架(撑) 工程量清单项目设置、项目特征描述的内容、计量单位及工程量计算规则，应按表 S.2 的规定执行。

表 S.2　混凝土模板及支架(撑)编码(011702)

<table>
<tr><th>项目编码</th><th>项目名称</th><th>项目特征</th><th>计量单位</th><th>工程量计算规则</th><th>工作内容</th></tr>
<tr><td>011702001</td><td>基础</td><td>基础类型</td><td rowspan="20">m^2</td><td rowspan="20">按模板与现浇混凝土构件的接触面积计算
1. 现浇钢筋混凝土墙、板单孔面积≤0.3 m^2的孔洞不予扣除，洞侧壁模板亦不增加；单孔面积>0.3 m^2时应予扣除，洞侧壁模板面积并入墙、板工程量内计算
2. 现浇框架分别按梁、板、柱有关规定计算；附墙柱、暗梁、暗柱并入墙内工程量内计算
3. 柱、梁、墙、板相互连接的重叠部分，均不计算模板面积
4. 构造柱按图示外露部分计算模板面积</td><td rowspan="20">1. 模板制作
2. 模板安装、拆除、整理堆放及场内外运输
3. 清理模板粘结物及模内杂物、刷隔离剂等</td></tr>
<tr><td>011702002</td><td>矩形柱</td><td rowspan="3">柱截面形状
支撑高度</td></tr>
<tr><td>011702003</td><td>构造柱</td></tr>
<tr><td>011702004</td><td>异形柱</td></tr>
<tr><td>011702005</td><td>基础梁</td><td rowspan="5">梁截面形状
支撑高度</td></tr>
<tr><td>011702006</td><td>矩形梁</td></tr>
<tr><td>011702007</td><td>异形梁</td></tr>
<tr><td>011702008</td><td>圈梁</td></tr>
<tr><td>011702009</td><td>过梁</td></tr>
<tr><td>011702010</td><td>弧形、拱形梁</td><td rowspan="4">梁截面形状
支撑高度</td></tr>
<tr><td>011702011</td><td>直形墙</td></tr>
<tr><td>011702012</td><td>弧形墙</td></tr>
<tr><td>011702013</td><td>短肢剪力墙、电梯井壁</td></tr>
<tr><td>011702014</td><td>有梁板</td><td rowspan="7">支撑高度</td></tr>
<tr><td>011702015</td><td>无梁板</td></tr>
<tr><td>011702016</td><td>平板</td></tr>
<tr><td>011702017</td><td>拱板</td></tr>
<tr><td>011702018</td><td>薄壳板</td></tr>
<tr><td>011702019</td><td>空心板</td></tr>
<tr><td>011702020</td><td>其他板</td></tr>
</table>

(续表)

项目编码	项目名称	项目特征	计量单位	工程量计算规则	工作内容
011702021	栏板		m^2		1. 模板制作 2. 模板安装、拆除、整理堆放及场内外运输 3. 清理模板粘结物及模内杂物、刷隔离剂等
011702022	天沟、檐沟	构件类型		按模板与现浇混凝土构件的接触面积计算	
011702023	雨篷、悬挑板、阳台板	1. 构件类型 2. 板厚度		按图示外挑部分尺寸的水平投影面积计算，挑出墙外的悬臂梁及板边不另计算	
011702024	楼梯	构件类型		按楼梯(包括休息平台、平台梁、斜梁和楼层板的连接梁)的水平投影面积计算，不扣除宽度≤500 mm的楼梯井所占面积，楼梯踏步、踏步板、平台梁等侧面模板不另计算，伸入墙内部分亦不增加	
011702025	其他现浇构件			按模板与现浇混凝土构件的接触面积计算	
011702026	电缆沟、地沟	1. 沟类型 2. 沟截面		按模板与电缆沟、地沟接触的面积计算	
011702027	台阶	台阶踏步宽		按图示台阶水平投影面积计算，台阶端头两侧不另计算模板面积。架空式混凝土台阶，按现浇楼梯计算	
011702028	扶手	扶手断面尺寸		按模板与扶手的接触面积计算	
011702029	散水			按模板与散水的接触面积计算	
011702030	后浇带	后浇带部位		按模板与后浇带的接触面积计算	
011702031	化粪池	1. 化粪池部位 2. 化粪池规格		按模板与混凝土接触面积计算	
011702032	检查井	1. 检查井部位 2. 检查井规格			

注：1. 原槽浇灌的混凝土基础，不计算模板。

2. 混凝土模板及支撑(架)项目，只适用于以平方米计量，按模板与混凝土构件的接触面积计算。以立方米计量的模板及支撑(支架)，按混凝土及钢筋混凝土实体项目执行，其综合单价中应包含模板及支撑(支架)。

3. 采用清水模板时，应在特征中注明。

4. 若现浇混凝土梁、板支撑高度超过 3.6 m时，项目特征应描述支撑高度

S.3　垂直运输

垂直运输工程量清单项目设置、项目特征描述的内容、计量单位及工程量计算规则应按表 S.3 的规定执行。

表 S.3　垂直运输(011703)

项目编码	项目名称	项目特征	计量单位	工程量计算规则	工作内容
011703001	垂直运输	1. 建筑物建筑类型及结构形式 2. 地下室建筑面积 3. 建筑物檐口高度、层数	1. m^2 2. 天	1. 按建筑面积计算 2. 按施工工期日历天数计算	1. 垂直运输机械的固定装置、基础制作、安装 2. 行走式垂直运输机械轨道的铺设、拆除、摊销

注：1. 建筑物的檐口高度是指设计室外地坪至檐口滴水的高度(平屋顶系指屋面板底高度)，突出主体建筑物屋顶的电梯机房、楼梯出口间、水箱间、瞭望塔、排烟机房等不计入檐口高度。
2. 垂直运输指施工工程在合理工期内所需垂直运输机械。
3. 同一建筑物有不同檐高时，按建筑物的不同檐高做纵向分割，分别计算建筑面积，以不同檐高分别编码列项

S.4　超高施工增加

超高施工增加工程量清单项目设置、项目特征描述的内容、计量单位及工程量计算规则应按表 S.4 的规定执行。

项目七　房屋建筑与装饰工程工程量清单计价

【学习目标】

(1) 熟悉建设工程量清单计价的概念。

(2) 作为招标人,掌握建筑工程工程量清单的招标控制价的编制。

(3) 作为投标人,掌握建筑工程工程量清单计价方法和投标报价的编制。

【能力要求】

(1) 具有编制建筑工程工程量清单计价的能力。

(2) 逐步具备建筑工程造价确定与控制的能力,提升计量计价顶岗能力。

学习情境　建筑工程工程量清单计价

行动领域1　工程量清单计价相关规定

一、招标控制价

(一) 一般规定

(1) 国有资金投资的建设工程招标,招标人必须编制招标控制价。

(2) 招标控制价应由具有编制能力的招标人或受其委托具有相应资质的工程造价咨询人编制和复核。

(3) 工程造价咨询人接受招标人委托编制招标控制价,不得再就同一工程接受投标人委托编制投标 报价。

(4) 招标控制价按照本规范第5.2.1条的规定编制,不应上调或下浮。

(5) 招标控制价超过批准的概算时,招标人应将其报原概算审批部门审核。

(6) 招标人应在发布招标文件时公布招标控制价,同时应将招标控制价及有关资料报送工程所在地(或有该工程管辖权的行业管理部门)工程造价管理机构备查。

(二) 编制与复核

(1) 招标控制价应根据下列依据编制与复核:

1) 本规范;

2) 国家或省级、行业建设主管部门颁发的计价定额和计价办法;

3) 建设工程设计文件及相关资料;

4) 拟定的招标文件及招标工程量清单;

5) 与建设项目相关的标准、规范、技术资料;

6）施工现场情况、工程特点及常规施工方案；

7）工程造价管理机构发布的工程造价信息；工程造价信息没有发布的，参照市场价；

8）其他的相关资料。

（2）综合单价中应包括招标文件中划分的应由投标人承担的风险范围及其费用，招标文件中没有明 确的，如是工程造价咨询人编制，应提请招标人明确；如是招标人编制，应予明确。

（3）分部分项工程和措施项目中的单价项目，应根据拟定的招标文件和招标工程量清单项目中的特 征描述及有关要求确定综合单价计算。

（4）措施项目中的总价项目应根据拟定的招标文件中的措施项目清单按本规范规定计价。

（5）其他项目应按下列规定计价：

1）暂列金额应按招标工程量清单中列出的金额填写；

2）暂估价中的材料、工程设备单价应按招标工程量清单中列出的单价计入综合单价；

3）暂估价中的专业工程金额应按招标工程量清单中列出的金额填写；

4）计日工应按招标工程量清单中列出的项目根据工程特点和有关计价依据确定综合单价计算；

5）总承包服务费应根据招标工程量清单列出的内容和要求估算；

（6）规费和税金应按本规范规定计算。

二、投标报价

（一）一般规定

（1）投标人必须按招标工程量清单填报价格。项目编码、项目名称、项目特征、计量单位、工程量必须与招标工程量清单一致。

（2）投标报价不得低于工程成本。

（3）投标人的投标报价高于招标控制价的应予废标。

（二）编制与复核

（1）投标报价应根据下列依据编制和复核：

1）本规范；

2）国家或省级、行业建设主管部门颁发的计价定额和计价办法；

3）企业定额，国家或省级、行业建设主管部门颁发的计价定额和计价办法；

4）招标文件、招标工程量清单及其补充通知、答疑纪要；

5）建设工程设计文件及相关资料、相关施工技术方案等其他技术资料。

（2）综合单价中应包括招标文件中划分的应由投标人承担的风险范围及其费用，招标文件中没有明确的，应提请招标人明确。

（3）分部分项工程和措施项目中的单价项目，应根据招标文件和招标工程量清单项目中的特征描述确定综合单价计算。

（4）措施项目中的总价项目金额应根据招标文件中的措施项目清单及投标时拟定的施工组织设计或施 工方案按本规范规定自主确定。其中安全文明施工费应按照本规范的规定确定。

（5）其他项目应按下列规定报价：

1）暂列金额应按招标工程量清单中列出的金额填写；

2）材料、工程设备暂估价应按招标工程量清单中列出的单价计入综合单价；

3）专业工程暂估价应按招标工程量清单中列出的金额填写；

4）计日工应按招标工程量清单中列出的项目和数量，自主确定综合单价并计算计日工金额；

5）总承包服务费应根据招标工程量清单中列出的内容和提出的要求自主确定。

（6）规费和税金应按本规范第3.1.7条的规定确定。

（7）招标工程量清单与计价表中列明的所有需要填写单价和合价的项目，投标人均应填写且只允许有一个报价。未填写单价和合价的项目，视为此项费用已包含在已标价工程量清单中其他项目的单价和合价之中。竣工结算时，此项目不得重新组价予以调整。

措施项目中的总价项目金额应根据招标文件中的措施项目清单及投标时拟定的施工组织设计或施 工方案按本规范第3.1.4条的规定自主确定。其中安全文明施工费应按照本规范规定确定。

（8）投标总价应当与分部分项工程费、措施项目费、其他项目费和规费、税金的合计金额一致。

三、综合单价确定方法

（一）直接套用定额组价

（1）单项定额组价，是指一个分项工程的清单综合单价仅用一个定额项目组合而成 。

1）这种项目有以下特点：

① 内容比较简单；

②《计价规范》与所使用定额中的工程量计算规则相同。

2）组价方法

第一步：直接套用定额的消耗量；

第二步：计算工料费用，包括人工费、材料费、机械费；

工料费用（直接工程费）＝$\sum$（工料机消耗量×工料机单价）。

第三步：计算企业管理费及利润；

建筑工程企业管理费＝直接工程费×管理费率

装饰工程企业管理费＝人工费×管理费率；

建筑工程利润＝（直接工程费＋企业管理费）×利润率；

装饰工程利润＝人工费×利润率。

第四步：根据招标文件规定的风险计算风险费用。

第五步：汇总形成综合单价。

综合单价＝直接工程费＋企业管理费＋利润＋风险费用

（二）重新计算工程量及复合组价

（1）重新计算工程量及复合组价，是指工程量清单给出的分项工程项目的单位，与所用的消耗量定额的单位不同，或工程量计算规则不同，需要按消耗量定额的计算规则重新计算工程量来组价综合单价。

1）工程量清单是根据《计价规范》计算规则编制的，综合性很强，其工程量的计量单位可能与所使用的消耗量定额的计量单位不同。如砖基础，清单工程量是 m^3，（工程内容：砂浆制作、运输；砌砖；防潮层铺设；材料运输），这里“防潮层铺设”就需要重新计算其工程量，且单位为 m^2。

2）特点

① 内容比较复杂；

②《计价规范》与所使用定额中工程量计算规则不相同。

（2）组价方法

第一步：重新计算工程量，指根据所使用定额中的工程量计算规则计算出多个子项工程量。

第二步：根据（1. 直接套用定额组价方法）计算出多个子项工程量综合单价

第三步：汇总形成综合单价

（3）综合单价计算

综合单价＝ $\sum$（直接费＋企业管理费＋利润 ＋ 风险费用）÷ 清单工程量

（其中直接费＝人工费＋材料费＋工程设备费、施工机具使用费）

行动领域 2　工程量清单计价案例分析

【案例分析 7-1-1】　根据《建设工程工程量清单计价规范》GB 50854—2013 和项目十附录建筑结构施工图纸编制公用工程楼平整场地工程量清单及工程量清单投标报价。

【解】　直接套用定额组价

1. 招标人根据清单规范、施工图纸计算平整场地清单工程量。

$S_{清单}=a\times b=36.24\times 16.24=588.54\ m^2$

2. 投标人根据图纸及江西省定额报价。

平整场地定额计价工程量：

$S_{定额}=(a+4)(b+4)=814.46\ m^2$

三类工程，企业管理费 5.45％、利润 4％

定额基价 A1－1：2.385 3 元/m^2，2012 年：47 元/工日，2004 年：23.5 元/工日

3. 综合单价计算：A1－1　直接工程费＝2.385 3 元/m^2×814.46 m^2＝1 942.73 元

企业管理费＝5.45％×1 942.73 元＝105.87 元

利润＝（直接费＋企业管理费）×4％＝81.944 元

人工价差＝（47－23.5）×814.46 m^2×0.101 5 工日/m^2＝1 942.7 元

合计：4 073.24 元

平整场地清单综合单价＝4 073.24 元÷588.54 m^2＝6.92 元/m^2

【案例分析 7-1-2】　如图 7-2-1 所示：某工厂车间为 240 mm 厚墙体，图中尺寸为毫米，现浇水磨石地面面层设计为 100 mm 混凝土垫层，20 mm 厚 1∶3 水泥砂浆找平层，3 mm 玻璃嵌条，15 mm厚水磨石面层，试编制工程量清单及工程量清单计价。

【解】　重新计算工程量及复合组价

1. 招标人根据图纸计算：

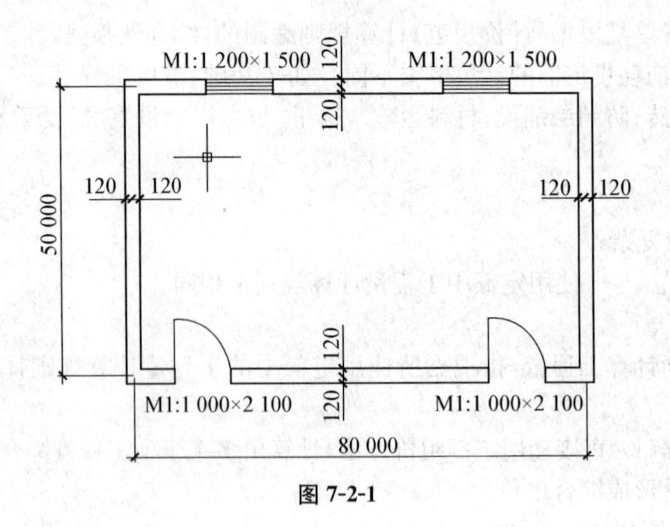

图 7-2-1

水磨石地面面层：

$S_{磨}$＝(80－0.24)×(50－0.24)×49.76＝3 968.86 m^2

2. 投标人计算工程量：

(1) 100 mm 厚 C10 混凝土垫层：$V_{垫}$＝3 968.86×0.1＝396.89 m^3

(2) 20 mm 厚水泥砂浆找平层：$S_{找平}$＝3 968.86 m^2

(3) 水磨石面层：$S_{磨}$＝3 968 386 m^2

3. 投标人报价计算：

(1) C10 混凝土垫层(A4－13)

直接工程费＝396.89 m^3×175.406 元/m^3＝69 616.89 元

(三类工程)管理费：69 616.89×5.45%＝3 794.12 元

利润：(69 616.89＋3 794.12)×4%＝2 936.44 元

小计：a＝76 347.45 元

(2) 20 mm 厚 1∶3 水泥砂浆找平层(B1－1)

直接工程费＝3 968.86 m^2×6.651 8 元/m^2＝26 400.06 元

(其中人工费＝3 968.86 m^2×2.807 3 元/m^2＝11 141.78 元)

15 mm 厚水磨石面层(套 B1－12 子目)

直接工程费＝3 968.86 m^2×33.384 0 元/m^2＝132 496.42 元

(其中人工费＝3 968.86 m^2×20.317 8 元/m^2＝80 638.50 元)

找平层及面层直接工程费合计：26 400.06＋132 496.42＝158 896.48 元

(其中找平层及面层人工费合计：11 141.78＋80 638.50＝91 780.28 元)

管理费＝91 780.28×13.33%＝12 234.31 元

利润：91 780.28×12.72%＝11 674.45 元

∴ 小计 b＝直接工程费＋管理费＋利润＝158 896.48＋12 234.31＋11 674.45＝182 805.24 元

清单综合单价＝$\sum$(直接费＋企业管理费＋利润＋风险费用)÷清单工程量＝(a＋b)÷3 968.86＝65.30(元/m^2)　(注：本工程暂不考虑风险费用)

表 7-2-1　分部分项工程和措施项目计价表

工程名称:某工厂车间

序号	项目编码	项目名称	项目特征	计量单位	工程量	金额(元)	
						综合单价	合价
1	011101002001	现浇水磨石地面	15 mm 厚水磨石面层;C10 混凝土垫层 100 厚;1∶3 水泥砂浆找平层 20 厚	m^2	3 968.86	65.30	259 152.69

【综合案例分析 7-1-3】

某教学楼基础工程分别为混凝土垫层砖带型基础,混凝土垫层钢筋混凝土独立柱基础,土壤类别为三类土。由于工程较小,采用人工挖土,移控夯填,余土(60 cm)场内堆放,不考虑场外运输。室外地坪标高−0.3 m,场内地坪为 8 cm 厚混凝土垫层,2 cm 厚水泥砂浆面层。砖基垫层,柱基垫层与柱混凝土均为 C20 混凝土,基础垫层均考虑支模板。基础平面剖面图如图 7-2-2 所示。已知轴线尺寸为墙中心线,墙厚 240 mm。

[问题]:(1) 根据 2004 年《江西省建筑工程消耗量定额及统一基价表》的规定,计算该工程的相关工程量(定额计价工程量)。

(2) 套用定额基价计算该工程直接工程费。

(3) 根据国家标准《建设工程工程量清单计价规范 2013》计算该工程的相关工程量(清单工程量);并列出"分部分项工程量清单"。(作为招标人)

(4) 根据《江西省建筑工程消耗量定额及统一基价表》及《取费定额》计算该工程分部分项工程量的综合单价;并列出分部分项工程量清单计价表。(作为投标人)

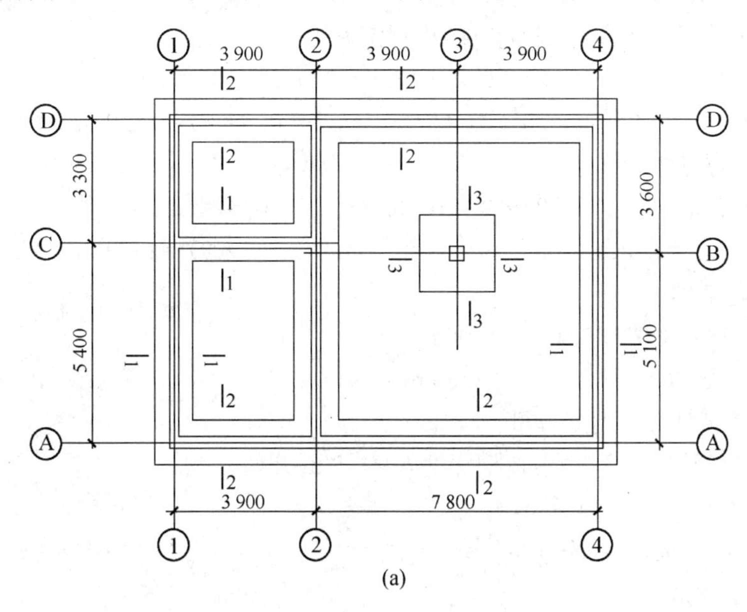

(a)

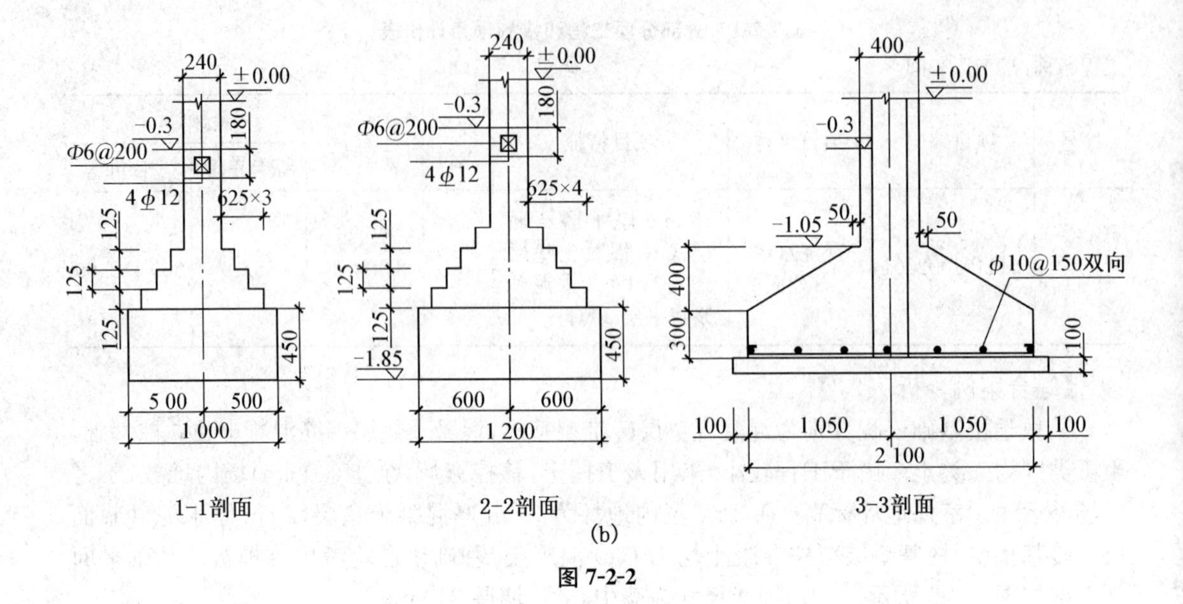

(b)

图 7-2-2

[解]

[问题](1)(2)

1. 计算分部分项各相关定额计价工程量。

(1) 根据图纸计算人工平整场地工程量:(及根据江西省预算定额计算规则)

$S_{平}=(8.94+2\times2)\times(11.94+2\times2)$

$=12.94\times15.94$

$=206.26\ m^2$

(2) 根据图纸计算人工挖基槽长度:根据定额得知:

1-1 剖面:$L_{1-1}=(8.7+1.2)\times2$ 条$+(3.9-0.5-0.6)=22.6$ m

2-2 剖面:$L_{2-2}=(11.7-0.5\times2)\times2$ 条$+(8.7-0.6\times2)=28.9$ m

(3) 计算混凝土垫层长度:

1-1 剖面:$L_{1-1}=(8.7+1.2)\times2$ 条$+(3.9-0.5-0.6)=22.6$ m

2-2 剖面:$L_{2-2}=(11.7-0.5\times2)\times2$ 条$+(8.7-0.6\times2)=28.9$ m

(4) 计算砖基础长度:

L_{1-1}:$8.7\times2+(3.9-0.24)=21.06$ m

L_{2-2}:$11.7\times2+(8.7-0.24)=31.86$ m

(5) 根据图纸计算下列工程量:

查江西省定额知:土壤三类:挖槽深度 $h>1.5$ m 开始放坡。

放坡系数 $n=0.33$,$c=0.3$ m,

挖槽深度 $h=1.85-0.3=1.55$ m

从垫层下表面放坡:

∴ 挖基槽工程量:$V_{1-1}=(a+2c+kh)h\times L_{1-1}$

$=(1+2\times0.3+0.33\times1.55)\times1.55\times22.6$

$=73.97\ m^3$

$V_{2-2}=(1.2+2\times0.3+0.33\times1.55)\times1.55\times28.9$

$=103.54\ m^3$

人工挖基槽小计：$V=V_{1-1}+V_{2-2}=73.97+108.56=177.51\ m^3$

(6) 基础混凝土垫层 C20 工程量：(V＝垫层宽×垫层厚×垫层长)

砖基垫层：$V_1=1\times0.45\times22.6+1.2\times0.45\times28.9=25.78\ m^3$

柱基垫层：$V_2=2.3\times2.3\times0.1=0.529\ m^3$

基础混凝土垫层体积小计 $V=25.78+0.529=26.31\ m^3$

室内地面 $S_{净}$＝底层建筑面积－墙体面积

$=8.94\times11.94-(11.7+8.7)\times2\times0.24-(8.46+3.66)\times0.24$

$=94.04\ m^2$

∴ 室内地面混凝土垫层 $V=S_{净}\times$垫层厚$=94.04\times0.08=7.523\ m^3$

水泥地面(20 厚)面层面积 94.04 m^2

(7) 柱基础人工挖地坑工程量，已知 $a=2.1+0.1\times2=2.3$ m(独立基础 2.1M 宽，垫层每边宽 0.1 M)

$$V=(a+2c+kh)^2h+\frac{1}{3}k^2h^3$$

$$=(2.3+2\times0.3+0.33\times1.55)^2\times1.55+\frac{1}{3}\times0.33^2\times1.55^3=18.18\ m^3$$

(8) 独立柱基础 C20 混凝土工程量

$a=b=2.1$ m，$a_1=b_1=0.4+0.05\times2=0.5$ m，$h=0.4$ m

上部：$V_{棱台}=\frac{h}{6}[a_1b_1+(a_1+a)(b_1+b)+ab]$

∴ 混凝土柱基小计：$V=V_{下部}+V_{棱台}$

$$=2.1\times2.1\times0.3+\frac{0.4}{6}\times[0.5\times0.5+(0.5+2.1)\times(0.5+2.1)+2.1\times2.1]$$

$=2.084\ m^3$

(9) 砖基础工程量：(大放脚体积)V＝基础断面积×基础长

$1.85-0.45-0.125\times3=1.025$ m

1－1 剖面：$V_{1-1}=[(0.615+0.49+0.365)\times0.125+(1.025-0.18)\times0.24]\times21.06=8.15\ m^3$

2－2 剖面：$V_{2-2}=[(0.74+0.615+0.49+0.365)\times0.125+(1.025-0.125-0.18)\times0.24]\times31.86=14.31m^3$

∴ 砖基础体积小计：$8.15+14.31=22.46\ m^3$

(10) 圈梁 C20 混凝土工程量：

V＝梁断面面积×梁长

$=0.18\times0.24\times(21.06+31.86)=2.286\ m^3$

(11) 计算回填土工程量：

$V=V_{挖}-V_{下埋}$

① 基础回填体积 $V_{基}$＝挖方体积－室外设计地坪以下埋设砌筑物

即回填土体积＝挖方体积－基础垫层体积－砖基础体积－圈梁体积－独立柱基体积－

(−0.3 m 以下柱子)＋高出设计室外地坪砖基体积

② 室外回填土体积，按主墙间的面积乘以回填土厚度计算

即 $V_{室}$＝室内净面积×(设计室内外高差－地面面层厚－地面垫层厚)

±0.00～0.3 m 的砖基础：0.3×0.24×(21.06＋31.86)＝3.81 m^3

−0.3 m～−1.05 m 的柱子：0.4×0.4×(1.05−0.3)＝0.12 m^3

槽　坑　砖基　圈梁　垫层　柱基　柱子

∴ $V_{基础}$＝177.51＋18.18－(22.46＋2.286＋26.31＋2.084＋0.12)＋3.81＝146.24 m^3

地面面层 地面垫层

$V_{室内}$＝94.04×(0.3－0.02－0.08)＝18.81 m^3

回填土小计 $V=V_{基础}+V_{室内}$＝146.24＋18.81＝165.05 m^3

(12) 人工外运土方工程量

运土体积＝总挖方量－总回填量

＝177.51＋18.18－165.05

＝30.64 m^3

(13) 独立基础模板工程量：

① S＝2.1×4×0.3＝2.52 m^2

② 圈梁模板工程量 S＝(21.06＋31.86)×0.18×2(侧)－0.24×0.18×4(交接处不支模)＝18.7 m^2

③ 混凝土垫层模板：

1-1 长　　　2-2 长

(22.6＋28.9)×0.45×2(侧)＝46.35 m^2

2.3×4×0.1＝0.92 m^2

小计：46.35＋0.92－(1.2×0.45×6＋1×0.45×2)＝43.13 m^2

(交接处不支模)

(14) 墙基防潮层工程量：

1-1 长　　2-2 长

S＝(21.06＋31.86)×0.24＝12.7 m^2

(15) (混凝土垫层)基底夯实工程量：

墙基 S＝22.6×1＋28.9×1.2＝52.78 m^2

(16) 地圈梁钢筋经计算为：

Φ6 重量：216.524 m×0.222 kg/m＝48.07 kg

Φ10 重量：64.65 m×0.617 kg/m＝39.89 kg

Φ12 重量：227.97 m×0.888 kg/m＝202.44 kg

2. 计算直接工程费：

套用 2004 年《江西省建筑装饰工程定额》、《消耗量定额及统一基价表》

表 7-2-2　分部分项工程预算表(某教学楼基础工程等项目定额计价)

序号	定额号	项目名称	单位	工程数量	单价(元)	总价(元)
1	A_1-1	人工平整场地	m^2	206.26	2.385 3	491.99
2	A_1-18	人工挖基槽(2 m 深内)	m^3	177.51	14.692 2	2 608.01
3	A_1-27	人工挖基坑(2 m 深内)	m^3	18.18	16.471 2	299.45
4	A_1-181	人工回填土(夯填)	m^3	165.05	8.329 6	1 374.80
5	A_3-191 换	人工运土]方(60 m)	m^3	30.64	7.501 2	229.84
6	A_4-182	基底夯实	m^2	52.78	0.638 6	33.71
7	A_3-1	砖基础	m^3	22.46	172.971	3 884.93
8	A_4-13 换	基础混凝土垫层 C10	m^3	26.31	181.59	4 777.63
9	A_4-13	地面混凝土垫层 C10	m^3	7.523	175.406	1 319.58
10	A1－18	现浇独立柱基础 C20	m^3	2.084	200.681	418.22
11	A_4-35	地圈梁 C20 混凝土	m^3	2.286	230.978	528.02
12	A_4 —445	现浇构件钢筋 Φ10 内	t	0.088	3 532.42	310.85
13	A_4-446	现浇构件钢筋 Φ10 外	t	0.204	3 393	692.17
14	$A_{10}-18$	独立基础木模板	m^2	2.52	15.827 6	39.89
15	$A_{10}-32$	基础混凝土垫层模板	m^2	43.13	14.838 4	639.98
16	$A_{10}-80$	地圈梁模板	m^2	18.7	16.025 9	299.69
17	A_1-88	墙基防潮层	m^2	12.7	7.298 5	92.69
18	B_1-6	水泥地面面层	m^2	94.042 8	8.392 1	789.22
		定额直接工程费合计 (即人工费、材料费、 及机械使用费)				18 830.67

3. 计算该工程分部分项工程项目各相关清单工程量。(根据清单计价规范)(由招标人编制)

工程量清单的概念：

工程量清单是指表达拟建工程的分部分项工程项目、措施项目、其他项目名称和相应数量的明细清单。

分部分项工程量清单表明了拟建工程的全部实体工程的名称和相应的工程数量，例如：

某工程人工平整场地 106.74 m^2，人工挖基槽 88.784 m^3，现浇 C20 钢筋混凝土独立基础 2.084 m^3 等等。

措施项目清单表明了为完成拟建工程全部分项实体工程而必须采取的措施性项目及相应费用，例如：

某工程大型施工机械设备(塔吊)进场及安拆；支模板、脚手架搭拆等项目。

其他项目清单主要表明了招标人提出的与拟建工程有关的特殊要求所发生的费用，例如：

某工程考虑可能发生的工程量变更而预先提出的预留金项目，零星工作项目费等。

工程量清单是招标投标活动中，对招标人和投标人都具有约束力的重要文件，是招标投标活动的重要依据。

[问题](3)

清单工程量计算：(招标人根据图纸及清单计价规范计算)

1. 人工平整场地：$S_{清}=8.94\times11.94=106.74\ m^2$

(净面积)

2. 计算人工挖基槽：$h=1.85-0.3=1.55\ m$

(实体体积，净体积)

1－1 剖面：L_{1-1}　$(8.7+1.2)\times2+(3.9-0.5-0.6)=22.6\ m$

2－2 剖面：L_{2-2}　$(11.7-0.5\times2)\times2+(8.7-0.6\times2)=28.9\ m$

$$V_{槽}=1\times1.55\times22.6+1.2\times1.55\times28.9=88.784\ m^3$$

3. 人工挖基坑：(净体积)

$$V_{坑}=2.3\times2.3\times1.55=8.20\ m^3$$

4. $V_{回填}$

$$\begin{cases}V_{基}=V_{挖}-V_{下埋}=88.784+8.2-53.26+3.81=47.534\ m^3\\V_{室内}=18.81\ m^3\end{cases}66.344\ m^3$$

$V_{运土}=V_{挖}-V_{回填}=88.784+8.2-47.534-18.81=30.64\ m^3$

5. 其余分部分项清单工程量同定额计价工程量：

6. 独立基础 C20 混凝土：$2.084\ m^3$

7. 砖条形基础：$22.46\ m^3$

8. 圈梁 C20 混凝土：$2.286\ m^3$

9. 现浇构件钢筋：Φ6：48.07 kg

Φ10：　39.89 kg

Φ12：　202.44 kg

分部分项工程量清单编制见下表：

表 7-2-3　分部分项工程和措施项目计价表(招标人编制)

工程名称：某教学楼(基础工程)

序号	项目编码	项目名称	项目特征	计量单位	工程数量
			土方工程		
1	010101001001	人工平整场地	土壤类别：三类土	m^2	106.74
2	010101003001	人工挖基槽	土壤类别：三类土 基础类型：带型标准砖基础 挖土深度：1.55 m	m^3	88.784
3	010101004001	人工挖基坑	土壤类别：三类土 基础类型：独立柱混凝土基础 挖土深度：1.55 m	m^3	8.20

(续表)

工程名称:某教学楼(基础工程)					
序号	项目编码	项目名称	项目特征	计量单位	工程数量
4	010103001001	人工基础回填土	土质要求:含砾石粉质黏土 密实度要求:密实 粒径要求:10～40 mm 砾石 夯填:分层夯填	m^3	47.53
5	010103001002	人工室内回填土	土质要求:含砾石粉质黏土 密实度要求:密实 粒径要求:10～40 mm 砾石 夯填:分层夯填	m^3	18.81
		砌筑工程			
6	010401001001	M_5水泥砂浆砌砖基础	垫层及厚度:C10 混凝土 砖品种、规格、强度:MU10 红机砖 基础类型:带型 基础深度:1.85 m 防潮层铺设 1∶2 水泥防水砂浆 20 厚	m^3	22.46
		混凝土及钢筋混凝土工程			
7	010501001001	独立柱基础	C20 混凝土现浇垫层及厚度:C10 混凝土,100 厚 混凝土拌和料要求:中砂 5～20,砾石	m^3	2.084
8	010501003001	地圈梁	C20 混凝土现浇 梁底标高:−0.48 m 梁截面 180 mm×240 mm 混凝土拌和料要求:中砂 5～20,砾石	m^3	2.286
9	010515001001	现浇构件钢筋 Φ10 以内	钢筋种类、规格:HPB300 级钢	t	0.095
10	010515001002	现浇构件钢筋 Φ10 以外	钢筋种类、规格:HPB300 级钢	t	0.204
		楼地面工程			
11	011101001001	水泥砂浆地面面层	垫层及厚度:C10 混凝土,厚 80 面层 20 厚,1∶2.5 水泥砂浆	m^2	94.042 8

[问题](4)

投标人根据施工图纸、施工方案、工程量清单、预算定额进行工程量清单计价,并进行分部分项工程综合单价的计算。

各分部分项清单工程量:

[解] 综合单价计算:

1. 平整场地:清单工程量=106.74 m^2

定额计价工程量＝206.26 m^2

参考《江西省定额》计算：

A_1-1：直接工程费＝206.26 m^2×2.3853 元/m^2＝491.99 元

管理费＝491.99 元×3.54％＝17.42 元

利润＝(491.99＋17.42)×3％＝15.28 元〈按三类工程取费〉

合计：524.69 元

∴ 平整场地综合单价＝524.59÷106.74＝4.92 元/m^2

2. 人工挖基槽：清单工程量＝88.784 m^3

定额计价工程量＝172.71 m^3

套定额：A_1-18 主项：172.71 m^3×14.692 2 元/m^3＝2 537.49 元

附项：A_1-191＋192×2：运土方(60 m)：27.91 m^3×7.5012 元/m^3＝209.36 元

附项：A_1-182：基底夯实：52.78 m^2×0.64 元/m^2＝33.78 元

直接费小计：2 780.63 元

管理费＝2 780.63×3.54％＝98.43 元

利润＝2 879.06×3％＝86.37 元

合计＝2 965.43 元

∴ 人工挖基槽综合单价＝2 965.43/88.784＝33.40 元/m^3

3. 人工挖基坑，清单工程量＝8.2 m^3

定额计价工程量＝18.18 m^3

A_1-27：18.18 m^3×16.471 2 元/m^3＝299.45 元

运土方：A_1-191 换：2.733 m^3×7.501 2 元/m^3＝20.5 元

直接费小计：319.95 元

管理费＝319.95×3.54％＝11.33 元

利润＝331.28×3％＝9.94 元

合计：341.22 元

∴ 挖基坑综合单价＝341.22/8.2＝41.61 元/m^3

其中，基槽回填土 $V_{回}=V_{槽}-V_{下埋}$＝172.71－50.526＋3.81＝125.99 m^3

$V_{运土}$＝172.71－125.99－18.81＝27.91 m^3

柱基回填土 $V_{回}=V_{坑}-V_{下埋}$＝18.18－2.733＝15.45 m^3

$V_{运土}=V_{坑}-V_{回}$＝18.18－15.45＝2.73 m^3

合计运土：27.91＋2.73＝30.64 m^3

合计回填：125.99＋15.45＋18.81(室内)＝160.25 m^3

4. 基础回填土：清单工程量＝47.53 m^3

定额计价工程量＝142.5 m^3

A_1-181：142.5 m^3×8.329 6 元/m^3＝1 186.97 元

管理费＝1 186.97×3.54％＝42.02 元

利润＝1 228.99×3％＝36.87 元

合计：1 265.86 元

∴ 基础回填土综合单价＝1 265.86÷47.53＝26.63 元/m^3

5. 室内回填土：清单工程量＝18.81 m^3

定额计价工程量＝18.81 m^3

A_1－181：18.81 m^3×8.239 6 元/m^3＝154.99 元

管理费＝154.99×3.54％＝5.49 元

利润＝160.473×3％＝4.814 元

合计：165.29 元

∴ 室内回填土综合单价＝165.29÷18.81＝8.787 元/m^3

工程名称：某教学楼（基础工程）：

表 7-2-4　分部分项工程和措施项目计价表（投标人编制）

工程名称：某教学楼　　金额（元）

序号	项目编码	项目名称	项目特征	计量单位	工程数量	综合单价	合价
			土方工程				
1	010101001001	人工平整场地	土壤类别：三类土	m^2	106.74	4.92	525.16
2	010101003001	人工挖基槽	土壤类别：三类土 基础类型：带型标准砖基础 挖土深度：1.55 m	m^3	88.784	33.4	2 965.43
3	010101004001	人工挖基坑	土壤类别：三类土 基础类型：独立柱混凝土基础 挖土深度：1.55 m	m^3	8.20	41.61	341.22
4	010103001001	人工基础回填土	土质要求：含砾石粉质黏土 密实度要求：密实 粒径要求：10～40 mm 砾石 夯填：分层夯填	m^3	47.53	26.63	65.72
5	010103001002	人工室内回填土	土质要求：含砾石粉质黏土 密实度要求：密实 粒径要求：10～40 mm 砾石 夯填：分层夯填	m^3	18.81	8.79	165.34
		砌筑工程					
6	010401001001	M5 水泥砂浆砌砖基础	垫层及厚度：C10 混凝土 砖品种、规格、强度：MU10 红机砖 基础类型：带型 基础深度：1.85 m 防潮层铺设 1∶2 水泥防水砂浆 20 厚	m^3	22.46	411.15	9 234.43
		混凝土及钢筋混凝土工程					
7	010501001001	独立柱基础	C20 混凝土现浇垫层及厚度：C10 混凝土，100 厚 混凝土拌和料要求：中砂 5～20，砾石	m^3	2.084	263.18	548.47

（续表）

序号	项目编码	项目名称	项目特征	计量单位	工程数量	综合单价	合价
8	010501003001	地圈梁	C20 混凝土现浇 梁底标高：−0.48 m 梁截面 180 mm×240 mm 混凝土拌和料要求：中砂 5～20，砾石	m^3	2.286	246.33	563.11
9	010515001001	现浇构件钢筋 Φ10 以内	钢筋种类、规格：HPB300 级钢	t	0.095	4 592.2	470.46
10	010515001002	现浇构件钢筋 Φ10 以外	钢筋种类、规格：HPB300 级钢	t	0.204	4 721.51	963.19
		楼地面工程					
11	011101001001	水泥砂浆地面面层	垫层及厚度：C10 混凝土，厚 80 面层 20 厚，1：2.5 水泥砂浆	m^2	94.042 8	24.31	2 286.63

各分部分项综合单价计算：

6. 砖带型基础：清单工程量＝22.46 m^3

定额计价工程量＝22.46 m^3

套定额：A_3－1：22.46×172.971＝3 884.93 元

A_4－13 换：混凝土垫层：25.78×181.59＝4 681.4 元

A_7－88：防潮层：12.7×7.3＝92.69 元

直接费小计＝8 659.01 元

管理费＝8 659.01×3.54%＝306.53 元

利润＝8 965.54×3%＝268.97 元

合计：9 234.51 元

∴ 砖基础综合单价＝9 234.51÷22.46＝411.15 元/m^3

7. 独立基础 C20 混凝土：清单工程量＝2.084 m^3

定额计价工程量＝2.084 m^3

A_4－18：2.084 m^3×200.781 元/m^3＝418.22 元

A_4－13 换：垫层：0.529 m^3×181.59 元/m^3＝96.06 元

直接费小计：514.28 元

管理费小计：18.21 元（计算方法同上）

利润：15.98 元

合计：548.46 元

∴ 独立基础混凝土综合单价＝548.46÷2.084＝263.18 元/m^3

8. 地圈梁 C20 混凝土：清单工程量＝2.286 m^3

定额计价工程量＝2.286 m^3

A_4－35：2.286 m^3×230.978 元/m^3＝528.02 元

管理费：528.02×3.43%＝18.69 元

利润：546.71×3%＝16.4 元

合计：563.11 元

∴ 地圈梁混凝土综合单价＝563.11÷2.286＝246.33 元/m^3

9. 现浇构件钢筋 Φ10 内：清单工程量＝定额工程量＝0.095 t

A_4－445：0.095 t×3 532.42 元/t＝335.58 元

管理费＝335.58×3.54%＝11.88 元

利润＝347.46×3%＝10.43 元

风险因素：材料差价：0.095 t×(4 200－3 015)元/t＝112.58 元

合计：470.46 元

∴ 现浇构件钢筋 Φ10 内综合单价＝470.46÷0.095＝4 952.2 元/t

10. 构件钢筋 Φ10 以外：清单工程量＝定额工程量＝0.204 t

A_4－446：0.204 t×3 393 元/t＝692.17 元

管理费＝692.17×3.54%＝24.5 元

利润＝21.5 元

材差＝0.204 t×(4 100－2 997)元/t＝225.01 元

合计：963.19 元

构件钢筋 Φ10 以外综合单价＝963.19÷0.204＝4 721.51 元/t

11. 水泥地面面层：清单工程量＝94.042 8 m^2

定额工程量＝94.042 8 m^2

套《江西省装饰定额》：B1－6：水泥面层：

直接费＝94.042 8 m^2×8.392 1 元/m^2＝789.22 元(其中人工费＝3.695 1 元/m^2×94.042 8 m^2＝347.5 元)

套《江西省建筑工程定额》：

A_4－13：混凝土垫层：7.523 m^3×175.406 元/m^3＝1 319.58 元

直接费小计：789.22＋1 319.58＝2 108.8 元

(注意：装饰工程定额是按人工费为基数取费的。)

管理费＝347.5×13.33%＋1 319.58×3.54%＝92.64 元

利润＝347.5×12.72%＋(1 319.58＋46.71)×3%＝85.19 元

合计：2 108.8＋92.64＋85.19＝2 286.63 元

水泥地面面层综合单价＝24.31 元/m^2(含垫层项目)

行动领域 3 工程量清单计价自主实践

1. 请完成本教材附录图纸公用工程楼项目施工图纸的平整场地、挖基槽、挖基坑、回填土方与土方外运等分部分项工程量清单计价并进行综合单价分析。

2. 请完成本教材附录公用工程楼项目施工图纸的现浇混凝土基础、现浇混凝土柱、现浇混凝土梁、板、楼梯的混凝土工程量；钢筋工程量；模板工程量等分部分项工程量清单计价；措施项目清单计价并进行综合单价分析。

实训课题

1. 如图所示，计算下图框架梁钢筋工程量清单计价。已知梁钢筋的保护层厚度为25 mm，抗震等级为四级抗震，钢筋的绑扎搭接长度为1.2L_{ae}，柱子截面尺寸为400×400，轴线尺寸为柱子中心线。

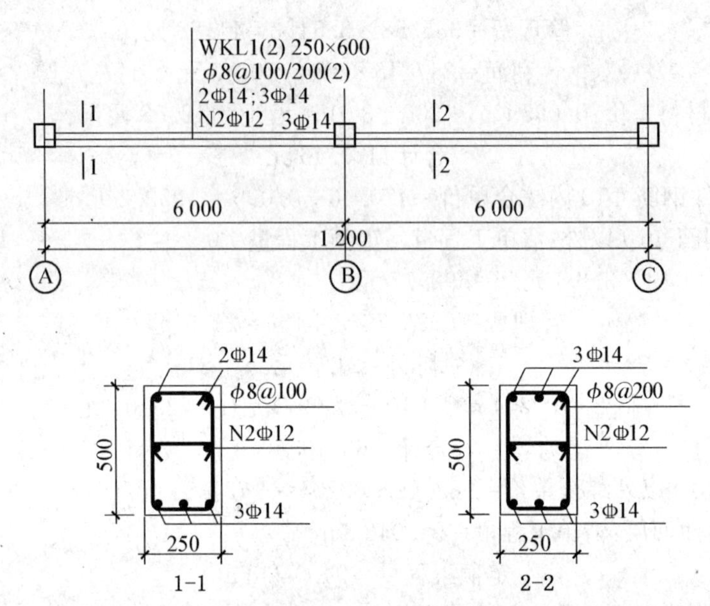

2. 计算下图现浇有梁板钢筋工程量清单计价。已知梁截面尺寸为250×600，图中轴线尺寸为梁的中心线，板、钢筋的保护层厚度为15 mm，板厚为100 mm。

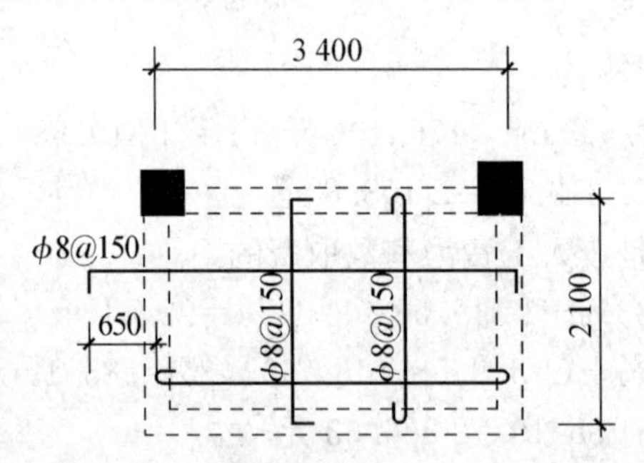

3. 根据公用工程楼一层平面图：1轴-2轴，A轴-C轴，

已知：地面按1∶3水泥砂浆15厚找平层，现浇水磨石地面面层。

任务1：计算分部分项水磨石地面面层清单工程量。

任务2：已知踢脚线高150 mm，计算踢脚线清单工程量。

4. 根据公用工程楼1轴-2轴、A轴-C轴，地面按1∶3水泥砂浆15厚找平层，现浇花岗岩地面面层。

任务1：计算地面花岗岩面层工程量

任务2：计算地面花岗岩踢脚线工程量(150 mm高)

5. 根据公用工程楼图示尺寸1轴-2轴、A轴-C轴(图7-1)

已知水泥找平层1∶2.5厚20 mm，大理石面层，地面垫层C10厚100 mm

任务 1:计算地面工程量清单综合单价

任务 2:编制地面工程量清单与计价表

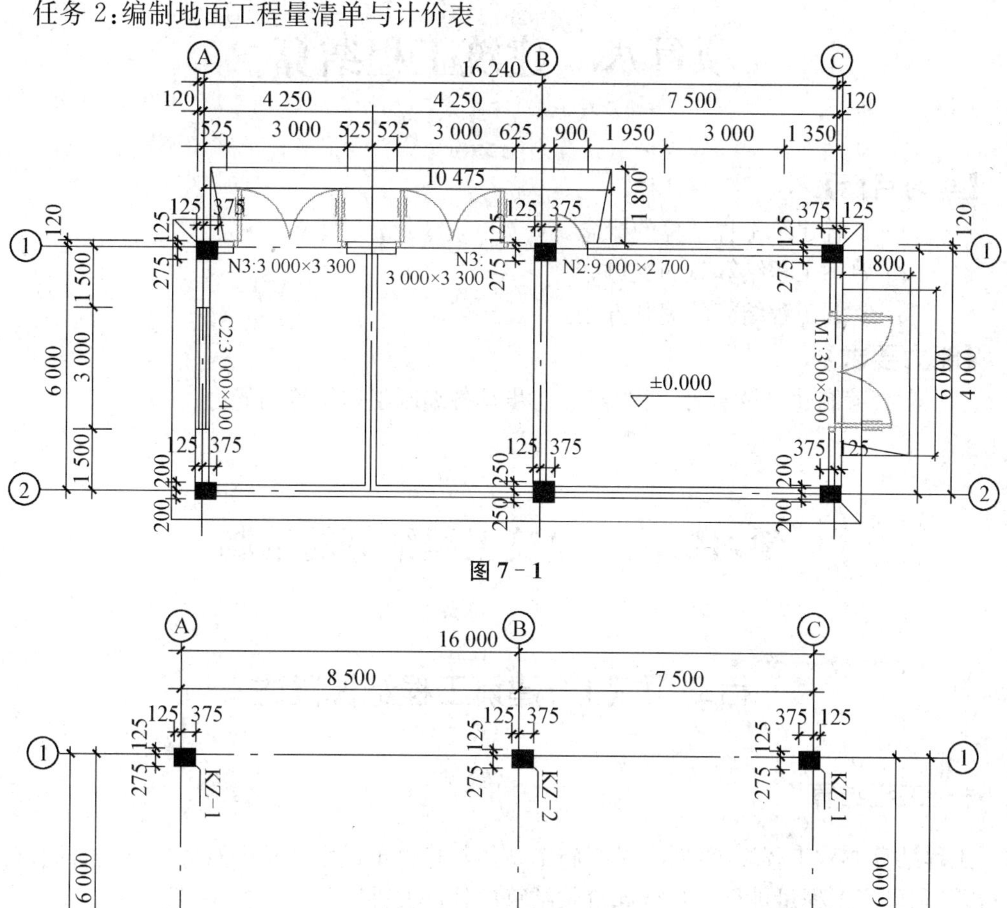

图 7 - 1

图 7 - 2

复习思考题

1. 土石方工程平整场地清单工程量如何计算,举例说明。
2. 挖基槽土方、挖基坑土方清单工程量如何计算,举例说明。
3. 土方工程回填土方包括哪些,清单综合单价如何计算? 写出项目编码。
4. 工程量清单包括哪些内容?
5. 工程量清单计价包含哪些内容?
6. 装饰工程块料面层清单工程量如何计算?
7. 楼地面整体面层综合单价如何组价?
8. 装饰满堂脚手架工程量清单综合单价如何计算,举例说明。
9. 现浇楼梯装饰块料面层清单工程量如何计算?

项目八　建筑工程结算

【学习目标】

(1) 了解建筑工程结算的概念。

(2) 熟悉工程结算款的支付。

(3) 掌握工程结算的编制方法。

【能力要求】

学会编制建筑及装饰工程结算,初步具备编制工程结算的能力。

学习情境　建筑工程结算的编制

行动领域 1　建筑工程结算概述

一、工程结算

工程结算亦称工程竣工结算,是指施工单位与建设单位之间根据双方签订的合同(含补充协议)和已完工程量进行工程合同价款结算的经济文件。

工程结算由承包人或受其委托的具有相应资质工程造价咨询人编制,由发包人或受其委托具有相应资质的工程造价咨询人核对。

二、工程结算的作用

(1) 工程结算是反映工程进度的主要指标。在施工过程中,工程结算的依据之一就是按照已完的工程进行结算,根据累计已结算的工程价款占合同总价款的比例,能够近似反映出工程的进度情况。

(2) 工程结算是加速资金周转的重要环节。施工单位尽快尽早地结算工程款,有利于偿还债务,有利于资金回笼,降低内部运营成本。通过加速资金周转,提高资金的使用效率。

(3) 工程结算是考核经济效益的重要指标。对于施工单位来说,只有工程款如数地结清,才意味着避免了经营风险,施工单位也才能够获得相应的利润,进而达到良好的经济效益。

三、工程结算的依据

(1) 定额及工程量计价清单规范。

(2) 施工合同。

(3) 工程竣工图纸及资料。

(4) 双方确认的工程量。

(5) 双方确认追加(减)的工程价款。

(6) 双方确认的索赔、现场签证事项及价款。

(7) 投标文件。

(8) 招标文件。

(9) 其他依据。

四、工程结算的分类

工程结算按时间和对象可分为:

(1) 定期结算。实行旬末或月中预支,月终结算,竣工后清算的方法。跨年度竣工的工程,在年终进行工程盘点,办理年度结算。

(2) 阶段结算。即当年开工,当年不能竣工的单项工程或单位工程按照工程形象进度,划分不同阶段进行结算。

(3) 年终结算。

(4) 竣工后一次结算。建设项目或单项工程全部建筑安装工程建设期在12个月以内,或者工程承包价值在100万元以下的,可以实行工程价款每月月中预支,竣工后一次结算。

(5) 合同约定的其他结算类型。

五、工程结算的方式

(一) 合同价加签证结算方式

(1) 合同价:系指按照国家有关规定由甲乙双方在合同中约定的工程造价。采用清单招标时,中标人填报的清单分项工程单价是承包合同的组成部分,结算时按实际完成的工程量,以合同中的工程单价为依据计算结算价款。

(2) 签证结算:对合同中未包括的条款,在施工过程中发生的历次工程变更所增减的费用,经建设单位(业主)或监理工程师签证后,与原中标合同一起结算。

(二) 施工图预算加签证结算方式

(1) 施工图预算:是在施工图设计阶段、施工招标投标阶段编制的,是确定单位工程预算造价的经济文件,一般由施工单位或设计单位编制。

(2) 签证结算:对施工图预算中未包括的条款,在施工过程中发生的历次工程变更所增减的费用,各种材料(构配件)预算价格与指导价的差价等,经建设单位(业主)或监理工程师签证后,与审定的施工图预算一起在竣工结算中调整。

(三) 平方米造价包干方式

承发包双方根据一定的工程资料,经协商签订每平方米造价指标的合同,结算时按实际完成的建筑面积汇总结算价款。

(四) 承包总价结算方式

这种方式的工程承包合同为总价承包合同。工程竣工后,暂扣合同价的2%～5%作为维修金,其余工程价款一次结清,在施工过程中所发生的材料代用、主要材料价差、工程量的变化等,如果合同中没有可以调价的条款,一般不予调整。因此,凡按总价承包的工程,一般都列有一项不可预见费用。

六、工程结算书内容

(一) 封面

内容包括工程名称、中标价、结算价、发包人、承包人、咨询价、编制人、复核人、编制日期等,并设有相关单位及人员签字盖章的位置。

(二) 编制说明

内容包括工程概况、编制范围、编制依据、编制方法、有关材料、设备、参数和费用说明、其他有关问题说明。

(三) 工程结算汇总表

内容包括单项工程名称、金额、备注等。

(四) 单项工程结算汇总表

内容包括单位工程名称、金额、备注等。

(五) 单位工程结算汇总表

内容包括分部分项工程费合计、措施项目费合计、其他项目费合计、零星工作费合计。

(六) 分部分项(措施、其他、零星)工程结算表

内容包括项目编码、项目名称、计量单位、工程数量、金额、备注等。

行动领域 2　工程结算款的支付

一、工程预付款

预付款又称开工备料款,一般是指发包单位(甲方)在开工前拨付给承包单位(乙方)一定限额的备料周转金。施工单位向建设单位预收备料款的数额取决于主要材料(包括外购构件)占合同造价的比重、材料储备期和施工工期等因素。

我国《建设工程价款结算暂行办法》中规定:

(1) 包工包料工程的预付款按合同约定拨付,原则上预付比例不低于合同金额的10%,不高于合同金额的30%,对重大工程项目,按年度工程计划逐年预付。计价执行《建设工程工程量清单计价规范》的工程,实体性消耗和非实体性消耗部分应在合同中分别约定预付款比例。

(2) 在具备施工条件的前提下,发包人应在双方签订合同后的一个月内或不迟于约定的开工日期前的7天内预付工程款,发包人不按约定预付,承包人应在预付时间到期后10天内向发包人发出要求预付的通知,发包人收到通知后仍不按要求预付,承包人可在发出通知14天后停止施工,发包人应从约定应付之日起向承包人支付应付款的利息(利率按同期银行贷款利率计),并承担违约责任。

(3) 预付的工程款必须在合同中约定抵扣方式,并在工程进度款中进行抵扣。

预付备料款限额=年度承包工程总值×主要材料所占比重/年度施工日历天数×材料储备天数。

一般建筑工程不应超过当年建筑工作量(包括水、电、暖)的30%,安装工程按年安装工

作量的10%，材料占比重较多的安装工程按年计划产值的15%左右拨付。

二、预付备料款的扣回

施工企业对工程备料款只有使用权，没有所有权。它是建设单位（业主）为保证施工生产顺利进行而预交给施工单位的一部分垫款。当施工到一定程度后，材料和构配件的储备量将减少，需要的工程备料款也随之减少，此后办理工程价款结算时，应开始扣还工程备料款。扣还的工程备料款，以冲减工程结算价款的方法逐次抵扣，工程竣工时备料款全部扣完。

（一）工程备料款的起扣点

指工程备料款开始扣还时的工程进度状态。

确定工程备料款起扣点的原则：未完工程所需主要材料和构件的费用，等于工程备料款的数额。

（二）工程备料款的起扣点有两种表示方法

（1）累计工作量起扣点：用累计完成建筑安装工作量的数额表示。

（2）工作量百分比起扣点：用累计完成建筑安装工作量与承包工程价款总额的百分比表示。

按累计工作量确定起扣点时，应以未完工程所需主材及结构构件的价值刚好和备料款相等为原则。

工作备料款的起扣点可按下式计算：

$$T=P-M/N$$

式中：T——起扣点，即预付备料款开始扣回时的累计完成工作量（元）；

P——承包工程价款总额；

M——预付备料款限额；

N——主要材料所占比重。

应扣回预付备料款=（累计完成产值－起扣点）×主要材料所占比重。

在实际经济活动中，情况比较复杂，有些工程工期较短，就无需分期扣回。有些工程工期较长，如跨年度施工，在上一年预付备料款可以不扣或少扣，并于次年按应付备料款调整，多退少补。

三、工程进度款的支付（中间结算）

施工企业在施工过程中，按逐月（或形象进度，或控制界面等）完成的工程数量计算各项费用，与建设单位（业主）之间按照预先约定的程序和办法办理工程进度款的支付（即中间结算）。

我国《建设工程价款结算暂行办法》中规定：

根据确定的工程计量结果，承包人向发包人提出支付工程进度款申请，14天内，发包人应按不低于工程价款的60%、不高于工程价款的90%向承包人支付工程进度款。按约定时间发包人应扣回的预付款，与工程进度款同期结算抵扣。

工程进度款的支付步骤为：

工程量测量与统计→提交已完工程量报告→工程师审核并确认→建设单位认可并审批→

交付工程进度款

应扣回预付备料款＝当月(期)完成产值×主要材料所占比重

当月应支付结算款＝当月(期)完成产值－应扣回预付备料款

四、工程尾期支付款的结算

这时的结算除按中间结算方法计取外，还应扣留建设工程质量保证(保修)金。

工程质量保证(保修)金是指发包人与承包人在建设工程承包合同中约定，从应付的工程款中预留，用以保证承包人在缺陷责任期(即质量保修期)内对建设工程出现的缺陷进行维修的资金。

全部或者部分使用政府投资的建设项目，按工程价款结算总额5%左右的比例预留保证金，社会投资项目采用预留保证金方式的，预留保证金的比例可以参照执行发包人与承包人应该在合同中约定保证金的预留方式及预留比例。

【案例分析8-1-1】 某建筑工程承包合同额为900万元，工期为7个月，承包合同规定：主要材料及构配件金额占合同总额64%；甲方向乙方预付25%的价款作为工程预付备料款；工程预付款应从未施工工程尚需的主要材料及构配件的价值相当于预付备料款时起扣，每月以抵充工程款的方式陆续收回；工程保修金为承包合同价的4%；按月进度进行结算。

由业主委托的监理工程师代表签认的承包商各月实际完成的建安工程量，见表8-1-1(单位：万元)。

月份	1	2	3	4	5	6	7
实际完成的建安工程量价款	180	150	120	140	110	95	105

【解】 (1) 工程预付备料款＝900×25%＝225(万元)

(2) 起扣点＝900—225/64%＝548.4(万元)

(3) 表8-1-2(单位：万元)

月份	1	2	3	4	5	6	7
实际完成的建安工程量价款	180	150	120	140	110	95	105
累计完成的建安工程量价款	180	330	450	590	700	795	900

从表中可以看出，从4月份开始扣回工程预付款。

(4) 4月份应扣回工程预付款＝(590－548.4)×64%＝26.6(万元)

5月份应扣回工程预付款＝110×64%＝70.4(万元)

6月份应扣回工程预付款＝95×64%＝60.8(万元)

7月份应扣回工程预付款＝105×64%＝67.2(万元)

7月份应扣工程保修金＝900×4%＝36(万元)

(5) 表8-1-3(单位：万元)

月份	1	2	3	4	5	6	7
实际完成的建安工程量价款	180	150	120	140	100	95	105
当月应支付结算款	180	150	120	113.4	36	34.2	1.8

行动领域3　工程结算编制实例

公用工程楼工程已竣工，在工程施工过程中发生了一些变更情况，根据这些情况需要编制工程结算。

一、公用工程楼工程变更情况

公用工程楼基础平面图，基础详图见下页附图。

第Ⓐ轴的②～③段，地梁由DL－2改为DL－1；

第Ⓐ轴的⑥～⑦段，地梁由DL－2改为DL－1。

二、计算调整工程量(室外地坪以下，采用清单方式)

(一) 第Ⓐ轴的②～③段，第Ⓐ轴的⑥～⑦段原工程量

1. C25混凝土基础梁

第Ⓐ轴的②～③段(6.00－0.40)×0.30×0.50－[(0.20＋0.95)/2×0.25×0.30＋0.95×0.30×0.25]×2＝0.611(m^3)

第Ⓐ轴的⑥～⑦段(6.00－0.475)×0.30×0.50－[(0.20＋0.95)/2×0.25×0.30＋0.95×0.25×0.30－[(0.05＋0.85)/2×0.20×0.30＋0.85×0.25×0.30]＝0.624(m^3)

2. C25混凝土基础梁模板

第Ⓐ轴的②～③段5.60×0.50×2－[(0.20＋0.95)/2×0.25＋0.95×0.25]×2×2－0.30×0.50＝3.925(m^2)

第Ⓐ轴的⑥～⑦段5.525×0.50×2－[(0.20＋0.95)/2×0.25＋0.95×0.25]－[(0.05＋0.85)/2×0.20＋0.85×0.25]－0.30×0.50＝4.691 3(m^2)

3. C25　GZ

第Ⓐ轴的⑥～⑦段(0.24×0.24＋0.24×0.03×3)×1.45＝0.115(m^3)

4. C25　GZ模板

第Ⓐ轴的⑥～⑦段(0.36＋0.06×4)×1.45＝0.87(m^2)

5. M10水泥砂浆砖基础

第Ⓐ轴的②～③段5.60×0.24×1.45－[(0.05＋0.20)/2×0.05×0.24]×2＝1.946(m^3)

第Ⓐ轴的⑥～⑦段5.525×0.24×1.45－[(0.05＋0.20)/2×0.05×0.24]－0.115(GZ)＝1.806(m^3)

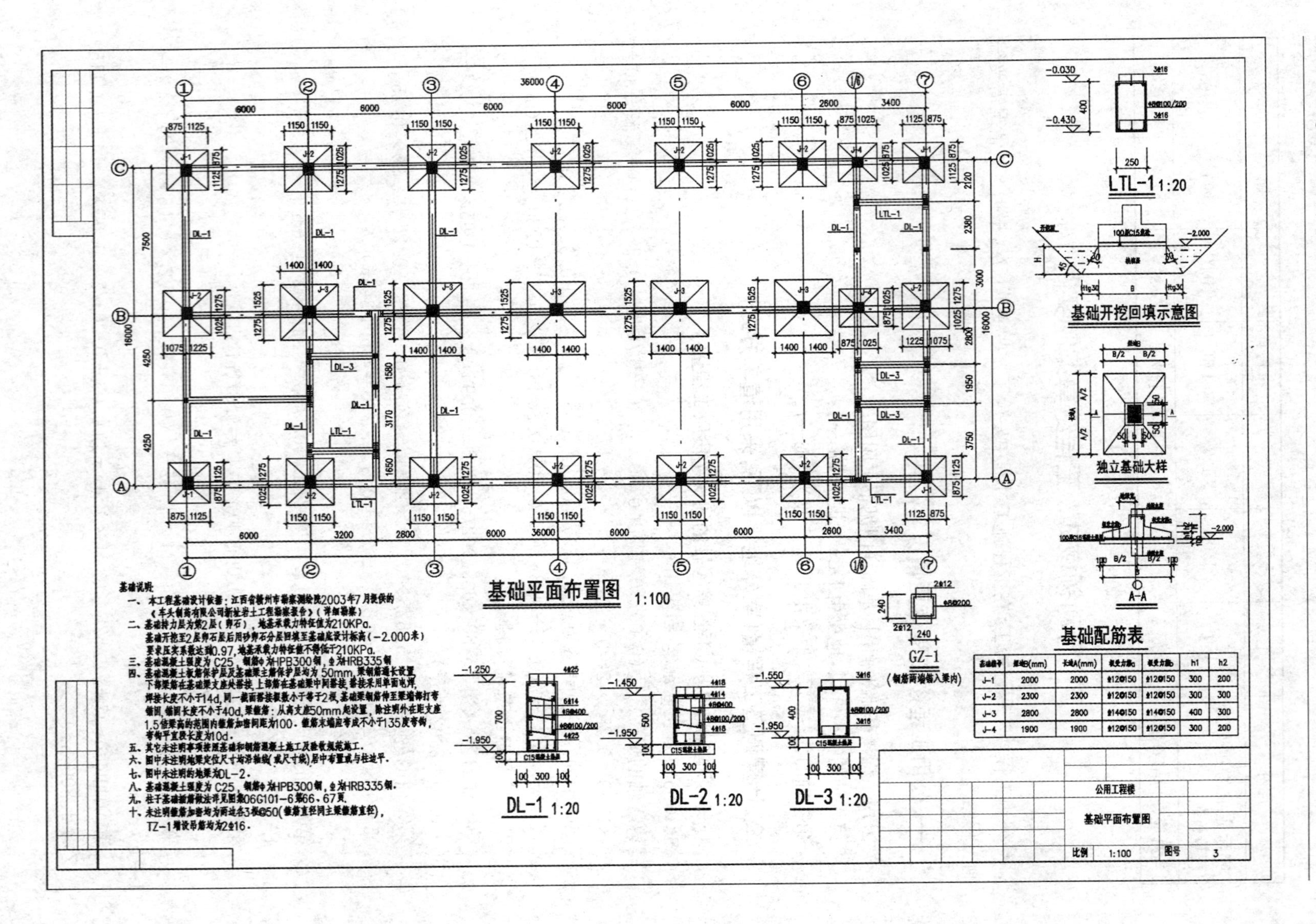

基础编号	短边B(mm)	长边A(mm)	板受力筋a	板受力筋b	h1	h2
J-1	2000	2000	Φ12@150	Φ12@150	300	200
J-2	2300	2300	Φ12@150	Φ12@150	300	300
J-3	2800	2800	Φ14@150	Φ14@150	400	300
J-4	1900	1900	Φ12@150	Φ12@150	300	200

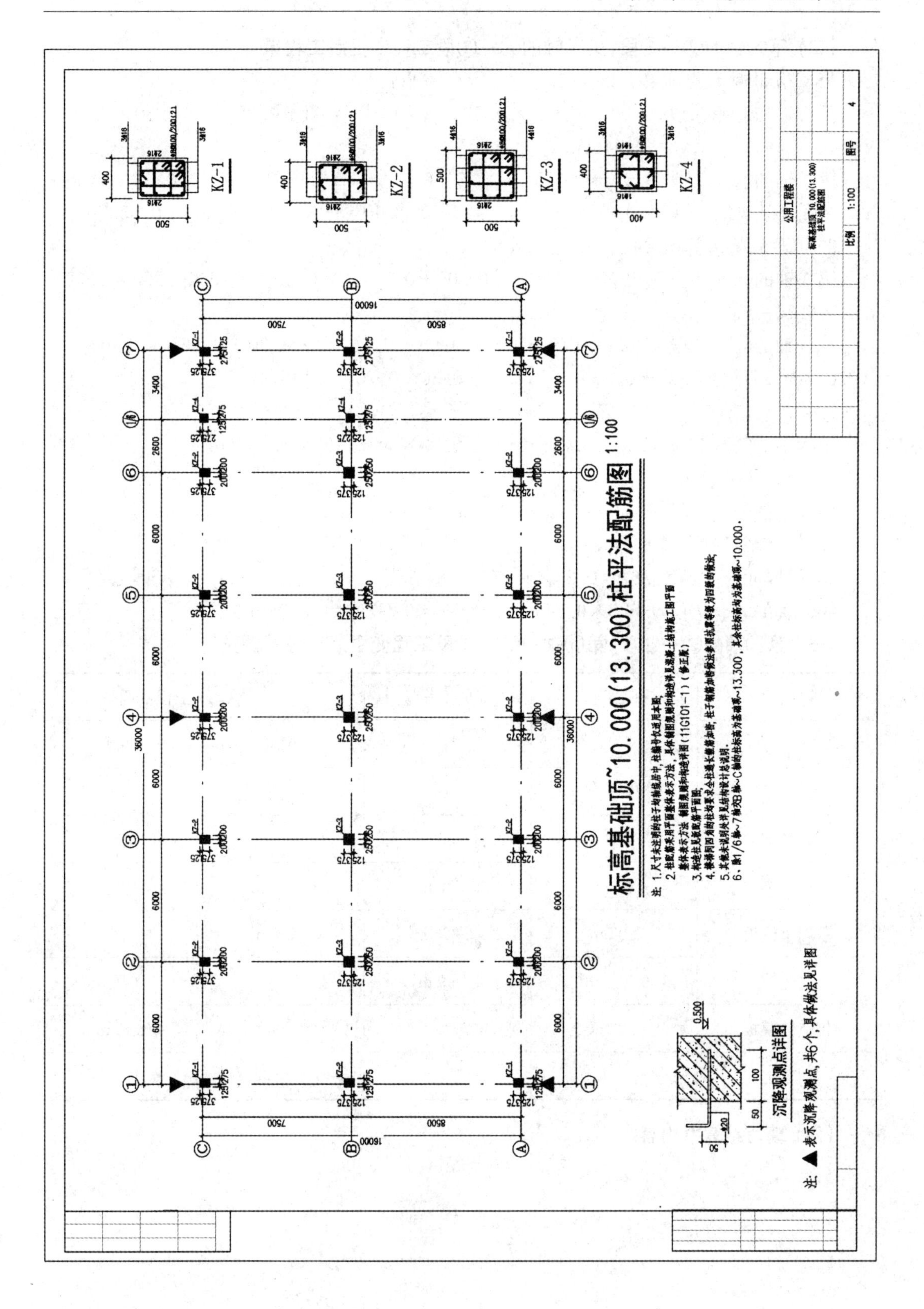
KZ-1
KZ-2
KZ-3
KZ-4
标高基础顶~10.000(13.300)柱平法配筋图 1:100
沉降观测点详图
注: ▲表示沉降观测点,共6个,具体做法见详图
公用工程楼
比例 1:100
图号 4

(二) 第Ⓐ轴的②～③段,第Ⓐ轴的⑥～⑦段工程变更后工程量

1. C25 混凝土基础梁

第Ⓐ轴的②～③段(6.00－0.40)×0.30×0.70－[(0.05＋0.95)/2×0.30×0.30＋0.95×0.25×0.30]×2＝0.944(m^3)

第Ⓐ轴的⑥～⑦段(6.00－0.475)×0.30×0.70－[(0.05＋0.95)/2×0.30×0.30＋0.95×0.25×0.30]－[(0.05＋0.85)/2×0.20×0.30＋0.85×0.25×0.30]＝0.953(m^3)

2. C25 混凝土基础梁模板

第Ⓐ轴的②～③段 5.60×0.70×2－[(0.05＋0.95)/2×0.30＋0.95×0.25]×2×2－0.30×0.70＝6.08(m^2)

第Ⓐ轴的⑥～⑦段 5.525×0.70×2－[(0.05＋0.95)/2×0.30＋0.95×0.25]×2－[(0.05＋0.85)/2×0.20＋0.85×0.25]×2－0.30×0.70＝6.145(m^2)

3. C25　GZ

第Ⓐ轴的⑥～⑦段(0.24×0.24＋0.24×0.03×3)×1.25＝0.099(m^3)

4. C25　GZ 模板

第Ⓐ轴的⑥～⑦段(0.36＋006×4)×1.25＝0.75(m^2)

5. M10 水泥砂浆砖基础

第Ⓐ轴的②～③段 5.60×0.24×1.25＝1.68(m^3)

第Ⓐ轴的⑥～⑦段 5.525×0.24×1.25－0.099(GZ)＝1.559(m^3)

(三) 第Ⓐ轴的②～③段,第Ⓐ轴的⑥～⑦段工程变更后工程量调整

项目名称	原工程量	变更工程量	工程量调整	
			调增	调减
钢筋	略			
砖基础	3.753 m^3	3.239 m^3		0.515 m^3
基础梁	1.235 m^3	1.792 m^3	0.557 m^3	
基础梁模板	7.07 m^2	12.225 m^2	5.155 m^2	
构造柱	0.115 m^3	0.099 m^3		0.016 m^3
构造柱模板	0.87 m^2	0.75 m^2		0.12 m^2
回填土				0.028 m^3

(四) 填写结算书内容

________工程

竣工结算总价

中标价(小写):________________________　(大写):________________________

结算价(小写):________________________　(大写):________________________

发包人:　　　　　　　　承包人:　　　　　　　　工程造价
（章）______________　（章）______________　咨 询 人:(资质专用章)

法定代表人或　　　　　　法定代表人或　　　　　　法定代表人或
其 授 权 人:____________　其 授 权 人:____________　其 授 权 人:____________
（章）　　　　　　　　　（章）　　　　　　　　　（章）

编 制 人:(签字盖章)____________　核 对 人:(造价工程师签字盖章)____________

编制时间:　　　年　月　日　　　核对时间:　　　年　月　日

总 说 明

工程名称：　　　　　　　　　　　　　　　　　　　　　　　　第　页　共　页

结算表 1.4－01

工程项目竣工结算汇总表

工程名称：　　　　　　　　　　　　　　　　　　　　　　单位:元　　　　第　页　共　页

序号	单项工程名称	金额	其　中	
			安全文明施工费	规　费
合计				

结算表 1.4－02

单项工程竣工结算汇总表

工程名称：　　　　　　　　　　　　　　　　　　　　　　单位:元　　　　第　页　共　页

序号	单位工程名称	金额	其　中	
			安全文明施工费	规　费
合计				

注:暂估价包括分部分项工程中的暂估价和专业工程暂估价。

结算表 1.4－03

单位工程竣工结算汇总表

工程名称：　　　　　　　　　　标段　　　　　　　　　　第　页　共　页

序号	费用名称	金　额(元)
1	分部分项工程费	
2	措施费	
2.1	专业措施费	
2.2	通用措施费	
3	其他费用	
3.1	专业工程暂估价	
3.2	计日工	
3.3	总承包服务费	
3.4	索赔与现场签证	
4	安全文明施工费	
4.1	环境保护等五项费用	
4.2	脚手架费	
5	规　费	
6	税　金	
	合　计	

结算表 1.4－04

分部分项工程量清单与计价表

工程名称：　　　　　　　　　　　　标段　　　　　　　　　　　　第　页　共　页

序号	项目编码	项目名称	项目特征描述	计量单位	工程量	金额(元)	
						综合单价	合　价
		合计					

结算表 1.4-08

分部分项工程量清单综合单价分析表

工程名称：　　　　　　　　　　　　单位：元　　　　第　页　共　页

项目编码				项目名称										计量单位			
定额编号	定额名称	定额单位	数量	单　价					合　价								
				人工费	材料费	机械费	管理费	利润	人工费	材料费	费率(%)	材料风险费	机械费	费率(%)	机械风险费	管理费	利润
人工单价		小　计															
元/工日		未计价材料费															
清单项目综合单价																	
主要材料名称、规格、型号						单位	数量		单价		合价		暂估单价		暂估合价		
材料费明细																	
	其他材料费																
	材料风险费																
	材料费小计																

结算表 1.4-09

措施项目清单竣工结算表(一)

(专业措施)

工程名称：　　　　　　　　　　　　标段　　　　　　　　　　　　第　页　共　页

序号	项目编码	项目名称	项目特征描述	计量单位	工程量	金额(元)		(备注)列项条件
						综合单价	合价	
		合计						

结算表 1.4-10

专业措施项目工程量清单综合单价分析表

工程名称：　　　　　　　　　　　　标段　　　　　　　　　　单位:元　第　页　　共　页

项目编码				项目名称										计量单位			
定额编号	定额名称	定额单位	数量	单　价					合　价								
				人工费	材料费	机械费	管理费	利润	人工费	材料费	费率(%)	材料风险费	机械费	费率(%)	机械风险费	管理费	利润
人工单价	小　计																
元/工日	未计价材料费																
清单项目综合单价																	
主要材料名称、规格、型号							单位	数量	单价		合价		暂估单价		暂估合价		
材料费明细																	
其他材料费																	
材料风险费																	
材料费小计																	

结算表 1.4-10-1

措施项目清单竣工结算表(二)

(通用措施)

工程名称：　　　　　　　　　　　　标段　　　　　　　　　　第　页　共　页

序号	项目名称	计费基础	费率(%)	金额(元)	备注
1	夜间施工费	(A)+(B)			
2	二次搬运费	(A)+(B)			
3	已完工程及设备保护费	(A)+(B)			
4	工程定位、复测、点交、清理费	(A)+(B)			
5	生产工具用具使用费	(A)+(B)			
6	雨季施工费	(A)+(B)			
7	冬季施工费	(A)+(B)			
8	检验试验费	(A)+(B)	2.67～1.14		
9	室内空气污染测试费	根据实际情况确定			
10	地上、地下设施，建(构)筑物的临时保护设施费	根据实际情况确定			
11	赶工施工费	根据实际情况确定			
	合　计				

注:(A)为分部分项工程费中的计费人工费,(B)为专业措施费中的计费人工费。

结算表 1.4－11

其他项目清单与结算价汇总表

工程名称： 标段 第 页 共 页

序号	项目名称	计量单位	金额(元)	备注
1	专业工程			
1.1	材料单价确认价		—	明细详见结算表 1.4-12-2
1.2	专业工程结算价			明细详见结算表 1.4-12-3
2	计日工			明细详见结算表 1.4-12-4
3	总承包服务费			明细详见结算表 1.4-12-5
4	索赔与现场签证			明细详见结算表 1.4-12-6
4.1	费用索赔申请(核准)			明细详见结算表 1.4-12-7
4.2	现场签证			明细详见结算表 1.4-12-8
	合 计			

结算表 1.4－12

材料单价确认表

工程名称： 标段 第 页 共 页

序号	材料名称	型号规格	单位	单价(元)	备注

结算表 1.4-12-2

专业工程结算价确认表

工程名称： 标段 第 页 共 页

序号	工程名称	工程内容	金额(元)	备注
	合 计			

结算表 1.4-12-3

专业工程结算价明细表

工程名称： 标段 第 页 共 页

序号	名称	单位	数量	单价	金额(元)
	合计				

结算表 1.4-12-3-1

计日工结算价明细表

工程名称：　　　　　　　　　　　　　标段　　　　　　　　　　　　第　页　共　页

序号	项目名称	单位	数量	综合单价(元)	合价(元)
一	人工				
1					
2					
	人工小计				
二	材　料				
1					
2					
	材料小计				
三	施工机械				
1					
2					
	施工机械小计				
	总　计				

注：此表由投标人按招标人提供的项目名称、数量、单价由投标人自主报价，计入投标报价。

结算表 1.4-12-4

总承包服务费结算价明细表

工程名称：　　　　　　　　　　　　　标段　　　　　　　　　　　　第　页　共　页

序号	项目名称	项目价值	计费基础	服务内容	费率(%)	金额(元)
1	发包人供应材料		供应材料费用		1	
2	发包人采购设备		设备安装费用		1	
3	总承包对专业工程管理和协调		单独分包专业工程(分部分项工程费＋措施费)	1.5		
4	总承包对专业工程管理和协调并提供配合服务			3～5		
	合　计					

结算表 1.4-12-5

索赔与现场签证计价汇总表

工程名称：　　　　　　　　　　　　　标段　　　　　　　　　　　　第　页　共　页

序号	索赔与现场签证	计量单位	数量	单价(元)	合价(元)	索赔与现场签证依据
	合　计					

注：签证及索赔依据是指经双方认可的签证单和索赔依据的编号。

结算表 1.4-12-6

费用索赔申请(核准)表

工程名称：　　　　　　　　　　　　　　标段　　　　　　　　　　　　　　编号

致：(发包人全称)

根据施工合同条款第＿＿＿＿＿条的约定，由于＿＿＿＿＿＿＿＿＿＿原因，我方要求索赔金额为：(大写)＿＿＿＿＿＿＿＿＿元，(小写)＿＿＿＿＿＿＿＿元，请予核准。

附：1. 费用索赔的详细理由和依据

2. 索赔金额的计算

3. 证明材料

承　包　人：(章)

承包人代表：

日　　期：　　年　　月　　日

复核意见： 根据施工合同条款第＿＿＿＿条的约定，对你方提出的费用索赔申请，经复核： □不同意此项索赔，具体意见见附件。 □同意此项索赔，索赔金额的计算，由造价工程师复核。 监理工程师： 日　　期：　　年　　月　　日	复核意见： 根据施工合同条款第＿＿＿＿条的约定，对你方提出的费用索赔申请，经复核，索赔金额为：(大写)＿＿＿＿＿＿元，(小写)＿＿＿＿＿＿元。 造价工程师： 日　　期：　　年　　月　　日

审核意见：

□不同意此项索赔。

□同意此项索赔，与本期进度款同期支付。

发包人：(章)

发包人代表：

日　　期：　　年　　月　　日

注：1. 在选择栏中的"□"内作标识"√"。

2. 本表一式四份，由承包人填报，发包人、监理人、造价咨询人、承包人各存一份。

结算表 1.4-12-7

现场签证表

工程名称：　　　　　　　　　　　　　　标段　　　　　　　　　　　　　　编号

施工部位		日期	

致：(发包人全称)

根据＿＿＿＿(指令人姓名)＿＿＿年＿＿月＿＿日的口头指令或你方＿＿＿＿(或监理人)＿＿＿年＿＿月＿＿日的书面通知，我方要求完成此项工作应支付价款金额为：(大写)＿＿＿＿＿＿元，(小写)＿＿＿＿＿＿元，请予核准。

附：1. 签证事由及原因

2. 附图及计算式

承　包　人：(章)

承包人代表：

日　　期：　　年　　月　　日

（续表）

复核意见： 对你方提出的此项签证申请，经复核： □不同意此项签证，具体意见见附件。 □同意此项签证，签证金额的计算，由造价工程师复核。 监理工程师： 日　　期：　　年　月　日	复核意见： 此项签证按承包人中标的计日工单价计算，金额为：(大写)________元，(小写)________元。 造价工程师： 日　　期：　　年　月　日
审核意见： □不同意此项签证。 □同意此项签证，价款与本期进度款同期支付。 发包人：(章) 发包人代表： 日　　期：　　年　月　日	

注：1. 在选择栏中的“□”内作标识“√”。

2. 本表一式四份，由承包人在收到发包人（监理人）的口头或书面通知后填写，发包人、监理人、造价咨询人、承包人各存一份。

结算表 1.4-12-8

规费、税金项目清单结算表

工程名称：　　　　　　　　　　标段　　　　　　　　　　第　页　共　页

序号	项目名称	计算基础	核定费率(%)	金额(元)
1	规费	分部分项工程费＋措施费＋其他费		
1.1	养老保险费			
1.2	医疗保险费			
1.3	失业保险费			
1.4	工伤保险费			
1.5	生育保险费			
1.6	住房公积金			
1.7	危险作业意外伤害保险费			
1.8	工程排污费			
2	税金	分部分项工程费＋措施费＋其他费＋安全文明施工费＋规费	3.41	
	合计			

结算表 1.4-13

工程款支付申请(核准)表

工程名称：　　　　　　　　　　　　标段　　　　　　　　　　　　编号

致：(发包人全称)

我方于____至____期间已完成了____________工作，根据施工合同的约定，现申请支付本期的工程款额为：(大写)____________元，(小写)____________元，请予核准。

序号	名称	金额(元)	备注
1	累计已完成的工程价款		
2	累计已实际支付的工程价款		
3	本周期已完成的工程价款		
4	本周期完成的计日工金额		
5	本周期应增加和扣减的变更金额		
6	本周期应增加和扣减的索赔金额		
7	本周期应抵扣的预付款		
8	本周期应扣减的质保金		
9	本周期应增加或扣减的其他金额		
10	本周期实际应支付的工程价款		

承　包　人：(章)
承包人代表：
日　　　期：　　　年　　月　　日

复核意见：
□与实际施工情况不相符，修改意见见附件。
□与实际施工情况相符，具体金额由造价工程师复核。

监理工程师：
日　　　期：　　　年　　月　　日

复核意见：
你方提出的支付申请经复核，本期间已完成工程款额为：
(大写)________元，(小写)________元，本期间应支付金额为：
(大写)________元，(小写)________元。

造价工程师：
日　　　期：　　　年　　月　　日

审核意见：
□不同意。
□同意，支付时间为本表签发后的15天内。

发包人：(章)
发包人代表：
日　　　期：　　　年　　月　　日

注：1. 在选择栏中的"□"内作标识"√"。
2. 本表一式四份，由承包人填报，发包人、监理人、造价咨询人、承包人各存一份。

结算表 1.4-14

安全文明施工费竣工结算表

工程名称：　　　　　　　　　　　　标段　　　　　　　　　　　　第　页　共　页

序号	费用名称	计算基础	金额(元)	备注
1	环境保护等五项费用	分部分项工程费＋措施费＋其他费		明细详见表 1.4-15-1
2	脚手架费	根据实际工程量，按计价定额项目计算		明细详见表 1.4-15-2
	合　计			

结算表 1.4-15

安全文明施工费竣工结算明细表

工程名称：　　　　　　　　　　　　标段　　　　　　　　　　　　第　页　共　页

序号	项目名称	计算基础	核定费率(%)	金额(元)
1	环境保护费、文明施工费	分部分项工程费＋措施费＋其他费		
2	安全施工费			
3	临时设施费			
4	防护用品等费用			
	合计			

结算表 1.4-15-1

脚手架使用项目明细表

工程名称：　　　　　　　　　　　　标段　　　　　　　　　　　　第　页　共　页

项目编码	项目名称	计量单位	工程量	单价	金额(元)
	合　计				

结算表 1.4-15-2

补充工程量清单项目及计算规则表

工程名称：　　　　　　　　　　　　　　　　　　　　　　　　　　第　页　共　页

序号	项目编码	项目名称	项目特征	计量单位	工程量计算规则	工程内容

结算表 1.4-16

建筑工程竣工结算书备案登记表

竣结备(　　)第(　　)号

<table>
<tr><td>发包人</td><td colspan="3"></td></tr>
<tr><td>承包人</td><td colspan="3"></td></tr>
<tr><td>工程名称</td><td colspan="3"></td></tr>
<tr><td>工程建设地点</td><td colspan="3"></td></tr>
<tr><td>中标价(万元)</td><td colspan="3"></td></tr>
<tr><td>结算价(万元)</td><td colspan="3"></td></tr>
<tr><td>资金来源</td><td></td><td>计价方式</td><td></td></tr>
<tr><td>承包范围</td><td></td><td>单位工程造价(元)</td><td></td></tr>
<tr><td>建设规模</td><td></td><td>工程结构</td><td></td></tr>
<tr><td>层　数</td><td></td><td>高　度(m)</td><td></td></tr>
<tr><td>开工日期</td><td></td><td>竣工日期</td><td></td></tr>
<tr><td colspan="2">发包人:(章)

年　　月　　日</td><td colspan="2">承包人:(章)

年　　月　　日</td></tr>
<tr><td colspan="2">工程造价咨询企业:(章)

年　　月　　日</td><td colspan="2">工程造价管理机构:(章)

经手人:
年　　月　　日</td></tr>
</table>

注:本表一式四份。发包人、承包人、工程质量监督机构、工程造价管理机构各一份。

结算表 1.4-17

复习思考题

1. 工程结算的概念及方法。
2. 工程结算如何支付。

项目九　建筑工程计量与计价软件

【学习目标】

（1）熟悉建筑工程计量计价软件的概念、方法和操作流程。

（2）掌握软件的操作及作用。

【能力要求】

（1）会使用软件计算建筑及装饰工程造价。

（2）逐步具备建筑工程计量计价顶岗工作能力。

学习情境　软件应用

行动领域　软件操作及应用

一、工程造价软件的概念

工程造价软件是指计算机软件在工程造价方面的应用，其中包括套价软件、工程量计算软件、钢筋量算量软件和工程造价管理软件等。

二、计算机软件用于工程造价方面的意义

（1）确保计算准确性。由于计算机的计算功能，只要保证输入数据正确，就能在很短的时间内进行准确无误的计算。

（2）大大提高编制工程造价文件的速度和效率，保证工程造价的及时性。由于工程造价的编制工作是一项繁琐的工作，需要投入大量的人力和物力，特别是在工程项目投标期间，时间非常紧，在工程造价软件的支持下，运用计算机进行快速报价，可以保证投标工作快速而顺利地进行。

（3）能对设计变更、材料市场价格变动做出及时的反应。由于计算机的处理功能和统计功能，对于数据库的数据变化，则能做出及时、全面的改变。

（4）在工程量清单计价规范要求下，工程报价由于是多次组价，更需要工程造价软件的支持，否则，组价工作将变成一项艰巨的工作。

（5）能够方便地生成各类所需表格。由于工程造价软件的特点，只要一次输入，可根据需要，生成多种所需的表格。

（6）能进行工程文档资料累计和企业定额生成。由于计算机能进行资料的累积，并且电子文件具有体积小、修改方便等特点，根据在工程量清单计价规范的要求，可以及时对所

有工程进行文件的管理和归档整理。

(7) 能进行工程项目的科学管理。要提高工程的利润,不仅要准确报价,更要对工程进行科学的管理,向管理要效益,向管理要业绩。同样的工程,同样的价格,不同的管理,其结果相差很大。现在已有总承包项目管理软件系统,它将质量、进度、费用融合在一个管理系统中,在国外已有很多的成功案例。

三、造价算量软件应用流程

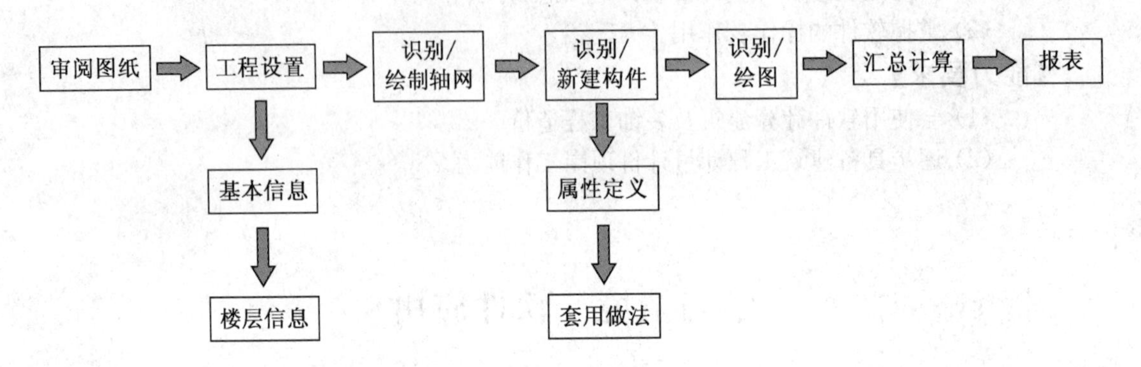

四、工程造价软件的学习

(1) 学生通过工程造价软件的学习和实践操作,利用建筑工程造价软件进行钢筋算量、图形算量,进行工程招投标施工、施工和结算阶段工程量的计算。熟悉并掌握工程概预算编制过程中的定额子目录入、子目换算、补充子目的编制、市场价调整、工程取费的操作程序;熟悉建筑模型输入与修改、结构模型楼面布置、基础模型输入和修改中的各项命令菜单及操作流程;了解工程量自动计算的计算规则,能使用"自动统计"和"人机交互统计"两种工作方式;掌握框架梁、连续梁、柱及现浇楼板钢筋工程量统计计算操作流程,并了解剪力墙、圈梁、过梁等其他构件的钢筋工程量统计。

(2) 通过教师实例教学演示,学生大量的实践操作,能够熟练掌握完整的建筑工程施工图预算和工程量清单计价报表的制作,掌握建筑模型输入与修改、结构模型楼面布置、基础模型输入和修改,并能通过整个建筑的模型数据完成工程量的自动计算及建筑工程钢筋统计和定额套价的计算。熟练掌握工程预算编制过程中的定额子目录入、子目换算、补充子目的编制、市场价调整、工程取费的操作程序,能独立完成一份完整的工程预算书和工程量清单及工程量清单投标报价的编制。

实训课题

任务 1:利用造价软件编制公用工程楼工程量清单。

任务 2:利用造价软件编制公用工程楼工程量清单计价及施工图预算。

复习思考题

1. 造价软件的概念及特点。

2. 造价软件的种类及操作方法。

项目十　建筑及装饰工程施工图预算编制实训

【学习目标】

（1）掌握建筑与装饰装修工程施工图预算的编制流程、编制方法。

（2）具有编制建筑与装修工程施工图预算的能力。

【能力要求】

（1）通过学习，增强顶岗工作的岗位职责意识和协同工作理念。

（2）逐步具备处理计量计价问题的能力。

学习情境　建筑及装饰工程施工图预算

行动领域　根据定额规则及施工图纸，计算工程量并套价计算工程造价

任务描述

一、工作任务

完成公用工程楼框架结构工程施工图预算的编制。

（1）本工程为两层框架结构，基础为钢筋混凝土独立基础。

（2）本工程为四级抗震，抗震设防烈度为 6 度。

（3）混凝土强度等级，基础垫层 C15，过梁 C20，其余均为 C25。

（4）结构构造：

① 混凝土保护层厚度，板 15 mm，梁 25 mm，柱 30 mm，基础 50 mm，其他详见 11G101－1。

② 纵向受拉钢筋最小锚固长度及搭接长度、接头位置及数量详见 11G101－1。

③ 单向板底筋的分布筋及单向板、双向板支座的分布筋除图上注明外均为 Φ8@200。

④ 防潮：所有内外墙墙身均在－0.060 m 处设置防潮层，用 1∶2 水泥砂浆加相当于水泥重量 5%的防水剂铺满 20 厚，±0.000 以下基础均用 1∶2 水泥砂浆抹面。

⑤ 砌体施工质量控制等级为 B 级。±0.000 以上采用实心砖，M7.5 混合砂浆砌筑；±0.000 以下采用实心砖，M10 水泥砂浆砌筑。

⑥ 其余工程做法详见建筑结构设计说明。

⑦ 建筑结构施工图详见附录图纸。

二、可选工作手段

计算器，预审手册，建筑工程施工规范，安全施工条例，建筑施工质量验收规范，建筑及装饰装修工程消耗量定额及统一基价表，建筑安装工程取费定额标准，《国家建筑标准设计图集》(11G101—1)施工组建中、地勘资料等计价依据。

三、公用工程楼工程量计算

(一) 建筑面积

一、二层：$S=36.24\times16.24\times2=588.54\times2=1\,177.08(m^2)$

屋顶楼梯间：$S=(3.4+0.24)\times(7.5+0.24)=28.17(m^2)$

总建筑面积：$\sum S=1\,177.08+28.17=1\,202.25(m^2)$

(二) 平整场地

(1) $S_{定额计价}=(A+4)(B+4)=(36.24+4)\times(16.24+4)=814.46(m^2)$

(2) $S_{清单计价}=A\times B=36.24\times6.24=588.54(m^2)$

(三) 人工挖基坑(独立基础下)

(1) 定额计价计算如下：

土壤类别为三类土，$H=2.1-0.2=1.9>1.5(m)$，需放坡

人工挖基坑 $V_{基坑}=(A+2C+KH)(B+2C+KH)H+1/3(K^2H^3)$

式中：工作面 $C=0.3$ m，放坡系数 $K=0.33$，A，B 为垫层底面长宽尺寸。

J-1(4个)：$A=B=2+0.2=2.2(m)$

J-2(12个)：$A=B=2.3+0.2=2.5(m)$

J-3(5个)：$A=B=2.8+0.2=3(m)$

J-4(2个)：$A=B=1.9+0.2=2.1(m)$

$V_1=[(2.2+2\times0.3+0.33\times1.9)^2\times1.9+1/3\times0.33^2\times1.9^3]\times4=90.26(m^3)$

$V_2=[(2.5+2\times0.3+0.33\times1.9)^2\times1.9+1/3\times0.33^2\times1.9^3]\times12=319.7(m^3)$

$V_3=[(3+2\times0.3+0.33\times1.9)^2\times1.9+1/3\times0.33^2\times1.9^3]\times5=170.99(m^3)$

$V_4=[(2.1+2\times0.3+0.33\times1.9)^2\times1.9+1/3\times0.33^2\times1.9^3]\times2=42.56(m^3)$

定额计价人工挖基坑工程量

$$\sum V=V_1+V_2+V_3+V_4=623.49(m^3)$$

(2) 清单计价计算如下：

$$V_{基坑}=A\times B\times H$$

$$V_1=2.2^2\times1.9\times4=36.78(m^3)$$

$$V_2=2.5^2\times1.9\times12=142.5(m^3)$$

$$V_3=3^2\times1.9\times5=85.5(m^3)$$

$$V_4=2.1^2\times1.9\times2=16.76(m^3)$$

清单计价人工挖基坑工程量 $\sum V_{基坑}=281.54\ m^3$

(四) 人工挖基槽(基础梁下)

(1) 定额计价计算如下(按三类土):

深度 $H=1.95+0.1-0.2=1.85(m)>1.5\ m$ 应放坡

基础梁宽:0.3 m, $C=0.3$ m, $K=0.33$, DL 垫层宽: $A=0.3+0.1\times2=0.5(m)$

$$V_{槽}=(A+2C+KH)H\times L_{净长}$$

基槽净长计算如下:(L 净长)

Ⓐ轴①-⑦: $L_{净}=36-(1.225\times2+2.5\times5)=21.05(m)$

Ⓑ轴: $L_{净}=36-1.325\times2-3\times5-2.1=16.25(m)$

①-⑦: $L_{净}=(16-1.225\times2-2.5)\times2=11.05\times2=22.1(m)$

②-③: $L_{净}=(16-1.375\times2-3)\times2=20.5(m)$

(1/6)轴: $L_{净}=16-0.25-2.1-1.125=12.525(m)$

①-②: $L_{净}=6-0.5=5.5(m)$

$L_{净}=3.2-0.5=2.7(m)$

DL-3: $L_{净}=(3.4-0.5)\times2=5.8(m)$

②-③: $L_{净}=8.5-0.5=8(m)$

$L_{总净}=133.375(m)$

$V_{基槽}=(0.5+2\times0.3+0.33\times1.85)\times133.375=422(m^3)$

$TL-1_{基槽}$: $H=0.43-0.2=0.23(m)$,梁宽 0.25m,无垫层

$L_{净}=(3.4-0.5)+(3.2-0.5)=5.6(m)$

$V_{槽}=(0.25-2\times0.3)\times0.23\times5.6=1.1(m^3)$

即人工挖基槽定额计价 $\sum V_{槽}=422+1.1=423.1(m^3)$

(2) 清单计价工程量

$H=1.85$ m, $A=0.3+0.1\times2=0.5(m)$, $L_{净}=133.375$ m

TL-1: $h=0.43-0.2=0.23(m)$, $a=0.25$ m, $L=5.6$ m

人工挖基槽清单计价工程量合计:

$V_{槽}=A\times H\times L_{净}+a\times h\times L=0.5\times1.85\times133.375+0.25\times0.23\times5.6=123.69(m^3)$

(五) 人工回填土

(1) $V_{下埋}=5.72$(−0.2 m 以下柱)+56.94(独立基础)+26.64(基础梁)+14.82(垫层)+6.67(DL 垫层)+47.85(−0.2 m 以下砖基础)=158.64(m³)

(2) 基础回填土 $V_{回填定额计价}=V_{坑}+V_{槽}-V_{下埋}$

$$=623.49+423.1-158.64=887.95(m^3)$$

(无房心回填土)

人工回填土清单计价工程量 $V_{基础回填}=V_{挖坑}+V_{槽}-V_{下埋}$

$$=281.54+123.61-158.64=246.51(m^3)$$

(六) 人工运土方

余土外运计算(20 m 距): $V_{运土}=V_{挖}-V_{回填}$(无房心回填)

清单计价时: $V_{运}=(281.54+123.61)-246.51=158.64(m^3)$

定额计价时: $V_{运}=(623.49+423.1)-887.95=158.64(m^3)$

所以 $V_{运土}=V_{下埋}$

故挖槽时:余土外运土方 $V_{运土}=V_{下埋}=26.64+6.67+47.85=81.16(m^3)$

挖坑时:余土外运土方 $V_{运土}=V_{下埋}=5.72+56.94+14.82=77.48(m^3)$

(七) 砖基础的计算

砖基础长度的计算:(±0.000 以下)

(1) DL－1 上的砖基础长(柱间净长)

$(16-0.375\times2-0.5)\times3+8.5-0.125-0.275+8.5-2.1-0.12+16-0.275-0.12-0.4+6-0.25\times2+6-0.2-0.275+6-0.2\times2=90.37(m)$

(2) DL－2 上的砖基础

$36-0.275\times2-0.4\times6+30-0.275-0.25\times2-0.275-0.5\times3-0.4+36-6\times2-0.275-0.2\times3-0.4\times2+6-0.24=88.19(m)$

DL－3 不做砖基础

DL－1 砖基础长度为 1.25 m

DL－2 上砖基础长度 1.45 m

(3) 砖基础的工程量(±0.000 以下)

$V=90.37\times0.24\times1.25+88.19\times0.24\times1.45=57.8(m^3)$

应扣除砖基础内的混凝土基础部分和砖基础内的构造柱及 TZ 的体积

混凝土基础部分体积:J－2 与 DL_2 相交处 $V_1=18\times0.001=0.018(m^3)$

J－3 与 DL_2 相交处 $V_2=8\times0.01=0.08(m^3)$

小计 $V_{混}$ 凝土$=0.098\ m^3$

构造柱:$V=(0.24\times0.24+0.03\times0.24\times3)\times1.25\times9=0.891(m^3)$

TZ:$V=0.25\times0.25\times1.25\times8=0.625(m^3)$

砖基础的体积 $\sum V=57.8-0.098-0.891-0.625=56.19(m^3)$

砖基础清单量$=56.19\ m^3$(综合单价组价含 $44.35\ m^2$ 防潮层)

砖基础的工程量(－0.2 m 以下)

$V=90.37\times0.24\times1.05+88.19\times0.24\times1.25=49.23(m^3)$

构造柱:$V=(0.24\times0.24+0.03\times0.24\times3)\times1.05\times9=0.75(m^3)$

TZ:$V=0.25\times0.25\times1.05\times8=0.53(m^3)$

砖基础的体积 $V=57.8-0.098-0.75-0.53=47.85(m^3)$

(八) 砖墙体、构造柱及 C20 混凝土过梁(混凝土强度等级除注明外均为 C25)

(1) 墙体的体积

一层墙体积:

①-②轴

$S_1=(6-0.275-0.2)\times(5.97-2\times0.6)\times2=52.71(m^2)$

$S_2=(7.5-0.375\times2)\times(5.97-0.75\times2)\times2=60.35(m^2)$

$S_3=(6-0.275-0.25)\times(5.97-0.6\times2)=26.12(m^2)$

$S_4=(6-0.24)\times(3.97-0.4)=20.65(m^2)$

$S_5=(8.5-0.5)\times(5.97-0.75\times2)\times2=71.52(m^2)$

$S_6=(3.2-0.24)\times(5.97-0.4)=16.487(m^2)$

$S_7=(8.5-2.1-0.12)\times(5.97-0.45)=34.67(m^2)$

$S_8=(8.5-0.5)\times(5.97-0.75)=41.76(m^2)$

⑴/⑹轴

$S=(8.5+7.5-0.12-0.4-0.275)\times(5.97-0.5)=83.17(m^2)$

⑦轴

$S=(8.5+7.5-0.12-0.4-0.275)\times(5.97-0.5)=83.17(m^2)$

对于Ⓐ轴，从②轴线后开始

$S_A=(30-0.4\times4-0.2-0.275)\times(5.97-0.6)=149.96(m^2)$

Ⓑ轴

$S_B=(30-0.5\times4-0.25-0.125-0.125-0.275\times2)\times(5.97-0.6)=145.39(m^2)$

Ⓒ轴

$S_C=(30-0.4\times4-0.2-0.125-0.275\times2)\times(5.97-0.6)=147.81(m^2)$

$\sum S=927.51\ m^2$

卫生间 $S_{卫}=(3.4-0.24)\times(5.94-0.4)\times2=35.013(m^2)$

$V_{一层}=927.51\times0.24+35.013\times0.12=226.80(m^3)$

二层墙体的体积：

①-②轴

$S_1=(6-0.275-0.2)\times(3.98-0.6)\times2=37.35(m^2)$

$S_2=(16-0.375-0.5-0.375)\times(3.98-0.75)\times2=95.285(m^2)$

②-⑦轴

$S_A=(30-0.2\times9-0.275)\times(3.98-0.6)=94.3865(m^2)$

$S_3=(30-0.24-0.24-0.06-0.12-0.06-0.12)\times(3.98-0.5)=100.642(m^2)$

$S_B=(30-0.5\times4-0.25-0.125-0.275\times2)\times(3.98-0.6)=91.5153(m^2)$

$S_C=(30-0.4\times4-0.2-0.125-0.275\times2)\times(3.98-0.6)=93.0345(m^2)$

$S_1=(7.5-0.375\times2)\times(3.98-0.75)\times3=65.41(m^2)$

$S_2=(7.5-0.275\times2)\times(3.98-0.75)=22.45(m^2)$

$S_3=(6.4-0.24)\times(3.98-0.12)=23.78(m^2)$

$S_4=(6.4-0.12-0.375)\times(3.98-0.75)\times2=38.1463(m^2)$

$S_5=(8.5-0.125-0.375)\times(3.98-0.75)=25.84(m^2)$

$S_{卫1}=(3.4-0.12-0.06)\times(3.98-0.12)\times2=24.86(m^2)$

$S_{卫2}=(6.4-0.24)\times(3.98-0.12)=23.78(m^2)$

$S=687.84m^2$、$S_{卫}=48.64\ m^2$

$V_{砖墙}=687.84\times0.24=165.1(m^3)$

$V_{卫}=48.64\times0.12=5.84(m^3)$

$V_{二层砖墙}=171.00\ m^3$

$\sum V_{砖墙}=397.8\ m^3$

一层门窗的体积：

$S_{门窗}$=(3×0.9+3×3.6)×3+(3×0.9+3×2.4)×2+1.5×0.9+1.5×2.4+3×0.9+1.5×2.7+1.5×2.7+0.9×2.7+3×3.3×2+3×0.9+3×2.4+3×0.9+1.5×2.7+3×0.9+1.5×2.7+0.9×2.7+3×0.9+3×2.4+3×0.9+3×3.6+3×0.9+3×2.4+1.5×0.9+1.5×2.4+1.5×0.9+1.5×2.4=167.31(m^2)

$$S_{卫}=0.9\times2.1\times2=3.78(m^2)$$

$$V_{门窗}=167.31\times0.24=40.1544(m^3)$$

$$V_{卫}=3.78\times0.12=0.4536(m^3)$$

$$V_{一层门窗}=40.608\ m^3$$

一层过梁面积：

$S_{过梁}$=12×3.5×0.25+4×3.5×0.25+3.5×0.25×5+2×0.25×3+2×0.25×3+3.5×0.25×2+1.4×0.25+2×0.25×3+2×0.25=25.475(m^2)

一层过梁的体积：

$$V_{过梁}=25.475\times0.24=6.114(m^3)$$

$$V_{卫}=1.4\times0.25\times2\times0.12=0.084(m^3)$$

$$V_{过梁}=6.198\ m^3$$

二层门窗的体积：

$S_{门窗}$=2.4×2.1+1.5×2.1×10+2.4×2.1+1.5×2.1×2+1.5×2.1×10+2.4×2.1+1.5×2.7+1.5×2.7×5+0.9×2.7×2+1.5×2.7×3=125.73(m^2)

$$S_{卫}=0.9\times2.1\times3=5.67(m^2)$$

$$V_{门窗}=125.7\times0.24=30.1752(m^3)$$

$$V_{卫门窗}=5.67\times0.12=0.68(m^3)$$

二层过梁的体积：

$S_{过}$=2.9×0.25+2×0.25×10+2.9×0.25+2×0.25+2×0.25+2×0.25×10+2.9×0.25+2×0.25+2×0.25×5+1.4×0.25×2+2×0.25×3=18.375(m^2)

$$S_{卫过梁}=1.4\times3\times0.25=1.05(m^2)$$

$$V_{过梁}=18.375\times0.24=4.41(m^3)$$

$$V_{卫过梁}=1.05\times0.12=0.126(m^2)$$

$$V_{二层过梁}=4.536\ m^3$$

即一、二层的门窗过梁的总体积为

$$V=40.608+6.198+30.856+4.536=82.2(m^3)$$

故 $V_{一、二层砖墙}$=397.8−82.2=315.6(m^3)

(2) 构造柱马牙槎的体积

一层构造柱马牙槎体积：

①-②轴

$$V_1=(5.97-0.75\times2+1.25)\times0.3\times0.27\times4=1.853(m^3)$$

$$V_2=(5.97-0.75\times2+1.25)\times0.3\times0.24=0.41184(m^3)$$

1/2 轴

$V_1=(5.97-0.45+1.25)\times0.3\times0.27\times2=1.09674(m^3)$

$V_2=(5.97-0.45+1.25)\times0.3\times0.4=0.48744(m^3)$

⑴/⑹轴

$V_1=(5.97-0.5+1.25)\times0.3\times0.27\times4=2.17728(m^3)$

$V_2=(5.97-0.5+1.25)\times0.3\times0.24=0.48384(m^3)$

⑦轴

$V_1=(5.97-0.75+1.25)\times0.3\times0.27\times3=1.566135(m^3)$

$V_2=(5.97-0.75+1.25)\times0.3\times0.24=0.46584(m^3)$

$\sum V=8.54\ m^3$

二层构造柱马牙槎体积：

①-②轴、A－B

$V_1=(3.98-0.75\times2)\times0.3\times4\times0.27=0.8(m^3)$

$V_2=(3.98-0.75\times2)\times0.3\times0.24=0.18(m^3)$

②-③间

$V_1=(3.98-0.12)\times2\times0.3\times0.27=0.63(m^3)$

$V_2=(3.98-0.12)\times0.3\times0.24=0.28(m^3)$

1/6 轴

$V_1=(3.98-0.5)\times4\times0.3\times0.27=1.13(m^3)$

$V_2=(3.98-0.5)\times0.3\times0.24=0.25(m^3)$

⑦轴

$V_1=(3.98-0.75)\times0.3\times0.27\times3=0.78(m^3)$

$V_2=(3.98-0.75)\times0.3\times0.24=0.23(m^3)$

$V_{二层}=4.28\ m^3$

故 $V_{一二层构造柱}=8.55+4.28=12.83(m^3)$

汇总合计：

(1) 一砖墙 $\sum V=306.82\ m^3$

定额编号：A3－10：182.352 元/$m^3\times306.82\ m^3=55\,950.116$ 元

(2) 半砖墙 $\sum V=8.694\ m^3$

A3－8：194.651 元/$m^3\times8.694\ m^3=1\,692.3$ 元

(3) C25 构造柱马牙槎 $\sum V=12.83\ m^3$

A4－31 换：$2\,356.19+(170.4-158.12)\times9.86=2\,473.327$(元/$10m^3$)

$12.83\times247.3327=3\,173.279$ 元

(4) C20 过梁 $\sum V=10.73\ m^3$

(九) 基础梁混凝土

Ⓐ轴①-②：$V_{DL-2}=(6-1.125-1.15)\times0.5\times0.3=0.559(m^3)$

$V_{左}=[(0.05+0.75)\times0.05+1/2\times0.75\times0.2]\times0.3=0.0345(m^3)$

$V_{右}=0.75\times0.125\times1/2\times0.3=0.028(m^3)$

$$V_1=0.559+0.0345+0.028=0.622(m^3)$$

②-③：

$$V_{DL-2}=(6-1.15\times2)\times0.5\times0.3=0.555(m^3)$$

$$V_{左}=V_{右}=0.75\times0.25\times1/2\times0.3=0.028(m^3)$$

$$V=0.555+0.028\times2=0.611(m^3)$$

②-⑥轴：

$$V=0.611\times4=2.444(m^3)$$

⑥-⑦轴(同①-②轴)：

$$V=0.622\ m^3$$

Ⓐ轴

$$\sum V=0.622\times2+2.444=3.688(m^3)$$

Ⓑ轴

①-②轴：

$$V_{DL-2}=(6-1.125-1.4)\times0.5\times0.3=0.506(m^3)$$

$$V_{左}=1/2\times0.75\times0.25\times0.3=0.028(m^3)$$

$$V_{右}=1/2\times0.55\times(0.3-0.15)\times0.3=0.0124(m^3)$$

$$V=0.506+0.028+0.0124=0.5464(m^3)$$

①-③轴：

$$V_{DL-1}=(6-2\times1.4)\times0.7\times0.3=0.672(m^3)$$

$$V_{左}=V_{右}=[0.05\times(1.1+0.05)+1/2\times0.3\times1.1]\times0.3=0.067(m^3)$$

$$V=0.672+0.067\times2=0.8055(m^3)$$

③-④轴：

$$V_{DL-2}=(6-2\times1.4)\times0.5\times0.3=0.48(m^3)$$

$$V_{左}=V_{右}=0.55\times(0.3-0.15)\times0.3\times1/2=0.0124(m^3)$$

$$V=0.48+0.0124\times2=0.505(m^3)$$

③-⑥轴：

$$V=0.505\times3=1.514(m^3)$$

(1/6)-⑦轴：

$$V_{DL-2}=(2.6-1.4-0.875)\times0.5\times0.3=0.049(m^3)$$

$$V_{左}=0.55\times(0.3-0.15)\times1/2\times0.3=0.0124(m^3)$$

$$V_{右}=[0.05\times(0.7+0.05)+1/2\times0.2\times0.7]\times0.3=0.0322(m^3)$$

$$V=0.049+0.0124+0.0322=0.0936(m^3)$$

(1/6)-⑦轴

$$V_{DL-2}=(3.4-1.025-1.125)\times0.5\times0.3=0.1725(m^3)$$

$$V_{左}=[0.05\times(0.7+0.05)+1/2\times0.7\times0.2]\times0.3=0.0322(m^3)$$

$$V_{右}=0.75\times(0.3-0.05)\times0.3=0.05625(m^3)$$

$$V=0.1725+0.0322+0.05625=0.261(m^3)$$

Ⓑ轴

$$\sum V=0.5464+0.8055+1.514+0.0936+0.261=3.2205(m^3)$$

Ⓒ轴

①-③轴：

$$V=0.622\ m^3$$

②-⑥轴：

$$V=2.444\ m^3$$

①-(1/6)轴

$V_{DL-2}=(2.6-1.15-0.875)\times0.5\times0.3=0.0863(m^3)$

$V_{左}=0.75\times0.25\times1/2\times0.3=0.028(m^3)$

$V_{右}=[0.05\times(0.7+0.05)+1/2\times0.2\times0.7]\times0.3=0.0322(m^3)$

$V=0.0863+0.028+0.0322=0.1465(m^3)$

(1/6)-⑦轴

$V_{DL-2}=(3.4-1.025-1.125)\times0.5\times0.3=0.1875(m^3)$

$V_{左}=[0.05+(0.7+0.25)+1/2\times0.2\times0.7]\times0.3=0.0322(m^3)$

$V_{右}=[(0.75+0.05)\times0.05+1/2\times0.75\times0.2]\times0.3=0.0345(m^3)$

$V=0.185+0.0322+0.0345=0.2517(m^3)$

Ⓒ轴

$$V_{总}=0.622+2.444+0.1465+0.2517=3.4642(m^3)$$

①-②轴

Ⓐ-Ⓑ轴

$V_{DL-1}=(8.5-1.125-1.025)\times0.7\times0.3=1.3335(m^3)$

$V_{左}=[0.25\times0.75+1/2\times0.75\times0.2]\times0.3=0.079(m^3)$

$V_{右}=[0.15\times(0.9+0.05)+1/2\times0.9\times0.3]\times0.3=0.083(m^3)$

$V=1.3335+0.079+0.083=1.4955(m^3)$

Ⓑ-Ⓒ轴

$V_{DL-1}=(7.5-1.275-1.125)\times0.7\times0.3=1.07(m^3)$

$V_{左}=0.083\ m^3$

$V_{右}=0.079\ m^3$

$V=1.07+0.083+0.079=1.232(m^3)$

①-①轴

$$V_{总}=1.4955+1.232=2.7275(m^3)$$

②-②轴

Ⓐ-Ⓑ轴

$V_{DL-1}=(8.5-1.275\times2)\times0.7\times0.3=0.06675(m^3)$

$V_{左}=0.083\ m^3$

$V_{右}=[1/2\times0.3\times1.1+(1.1+0.05)\times0.057\times0.3]=0.06675(m^3)$

$V=1.2495+0.083+0.06675=1.399(m^3)$

$V_{DL-1}=(7.5-1.525-1.275)\times0.7\times0.3=0.987(m^3)$

$V_{左}=0.066\ 75\ m^3$

$V_{右}=0.083\ m^3$

$V=0.987+0.066\ 75+0.083=1.136\ 8(m^3)$

②-②轴

$V_{总}=1.399+1.136\ 8=2.535\ 8(m^3)$

⑴⁄₆-⑴⁄₆轴

Ⓑ-Ⓒ轴

$V_{DL-1}=(7.5-1.025-1.025\times0.7\times0.3=1.144\ 5(m^3)$

$V_{左}=V_{右}=[0.25\times(0.7+0.05)+1/2\times0.7\times0.2]\times0.3=0.077(m^3)$

$V=1.145\ 5+0.077=1.221\ 5(m^3)$

A-B轴

$V=[(3.75-0.3)+(1.95-0.3)+(2.8-0.875-0.15)]\times0.3\times0.7=1.444(m^3)$

⑴⁄₆-⑴⁄₆轴

$V_{总}=1.221\ 5+1.444=2.665\ 5(m^3)$

⑦-⑦轴(同1轴)

$$\sum V=2.727\ 5\ m^3$$

$V_{DL-2}=(6-0.3)\times0.5\times0.3=0.855(m^3)$

$V_{DL-3}=[(3.2-0.3)+(3.4-0.3)\times2]\times0.4\times0.3=1.092(m^3)$

$V_{DL-1}=[(1.65-0.15)+(3.17-0.3)+(1.58-0.3)+(2.1-0.15)]\times0.5\times0.3$
$=1.14(m^3)$

基础梁C25混凝土合计:

$V=3.688+3.220\ 5+3.464\ 2+2.727\ 5+2.535\ 8\times2+2.655+2.727\ 5+0.855+1.092+1.14=26.64(m^3)$

直接工程费计算A4-32:(C25/40/32.5)原基价=2 035.97(元/10 m³)

A4-32换:C25混凝土基础梁换算后基价

=原基价+定额用量×(换入C25混凝土基价-换出C20混凝土基价)

=2 035.97+10.15×(170.04-158.12)=2 156.96(元/10 m³)

故基础梁C25混凝土直接工程费=26.64 m³×215.696元/m³=5 746.14元

建筑工程预算表

工程楼　　　　　　　　　　　　　　　　　　　　　　　　　　　　元

序号	定额编号	项目名称	单位	工程量	定额基价	直接费合价
1	A4-32换	基础梁 C25/40/32.5	m³	26.64	215.696	5 746.14

(基础梁清单工程量26.64 m³,综合单价组价含6.67 m³垫层)

(十) 基础梁C15混凝土垫层工程量(100mm厚)

$V_{垫}=133.375\times0.5\times0.1=6.67(m^3)$

(十一) 基础梁垫层模板

$S=26.68\ m^2$

（十二）独立基础 C25 混凝土计算

J－1：$A=B=2$ m　$h_1=0.3$ m　$h_2=0.2$ m

$b_1=0.4+0.050\times2=0.5$ m

$a_1=0.5+0.050\times2=0.6$ m

故 $V_{J-1}=\left\{2\times2\times0.3+\frac{1}{6}\times0.2\times[2\times2+0.5\times0.6+(2+0.5)(2+0.6)]\right\}\times4=6.24(m^3)$

J－2：$A=B=2.3$ m　$h_1=h_2=0.3$ m　$a_1=0.6$ m　$b_1=0.5$ m

$V_{J-2}=\{2.3\times2.3\times0.3+\frac{1}{6}\times0.3\times[2.3\times2.3+0.5\times0.6+(2.3+0.5)(2.3+0.6)]\}\times12=27.24(m^3)$

J－3：$A=B=2.8$ m　$h_1=0.4$ m　$h_2=0.3$ m　$a_1=b_1=0.6$ m

$V_{J-3}=\left\{2.8\times2.8\times0.4+\frac{1}{6}\times0.3[2.8\times2.8+0.6\times0.6+(2.8+0.6)^2]\right\}\times5=20.62(m^3)$

J－4：$A=B=1.9$ m　$h_1=0.3$ m　$h_2=0.2$ m　$a_1=b_1=0.5$ m

$V_{J-4}=\left\{1.9\times1.9\times0.3+\frac{1}{6}\times0.2[1.9\times1.9+0.5\times0.5+(1.9+0.5)^2]\right\}\times2=2.8(m^3)$

$\sum$ 独立基础混凝土$=V_1+V_2+V_3+V_4=56.94(m^3)$

（独立基础清单工程量 56.94 m^3，综合单价组价含 14.82 m^3 垫层）

（十三）独立基础 C15 混凝土垫层

J－1：$2.2\times2.2\times0.1\times4=1.94(m^3)$

J－2：$2.5\times2.5\times0.1\times12=7.5(m^3)$

J－3：$3\times3\times0.1\times5=4.5(m^3)$

J－4：$2.1\times2.1\times0.1\times2=0.88(m^3)$

$\sum_{\text{独立基础垫层}}=V_1+V_2+V_3+V_4=14.82(m^3)$

（十四）地面混凝土垫层 C10(160 厚)

$548.16\ m^2\times0.16m=87.71(m^3)$

（十五）现浇矩形框架柱计算

室外自然地坪标高（－0.2 m）以下独立柱混凝土：(计算基础回填时扣除)

$KZ_1(400\times500)$：$V_1=0.4\times0.5\times(2-0.5-0.2)\times4=1.04(m^3)$

KZ_2：$V_2=0.4\times0.5\times(2-0.6-0.2)\times12=2.88(m^3)$

$KZ_3(500\times500)$：$V_3=0.5\times0.5\times(2-0.7-0.2)\times5=1.38(m^3)$

$KZ_4(400\times400)$：$V_4=0.4\times0.4\times(2-0.5-0.2)\times2=0.42(m^3)$

故 $\sum V_{柱}=V_1+V_2+V_3+V_4=5.72(m^3)(V_{下埋})$

现浇混凝土框架柱：C25/40/32.5

除⅙轴-⑦轴交Ⓑ，Ⓒ轴（楼梯间）标高为基础顶至 13.3 m，其余柱标高均为基础顶至 10.00 m。

KZ-1(400×500)(J-1)Ⓐ,①轴(柱高):$h=10+1.5=11.5$(m)

$$V_1=0.4\times0.5\times11.5\times3=6.9(\text{m}^3)$$

楼梯间 $V_1=0.4\times0.5\times(13.3+1.5)\times1=2.96(\text{m}^3)$

KZ-2(400×500)(J-2):柱高 $h=10+1.4=11.4$(m)

$$V_2=0.4\times0.5\times11.4\times11\text{个}=25.08(\text{m}^3)$$

Ⓑ,⑦楼梯间:$V_2=0.4\times0.5\times(13.3+1.4)\times1=2.94(\text{m}^3)$

KZ-3(500×500):高 $h=10+1.3=11.3$(m)

$$V_3=0.5\times0.5\times11.3\times5=14.13(\text{m}^3)$$

KZ-4(400×400):高 $h=13.3+1.5=14.8$(m)

$$V_4=0.4\times0.4\times14.8\times2=4.74(\text{m}^3)$$

现浇混凝土框架柱:$\sum V_{柱}$(C25 混凝土)$=56.75(\text{m}^3)$

(已含−0.2 m 以下的柱子)

(十六) 现浇钢筋 C25 混凝土独立基础钢筋工程量计算(50 mm 厚保护层)

J-1:⌀12@150:$(2-0.05\times2)\times(\frac{2-0.05\times2}{0.15}+1)\times2\times4=212.8$(m)

J-2:⌀12@150:$(2.3-0.05\times2)\times(\frac{2.3-0.05\times2}{0.15}+1)\times2\times12=844.8$(m)

J-3:⌀14@150:$(2.8-0.05\times2)\times(\frac{2.8-0.05\times2}{0.15}+1)\times2\times5=513$(m)

J-4:⌀12@150:$(1.9-0.05\times2)\times(\frac{1.9-0.05\times2}{0.15}+1)\times2\times2=93.6$(m)

重量合计:⌀12:1 151.2 m$\times0.006\,17\times12^2=1\,022.818$(kg)

⌀14:513 m$\times0.006\,17\times14^2=620.381$ (kg)

(十七) 独立基础模板(九夹板、木支撑)

J-1:$S_1=(2+2)\times2\times0.3\times4=9.6(\text{m}^2)$

J-2:$S_2=2.3\times4\times0.3\times12=33.12(\text{m}^2)$

J-3:$S_3=2.8\times4\times0.4\times5=22.4(\text{m}^2)$

J-4:$S_4=1.9\times4\times0.3\times2=4.56(\text{m}^2)$

故 $\sum S_{模}=S_1+S_2+S_3+S_4=69.68(\text{m}^2)$

(十八) 独立基础垫层模板(木模板、木支撑)

J-1:$S_1=2.2\times4\times0.1\times4=3.52(\text{m}^2)$

J-2:$S_2=2.5\times4\times0.1\times12=2(\text{m}^2)$

J-3:$S_3=3\times4\times0.1\times5=6(\text{m}^2)$

J-4:$S_4=2.1\times4\times0.1\times2=1.68(\text{m}^2)$

故 $\sum S_{垫}=S_1+S_2+S_3+S_4=13.2(\text{m}^2)$

(十九) 墙基防潮层

(1) 外墙基防潮层长:$105-0.4\times15-0.5\times6=96$(m)

(2) 内墙基防潮层长:240 墙:85.675 m;120 墙:6.32 m

防潮层量:$S_{防}=(96+85.675)\times0.24+6.32\times0.12=44.35(\text{m}^2)$

(二十) 有梁板混凝土(C25/40/32.5)计算

$V_{有梁板}=V_{板}+V_{梁}$(夹层)

①-②　Ⓐ-Ⓒ板

$S_{板}$=(16+0.25)×(6×0.25)-(1-0.125)×(8.5-)-(1-0.125)×2.5-(0.4-0.5×5+0.5×0.5)=90.9(m^2)

$V_{板}=S_{板}$×0.1=90.9(m^3)

$V_{梁}$：①轴　KL-4

①和②轴 V=(16-0.375×2-0.5)×(0.25×0.65)×2=4.79(m^3)

次梁 L-2(2)V=(16-0.25×2)×0.25×0.4=1.55(m^3)

Ⓐ-ⒸKL-1　V=(6-0.275-0.2)×0.25×0.5×2=1.369(m^3)

Ⓑ轴 V=(6-0.275-0.25)×0.25×0.5=0.684(m^3)

L-1(1) V=(4.88-0.25)×0.25×0.3=0.347(m^3)

V=(6-0.25×2)×0.25×0.3=0.413(m^3)

$\sum V_{梁}$=9.153 m^3

夹层 $V_{有梁板}$=9.09+9.153=18.243(m^3)

一层

$V_{板}$=[(16+0.125×2)+(36+0.125×2)-(3.2-0.25)×(6.4-0.25)-(3.4-0.25)×(7.5-0.25)-0.4×0.5×4-0.4×0.5×12-0.5×0.5×5-0.4×0.7×9-0.3×0.3×5]×0.1=54.331(m^3)

$V_{梁}$

① 轴：(16-0.375×2-0.5)×0.65×0.25=2.397(m^3)

② 轴：(16-0.375×2-0.5)×0.65×0.25=2.397(m^3)

③轴④轴⑤轴⑥轴⑦轴都为 2.397 m^3

(1/2)轴：(6.4-0.25)×0.35×0.25=0.538(m^3)

(1/6)轴：(16-0.275-0.125-0.4)×0.4×0.25=1.52(m^3)

A 轴：(36-0.275×2-0.4×5)×0.5×0.25=4.181(m^3)

L-6(1)：(16-0.25)×0.4×0.25=0.575(m^3)

L-7(5)：(2.8+6×3+2.6-0.25×5)×0.4×0.25=2.215(m^3)

L-3(2)：(3.4-0.25)×0.3×0.25×2=0.473(m^3)

L-4(6)：(36-0.25×7)×0.4×0.25=3.425(m^3)

Ⓑ轴：(36-0.275×2-0.5×5-0.4)×0.5×0.25=4.069(m^3)

L-2(6)：(36-3.4-0.25×6)×0.4×0.25=3.11(m^3)

$\sum V_{梁}$=41.014(m^3)

$V_{有梁板}$=54.331+41.014=95.345(m^3)

二层

$V_{板}$=[(36+0.25)×(16+0.25)-(7.5-0.25)×(3.4-0.25-0.8-2.4-1.25-0.32)×0.12=67.381(m^3)

$V_{梁}$

① 轴：(16－0.375×2－0.5)×0.65×0.25＝2.397(m^3)

②③④⑤⑥⑦轴都为 2.397(m^3)

(1/6)轴：(7.5－0.275×2)×0.65×0.25＝1.129(m^3)

L_1(4)：(2.98－0.25)×0.3×0.25×4＝0.819(m^3)

Ⓐ轴：(36－0.275×2－0.4×5)×0.5×0.25＝4.181(m^3)

L－5(6)：(36－0.25×6)×0.4×0.25＝3.45(m^3)

Ⓑ轴：(36－0.275×2－0.5×5－0.4)×0.5×0.25＝4.069(m^3)

L－2(6)：(36－3.4－0.25×6)×0.4×0.25＝3.11(m^3)

③ 轴：(36－0.275×2－0.4×6)×0.5×0.25＝4.131(m^3)

L－4(2)：(12－0.25×2)×0.4×0.25＝1.15(m^3)

$\sum V_{梁}$＝38.818 m^3

$V_{有梁板}$＝106.199 m^3

标高 13.25m 的屋面

$V_{板}$＝[(17.5＋0.25)×(3.4×0.25)－(0.4×0.5＋0.4×0.4)×2]×0.12＝3.308(m^3)

$V_{梁}$

Ⓑ轴：(3.4－0.275×2)×0.5×0.25＝0.356(m^3)

Ⓒ轴：0.356 m^3

L－3(1)：(3.4－0.25)×0.4×0.25＝0.315(m^3)

(1/6)轴：(7.5－0.275×2)×0.65×0.25＝1.129(m^3)

⑦ 轴：(7.5－0.375×2)×0.65×0.25＝1.097(m^3)

$V_{有梁板}$＝6.561 m^3

$\sum V_{有梁板}$＝18.243＋95.345＋106.199＋6.561＝223.095(m^3)

(二十一) 有梁板模板(九夹板、木支撑)

$S=S_{板}+S_{梁}$

夹层：$S_{板}$＝90.9 m^2

$S_{梁}$

① 轴：(16－0.375×2－0.5)×(0.75＋0.65)－0.25×0.3×2＝20.65－0.15＝20.5(m^2)

② 轴：(8.5－0.5)×0.75×2＋(7.5－0.375×2)×10.75＋0.65－(1.38－0.375)×0.1－(3.495－0.125－0.375)×0.1－1.25×3＝20.974(m^2)

L－2(2)：(8.5－0.25)×(0.75＋0.65)＋(7.5－0.25)×0.65＋2.5×0.1－0.25×0.3×3－0.25×0.5×2＝20.5(m^2)

KL－1(1)：(4.88－0.125－0.275)×(6＋0.5)＋(1－0.2－0.125×0.6×2＋0.1×0.25＝5.763(m^2)

L－1(1)：(4.88－0.125×2)×0.3×2×2＋(1－0.25)×(0.3＋0.4)＝6.081(m^2)

KL－2(1)：(4.88－0.25)×0.25×2＋0.25×0.1＝4.655(m^2)

$\sum S_{梁}$＝78.473 m^2

$S_{模}$＝90.9＋78.473＝169.373(m²)

一层

$S_{板}$＝543.312 m²

$S_{梁}$：

① 轴：(16－0.375×2－0.5)×(0.75＋0.65)－0.25×0.4×3＝20.35(m²)

② 轴：(16－0.375×2－0.5)×0.65×2－0.25×0.4×5－0.25×0.3＝18.6(m²)

(1/2)轴：(6.4－0.25)×0.35×2－0.25×3－0.25×0.35＝4.142(m²)

③ 轴：(16－0.375×2－0.5)×0.65×2－0.25×0.4×6＝18.575(m²)

④⑤⑥轴都为 18.575 m²

(1/6)轴：(16－0.125－0.375－0.4)×0.4×2－0.25×0.4×4－0.25×0.3×3＝11.455(m²)

⑦ 轴：(16－0.375×2－0.5)×(0.75＋0.65)－0.25×0.3×3－0.25×0.4＝20.325(m²)

L－6(1)：(6－0.25)×0.4×2＝4.6(m²)

L－7(5)：(2.8＋6×3＋2.6－0.25×5)×0.4×2＝17.72(m²)

L－3(3)：(3.4－0.25)×0.3×2×2＝3.78(m²)

Ⓐ轴：(36－0.275×2－0.4×5)×(0.6＋0.5)－0.25×0.35－0.25×0.4＝36.607(m²)

Ⓑ轴：(36－0.275×2－0.5×5－0.4)×0.5×2＝32.825(m²)

L－4(6)：(36－0.25×7)×0.4×2－0.3×0.25＝27.325(m²)

L－2(6)：(36－3.4－0.25×6)×0.4×2＝24.88(m²)

Ⓒ轴：(36－0.275×2－0.4×6)×(0.6＋0.5)＝36.355(m²)

$\sum$梁＝333.264 m²

$S_{模}$＝543.312＋333.264＝876.576(m²)

二层

$S_{板}$＝561.455 m²

$S_{梁}$

① 轴：(16－0.375×2－0.5)×(0.75＋0.65)－0.25×0.5×2＝20.4(m²)

② 轴：(16－0.375×2－0.5)×0.65×2－0.25×0.5×4＝18.675(m²)

③ 轴＝18.675 m²

④ 轴：(16－0.375×2－0.5)×0.65×2－0.25×0.5×4－0.25×0.4＝18.575(m²)

⑤ 轴：(16－0.375×2－0.5)×0.65×2－0.25×0.5×4－0.25×0.4×2＝18.475(m²)

⑥ 轴：18.575 m²

(1/6)轴：(7.5－0.275×2)×0.65×2－0.25×0.4×2＝8.835(m²)

⑦ 轴：(16－0.375×2－0.5)×(0.75＋0.65)－0.25×0.4×2＝20.45(m²)

Ⓐ轴：(36－0.275×2－0.45×5)×(0.6＋0.5)＝36.795(m²)

L－5(6)：(36－0.25×6)×0.4×2－0.25×0.3×4＝27.3(m²)

L－4(2)：(12－0.25×2)×0.4×2－0.25×0.3×4＝8.9(m²)

Ⓑ轴：(36－0.275×2－0.4－0.5×5)×0.5×2＝32.55(m^2)

L－2(6)：(36－0.275×2－0.4－0.5×5)×0.5×2＝32.55(m^2)

Ⓒ轴：(36－0.275×2－0.4×6)×(0.6＋0.5)＝36.355(m^2)

楼梯部分模板：

[(7.5－0.25)×2＋3.4－0.25]×0.1＝1.765(m^2)

$\sum$ 梁＝311.205 m^2

$S_{模}$＝561.455＋311.205＝872.66(m^2)

标高 13.25m 屋面

$S_{板}$＝27.568 m^2

Ⓑ轴：(3.4－0.275×2)×0.5×2＝2.85(m^2)

Ⓒ轴：(3.4－0.275×2)×0.5×2＝2.85(m^2)

L－3(1)：(3.4－0.25)×0.4×2＝2.52(m^2)

Ⓒ轴：(7.5－0.275×2)×(0.65＋0.75)－0.25×0.4＝9.63(m^2)

⑧ 轴：(7.5－0.275×2)×(0.65＋0.75)－0.25×0.4＝9.35(m^2)

$S_{梁}$＝27.2 m^2

$S_{模}$＝27.568＋27.2＝54.768(m^2)

$\sum S_{有梁板模板}$＝169.373＋876.576＋872.66＋54.768＝1 973.377(m^2)

(二十二) 现浇矩形柱模板

KZ－1

S_1＝(0.4＋0.5)×2×(9.95＋1.5)－(0.25×0.75＋0.25×0.6)×3×2＝39.195(m^2)

S_2＝(0.4＋0.5)×2＋(13.3＋1.5)－(0.25×0.75＋0.25×0.6)×2＝25.965(m^2)

S_3＝(0.4＋0.5)×2＋(9.95＋1.5)－(0.25×0.75＋0.25×0.6)×2＝19.935(m^2)

KZ－2

S_1＝(0.4＋0.5)×2＋(9.95＋1.4)－(0.25×0.75＋0.25×0.6＋0.25×0.75)×3＝18.855(m^2)

S_2＝[(0.4＋0.5)×2×(9.95＋1.4)－(0.25×0.6＋0.25×0.75＋0.25×0.6)×3]×2＝37.935(m^2)

S_3＝[(0.4＋0.5)×2×(9.95＋1.4)－(0.25×0.6＋0.25×0.75＋0.25×0.6)×2]×8＝155.64(m^2)

S_4＝[(0.4＋0.5)×2×(13.3＋1.4)－(0.25×0.6＋0.25×0.75×2)×2＝25.41(m^2)

KZ－3

S_1＝(0.5＋0.5)×2×(9.95＋1.3)－(0.25×0.6×2＋0.25×0.75×2)×3＝20.475(m^2)

S_2＝[(0.5＋0.5)×2×(9.95＋1.3)－(0.25×0.6×2＋0.25×0.75×2)×2]×4＝84.6(m^2)

KZ－4

S_1＝(0.4＋0.4)×2×(13.3＋1.5)－(0.25×0.6×2＋0.25×0.5)×2＝22.83(m^2)

S_2＝(0.4＋0.4)×2×(13.3＋1.5)－(0.25×0.6×2＋0.25×0.5＋0.25×0.75)＝

22.455(m^2)

$\sum S$柱模=473.295 m^2

(二十三) 构造柱模板

S=101.61 m^2

(二十四) 楼梯

楼梯2(LT-2)工程量计算

(1) 层高±0.000～2 mⒸ～Ⓑ

S_1=1.58×(3.08+2.18)=8.31(m^2)

(2) 层高2 m～4 m Ⓑ～Ⓒ

S_2=1.58×(2+3.08+2.18)=11.47(m^2)

(3) 层高4 m～6 m Ⓒ～Ⓑ'

S_3=1.58×(2+3.08+0.25)=8.42(m^2)

(4) 层高6 m～8 m Ⓑ～Ⓒ

S_4=S3=8.42 m^2

(5) 层高8 m～10 m Ⓒ～Ⓑ

S_5=1.58×(2+3.08+0.25)=8.42(m^2)

$S_{楼梯2}$=45.04 m^2

$\sum S_{楼梯}=S_{楼梯1}+S_{楼梯2}$=68.21($m^2$)

(楼梯清单工程量68.21 m^2,综合单价组价含68.21 m^2 找平。)

(二十五) 雨篷

YP-1:S=4×1.5×4=24(m^2)

二层平面YP-1:S=8×1.5=12(m^2)

YP-2:S=2.5×1.2×2=6(m^2)

YP-2:S=4.9×1.2=5.88(m^2)

屋顶平面YP-2:S=2.5×1.2×2=6(m^2)

(1) 雨篷混凝土S=53.88 m^2

A4-50换:255.51+1.07×(181.21-167.97)=269.677(元/10 m^2)

直接费:53.88×26.967 7=1 453.02(元)

(2) S雨篷模板=53.88 m^2

A10-119:46.686元/10 m^2

直接费:53.88×46.686=2 515.44(元)

(3) 粉刷水泥砂浆:(1∶3水泥砂浆)

顶面:S=53.88×1.2=64.656(m^2)

底面:S=53.88

$\sum S$=118.536 m^2(并入天棚)

B3-3天棚粉刷:937.29+0.72×(157.3-184.03)=918.044 4(元/100 m^2)

直接费:118.536×9.180 444=1 088.21(元)

(二十六) 散水

散水(600mm宽):

A－C轴:

$S_{散}=[36.24-(4.9+0.6+4)+36.24-(4\times3+1.9+0.6)]\times0.6=29.268(m^2)$

①-②轴:

$S_{散}=[16.24+0.6\times2)\times2-(10.175+1.9+0.6)]\times0.6=13.323(m^2)$

$\sum S_{散}=42.41\ m^2$

(二十七) 台阶

$S_{台}=(1.9+0.3\times2)\times(1.4+0.3)\times2-1.3\times1.1\times2=5.64(m^2)$

②-③:$S_{台}=(4.9+0.3\times2)\times(1.4+0.3)-4.3\times1.1=4.62(m^2)$

$\sum S_{台}=10.26\ m^2$

(二十八) 斜坡

斜坡(1.8 m宽)

$\sum S_{坡}=4\times1.8\times4+10.175\times1.8=47.12(m^2)$

(二十九) 现浇构件钢筋

(1) A10内:26.32 t

(2) B20内:19.86 t

(3) B20外:7.8 t

(三十) 屋面防水

(1) 屋面防水层

a. 平面

$(36-0.24)\times(16-0.24)-3.4\times7.5+(3.4+0.24)\times(7.5+0.24)=566.26(m^2)$

b. 上翻

$(16-0.24)\times0.42+(8.5-0.24)\times0.42=10.09(m^2)$

$(36-0.240\times0.31+(32.6-0.24)\times0.31=21.12(m^2)$

楼梯:$(7.5-0.24)\times0.37=2.7(m^2)$

$(3.4+0.24)\times0.37=1.35(m^2)$

c. 雨篷 $S=53.88\ m^2$

屋面 $\sum S_{防水}=566.26+10.09+21.12+1.35+2.7+53.88=655.4(m^2)$

屋面找平层:620.14 m²

(2) PVC水落管:$10.2\times7=71.4(m)$

(3) PVC水斗7只

屋面防水清单工程量655.4 m²,综合单价组价含620.14 m²找平层

(三十一) 屋面炉渣保温层:$V=566.26\ m^2\times0.11\ m=62.29\ m^3$

屋面保温层清单工程量566.26 m²

(三十二) 脚手架工程量

(1) 独立柱脚手架(500×500)(双排外架钢管)(－0.2～10 m)

$S=(0.5\times4+3.6)\times(10+0.2)\times5=285.6(m^2)$

⑴⁄⑹轴

$S=(0.4\times4+3.6)\times(13.3+0.2)=70.2(m^2)$

独立柱脚手架工程量小计 355.8 m^2

(2) 外脚手架计算(单排外架钢管)

$S_{外架}=(36.24+16.24)\times2\times(11+0.2)+(7.5+0.24+3.4+0.24)\times2.9+(7.5+3.4)\times3.9=1\,252.064(m^2)$

(3) 内脚手架计算

(一层)$S_{内}=L_{净}\times h_{净}$

①-② Ⓑ轴

$S=(6-0.275-0.5)\times(4-0.6)=18.615(m^2)$

①-②轴Ⓐ-Ⓒ

$S=(16-0.375\times2-0.5-0.24)\times(6-0.75\times2)=65.295(m^2)$

⑴⁄⑵轴Ⓐ-Ⓑ

$S=6.4\times(6-0.45)+3.2\times(6-0.4)=53.44(m^2)$

⑦轴Ⓐ-Ⓑ

$S=(8.5-0.375-0.125)\times(6-0.75)=42(m^2)$

⑴⁄⑹轴 A－C

$S=(16-0.275-0.12-0.4)\times(6-0.5)=83.627\,5(m^2)$

Ⓑ轴②-⑦轴

$S=(30-0.275-0.25-0.5\times4-0.4)\times(6-0.6)=146.205(m^2)$

里脚手架 $\sum S=39.351\ m^2$

单排内脚手架 $\sum S=427.855\ m^2$

二层脚手架计算

②轴

$S=(16-0.375\times2-0.5)\times(4-0.75)=47.937\,5(m^2)$

⑴⁄⑵轴

$S=(6.4-0.24)\times(4-0.12)=23.900\,8(m^2)$

⑦轴Ⓑ-Ⓒ

$S=(7.5-0.375\times2)\times(4-0.75)=21.937\,5\times2=43.875(m^2)$

④轴Ⓐ-Ⓑ

$S=(6.4-0.12-0.375)\times(4-0.75)=19.191\,25(m^2)$

Ⓒ轴Ⓐ-Ⓑ

$S=(6.4-0.12-0.375)\times(4-0.75)=19.191\,25(m^2)$

⑴⁄⑹轴Ⓐ-Ⓑ

$S=(6.4-0.24)\times(4-0.12)=23.901(m^2)$

⑴⁄⑹轴Ⓑ-Ⓒ

$S=(7.5-0.275\times2)\times(4-0.75)=22.587\,5(m^2)$

⑴/⑥-⑦

$S=(3.4-0.12-0.06)\times(4-0.12)\times2=24.9872(m^2)$

$S=(30-0.24)-(4-0.12)=115.4688(m^2)$

Ⓑ轴

$S=(30-0.25-0.275-0.5\times4-0.4)\times(4-0.6)=92.055(m^2)$

里脚手架 $S=244.84\ m^2$

单排内脚手架 $S=188.258\ m^2$

(4) 脚手架工程量统计

里脚手架 $S=284.35\ m^2$

单排外脚手架：$S=1\,868.18\ m^2$

其中：$S_{外}=1\,252.064\ m^2$

$S_{内}=616.113\ m^2$

独立柱双排外脚手架 $S=355.8\ m^2$

(三十三) 装饰满堂脚手架

一层平面图

(1) 标高±0.000－6 m

②-⑴/⑥,Ⓐ-Ⓒ、⑴/⑥-⑦,Ⓐ-Ⓑ

a. 工程量：$S=(26.6-0.24)\times(16-0.24)+(3.4-0.24)\times(8.5-0.24)-26.36\times0.24-8.26\times0.24-9.36\times0.24-3.16\times0.12\times2-(3.2-0.24)\times(6.4-0.24)=411.99(m^2)$

b. 套价：

基本层：B9－12，增加1层：B9－13

直接工程费$=411.99\times(5.1354+1.6776)$元/$m^2=2\,806.8633$(元)

(2) 夹层、0.000－4 m

① 工程量：基本层：$S=(6-0.24)\times(16-0.24)-(6-0.24)\times0.24\times2=88.013(m^2)$

② 套价：基本层 B9－12

直接工程费$=88.013\times5.1354=451.982$(元)

③ ±0.000－13.3 m

⑴/⑥-⑦,Ⓑ-Ⓒ,

增加层$=(13.3-5.2)/1.2=7$层

a. 工程量：$S=(3.4-0.24)\times(7.5-0.24)=22.94(m^2)$

b. 套价：B9－12，B9－13×7

直接工程费$=22.94\times(5.1354+1.6776\times7)=387.1951$(元)

④ LT－1，②－1/2，标高(±0.000－10)m

增加层$=(10-5.2)/1.2=4$层

$S=(3.2-0.24)\times(6-0.24)=18.2336(m^2)$

二层平面图：

标高 6 m－10 m

Ⓐ-Ⓒ的①-②

$S_1=(6-0.24)\times(16-0.24)=90.7776(m^2)$

Ⓐ-Ⓑ的②-⑦

S_2=(30−0.24)×(8.5−0.24)−(30−0.24)×0.24−(6.4−0.24)×0.24×2−9.36×0.24−(3.4−0.24)×0.12×2=232.713 6(m^2)

Ⓐ-Ⓒ的②-⑴⁄₆

S_3=(26.6−0.24)×(7.5−0.24)−(7.5−0.24)×0.24×2=187.888 8(m^2)

故二层平面上：$\sum S_{满堂}=S_1+S_2+S_3$=493.16(m^2)

直接工程费=18.233 6×(1.677 6×4+5.135 4)=215.99(元)

二层工程量 S=90.777 6+232.713 6+187.888 8−18.233 6=493.156 4(m^2)

直接工程费=493.156 4×5.135 4 元/m^2=2 532.555(元)

汇总：一层、二层基本层合计工程量

$\sum S$=411.99+88.013+22.94+18.233 6+493.16=1 034.33(m^2)

满堂脚手架工程计算表

序号	定额编号	项目名称	单位	工程量	基价(元)	合价(元)
1	B9－12(基本层)	满堂脚手架	m^2	1 034.33	5.135 4	5 311.7
2	B9－13	满堂脚手架增加1层	m^2	411.99	1.677 6	691.15
3	B9－13×4	满堂脚手架增加4层	m^2	18.23	6.710 4	122.33
4	B9－13×7	满堂脚手架增加7层	m^2	22.94	11.739 4	269.30
合计						6 394.48

(三十四) 垂直运输费

工程量=1 202.25 m^2

(三十五) 装饰工程

地面

一层：①-②Ⓐ-Ⓒ

$S_{找平}$=(6−0.24)×(16−0.24)−(6−0.24)×0.24×2=88.013(m^2)

$S_{柱}$=(0.275−0.12)×(0.375−0.12)×3+(0.125−0.12)(0.25−0.12)+(0.2−0.12)(0.375−0.12)×2+(0.25−0.12)(0.375−0.12)=0.193 175(m^2)

$S_{铺地砖}$=88.013−0.193 175+3×0.24×3+0.9×0.24=92.14(m^2)

Ⓑ-Ⓒ的②-⑴⁄₆轴

$S_{找平}$=(7.5−0.24)×(26.6−0.24)=191.374(m^2)

$S_{柱}$=0.2×(0.375−0.12)×8+(0.2−0.12)×(0.375−0.12)+(0.125−0.12)×(0.275−0.12)+(0.25−0.12)×0.375×8+(0.25−0.12)×(0.375−0.12)×(0.275−0.12)=1.0(m^2)

$S_{地砖}$=191.374−1+3×0.24×2+1.5×0.24=192.174(m^2)

③-⑴⁄₆轴

$S_{找平}$=(20.6−0.24)×(8.5−0.24)=168.173 6(m^2)

$S_{柱}$=0.25×(0.125−0.12)×8+(0.125−0.12)×(0.125−0.12)+(0.375−0.12)×0.2×8+(0.25−0.12)×(0.125−0.12)=0.418(m^2)

$S_{地砖}$=168.173 6−0.418+3×0.24+0.9×0.24=168.691 5(m^2)

Ⓐ-Ⓑ轴的②-③

$S_{找平}$=(6−0.24)×(8.5−0.24)−(3.2−0.24)×0.24−(6.4−0.24)×0.24=45.388 8(m^2)

$S_{柱}$=(0.25−0.12)×(0.125−0.12)×2+(0.2−0.12)×(0.375−0.12)×2=0.042 1(m^2)

$S_{地砖}$=45.389−0.042+1.5×0.24×0.2−0.28×1.42=45.67(m^2)

Ⓐ-Ⓒ的(1/6)-⑦轴

$S_{找平}$=(3.4−0.24)×(8.5−0.24)=26.1(m^2)

$S_{柱}$=(0.275−0.12)×(0.125−0.12)×2+(0.375−0.12)×(0.275−0.12)=0.041 1(m^2)

$S_{地砖}$=26.1−0.411−0.12×(3.4−0.24)×2+0.9×0.24×2=25.732 5(m^2)

Ⓑ-Ⓒ的(1/6)-⑦轴

$S_{找平}$=(3.4−0.24)×(7.5−0.24)=22.942(m^2)

$S_{柱}$=(0.275−0.12)×(0.275−0.12)+(0.375−0.12)×(0.275−0.12)+(0.275−0.12)×2+(0.275−0.12)×(0.375−0.12)=0.127 1(m^2)

$S_{地砖}$=22.942−0.127 1−0.397 6+1.5×0.24=22.777 3(m^2)

一层 $S_{找平}$=541.99(m^2)

与台阶连接处:S=1.3×1.1+4.3×1.1=6.16(m^2)

一层水泥砂浆找平层合计:548.15 m^2

一层S铺地面砖=552.15 m^2(地面砖清单量 548.15 m^2,综合单价组价含找平548.15 m^2,垫层 87.71 m^3)

二层:

Ⓐ-Ⓒ的①-②轴

$S_{找平}$=(6−0.24)×(16−0.24)−0.4×0.7×9−0.3×0.3×5=87.81(m^2)

$S_{柱}$=(0.275−0.12)×(0.375−0.12)+(0.2−0.12)×(0.375−0.12)+(0.275−0.12)+(0.2−0.12)×(0.375−0.12)=0.241 95(m^2)

$S_{地砖}$=90.777 6−0.241 95+1.5×0.24×2−0.4×0.7×9−0.3×0.3×5=88.286(m^2)

Ⓑ-Ⓒ的Ⓑ-(1/6)轴

$S_{找平}$=(22.6−0.24)×(7.5−0.24)−0.24×(7.5−0.24)×2=187.89(m^2)

$S_{柱}$=(0.2−0.12)×(0.375−0.12)×5+(0.375−0.12)×0.2×4+(0.125−0.12)×(0.275−0.12)+(0.25−0.12)×(0.375−0.12)×5+(0.375−0.12)×2×0.5+(0.125−0.12)×(0.275−0.12)=0.728 3(m^2)

$S_{地砖}$=187.89−0.728 3+0.9×0.24×2+1.5×0.24×2=188.315(m^2)

Ⓐ-Ⓑ轴的②-⑦

$S_{找平}$=(8.5−0.24)×(30−0.24)−0.24×(30−0.24)−0.24×(6.4−0.24)×3−(6.4−1.58+0.25−0.12)×(0.3−0.24)=219.59(m^2)

$S_{柱}$=0.25×(0.125−0.12)+(0.125−0.12)×0.5×4+(0.125−0.12)0.4+(0.275−0.12)×(0.125−0.12)+(0.2−0.12)×(0.375−0.12)+(0.375−0.12)×0.4×3+(0.2−0.12)×(0.125−0.12)×2+(0.275−0.12)×(0.125−0.12)=0.353 3(m^2)

$S_{地砖}$=219.59−0.353 3−(6.4−0.24)×0.12−(3.4−0.12−0.06)×2+1.5×0.24×4+0.9×0.12×3=219.489(m^2)

B－C的1/6－⑦轴

$S_{找平}$＝(3.4－0.24)×(7.5－0.24)－(7.5－2.18＋0.25－0.24)×(3.4－0.24)＝6.0988(m^2)

$S_{柱}$＝(0.275－0.12)×(0.275－0.12)＋(0.375－0.12)×(0.275－0.12)＝0.06355(m^2)

$S_{地砖}$＝6.0988－0.06355＋1.5×0.24＝6.4233(m^2)

二层 $S_{找平}$＝501.389(m^2)

二层 $S_{地砖}$＝502.54(m^2)(地砖楼面清单量524.33 m^2,综合单价组价含524.33 m^2)

4.000 m夹层的楼地面

$S_{找平}$＝(16－0.24)×(6－0.24)－2.5×1－8.26×1＝80.02(m^2)

标高为13.3 m(楼梯间)

$S_{找平}$＝(7.5－0.24)×(3.4－0.24)＝22.942(m^2)

$S_{地砖}$＝22.942 m^2

楼梯找平 S＝68.21 m^2

楼梯地砖 S＝68.21 m^2

汇总:楼地面水泥砂浆找平合计:1220.71 m^2

楼地面地砖合计:1077.63 m^2

楼梯地砖合计:68.21 m^2

屋面水泥砂浆找平:620.14 m^2

(三十六)外墙抹灰工程量

$S_{外粉}＝L_{周长}×H_{总高}－S_{门窗}$

＝(16.24＋36.24)×2×(11＋0.2)＋[(7.5＋0.24)＋(3.4＋0.24)]×(13.9－11)＋(7.5＋3.4)×3.9＝1251.064(m^2)

$S_{门窗}$＝3×0.9＋3×3.6＋3×0.9＋3×3.6＋1.5×0.9＋1.5×2.7＋3×3.3×2＋0.9×2.7＋3×0.9×2＋3×2.4×2＋1.5×0.9＋1.5×2.4＋1.5×0.9＋1.5×2.4＋1.5×0.9＋1.5×2.4＋(3×0.9＋3×2.4)×3＋1.5×2.1×2＋2.4×2.1＋1.5×2.7＋2.4×2.1×2＋1.5×2.1×10＋1.5×2.1×2＋1.5×2.1×10＋1.5×3＝261.09(m^2)

女儿墙内面 S＝(36－0.24)＋(16－0.24)×2－(7.5＋3.4)＝92.1(m^2)

外墙抹灰合计 S＝1251.064－261.09＋92.14＝1082.114(m^2)

(三十七)一层内墙粉刷

Ⓐ-Ⓒ的①轴

S＝(16－0.375×2－0.5)×(6－0.75×2)－0.24×(4－0.75)－3×3.3×2－0.9×2.7＝43.365(m^2)

Ⓐ-Ⓒ的②轴

S_1＝(16－0.375×2－0.5)×(6－0.75×2)－0.24×(4－0.4)＝65.511(m^2)

S_2＝(16－0.375×2－0.5)×(6－0.75×2)－0.24×(6－0.4)＝65.031(m^2)

(1/2)轴

S＝6.4×(6－0.45)＋(6.4－0.24)×(6－0.45)＝69.708(m^2)

②-(1/2)轴

$S=3.2\times(6-0.4)+(3.2-0.24)\times(6-0.4)=34.496(m^2)$

Ⓐ-Ⓑ的③轴

$S=(8.5-0.5)\times(6-0.75)=42(m^2)$

$S_{门}=0.9\times2.7\times2=4.86(m^2)$

$S_1=(S-S_{门})\times2=79.14(m^2)$

⑴⁄⑹轴

$S=(16-0.275-0.12-0.4)\times(6-0.5)+(16-0.275-0.12-0.4-0.24)\times(6-0.5)=165.935(m^2)$

$S_{门}=1.5\times2.7\times2=8.1(m^2)$

$S_1=S-S_{门}=157.835(m^2)$

Ⓐ-Ⓒ的⑦轴

$S=(16-0.375\times2-0.5-0.24)\times(6-0.75)=76.1775(m^2)$

$S_{洞}=3\times1.5=4.5(m^2)$

$S_1=S-S_{洞}=71.6775(m^2)$

卫生间：$S=(3.4-0.24)\times(6-0.1)\times4=745.576(m^2)$

$S_{门}=0.9\times2.1\times4=67.016(m^2)$

Ⓐ轴的①-②

$S=(6-0.275-0.2)\times(6-0.6\times2)=26.52(m^2)$

$S_{窗}=3\times0.9+3\times2.4=9.9(m^2)$

$S_1=S-S_{窗}=16.62(m^2)$

$S=(6-0.24)\times(4-0.4)=41.472(m^2)$

Ⓑ轴的①-②

$S=(6-0.275-0.25)\times(4-0.6)\times2=37.23(m^2)$

Ⓒ轴的①-②

$S=(6-0.275-0.2)\times(6-0.6\times2)=26.52(m^2)$

$S_{门}=3\times0.9+3\times3.6=13.5(m^2)$

Ⓐ轴的②-⑦

$S=(30-0.2-0.275-0.24\times2-0.4\times4)\times(6-0.6)=148.203(m^2)$

$S_{门窗}=1.5\times0.9+1.5\times2.7+1.5\times0.9+1.5\times2.7+3\times0.9\times3+3\times2.4\times2+3\times3.6+1.5\times0.9\times2+1.5\times2.4\times2=54(m^2)$

$S=S-S_{门窗}=94.203(m^2)$

Ⓑ轴②-⑦

$S=(30-0.25-0.5\times4-0.4-0.275)\times(6-0.6)\times2=292.41(m^2)$

Ⓒ轴的②-⑦

$S=(30-0.2-0.4\times5-0.275)\times(6-0.6)=148.635(m^2)$

$S_{门窗}=3\times0.9\times4+3\times3.6\times2+3\times2.4\times2+1.5\times0.9\times2+1.5\times2.4+1.5\times2.7=57.15(m^2)$

$S_1=S-S_{门窗}=91.485(m^2)$

一层粉刷 $S=1\,240.22\ m^2$

二层：

Ⓐ-Ⓒ的①轴

$S=(16-0.375\times2-0.5)\times(4-0.12)=57.23(m^2)$

$S_{门窗}=1.5\times2.7=4.05(m^2)$

$S_1=S-S_{门窗}=53.18(m^2)$

Ⓐ-Ⓒ的②轴

$S_1=(16-0.375\times2-0.5)\times(4-0.12)=57.23(m^2)$

$S_2=(16-0.375\times2-0.5-0.24)\times(4-0.12)=56.2988(m^2)$

$S_{门}=1.5\times2.7\times2=8.1(m^2)$

$S=(S_1+S_2)-S_{门}=105.4288(m^2)$

Ⓐ-Ⓑ的(1/2)轴

$S=(6.4-0.24)\times(4-0.12)\times2=47.8016(m^2)$

Ⓑ-Ⓒ的③轴

$S=(7.5-0.375\times2)\times(4-0.12)\times2=52.38(m^2)$

Ⓐ-Ⓑ的④轴

$S=(6.4-0.12-0.375)\times(4-0.12)\times2=45.8228(m^2)$

Ⓑ-Ⓒ的④轴

$S=(7.5-0.375\times2)\times(4-0.12)\times2=52.38(m^2)$

Ⓐ-Ⓑ的⑥轴

$S=(6.4-0.12-0.375)\times(4-0.12)\times2=45.8228(m^2)$

Ⓐ-Ⓑ的(1/6)轴

$S_1=(6.4-0.24)\times(4-0.12)=23.9008(m^2)$

$S_1=(6.4-0.24\times2)\times(4-0.12)=22.9696(m^2)$

$S_{门}=0.9\times2.1\times3\times2=11.34(m^2)$

$S=(S_1+S_2)-S_{门}=35.5304(m^2)$

Ⓑ-Ⓒ的(1/6)轴

$S=(7.5-0.275\times2)\times(4-0.12)\times2=53.932(m^2)$

Ⓐ-Ⓒ的⑦轴

$S=(16-0.375\times2-0.5-0.24\times2)\times(4-0.12)=55.3676(m^2)$

$S_{窗}=1.5\times2.1\times2+2.4\times2.1=11.34(m^2)$

$S_1=S-S_{窗}=44.0276(m^2)$

Ⓐ轴①-⑦轴

$S=(36-0.275\times2-0.4\times5-0.24)\times(4-0.12)=128.8548(m^2)$

$S_{窗}=2.4\times2.1+1.5\times2.1\times10=36.54(m^2)$

$S_1=S-S_{窗}=92.3148(m^2)$

Ⓐ-Ⓑ的②-⑦

$S_1=(30-0.24-0.24\times3-0.12)\times(4-0.12)=112.2096(m^2)$

$S_2=(30-0.24)\times(4-0.12)=115.4688(m^2)$

$S_{门}=1.5\times2.7\times4\times2+2.7\times1.5\times2=40.5(m^2)$

$S=(S_1+S_2)-S_{门洞}=187.1784(m^2)$

Ⓑ轴②-⑦

$S_1=(30-0.25-0.275-0.5\times4-0.4)\times(4-0.12)=105.051(m^2)$

$S_2=(30-0.25-0.275-0.5\times4-0.4)\times(4-0.12)=105.051(m^2)$

$S_{门}=0.9\times2.7\times2\times2+1.5\times2.7\times3\times2=34.02(m^2)$

$S=(S_1+S_2)-S_{门}=176.082(m^2)$

Ⓒ轴①-⑦

$S=(36-0.275\times2-0.4\times6)\times(4-0.12)=128.234(m^2)$

$S_{窗}=2.4\times2.1+1.5\times2.1\times10=36.54(m^2)$

$S_1=S-S_{窗}=91.694(m^2)$

卫生间隔墙

$S=(3.4-0.12-0.06)\times(4-0.12)\times4=49.9744(m^2)$

$\sum S=1133.557\ m^2$

扣梁的粉刷

$S_1=(16-0.375\times2-0.5)\times(0.75-0.12)=9.2925(m^2)$

$S_2=(16-0.375\times2-0.5)\times(0.75-0.12)\times2=18.585(m^2)$

$S_3=(7.5-0.375\times2)\times(0.75-0.12)\times4=17.01(m^2)$

$S_4=(7.5-0.275\times2)\times(0.75-0.12)\times2=8.757(m^2)$

$S_5=(6.4-0.375-0.12)\times(0.75-0.12)\times2=7.4403(m^2)$

$S_6=S_5=7.4403(m^2)$

$S_7=(16-0.375\times2-0.5-0.48)\times(0.75-0.12)=8.9901(m^2)$

$S_8=(36-0.275\times2-0.4\times5)\times(0.6-0.12)=16.056(m^2)$

$S_9=(30-0.25-0.275-0.5\times4-0.4)\times(0.6-0.12)\times2=25.993(m^2)$

$S_{10}=(36-0.275\times2-0.4\times6)\times(0.6-0.12)=15.864(m^2)$

$S_{梁}=135.4272(m^2)$

二层粉刷为 $\sum S=998.1298\ m^2$

楼梯的内墙粉刷

⑴⁄₆轴 $S_1=(3.3-0.75)\times(7.5-0.275\times2)=17.723(m^2)$

⑦轴 $S_2=(3.3-0.75)\times(7.5-0.375\times2)-2.4\times2.1=12.173(m^2)$

Ⓑ、Ⓒ轴1/6-⑦

$S=(3.3-0.6)\times(3.4-0.275\times2)\times2-1.5\times2.1\times2=9.09(m^2)$

$\sum S=38.986\ m^2$

内墙粉刷合计：$\sum S=2277.34(m^2)$

(三十八) 一层天棚粉刷

Ⓐ-Ⓒ的①-②轴

$S=(6-0.24)\times(16-0.24)-(6-0.24)\times0.24-(6-0.275-0.25)\times0.24+(16-$

0.375×2－0.5－0.25)×0.65＋(6－0.275－0.2)×0.5×2＋(16－0.375×2－0.5－0.25)×0.65＋(6－0.275－0.25)×0.5×2＋(6－0.25)×0.3×2＋(6－0.25)×0.3×2＋(6－0.25)×0.4×2－[(0.375－0.125)×(0.275－0.125)＋(0.2－0.125)×(0.375－0.125)＋(0.5－0.25)×(0.275－0.125)＋(0.25－0.125)×(0.375－0.125)]－0.3×0.25×2－0.4×0.25×2－0.3×0.25×2－0.3×0.25－0.4×0.25×2＝128.475(m^2)

Ⓑ-Ⓒ的②-(1/6)轴

S＝(26.6－0.24)×(7.5－0.24)＋(7.5－0.375×2)×0.65＋(7.5－0.275×2)×0.4＋(26.6－0.25－0.125－0.5×4)×0.5＋(26.6－0.2－0.125－0.4×4)×0.5＋(26.6－0.25)×0.4×2＋(7.5－0.375×2)×0.65×4×2－0.4×0.25－0.4×0.25×2×4－(0.2－0.125)×(0.375－0.125)×9－(0.25－0.125)×(0.375－0.125)×9＝277.82(m^2)

Ⓐ-Ⓑ的③-(1/6)轴

S＝(20.6－0.24)×(8.5－0.24)＋(20.6－0.2－0.4×3－0.125)×0.5＋(20.6－0.25－0.5×3－0.125)×0.5＋(8.5－0.375－0.125)×0.65＋(8.5－0.25)×0.65＋(20.6－0.25)×0.4×2＋(20.6－0.25)×0.4×2＋(8.5－0.5)×0.65×2×3－0.4×0.25×2－0.4×0.25×2－(0.2－0.125)×(0.375－0.125)×7＝259.865(m^2)

Ⓐ-Ⓑ的(1/6)-⑦轴

S＝(3.4－0.24)×(8.5－0.24)＋(8.5－0.25)×0.4＋(8.5－0.5)×0.65＋(3.4－0.275×2)×0.5＋(3.4－0.125－0.275)×0.5＋(3.4－0.25)×0.4×2＋(3.4－0.25)×0.3×4－0.3×0.25×4－0.4×0.25－(0.275－0.125)×(0.375－0.125)＝43.389 1(m^2)

Ⓑ-Ⓒ的(1/6)-⑦轴

S＝(2.3－0.24)×(3.4－0.24)＋(3.4－0.275×2)×0.5＋(3.4－0.25)×0.3×2＋(3.4－0.275×2)×0.5＋(7.5－0.275×2)×0.65＋(7.5－0.375×2)×0.65－0.3×0.25×2－(0.275－0.125)×(0.275－0.125)×2－(0.375－0.125)×(0.275－0.125)×2＝19.884 6(m^2)

故一层天棚粉刷为 S＝781.8 m^2

洞口 0.4×0.7×9＋0.3×0.3×5＝2.97(m^2)

一层 S＝783.43 m^2

二层天棚粉刷

Ⓐ-Ⓒ的①-②轴

S＝(16－0.24)×(6－0.24)＋(6－0.275－0.2)×0.48×2＋(16－0.375×2－0.5)×0.63×2＋(6－0.25)×0.38×2＋(6－0.275－0.25)×0.48×2＋(6－0.25)×0.38×2－0.38×0.25×2×2－(0.375－0.125)×(0.275－0.125)×2－(0.2－0.125)×(0.375－0.125)－(0.25－0.125)×(0.375－0.125)－(0.275－0.125)×(0.375－0.125)－(0.2－0.125)×(0.375－0.125)＝128.081(m^2)

Ⓑ-Ⓒ的②-(1/6)轴

S＝(26.6－0.24)×(7.5－0.24)－(7.5－0.375×2)×0.24×2＋(7.5－0.375×2)×0.63＋(7.5－0.375×2)×0.63＋(7.5－0.375×2)×0.63×4＋(26.6－0.2－0.4×4－0.2)×0.48＋(26.6－0.25)×0.38×2－0.4×0.25×12－(0.375－0.125)×(0.2－0.125)×9－(0.25－0.125)×(0.375－0.125)×9＝272.596 6(m^2)

Ⓐ-Ⓑ的②-⑦轴

S=(30－0.24)×(8.5－0.24)－(30－0.25)×0.24－(6.4－0.25)×0.24×3－(0.64－0.25)×0.12－(3.4－0.06－0.125)×0.12×2＋(8.5－0.5)×0.63×10＋(30－0.25－0.275－0.5×4－0.4)×0.48＋(30－0.2－0.275－0.4×4)×0.48＋(30－0.25)×0.38×2＋(12－0.25)×0.38×2＋(3.4－0.25)×0.28×8－0.38×0.25×10－0.28×0.25×8－0.38×0.25×4－(0.2－0.125)×(0.375－0.125)×9－(0.375－0.125)×(0.375－0.125)＝346.397 5(m^2)

⑴/⑥-⑦轴

S=(3.4－0.24)×2.18＋(3.4－0.275×2)×0.48×2＋(7.5－0.375×2)×0.63＋(7.5－0.275×2)×0.63＋(3.4－0.25)×0.38×2－0.38×0.25×2－(0.275－0.125)×(0.275－0.125)×2－(0.275－0.125)×(0.375－0.125)×2＝23.115 8(m^2)

二层天棚粉刷 S=769.83 m^2

夹层天棚粉刷：

S=(16－0.24)×(6－0.24)－(8.5－0.25)×1－2.5×1＋(6－0.275－0.2)×0.48×2＋(16－0.375×2－0.5)×0.63×2＋(4.88－0.25)×0.28×2＋(6－0.25－0.275)×0.48×2＋(6－0.25)×0.28×2＋(16－0.25－0.275)×0.48×2＋(6－0.25－0.275)×0.24－0.28×0.25×2－0.38×0.25×2－0.38×0.25－0.28×0.25×2－0.28×0.25－0.28×0.25－0.38×0.25－(0.275－0.125)×(0.375－0.125)×2－(0.2－0.125)×(0.375－0.125)×2－(0.275－0.125)×0.5－(0.25－0.125)×0.5＝123.21(m^2)

标高为 13.25 m 天棚粉刷：

S=(7.5－0.24)×(3.4－0.24)＋(7.5－0.375×2)×0.63＋(7.5－0.275×2)×0.63＋(3.4－0.275×2)×0.48＋(3.4－0.275×2)×0.48＋(3.4－0.25)×0.38×2－0.38×0.25×2－(0.275－0.125)×(0.275－0.125)×2－(0.275－0.125)×(0.375－0.125)×2＝36.39(m^2)

楼梯间粉刷：

S=68.21×1.3＝88.673(m^2)

故天棚粉刷 $\sum S$＝1 712.86＋88.673＋118.536＝1 929.07(m^2)

(三十九) 现浇矩形柱抹灰

一层矩形柱粉刷：

Ⓐ-Ⓒ的①轴

S=(0.275－0.12＋0.375－0.12)×(6－0.1－0.12)×3＋(0.275＋0.125－0.24)×(6－0.1－0.12)＝8.034 2(m^2)

轴Ⓐ～Ⓒ

S=(0.2＋0.375－0.24)×(6－0.1－0.12)＋(0.2＋0.375－0.24)×(6－0.1)＋(0.25＋0.125－0.24)×(6－0.1)＋(0.25＋0.375－0.24)×(6－0.1)＋(0.25＋0.125－0.24)×(6－0.1－0.12)＋(0.25＋0.375－0.24)×(6－0.1－0.12)＋(0.2＋0.375－0.24)×(16－0.1)＋(0.2＋0.375－0.24)×(6－0.1－0.12)＝13.899 2(m^2)

③轴Ⓐ～Ⓒ

S＝(0.4－0.24＋0.375×2－0.24)×(6－0.1)＋(0.5－0.24＋0.125×2－0.24＋0.125×2－0.24＋0.5＋0.375×2－0.24)×(6－0.1)＋(0.4＋0.375×2－0.24)×(6－0.1)＝16.874(m^2)

④轴Ⓐ～Ⓒ

S＝[(0.375×2－0.24＋0.4＋0.5×2＋0.375×2－0.24＋0.125×2－0.24＋0.4＋0.375×2－0.24)]×(6－0.1)＝19.706(m^2)

⑤、⑥和④轴一样

S＝19.706 m^2

轴Ⓑ～Ⓒ

S＝(0.4×2－0.24×2＋0.4×2－0.24×2)×(6－0.1)＋(0.4－0.24＋0.275×2－0.24)×(6－0.1)＝6.549(m^2)

⑦轴Ⓐ～Ⓒ

S＝(0.275＋0.375－0.24＋0.275＋0.125－0.24)×(6－0.1)＝8.201(m^2)

故 $\sum$ S＝112.675 m^2

二层柱粉刷：

①轴Ⓐ～Ⓒ

S＝(0.275＋0.375－0.24＋0.275＋0.375－0.12＋0.125＋0.275＋0.375－0.24＋0.275－0.12)×(4－0.12)＝6.3244(m^2)

②轴Ⓐ～Ⓒ

S＝(0.4－0.24＋0.375×2－0.24＋0.5－0.24＋0.5－0.24＋0.5－0.24×2＋0.5＋0.4－0.24＋0.375×2－0.24)×(4－0.12)＝9.2344(m^2)

③轴Ⓐ～Ⓒ

S＝(0.4＋0.375×2－0.24＋0.5＋0.5－0.24＋0.125×2－0.24＋0.375×2－0.24＋0.4－0.24＋0.375×2－0.24)×(4－0.12)＝11.0968(m^2)

④轴Ⓐ～Ⓒ

S＝(0.4－0.24＋0.375×2－0.24＋0.5＋0.5－0.24＋0.5×2－0.24×2＋0.4－0.24＋0.375×2－0.24)×(4－0.12)＝10.1656(m^2)

⑤轴Ⓐ～Ⓒ

S＝(0.4＋0.375×2－0.24＋0.5×2＋0.35×2－0.24×2＋0.4＋0.375×2－0.24)×(4－0.12)＝12.9592(m^2)

⑥轴Ⓐ～Ⓒ

S＝(0.4－0.24＋0.375×2－0.24＋0.5×2＋0.5×2－0.24×2＋0.4＋0.375×2－0.24)×(4－0.12)＝12.028(m^2)

(1/6)轴Ⓑ～Ⓒ

S＝(0.4＋0.4－0.24＋0.4×2－0.24×2＋0.4－0.24＋0.275×2－0.24)×(4－0.12)＝5.238(m^2)

⑦轴Ⓐ～Ⓒ

S＝(0.275＋0.375－0.24＋0.275×2－0.24＋0.5－0.24＋0.275－0.12＋0.375－

0.12)×(4−0.12)=5.393 2(m²)

二层 $\sum S=72.4396$ m²

标高 13.3 m 的柱

$S=(0.275\times6+0.375\times2-0.24\times4)\times3.3=4.752$(m²)

故所有柱的粉刷为 $\sum S=189.87$ m²

(四十) 门窗量计算

变压器室钢门 $S=3\times3.3\times2=19.8$(m²)

平开钢大门 $S=3\times3.6\times4=43.2$(m²)

铝合金平开门 $S=1.5\times2.7\times9+1.5\times2.10.9\times2.7\times4=49.32$(m²)

乙级木质防火门 $S=1.5\times2.7\times3=12.15$(m²)

木门 $S=0.9\times2.1\times5=9.45$(m²)

铝合金窗 $S=1.5\times2.4\times3+1.5\times2.1\times23=83.25$(m²)

铝合金窗 $S=3\times2.4\times5+2.4\times2.1\times3=51.12$(m²)

百叶窗 $S=3\times0.9\times19+1.5\times0.9\times25=85.05$(m²)

门窗 $\sum S=353.34$ m²

(四十一) 地砖踢脚线工程量

一层踢脚线贴面砖(0.15 m 高)

Ⓐ轴 $S=(36-0.24\times5)\times0.15=5.22$(m²)

Ⓑ轴 $S=(36-0.24\times3)\times0.15=5.292$(m²)

Ⓒ轴 $S=(36-0.24\times3)\times0.15=5.292$(m²)

①轴 $S=(16-0.24\times3)\times0.15=2.292$(m²)

②轴 $S=(16-0.24\times3)\times0.15\times2=4.584$(m²)

(1/2)轴 $S=(6.4+3.2)\times0.15\times2=2.88$(m²)

②轴 $S=(8.5-0.24)\times0.15\times2=2.478$(m²)

(1/6)轴 $S=(16-0.24\times2)\times0.15=2.328$(m²)

⑦轴 $S=(16-0.24\times3)\times0.15=2.292$(m²)

卫生间 $S=(3.4-0.24)\times4\times0.15=1.896$(m²)

门洞 $S=(3\times2-0.24\times4+0.9-0.24\times2+3\times3-0.24\times6+1.5-0.24\times2+1.5-0.24\times2+0.9\times2-0.24\times4+1.5+3-0.24\times2+1.5\times2-0.24\times4+0.9-0.24\times2)\times0.15=3.357$(m²)

一层合计:42.062−3.357=38.71(m²)

二层踢脚线

Ⓐ轴 $L=36-0.24\times5-0.12=34.68$(m)

Ⓐ～Ⓑ轴 $L=30-0.24\times4-0.12-1.5\times5=21.42$(m)

$L=30-0.24-1.5\times5=22.26$(m)

$L=(3.4-0.18)\times4=12.88$(m)

Ⓑ轴 $L=30-0.24\times4-1.5\times3-0.9\times2=22.74$(m)

$L=30-0.24-1.5\times3-0.9\times2=23.46$(m)

Ⓒ轴 36－0.24×5＝34.8(m)

①轴 16－0.24－1,5＝14.26(m)

②轴 16－0.24－1.5＝14.26(m)

16－0.24×3－1.5＝13.78(m)

Ⓘ/2轴(6.4－0.24)×2＝12.32(m)

③-⑥轴(7.5－0.24)×6＝43.56(m)

(6.4－0.24)×4＝24.64(m)

1/6轴 6.4－0.24－0.9×3＝3.46(m)

6.4－0.9×3－0.24×2＝3.22(m)

⑦轴 16－0.24×4＝15.04(m)

门:0.24×2×15＝7.2(m)

二层合计:346.44×0.15＝51.97(m^2)

楼梯:(3.2－0.24)×2＋1.58×2＋1.5×2－1.5＋1.58×2＋3.2－0.24＝16.7(m)

2.18×2×3＋(3.4－0.24)×3－1.5×2＋0.24×2＋2.0×4＋(3.4－0.24)×2＝34.36(m)

3.08×8×1.15＝28.34(m)

楼梯合计:(16.7＋34.36＋28.34)×0.15＝11.91(m^2)

总踢脚线合计:$\sum S$＝102.59 m^2

B1－91 基价:56.616 6 元/m^2

直接费:56.616 6×102.59 m^2＝5 808.30(元)

(四十二) A10－62×3 矩形柱模板超高工程量

348.17 m^2×3.188 4 元/m^2＝1 110.11(元)

(四十三) A10－115×3 有梁板模板超高工程量

876.576 m^2×6.457 5 元/m^2＝5 660.49(元)

表 10-1-1　工程预(结)算表

工程名称:公用工程楼　　　　建筑面积:1 205.25 m^2

序号	定额编号	项目名称	单位	数量	单价(元)		总价(元)	工资(元)
					单价	工资	总价	
		第一章、土(石)方工程					26 648.51	24 961.31
1	A1－1	人工平整场地	100 m^2	8.145	238.53	238.53	1 942.83	1 942.83
2	A1－18	人工挖沟槽三类土深度 2 m内	100 m^3	4.231	1 469.22	1 469.22	6 216.27	6 216.27
3	A1－27	人工挖基坑三类土深度 2 m内	100 m^3	6.235	1 647.12	1 647.12	10 269.79	10 269.79
4	A1－181	回填土方夯填	100 m^3	8.88	832.96	642.96	7 396.68	5 709.48
5	A1－191	人工运土方运距 20 m 内	100 m^3	1.586	518.88	518.88	822.94	822.94
		第三章、砌筑工程					70 784.17	14 895.32

(续表)

序号	编号	项目名称	单位	数量	单价(元)		总价(元)	工资(元)
					单价	工资	总价	
6	A3-1	砖基础	10 m^3	5.619	1 729.71	301.74	9 719.24	1 695.48
7	A3-8	混水砖墙 1/2 砖	10 m^3	0.869	1 946.51	499.14	1 691.52	433.75
8	A3-10	混水砖墙 1 砖	10 m^3	30.682	1 823.52	398.56	55 949.24	12 228.62
9	A3-41	砌体钢筋加固	t	0.92	3 721.92	584.21	3 424.17	537.47
		第四章、混凝土及钢筋混凝土工程					301 444.5	34 325.53
10	A4-13	C10 混凝土地面垫层	10 m^3	8.771	1 754.06	309.26	15 384.86	2 712.52
11	A4-13 换	混凝土垫层~C15l40/32.5	10 m^3	2.149	1 942.26	371.11	4 173.92	797.52
12	A4-18 换	现浇独立基础混凝土~C25l40/32.5	10 m^3	5.694	2 127.8	267.2	12 115.69	1 521.44
13	A4-32 换	现浇基础梁~C25l40/32.5	10 m^3	2.664	2 156.96	336.76	5 746.14	897.13
14	A4-29 换	现浇矩形柱~C25l40/32.5	10 m^3	5.675	2 373.52	546.38	13 469.73	3 100.71
15	A4-31 换	现浇构造柱~C25l40/32.5	10 m^3	1.283	2 473.72	646.96	3 173.78	830.05
16	A4-36	现浇过梁	10 m^3	1.073	2 378.38	658.94	2 552	707.04
17	A4-43 换	现浇有梁板~C25l20/32.5	10 m^3	22.31	2 272.31	329.94	50 695.24	7 360.96
18	A4-48 换	现浇楼梯直形~C25l40/32.5	10 m^2	6.821	623.37	145.23	4 252.01	990.61
19	A4-60	现浇压顶	10 m^3	0.472	2 542.3	668.58	1 199.97	315.57
20	A4-50 换	现浇雨篷~C25l20/32.5	10 m^2	5.388	269.67	62.51	1 452.98	336.8
21	A4-59	现浇台阶(100 m^2 投影面积)	100 m^2	0.103	3 633.13	737.43	374.21	75.96
22	A4-64	现浇水泥砂浆防滑坡道	100 m^2	0.471	991.56	363.31	467.02	171.12
23	A4-445	现浇构件圆钢筋 Φ10 以内	t	26.32	3 532.42	374.12	92 973.29	9 846.84
24	A4-447	现浇构件螺纹钢筋 Φ20 以内	t	19.86	3 411.89	185.42	67 760.14	3 682.44
25	A4-448	现浇构件螺纹钢筋 Φ20 以外	t	7.8	3 288.91	125.49	25 653.5	978.82
		第五章、厂库房大门、特种门、木结构工程					11 478.55	2 300.66
26	A5-33	变电室门扇门扇制安	100 m^2	0.198	12 041.51	3 832.38	2 384.22	758.81

（续表）

序号	编号	项目名称	单位	数量	单价(元)		总价(元)	工资(元)
					单价	工资	总价	
27	A5－9	平开钢木大门一面板门扇制作	100 m^2	0.432	13 339.6	930.37	5 762.71	401.92
28	A5－10	平开钢木大门一面板门扇安装	100 m^2	0.432	1 078.11	637.79	465.74	275.53
29	A5－27	实拼式防火门双面石棉板门扇制安	100 m^2	0.122	23 490.86	7 085.25	2 865.88	864.4
		第七章、屋面及防水工程					41 495.29	1 808.31
30	A7－51	SBS卷材二层	100 m^2	6.554	5 980.43	178.6	39 195.74	1 170.54
31	A7－82	屋面排水 PVC 水落管Φ110	10 m	7.14	254.46	67.92	1 816.84	484.95
32	A7－84	屋面排水PVC水斗Φ110	10 只	0.7	226.66	70.74	158.66	49.52
33	A7－88	墙(地)面防水、防潮防水砂浆平面	100 m^2	0.444	729.85	232.65	324.05	103.3
		第八章、防腐、隔热、保温工程					8 453.81	1 793.2
34	A8－206	屋面保温1∶8水泥炉渣	10 m^3	6.229	1 357.17	287.88	8 453.81	1 793.2
		第十章、钢筋混凝土模板及支撑工程					77 263.65	31 521.16
35	A10－17	现浇独立基础钢筋混凝土九夹板模板(木撑)	100 m^2	0.697	1 856.8	573.64	1 294.19	399.83
36	A10－32	现浇混凝土基础垫层木模板(木撑)	100 m^2	0.399	1 483.84	314.43	592.05	125.46
37	A10－53	现浇矩形柱九夹板模板(钢撑)	100 m^2	4.733	1 940.13	754.35	9 182.64	3 570.34
38	A10－62换	现浇柱支撑高度超过3.6 m每增加1 m钢撑	100 m^2	3.482	318.82	230.54	1 110.13	802.74
39	A10－61	现浇构造柱木模板(木撑)	100 m^2	1.016	2 653.44	1 096.51	2 695.9	1 114.05
40	A10－66	现浇基础梁九夹板模板(木撑)	100 m^2	1.776	2 130.37	691.37	3 783.54	1 227.87
41	A10－73	现浇过梁九夹板模板(木撑)	100 m^2	1.273	2 922.93	1 164.9	3 720.89	1 482.92
42	A10－99	现浇有梁板九夹板模板(钢撑)	100 m^2	19.734	2 137.11	785.84	42 173.73	15 507.77

(续表)

序号	编号	项目名称	单位	数量	单价(元)		总价(元)	工资(元)
					单价	工资	总价	
43	A10-115换	现浇板支撑高超过3.6 m每增加1 m钢撑	100 m²	8.766	645.75	482.22	5 660.64	4 227.14
44	A10-117	现浇楼梯直形木模板(木撑)	10 m²	6.821	561.05	260.38	3 826.92	1 776.05
45	A10-79	现浇圈梁压顶直形九夹板模板(木撑)	100 m²	0.333	1 740.17	722.39	579.48	240.56
46	A10-119	现浇阳台、雨篷直形木模板(木撑)	10 m²	5.388	466.86	182.13	2 515.44	981.32
47	A10-121	现浇台阶木模板(木撑)	100 m²	0.103	1 243.7	632.15	128.1	65.11
		第十一章、脚手架工程					11 998.92	4 107.47
48	A11-4	钢管脚手架15 m内单排	100 m²	18.682	503.15	169.2	9 399.85	3 160.99
49	A11-13	里脚手架钢管	100 m²	2.844	113.94	85.54	324.05	243.28
50	A11-5	钢管脚手架15 m内双排	100 m²	3.558	639.41	197.64	2 275.02	703.2
		第十二章、垂直运输工程					13 598.195	
1	A12-12换	垂直运输,20 m内卷扬机,多层厂房现浇框架	100 m²	12.053	1 128.21		3 598.19	
		第一章、楼地面工程					103 241	23 578.8
52	B1-1	屋面水泥砂浆找平层厚度20 mm	100 m²	6.201	665.18	280.73	4 124.78	1 740.81
53	B1-1	地面水泥砂浆找平层厚度20 mm	100 m²	12.207	665.18	280.73	8 119.85	3 426.87
54	B1-88	陶瓷地砖(彩釉砖)楼地面(周长在2400 mm以内)水泥砂浆	100 m²	10.776	7 379.41	1 281.38	79 520.52	13 808.15
55	B1-93	陶瓷地砖(彩釉砖)楼梯水泥砂浆	100 m²	0.682	8 309.3	3 319.18	5 666.94	2 263.68
56	B1-91	陶瓷地砖(彩釉砖)踢脚线水泥砂浆	100 m²	1.026	5 661.66	2 280.01	5 808.86	2 339.29
		第二章、墙柱面工程					51 514.72	29 973.3
57	B2-22	内墙面、墙裙抹水泥砂浆(14+6) mm砖墙	100 m²	22.773	926.17	521.6	21 091.67	11 878.4
58	B2-22	外墙面、墙裙抹水泥砂浆(14+6) mm砖墙	100 m²	10.821	926.17	521.6	10 022.09	5 644.23

（续表）

序号	编号	项目名称	单位	数量	单价(元)		总价(元)	工资(元)
					单价	工资	总价	
59	B2－32	独立柱面抹水泥砂浆矩形混凝土柱	100 m²	1.899	1 221.54	774.52	2 319.7	1 470.81
60	B3－3	混凝土面天棚水泥砂浆现浇(含雨棚上下)	100 m²	19.291	937.29	569.17	18 081.26	10 979.86
		第四章、门窗工程					32 161.4	5 641.43
61	B4－25	无纱镶板门单扇无亮门框制作	100 m²	0.095	1 987.12	284.75	188.78	27.05
62	B4－26	无纱镶板门单扇无亮门框安装	100 m²	0.095	1 107.37	608.7	105.2	57.83
63	B4－27	无纱镶板门单扇无亮门扇制作	100 m²	0.095	4 144.74	977.2	393.75	92.83
64	B4－28	无纱镶板门单扇无亮门扇安装	100 m²	0.095	342.71	342.71	32.56	32.56
65	B4－234	双扇平开窗制作、安装无上亮	100 m²	1.344	18 887.29	2 067.29	25 384.52	2 778.44
66	B4－185	木百叶窗矩形带铁纱带木百叶片 0.9 m² 内制作	100 m²	0.851	5 172.29	1 980.19	4 401.62	1 685.14
67	B4－186	木百叶窗矩形带铁纱带木百叶片 0.9 m² 内安装	100 m²	0.851	1 944.74	1 136.99	1 654.97	967.58
		第五章、油漆、涂料、裱糊工程					39 508.14	12 353.65
68	B5－310	仿瓷涂料二遍	100 m²	22.773	357.03	234.5	8 130.64	5 340.27
69	B5－315	外墙多彩花纹涂料抹灰面	100 m²	10.821	2 221.39	188.27	24 037.66	2 037.27
70	B5－310 换	仿瓷涂料二遍	100 m²	19.291	380.48	257.95	7 339.84	4 976.11
		第九章、装饰装修脚手架					11 735.72	4 012.49
71	B9－12	满堂脚手架钢管架基本层	100 m²	10.343	513.54	313.56	5 311.54	3 243.15
72	B9－13	满堂脚手架钢管架增加层	100 m²	4.12	167.76	119.26	691.17	491.35
73	B9－13 换	满堂脚手架钢管架增加层	100 m²	0.182	671.08	477.04	122.14	86.82
74	B9－13 换	满堂脚手架钢管架增加层	100 m²	0.229	1 174.39	834.82	268.94	191.17
75	B10－37	多层建筑物机械垂直运输高度 20 m 内	100m²	22.555	236.84		5 341.93	
		合计					801 326.50	191 272.63

表 10-1-2　工程造价取费表

工程名称:公用工程楼　　　　建筑面积:1 205.25 m²

代号	费用名称	计算式	费率(%)	金额(元)
	〖土建工程部分〗			
一	直接工程费	工程量×消耗量定额基价		460 304.8
二	技术措施费	按消耗量定额计算		102 860.8
三	组织措施费	(1)+(2)[不含环保安全文明费]		19 316.58
1	其中:临时设施费	[(一)+(二)]×费率	1.68	9 461.18
2	检验试验费等六项	[(一)+(二)]×费率	1.75	9 855.4
四	价差	按有关规定计算		289 600.9
五	企业管理费	[(一)+(二)+(三)]×费率	5.45	31 745.28
六	利润	[(一)+(二)+(三)+(五)]×费率	4	24 569.1
七	估价及未计价材	估价项目		
3	社保等四项	[(一)+(二)+(三)+(五)+(六)]×费率	5.35	34 175.61
4	上级(行业)管理费	[(一)+(二)+(三)]×费率	0.6	3 494.89
AW	环保安全文明措施费	[(一)+(二)+(三)+(五)+(六)+(3)+(4)]×费率	1.2	8 117.6
FW	安全防护文明措施费	(AW)+(1)		17 578.78
QT	其他费			
八	规费	(3)+(4)		37 670.5
九	税金	[(一)～(八)+(QT)+(AW)]×费率	3.477	33 872.43
十	工程费用	(一)～(九)+(QT)+(AW)		1 008 058
		土建工程造价合计		1 008 058

工程造价取费表

工程名称:公用工程楼　　　　建筑面积:1 205.25 m²

代号	费用名称	计算式	费率(%)	金额(元)
	〖装饰工程部分〗			
一	直接工程费	$\sum$工程量×消耗量定额基价		226 425.2

（续表）

代号	费用名称	计算式	费率(%)	金额(元)
1	其中：人工费	∑(工日数×人工单价)		71 547.18
二	技术措施费	∑(工程量×消耗量定额基价)		11 735.72
2	其中：人工费	∑(工日数×人工单价)或按人工费比例计算		4 012.49
三	组织措施费	(4)+(5)[不含环保安全文明费]		9 898.32
3	其中：人工费	(三)×费率	15	1 484.75
4	其中：临时设施费	[(1)+(2)]×费率		4 609.14
5	检验试验费等六项	[(1)+(2)]×费率		5 289.18
四	价差	按有关规定计算		68 772.66
五	企业管理费	[(1)+(2)+(3)]×费率	18.93	14 584.51
六	利润	[(1)+(2)+(3)]×费率	16.79	12 935.76
七	主材及估价部分	估价项目		
6	社保等四项	[(1)+(2)+(3)]×费率	26.75	20 609.38
7	上级(行业)管理费	[(一)+(二)+(三)+主材费]×费率	0.6	1 488.36
AW	环保安全文明措施费	[(一)+(二)+(三)+(五)+(六)+(6)+(7)+主材费]×费率	0.8	2 381.42
FW	安全防护文明措施费	AW+(4)		6 990.56
八	规费	(6)+(7)		22 097.74
九	税金	[(一)～(八)+(AW)]×费率	3.477	12 824.27
十	工程费用	(一)+(二)+(三)+(四)+(五)+(六)+(七)+(八)+(九)+(AW)		381 655.6
	装饰工程造价合计			381 655.6
	土建装饰安装总计	壹佰叁拾捌万玖仟柒佰壹拾肆元		1 389 714

表 10-1-3　土建价差汇总表

工程名称：公用工程楼　　　　建筑面积：1 205.25 m²

序号	编号	名称	单位	数量	定额价	市场价	价格差	合价(元)
		人工价差(小计)						115 712.6
1	0000010	综合工日	工日	4 923.939	23.5	47	23.5	115 712.6
		材料价差(小计)						173 888.3

(续表)

序号	编号	名称	单位	数量	定额价	市场价	价格差	合价
2	0000200	螺纹钢筋 Φ20 以内	t	20.257	3 025.69	4 383	1 357.31	27 495.3
3	0000210	螺纹钢筋、Φ20 以外	t	7.956	2 984.61	4 375	1 390.39	11 061.94
4	0000230	钢筋 Φ10 以内	t	27.794	3 014.85	4 470	1 455.15	40 444.44
5	0001460	水泥 32.5	kg	198 634.1	0.33	0.45	0.12	23 836.09
6	0500010	粗砂	m^3	4.869	19.48	47	27.52	133.99
7	0500020	中(粗)砂	m^3	263.688	19.48	47	27.52	7 256.7
8	0500030	中砂	m^3	100.788	19.48	47	27.52	2 773.68
9	0500220	卵石 20	m^3	191.876	60	93	33	6 331.91
10	0500230	卵石 40	m^3	247.058	60	93	33	8 152.9
11	0501410	普通黏土砖	千块	200.006	228	460	232	46 401.37
		合计						289 600.9

表 10-1-4 装饰价差汇总表

工程名称:公用工程楼　　　　建筑面积:1 205.25

序号	编号	名称	单位	数量	定额价	市场价	价格差	合价(元)
		人工价差(小计)						53 004.32
1	0000020	装饰人工	工日	2 255.503	33.5	57	23.5	53 004.32
		材料价差(小计)						15 768.34
2	0001460	水泥 32.5	kg	82 619	0.33	0.45	0.12	9 914.28
3	0500010	粗砂	m^3	212.72	19.48	47	27.52	5 854.06
		合计						68 772.66

附录:公用工程楼

1. 建筑施工图

<table>
<tr><td colspan="3"></td><td></td><td></td><td></td><td colspan="2">公用工程楼</td></tr>
<tr><td></td><td></td><td></td><td rowspan="3" colspan="2">目录</td><td></td><td colspan="2"></td></tr>
<tr><td></td><td></td><td></td><td></td><td></td></tr>
<tr><td></td><td></td><td></td><td>图号</td><td>1</td></tr>
</table>

1	图纸目录		A4	1	
2	建筑设计说明		A2	1	
3	一层平面图		A2	1	
4	4.000 夹层平面图　二层平面图		A2	1	
5	屋顶平面图		A2	1	
6	①～⑦立面图 Ⓐ～Ⓒ立面图 Ⓒ～Ⓐ立面图		A2	1	
7	⑦～①立面图 1—1 剖面图 雨篷详图		A2	1	
8	楼梯 LT1 详图		A2	1	
9	楼梯 LT2 详图		A2	1	
10	卫生间详图		A2	1	

建筑设计说明

一、施工图设计依据:

1)上级主管部门批文;
2)规划部门提供的红线与建筑不可逾越图;
3)建设单位提供的资料及确认的施工设计;
4)国家现行颁布的有关设计和施工规范.

GB/T50104-2001 建筑制图标准
GB 50352-2005 民用建筑设计通则
GB50016-2006 建筑设计防火规范
GB50187-93 工业企业设计规范

二、建筑概况:

1)工程等级:二级;工程类别:三类工业建筑;
2)建筑面积1205.25m²;建筑占地面积 588.5m²;
3)建筑耐火等级:二级;
4)结构形式:框架结构,钢筋混凝土柱、梁,现浇钢筋混凝土屋面;
5)层数:二层;
6)建筑高度9.700米.
7)钢筋混凝土结构合理使用年限50年;
8)本工程建设地点为南康市现代工业园区,地处气候分区的夏热冬暖地区Ⅲ区,抗震设防烈度小于6度,属于非地震区.

三、定位说明:

本工程室内±0.000相当于黄海高程由现场定,室内外高差200.
其位置详见总平面图.

四、工程做法:

1)本工程墙体做法、框架柱详结施.
2)防潮:所有内外墙墙身均在-0.060M处设置防潮层,用1:2水泥砂浆加相当于水泥重量5%的防水剂满铺20厚.±0.000以下基础均用1:2水泥砂浆抹面.
3)外墙装修: 14厚1:3水泥砂浆分层找平
6厚1:2水泥砂浆压实干光
高级外墙涂料二度罩面(颜色见立面图)
4)内墙装修: 内墙刮瓷二道,14厚1:3水泥砂浆分层找平,6厚1:2水泥砂浆压实抹光

护角线:粉2000高50宽1:1水泥砂浆护角线,厚度同墙面踢脚(高150),
勒脚(高800).1:2.5水泥砂浆20厚抹平,室内阳角(包括门窗洞口)
均做2000高1:2.5水泥砂浆护角,每侧宽度大于80且做成小圆角.
5)普通黏土实心砖:
±0.000以上采用普通黏土砖,M2.5混合砂浆和M5混合砂浆砌筑.
±0.000以下采用普通黏土砖,M5水泥砂浆砌筑(1:2水泥砂浆加5%防水剂两侧抹面).

6)地面:1:3水泥砂浆20厚抹平;刷水泥砂浆一道(内掺建筑胶);
20厚地砖600X600,160厚地面砼垫层C10混凝土;
35厚防滑地砖;100厚C15混凝土垫层;80厚碎石垫层;
塘渣回填,分层夯实.
7)楼面:
a.楼面:1:3水泥砂浆20厚抹平;纯水泥砂浆一道(内掺建筑胶);铺600x600彩釉砖
现浇钢筋混凝土楼板.
b.楼梯:20厚1:3水泥砂浆抹面压实抹平;纯水泥砂浆一道(内掺建筑胶);铺600x600彩釉砖
现浇钢筋混凝土楼板;
楼梯踏面防滑做法详见图集2001赣J43 (1/64)
c.卫生间楼面:
防滑地砖10厚,水泥浆擦缝;20厚1:3水泥砂浆找平层;
聚氨酯防水层1.5厚;纯水泥砂浆一道(内掺建筑胶)
现浇钢筋混凝土楼板.
8)窗台板:外墙高级涂料二度罩面;刷底漆一道;8厚1:2水泥砂浆面压光粉出外泛水;12厚1:3水泥砂浆
9)雨蓬:4厚SBS改性沥青防水卷材
20厚1:3水泥砂浆找平
C20水泥炉渣找坡1%(最薄处30厚)
现浇钢筋混凝土板
10)屋面做法(防水层合理使用年限10年,屋面防水等级Ⅲ级):
屋面做法详节点.节点处理和配件及施工要点参照厂家要求和规范99赣J14<<平屋面>>.分仓缝做法参见99赣J14 (11/23)(每开间设)
按规范设置排气孔.
11)门窗:
外墙窗采用铝合金窗,非标准窗根据提供的洞口尺寸及门窗分隔尺寸由专业门窗厂家另行设计所有门窗的气密性为4级,水密性为3级,抗风压性能为3级.外窗气密性等级的适用标准为《建筑外窗气密性能分集及检测方法》(GB/T7106-2008).
12)油漆工程:
所有铁件除锈后刷环保漆二度底,面刷浅灰色调和漆木门醇酸调和漆二道,木门框刷聚脂漆一底二度凡木门与与墙体接触处均需满涂防腐油.

五、其他

1)外墙窗上,雨蓬,窗台,沿口均需粉出滴水线.
2)工程施工时应做到土建,水,电各专业密切配合施工.
3)图纸未说明处除按现行建筑安装及验收规范执行,还需遵循主管部门的规定.
4)如遇与其他图纸之间不明之处,请及时与设计单位协商处理解决.切勿凭想象或经验施工.
5)泛水转角防水卷材加设附加层.
6)柱边如有长度小于等于120的墙垛均采用与柱同标号的素混凝土浇捣.

7)以下部位需使用安全玻璃(未尽之处按照《建筑安全玻璃管理规定》执行)
1、面积大于1.5平方米的窗玻璃或玻璃底边离最终装修面小于500的落地窗
2、玻璃幕墙
3、大厅落地玻璃
4、易遭受撞击、冲击而造成人体伤害的其他部位
8)在工程的施工过程中必须注意安全,应提前采取各种安全措施
如发现有任何不安全的因素,应马上协调解决.

门窗表

类别	设计编号	洞口尺寸(mm) 宽	洞口尺寸(mm) 高	数量	采用标准图集及编号 图集代号	采用标准图集及编号 编号	门类型	备注
门	YCA1-3033	3000	3300	2	04J610-1	YCA1-3033	变压器室钢门	
门	M11-3036	3000	3600	4	02J611-1	M11-3036	平开钢大门	
门	LPM1527A	1500	2700	9	99赣J7	LPM1527A	铝合金平开门	
门	LPM1521A	1500	2100	1	99赣J7	LPM1521A	铝合金平开门	
门	LPMa0927A	900	2700	4	99赣J7	LPMa0927A	铝合金平开门	
门	MFM1527B	1500	2700	3	赣J23-95	MFM1527B	乙级木质防火门	
门	7M0921	900	2100	5	99赣J7	7M0921	木门	
窗	LTC1524A	1500	2400	3	99赣J7	LTC1524A	铝合金窗	
窗	LTC3024A	3000	2400	5	99赣J7	LTC3024A	铝合金窗	
窗	LTC2421D	2400	2400	3	99赣J7	LTC2424D	铝合金窗	
窗	LTC1521A	1500	2100	22	99赣J7	LTC1521A	铝合金窗	
窗	GYC3-3009S	3000	900	19	05J624-1	GYC3-3009S	百叶窗	
窗	GYC3-1509S	1500	900	25	05J624-1	GYC3-1509S	百叶窗	

注:1、除注明外所有门窗型材应满足力学性能.所有门窗的气密性为4级,水密性为3级,抗风压性能为3级.
2、门窗立面图仅表示分樘,门及开启窗的位置与形式以及相关尺寸,现场安装已实际为准.
3、铝合金窗采用90系列,其型材应满足力学性能.面积大于1.5平方米的门窗玻璃必须采用安全玻璃.地面以上0.5米范围内玻璃采用安全玻璃,具体详见《建筑玻璃应用技术规程》(JGJ113-2009)第6.2.1、6.3.1、6.3.2的规定.

公用工程楼			
建筑设计说明			
比例	1:100	图号	2

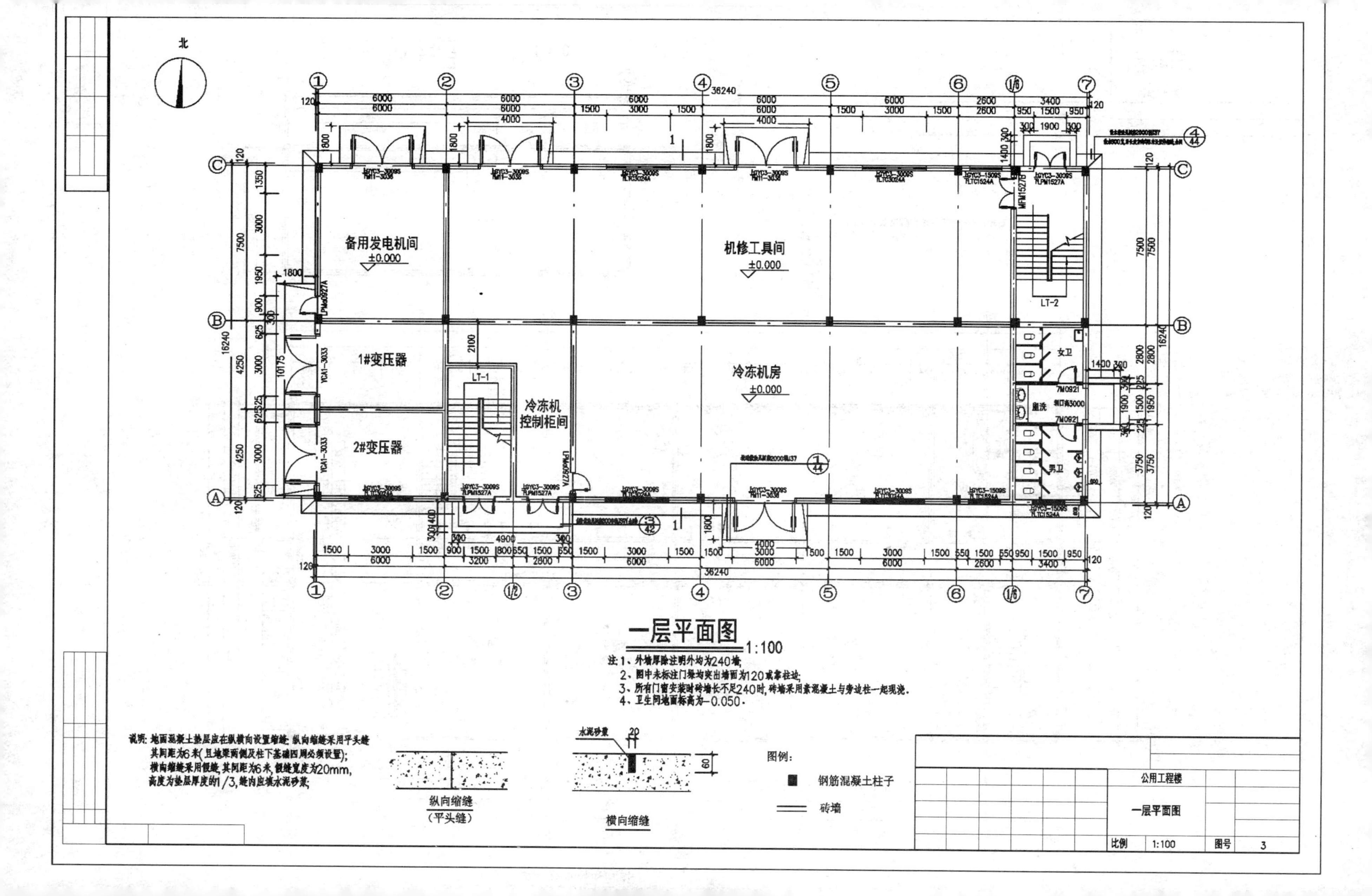
北
备用发电机间
±0.000
机修工具间
±0.000
1#变压器
2#变压器
冷冻机房
±0.000
冷冻机
控制柜间
LT-1
LT-2
女卫
男卫
盥洗
一层平面图 1:100
注:1、外墙厚除注明外均为240墙;
2、图中未标注门垛均突出墙面为120或靠柱边;
3、所有门窗安装时砖墙长不足240时,砖墙采用素混凝土与旁边柱一起现浇.
4、卫生间地面标高为-0.050.
说明:地面混凝土垫层应在纵横向设置缩缝,纵向缩缝采用平头缝
其间距为6米(且地梁两侧及柱下基础四周必须设置);
横向缩缝采用假缝,其间距为6米,假缝宽度为20mm,
高度为垫层厚度的1/3,缝内应填水泥砂浆;
纵向缩缝
(平头缝)
水泥砂浆
横向缩缝
图例:
钢筋混凝土柱子
砖墙
公用工程楼
一层平面图
比例 1:100
图号 3

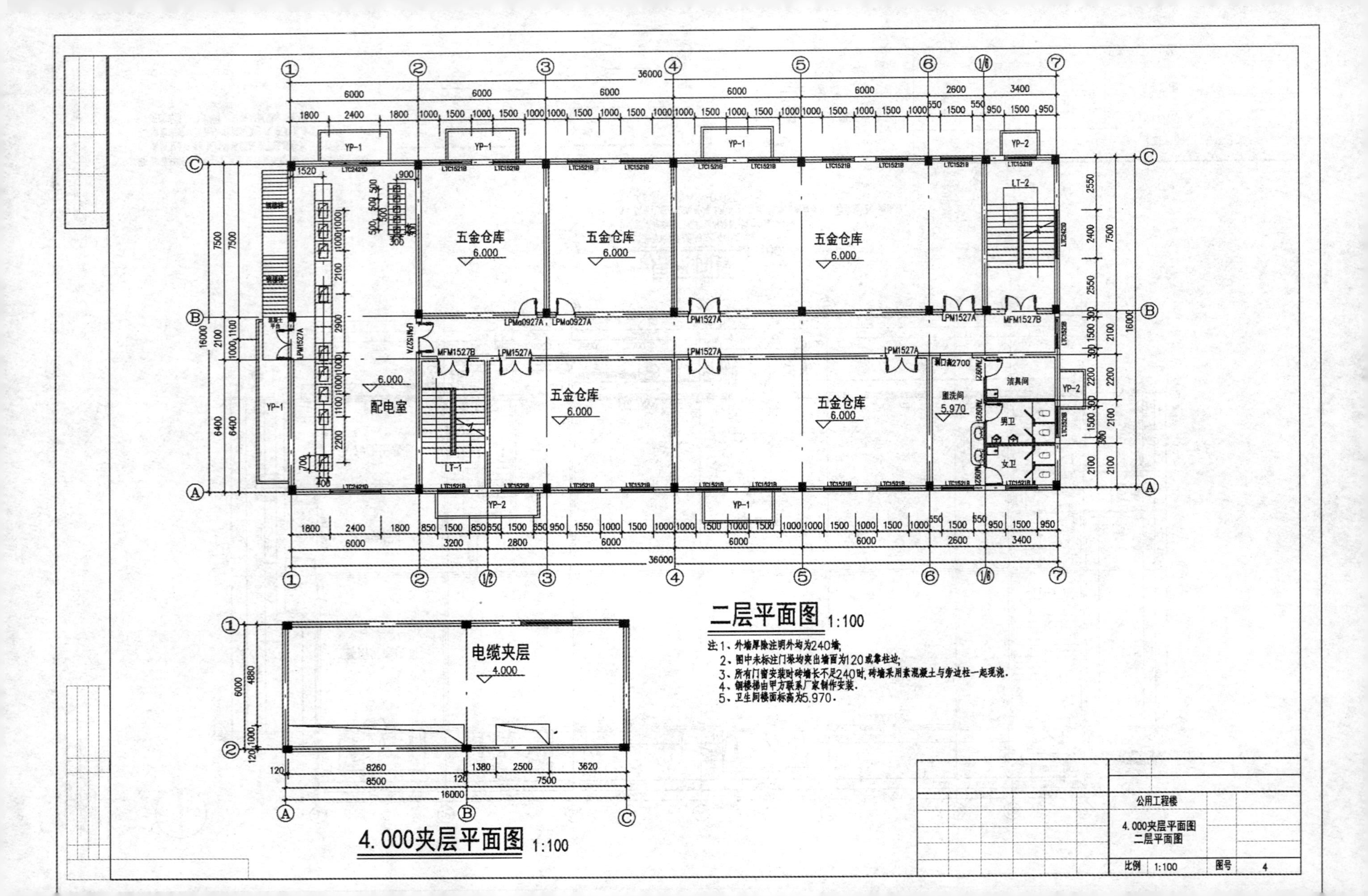

二层平面图 1:100
注:1、外墙厚除注明外均为240墙;
2、图中未标注门垛均突出墙面为120或靠柱边;
3、所有门窗安装时砖墙长不足240时,砖墙采用素混凝土与旁边柱一起现浇.
4、钢楼梯由甲方联系厂家制作安装.
5、卫生间楼面标高为5.970.
五金仓库
6.000
配电室
电缆夹层
4.000
4.000夹层平面图 1:100
公用工程楼
4.000夹层平面图
二层平面图
比例 1:100
图号 4

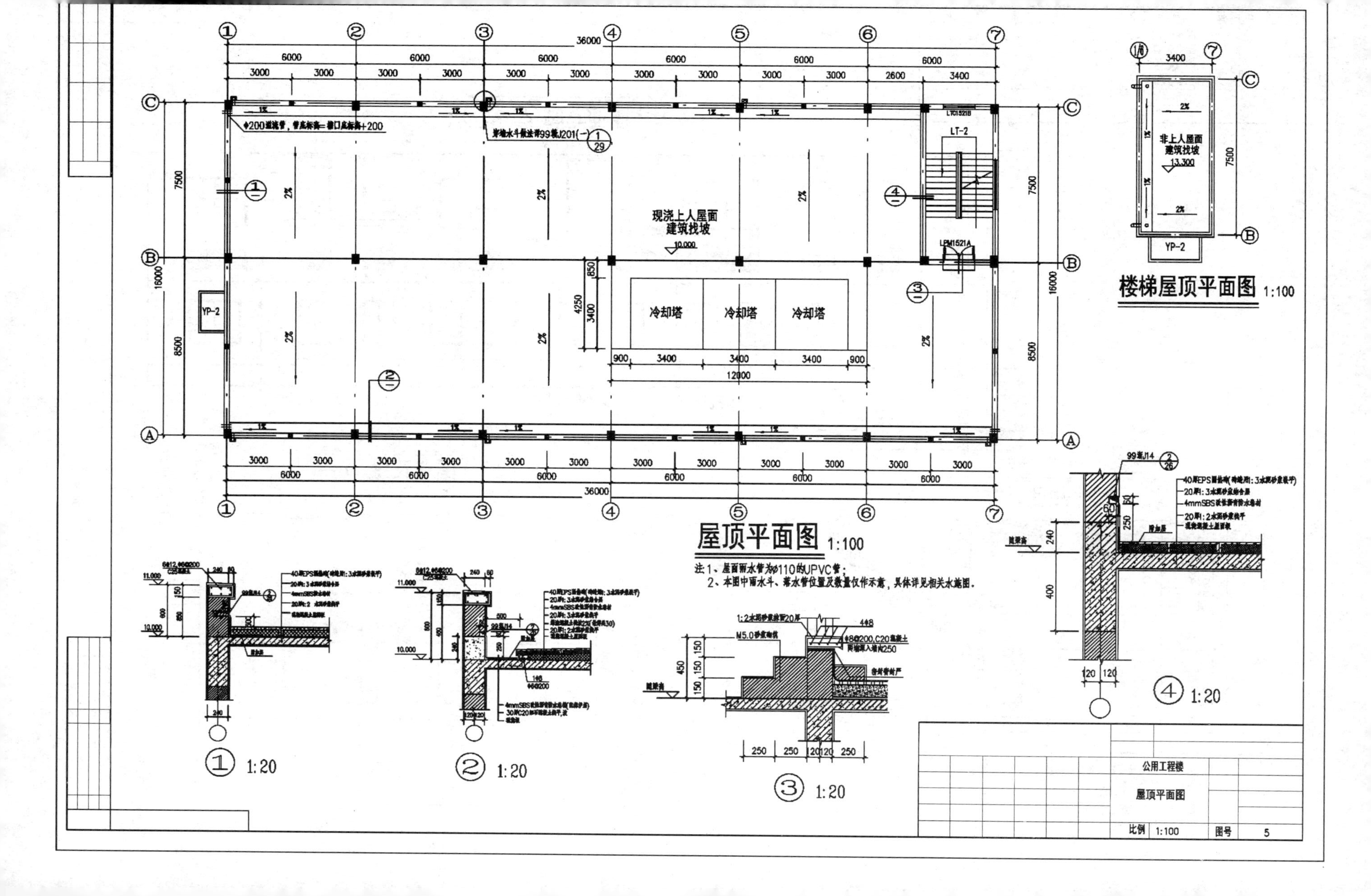

屋顶平面图 1:100
注:1、屋面雨水管为φ110的UPVC管;
2、本图中雨水斗、落水管位置及数量仅作示意，具体详见相关水施图。
楼梯屋顶平面图 1:100
现浇上人屋面
建筑找坡
10.000
非上人屋面
建筑找坡
13.300
冷却塔
冷却塔
冷却塔
LT-2
YP-2
LPM1521A
LTC1521B
φ200溢流管，管底标高=檐口底标高+200
穿墙水斗做法详99浙J201(一)
36000
16000
7500
8500
12000
① 1:20
② 1:20
③ 1:20
④ 1:20
M5.0砂浆砌筑
1:2水泥砂浆抹面20厚
φ8@200,C20混凝土
两端深入墙内250
40厚EPS隔热砖(砖缝用:3水泥砂浆填平)
20厚1:3水泥砂浆结合层
4mmSBS改性沥青防水卷材
20厚1:2水泥砂浆找平
现浇混凝土屋面板
99浙J14
公用工程楼
屋顶平面图
比例 1:100
图号 5

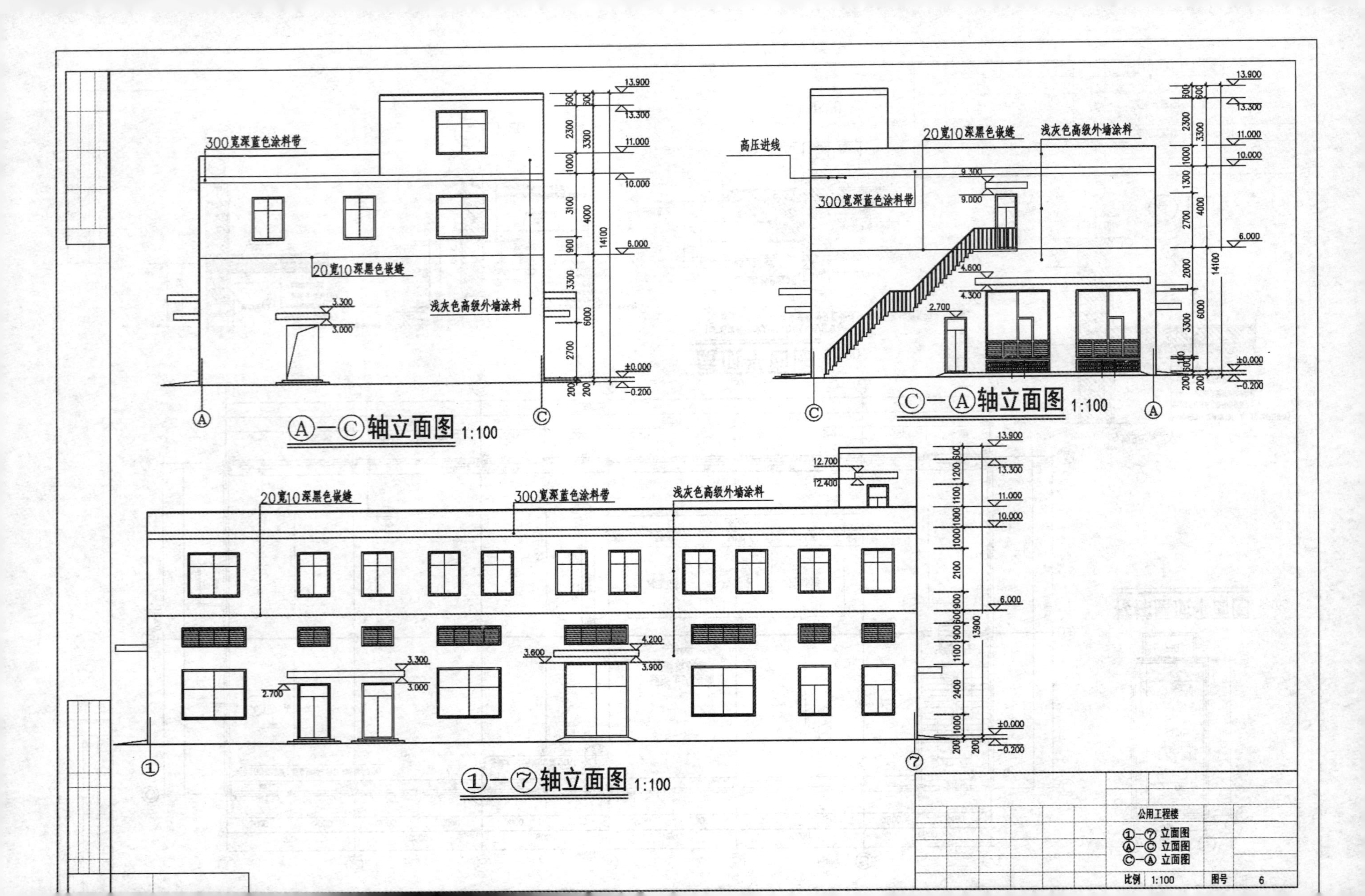
300宽深蓝色涂料带
20宽10深黑色嵌缝
浅灰色高级外墙涂料
Ⓐ—Ⓒ轴立面图 1:100
高压进线
Ⓒ—Ⓐ轴立面图 1:100
①—⑦轴立面图 1:100
公用工程楼
①—⑦ 立面图
Ⓐ—Ⓒ 立面图
Ⓒ—Ⓐ 立面图
比例 1:100
图号 6

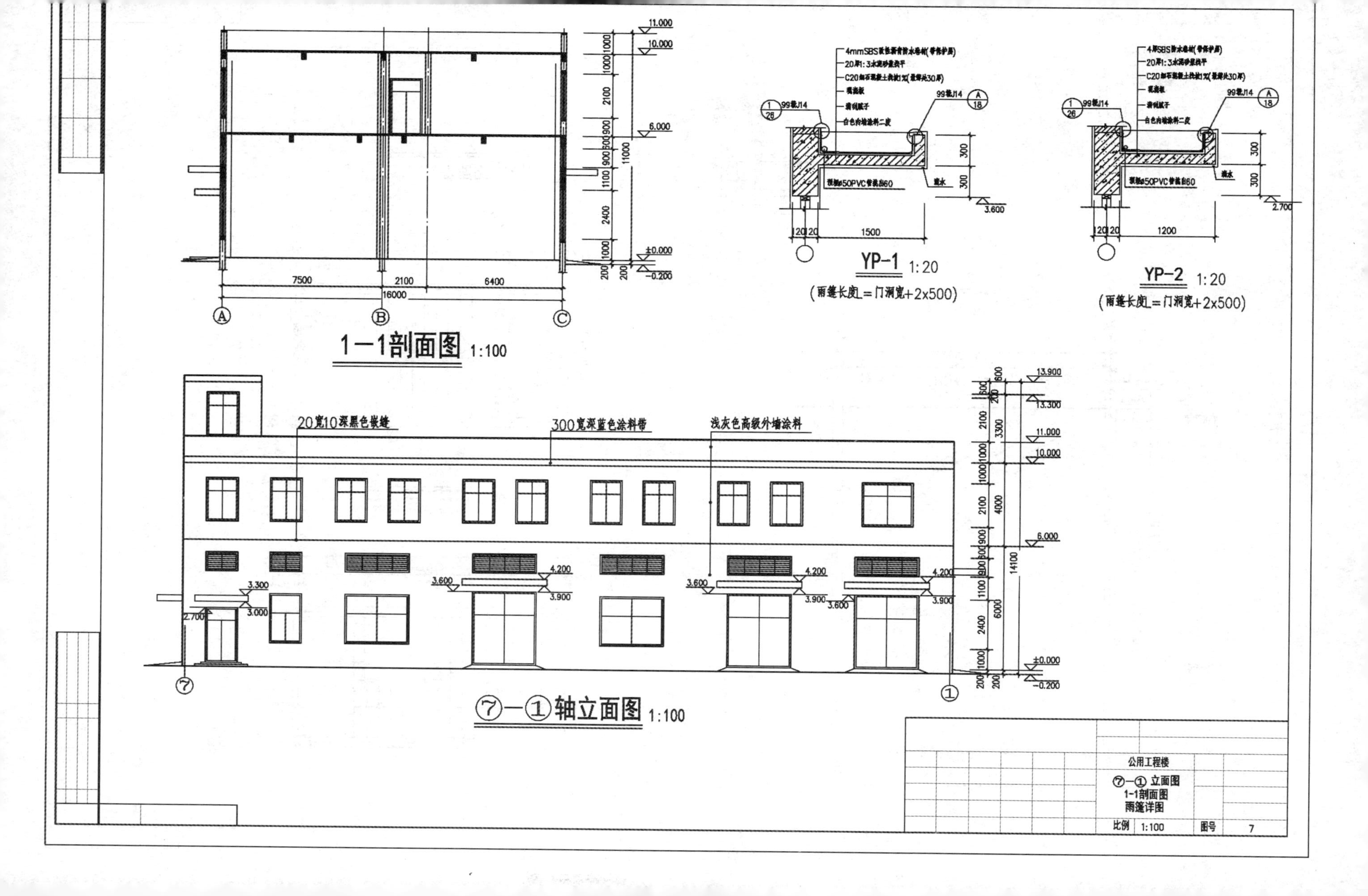
1—1剖面图 1:100
YP-1 1:20
(雨篷长度L=门洞宽+2x500)
YP-2 1:20
(雨篷长度L=门洞宽+2x500)
20宽10深黑色嵌缝
300宽深蓝色涂料带
浅灰色高级外墙涂料
⑦—①轴立面图 1:100
公用工程楼
⑦—① 立面图
1-1剖面图
雨篷详图
比例 1:100
图号 7

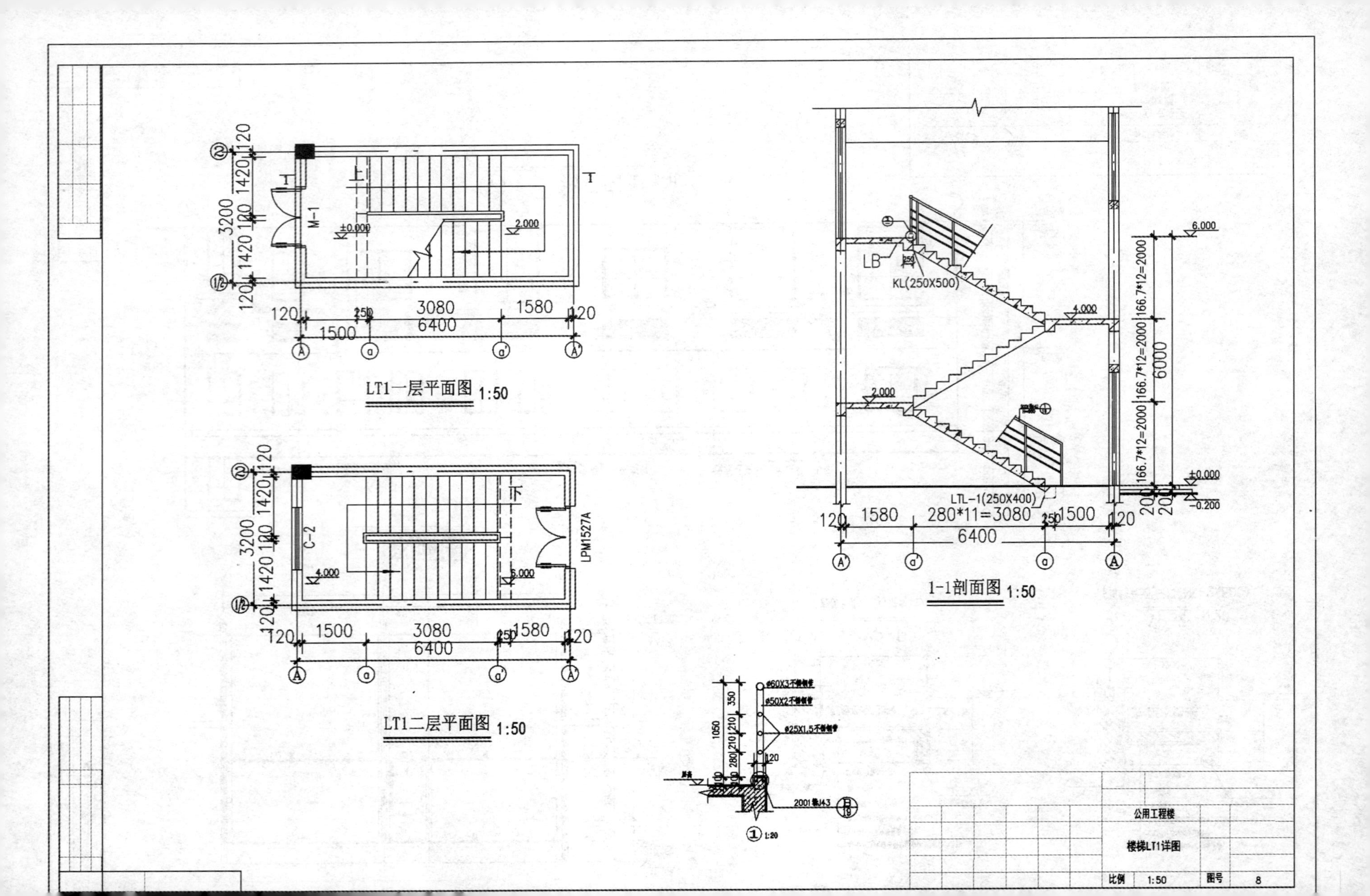
LT1一层平面图 1:50
M-1
±0.000
2.000
3200
1420
120
3080
1580
1500
250
6400
LT1二层平面图 1:50
C-2
LPM1527A
4.000
6.000
1-1剖面图 1:50
LB
KL(250X500)
LTL-1(250X400)
280*11=3080
166.7*12=2000
6000
-0.200
ø60X3不锈钢管
ø50X2不锈钢管
ø25X1.5不锈钢管
1050
350
210
280
1:20
公用工程楼
楼梯LT1详图
比例
1:50
图号
8

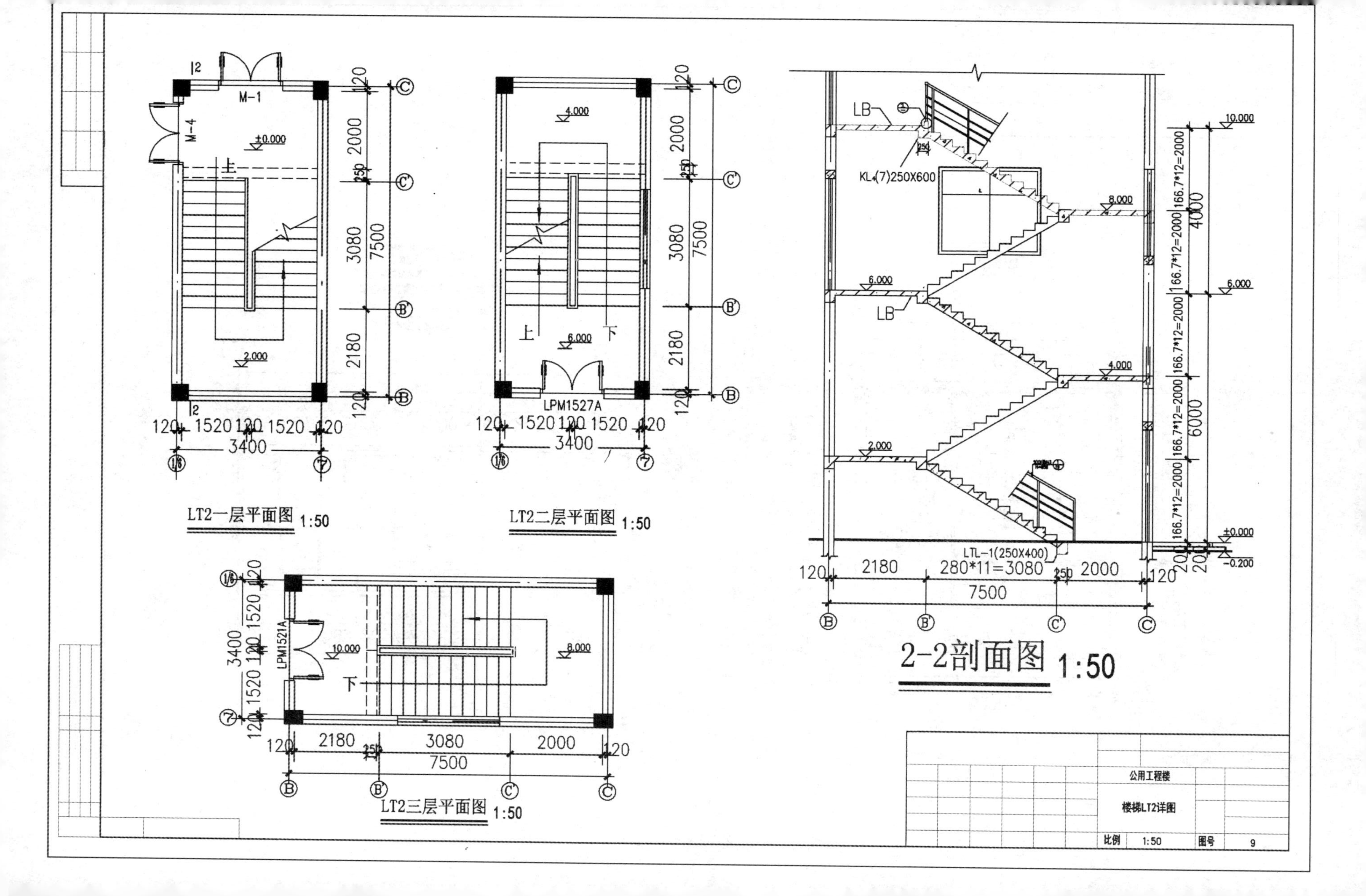

LT2一层平面图 1:50
LT2二层平面图 1:50
LT2三层平面图 1:50
2-2剖面图 1:50
M-1
M-4
LPM1527A
LPM1521A
上
下
±0.000
2.000
4.000
6.000
8.000
10.000
-0.200
3400
7500
2180
3080
2000
1520
120
250
4000
6000
166.7*12=2000
280*11=3080
KL(7)250X600
LTL-1(250X400)
LB
公用工程楼
楼梯LT2详图
比例 1:50
图号 9

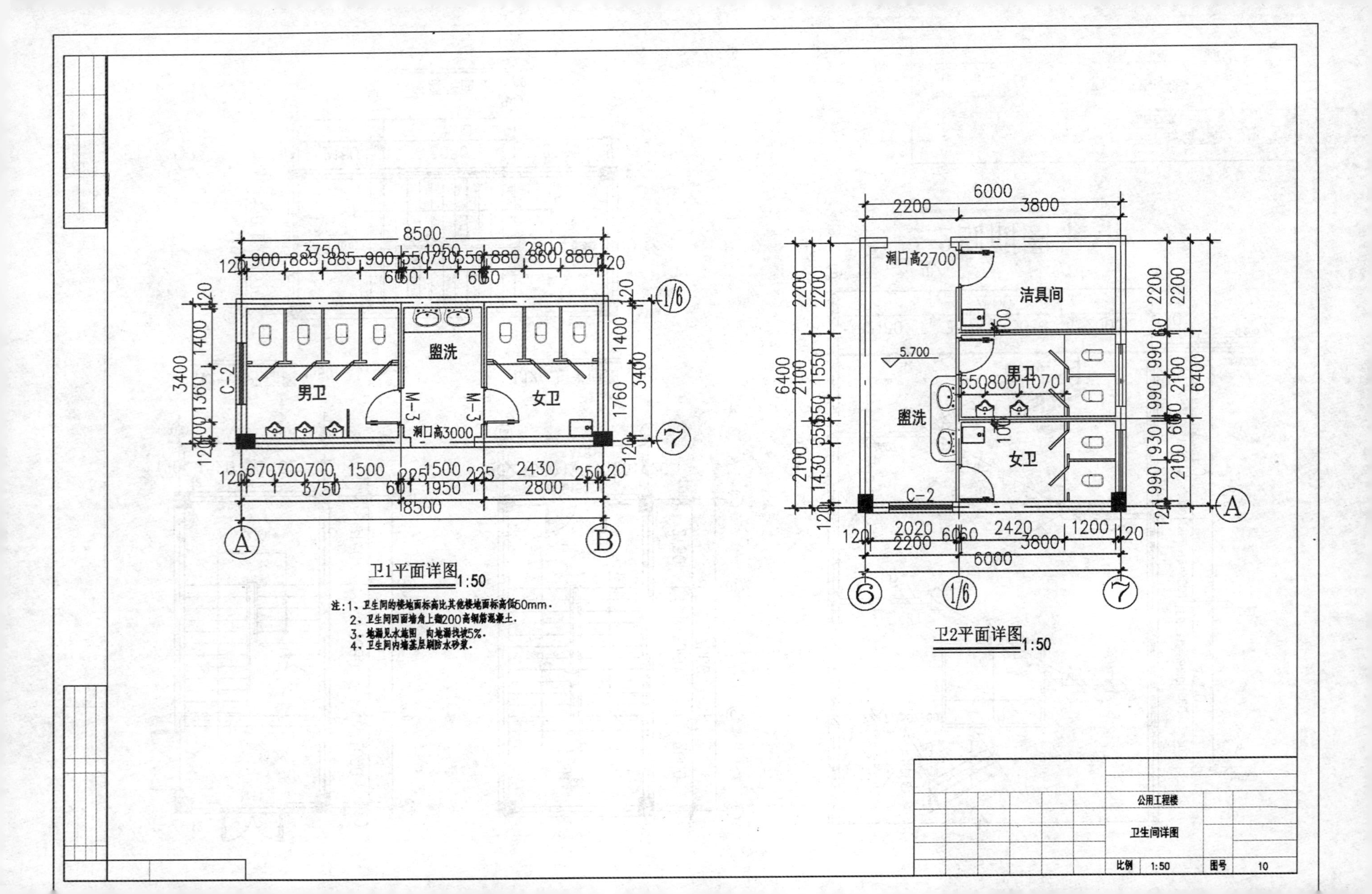
男卫
盥洗
女卫
M-3
C-2
洞口高3000
卫1平面详图 1:50
注：1、卫生间的楼地面标高比其他楼地面标高低50mm.
2、卫生间四面墙角上翻200高钢筋混凝土.
3、地漏见水施图，向地漏找坡5%.
4、卫生间内墙基层刷防水砂浆.
洁具间
洞口高2700
5.700
卫2平面详图 1:50
公用工程楼
卫生间详图
比例
1:50
图号
10

二、结构施工图

					公用工程楼	
		目录				
				图号		1
1	图纸目录	11069-T08-G-目	A4	1		
2	结构设计说明	11069-T08-G-01	A2	1		
3	基础平面布置图	11069-T08-G02	A2	1		
4	标高基础顶～10.000(13.300)柱平法配筋图	11069-T08-G03	A2	1		
5	标高3.970梁平法结构图—标高5.970架平法结构图	11069-T08-G04	A2	1		
6	标高9.950屋面梁平法结构图—标高13.250屋面梁平法结构图	11069-T08-G05	A2	1		
7	标高3.970板平法结构图—标高5.970板平法结构图	11069-T08-G06	A2	1		
8	标高9.950屋面板平法结构图—标高13.250屋面板平法结构图	11069-T08-G07	A2	1		
9	楼梯LT1结构详图	11069-T08-G08	A2	1		
10	楼梯LT2结构详图	11069-T08-G09	A2	1		

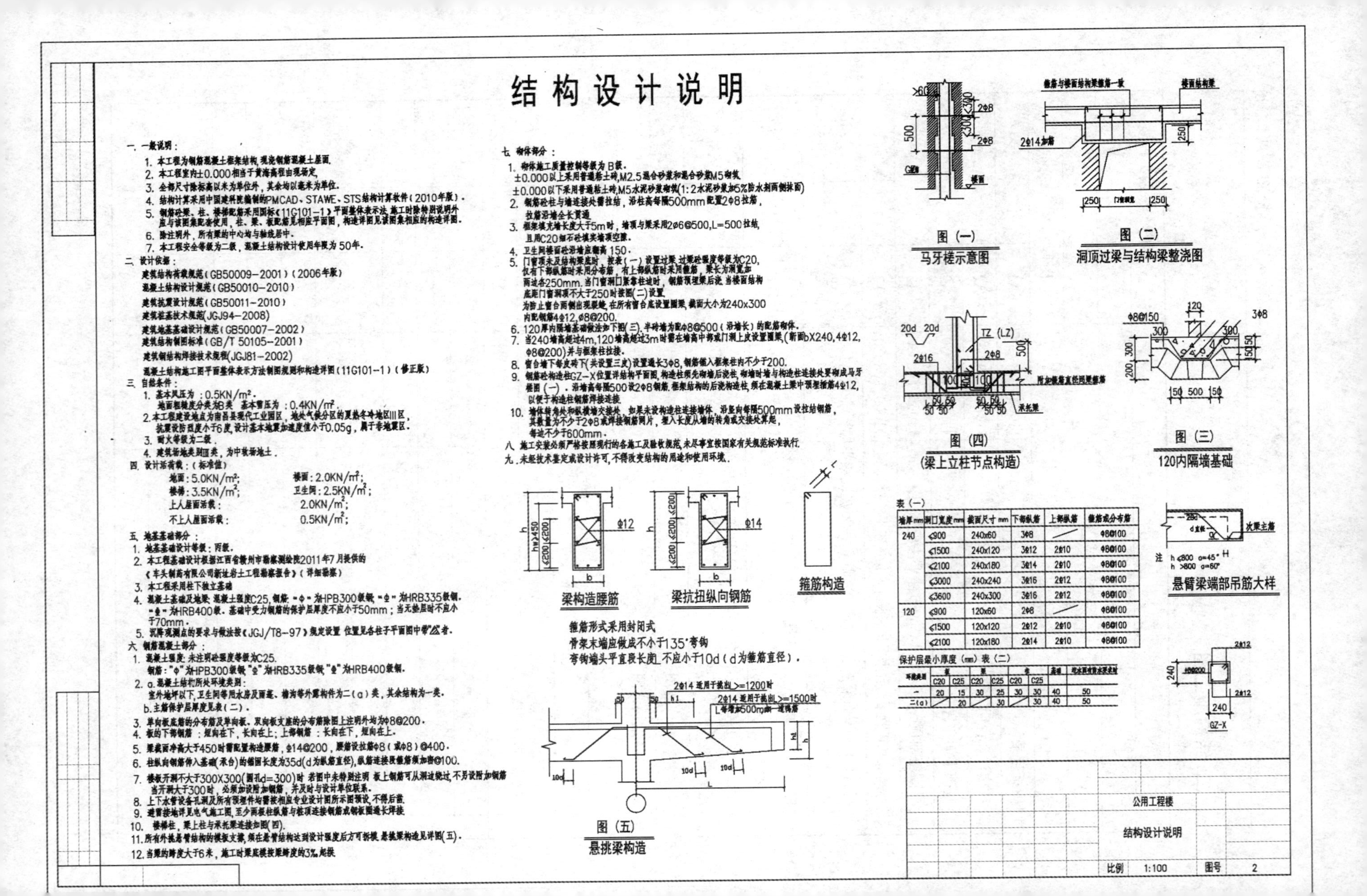

表（一）

墙厚mm	洞口宽度mm	截面尺寸mm	下部纵筋	上部纵筋	箍筋或分布筋
240	≤900	240x60	3φ8	/	φ6@100
	≤1500	240x120	3φ12	2φ10	φ6@100
	≤2100	240x180	3φ14	2φ10	φ6@100
	≤3000	240x240	3φ16	2φ12	φ6@100
	≤3600	240x300	3φ16	2φ12	φ6@100
120	≤900	120x60	2φ8	/	φ6@100
	≤1500	120x120	2φ12	2φ10	φ6@100
	≤2100	120x180	2φ14	2φ10	φ6@100

保护层最小厚度（mm）表（二）

环境类别	板		梁		柱		基础	与水或土接触面
	C20	C25	C20	C25	C20	C25		
一	20	15	30	25	30	30	40	50
二(a)		20		30		30	40	50

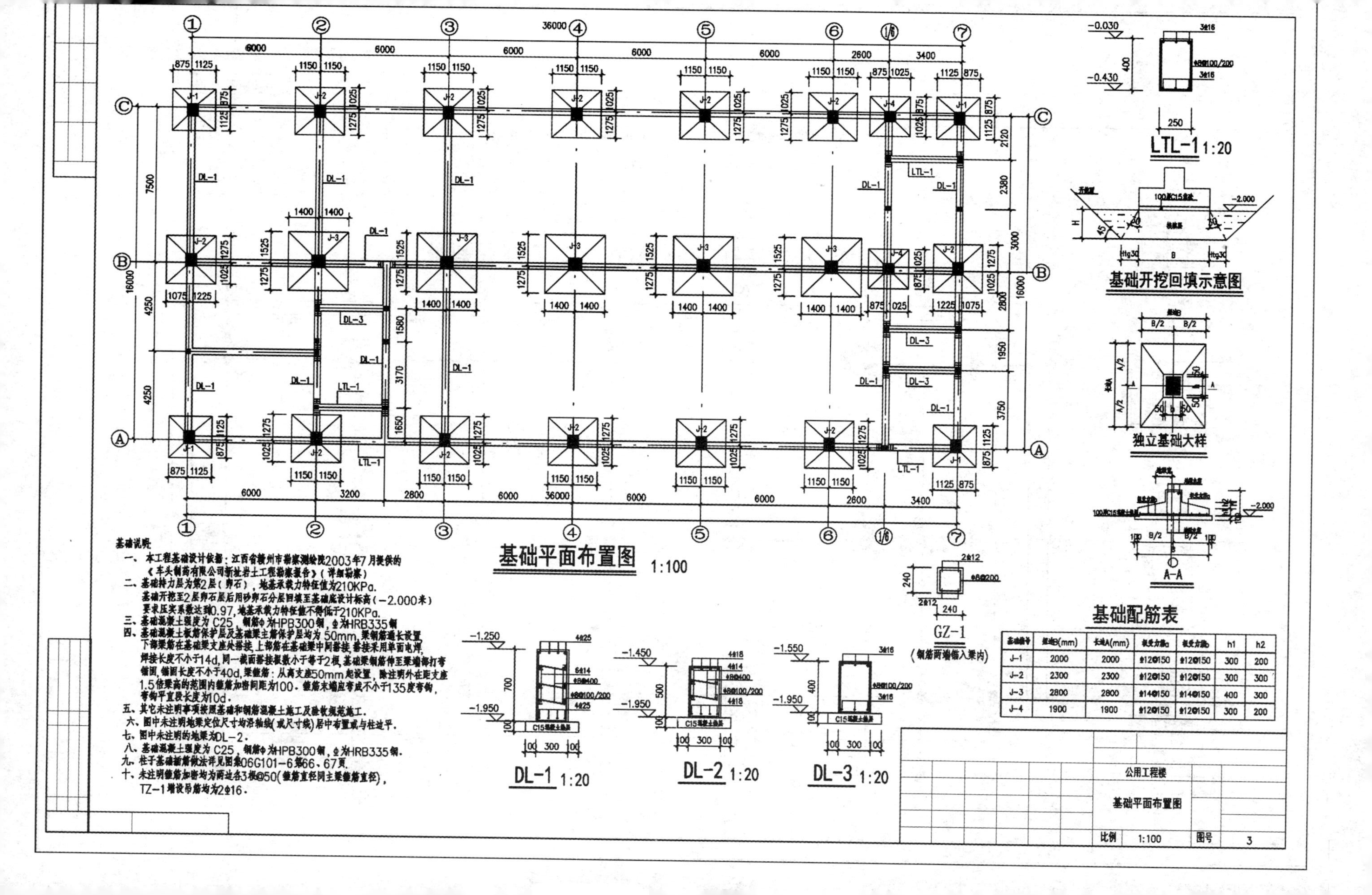

基础说明：

一、本工程基础设计依据：江西省赣州市勘察测绘院2003年7月提供的《车头制药有限公司新址岩土工程勘察报告》（详细勘察）

二、基础持力层为第2层（卵石），地基承载力特征值为210KPa.
基础开挖至2层卵石层后用砂卵石分层回填至基础底设计标高（−2.000米）要求压实系数达到0.97，地基承载力特征值不得低于210KPa.

三、基础混凝土强度为C25，钢筋Φ为HPB300钢，Φ为HRB335钢

四、基础混凝土板筋保护层及基础梁主筋保护层均为50mm，梁钢筋通长设置，下部梁筋在基础梁支座处搭接，上部筋在基础梁中间搭接，搭接采用单面电焊，焊接长度不小于14d，同一截面搭接根数小于等于2根，基础梁钢筋伸至梁端部打弯锚固，锚固长度不小于40d，梁箍筋：从离支座50mm起设置，除注明外在距支座1.5倍梁高的范围内箍筋加密间距为100。箍筋末端应弯成不小于135度弯钩，弯钩平直段长度为10d.

五、其它未注明事项按照基础和钢筋混凝土施工及验收规范施工.

六、图中未注明地梁定位尺寸均沿轴线（或尺寸线）居中布置或与柱边平.

七、图中未注明的地梁为DL−2.

八、基础混凝土强度为C25，钢筋Φ为HPB300钢，Φ为HRB335钢.

九、柱子基础插筋做法详见图集06G101−6第66、67页.

十、未注明箍筋加密均为两边各3根@50（箍筋直径同主梁箍筋直径），TZ−1增设吊筋均为2Φ16.

基础配筋表

基础编号	短边B(mm)	长边A(mm)	板受力筋a	板受力筋b	h1	h2
J−1	2000	2000	Φ12@150	Φ12@150	300	200
J−2	2300	2300	Φ12@150	Φ12@150	300	300
J−3	2800	2800	Φ14@150	Φ14@150	400	300
J−4	1900	1900	Φ12@150	Φ12@150	300	200

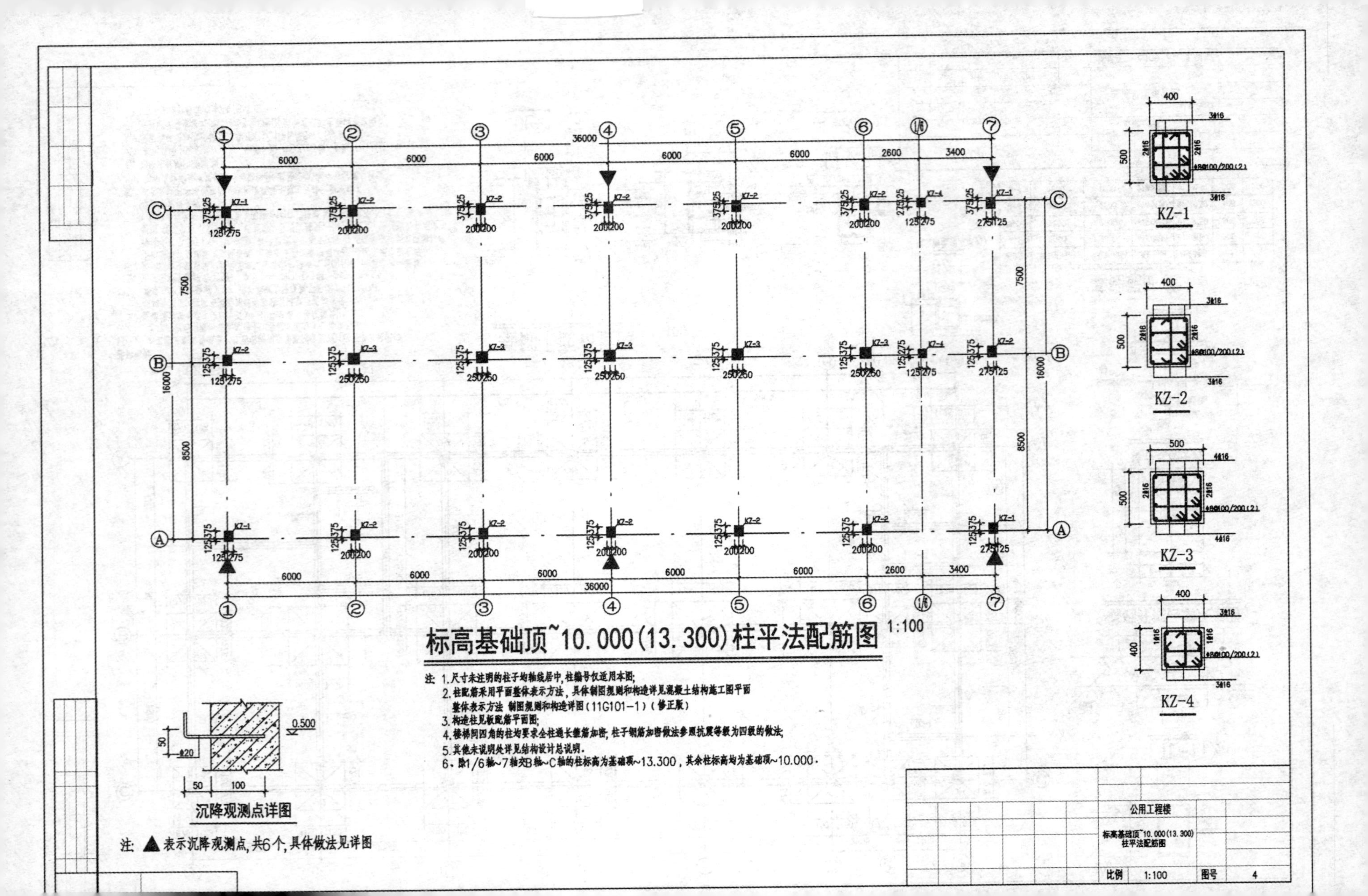
标高基础顶~10.000(13.300)柱平法配筋图 1:100
注：1.尺寸未注明的柱子均轴线居中，柱编号仅适用本图；
2.柱配筋采用平面整体表示方法，具体制图规则和构造详见混凝土结构施工图平面整体表示方法 制图规则和构造详图(11G101-1)(修正版)
3.构造柱见板配筋平面图；
4.楼梯间四角的柱均要求全柱通长箍筋加密，柱子钢筋加密做法参照抗震等级为四级的做法；
5.其他未说明处详见结构设计总说明。
6.除1/6轴~7轴交B轴~C轴的柱标高为基础顶~13.300，其余柱标高均为基础顶~10.000。
沉降观测点详图
注：▲表示沉降观测点，共6个，具体做法见详图
KZ-1
KZ-2
KZ-3
KZ-4
36000
6000
2600
3400
7500
8500
16000
0.500
Φ20
公用工程楼
标高基础顶~10.000(13.300)柱平法配筋图
比例 1:100
图号 4

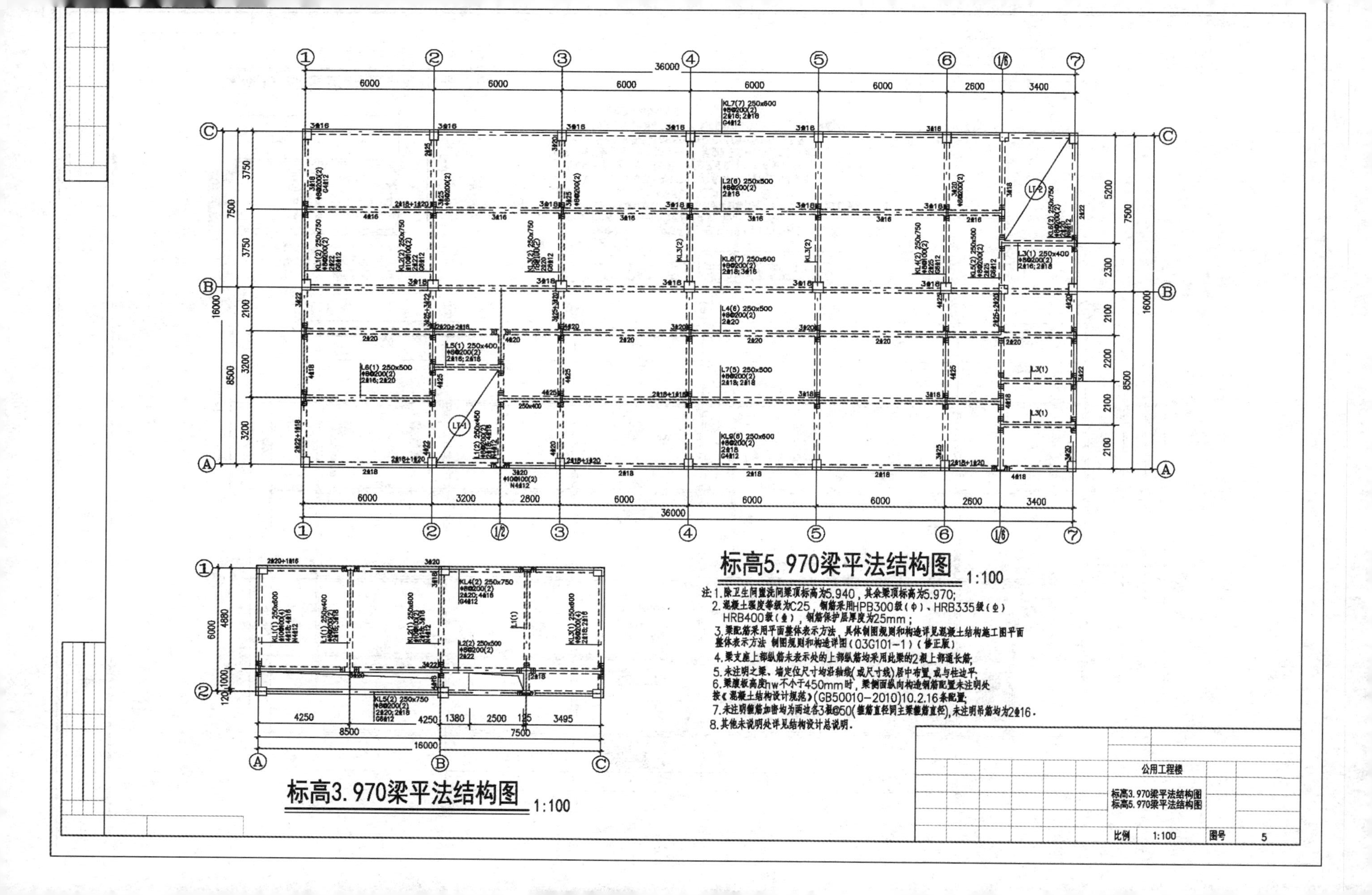
标高5.970梁平法结构图 1:100
注 1.除卫生间盥洗间梁顶标高为5.940，其余梁顶标高为5.970;
2.混凝土强度等级为C25，钢筋采用HPB300级(Φ)、HRB335级(Φ)
HRB400级(Φ)，钢筋保护层厚度为25mm；
3.梁配筋采用平面整体表示方法，具体制图规则和构造详见混凝土结构施工图平面整体表示方法 制图规则和构造详图(03G101-1)(修正版)
4.梁支座上部纵筋未表示处的上部纵筋均采用此梁的2根上部通长筋;
5.未注明之梁、墙定位尺寸均沿轴线(或尺寸线)居中布置,或与柱边平.
6.梁腹板高度hw不小于450mm时，梁侧面纵向构造钢筋配置未注明处按《混凝土结构设计规范》(GB50010-2010)10.2.16条配置;
7.未注明箍筋加密均为两边各3根@50(箍筋直径同主梁箍筋直径),未注明吊筋均为2Φ16.
8.其他未说明处详见结构设计总说明.
标高3.970梁平法结构图 1:100
公用工程楼
标高3.970梁平法结构图
标高5.970梁平法结构图
比例 1:100 图号 5

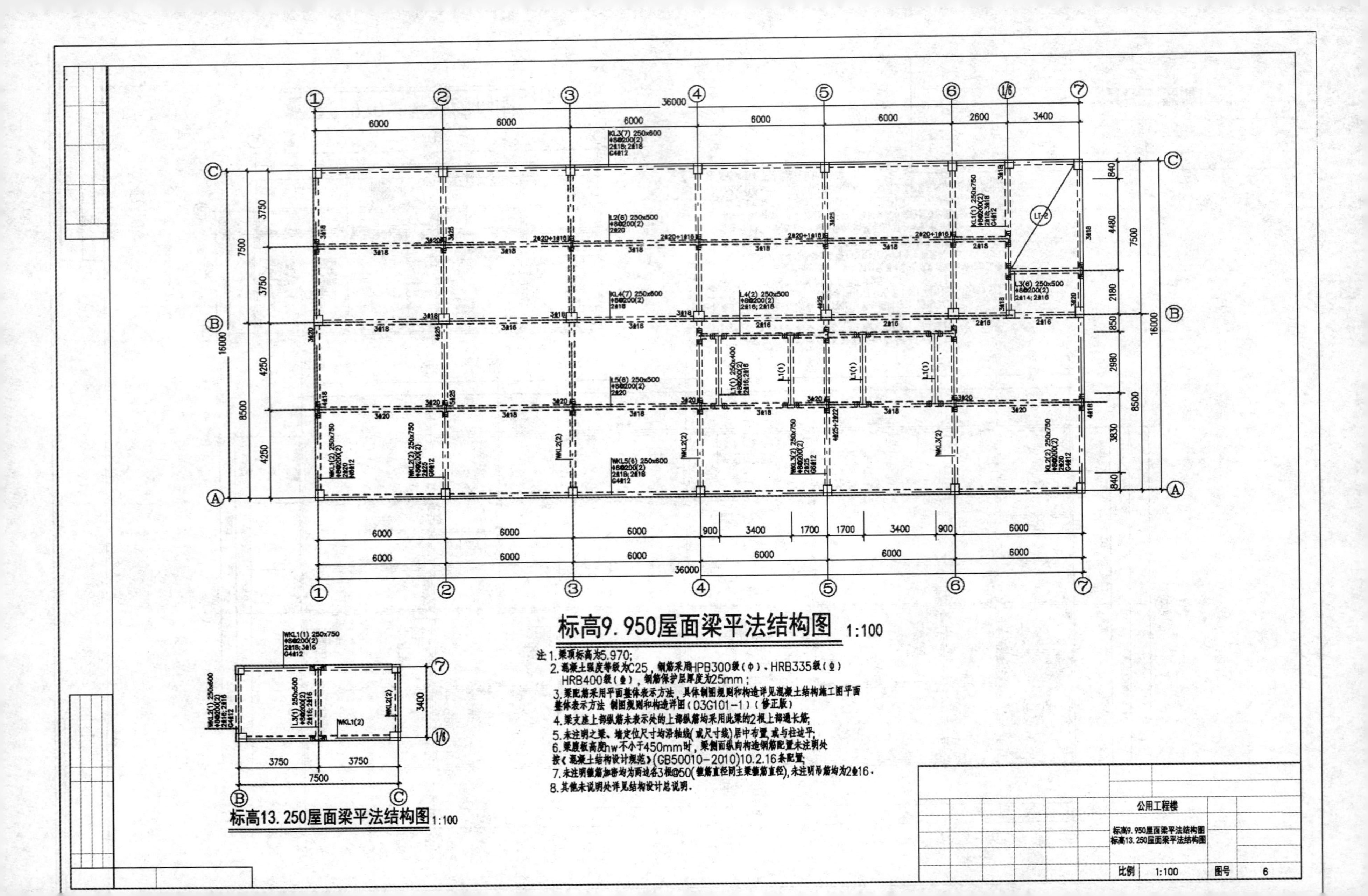
标高9.950屋面梁平法结构图 1:100
注 1.梁顶标高为5.970;
2.混凝土强度等级为C25，钢筋采用HPB300级(φ)，HRB335级(Φ)
HRB400级(Φ)，钢筋保护层厚度为25mm；
3.梁配筋采用平面整体表示方法，具体制图规则和构造详见混凝土结构施工图平面整体表示方法 制图规则和构造详图(03G101-1)(修正版)
4.梁支座上部纵筋未表示处的上部纵筋均采用此梁的2根上部通长筋;
5.未注明之梁、墙定位尺寸均沿轴线(或尺寸线)居中布置,或与柱边平.
6.梁腹板高度hw不小于450mm时，梁侧面纵向构造钢筋配置未注明处按《混凝土结构设计规范》(GB50010-2010)10.2.16条配置;
7.未注明箍筋加密均为两边各3根@50(箍筋直径同主梁箍筋直径),未注明吊筋均为2Φ16.
8.其他未说明处详见结构设计总说明.
标高13.250屋面梁平法结构图 1:100
公用工程楼
标高9.950屋面梁平法结构图
标高13.250屋面梁平法结构图
比例 1:100
图号 6

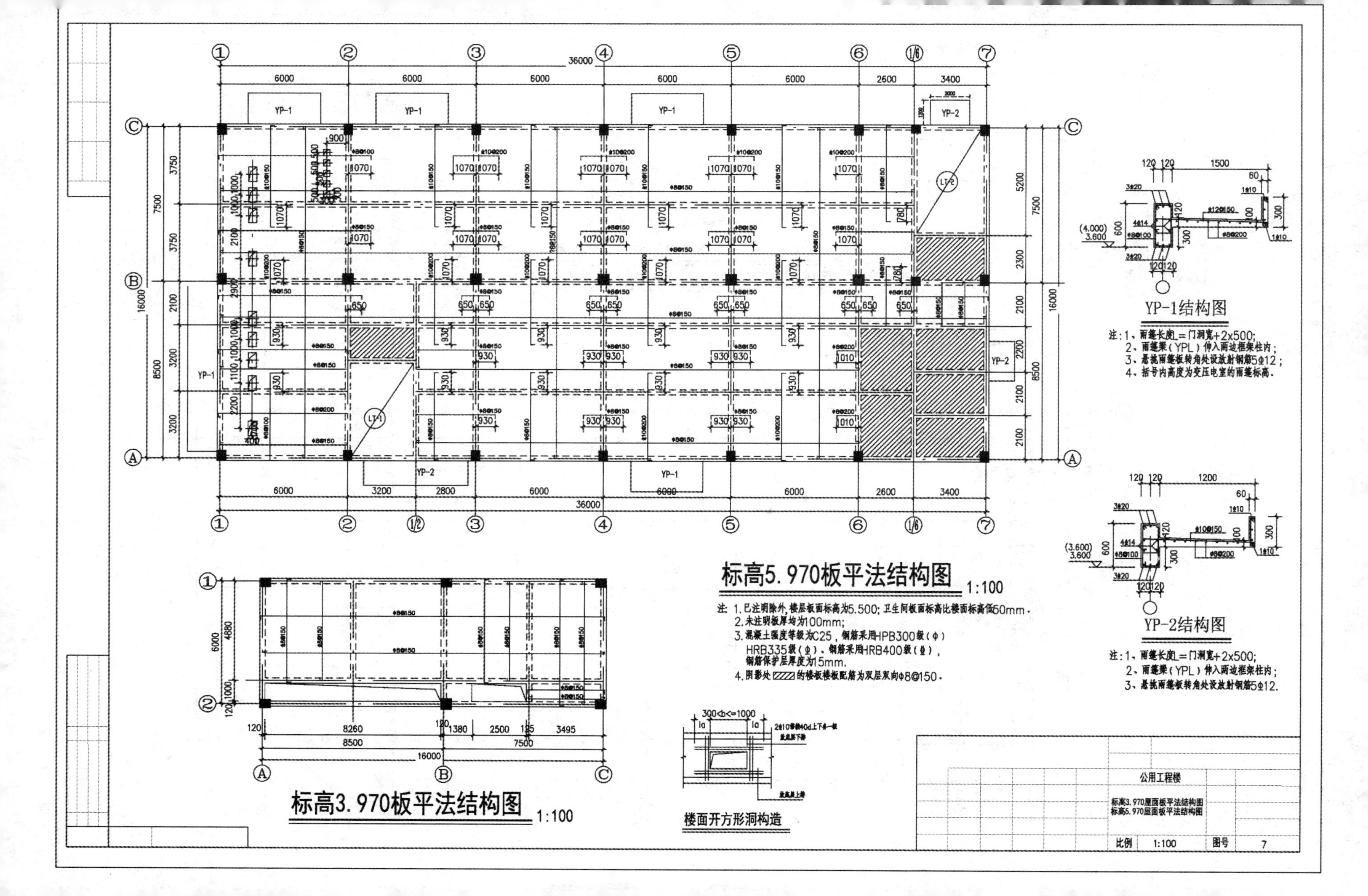

标高5.970板平法结构图 1:100
注：1. 已注明除外，楼层板面标高为5.500；卫生间板面标高比楼面标高低50mm。
2. 未注明板厚均为100mm；
3. 混凝土强度等级为C25，钢筋采用HPB300级（φ）HRB335级（φ），钢筋采用HRB400级（φ），钢筋保护层厚度为15mm。
4. 阴影处 的楼板楼板配筋为双层双向φ8@150。
标高3.970板平法结构图 1:100
楼面开方形洞构造
300<b<=1000
YP-1结构图
注：1、雨篷长度L=门洞宽+2x500；
2、雨篷梁（YPL）伸入两边框架柱内；
3、悬挑雨篷板转角处设放射钢筋5φ12；
4、括号内高度为变压电室的雨篷标高。
YP-2结构图
注：1、雨篷长度L=门洞宽+2x500；
2、雨篷梁（YPL）伸入两边框架柱内；
3、悬挑雨篷板转角处设放射钢筋5φ12。
公用工程楼
标高3.970屋面板平法结构图
标高5.970屋面板平法结构图
比例 1:100
图号 7

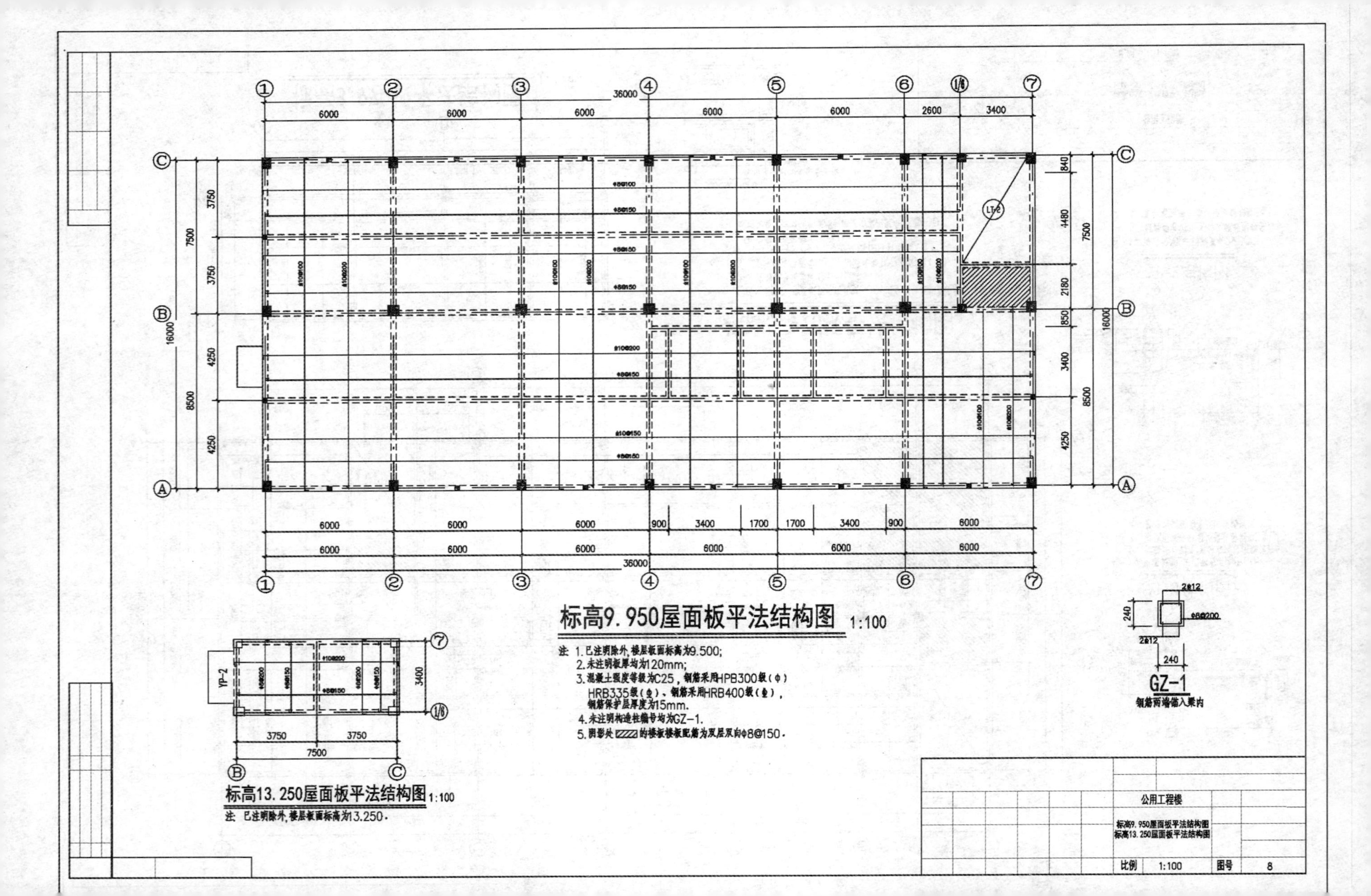
标高9.950屋面板平法结构图 1:100
注 1.已注明除外，楼层板面标高为9.500;
2.未注明板厚均为120mm;
3.混凝土强度等级为C25，钢筋采用HPB300级(φ)
HRB335级(φ)、钢筋采用HRB400级(φ)，
钢筋保护层厚度为15mm.
4.未注明构造柱编号均为GZ-1.
5.阴影处 的楼板楼板配筋为双层双向φ8@150.
标高13.250屋面板平法结构图 1:100
注 已注明除外，楼层板面标高为13.250.
GZ-1
钢筋两端锚入梁内
YP-2
LT-2
公用工程楼
标高9.950屋面板平法结构图
标高13.250屋面板平法结构图
比例 1:100
图号 8

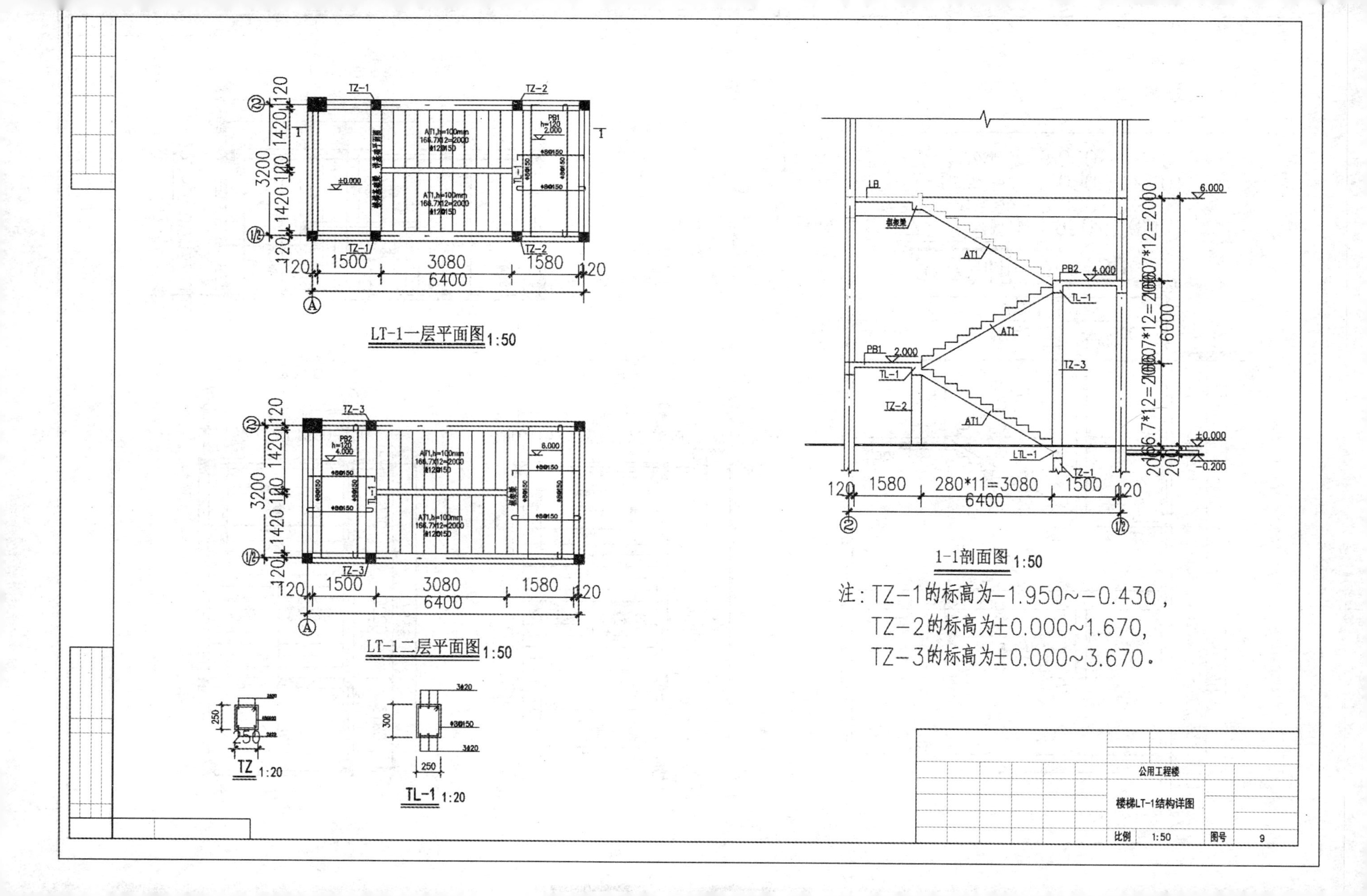

LT-1一层平面图 1:50
LT-1二层平面图 1:50
TZ 1:20
TL-1 1:20
1-1剖面图 1:50
注：TZ－1的标高为－1.950~－0.430，
TZ－2的标高为±0.000~1.670，
TZ－3的标高为±0.000~3.670。
公用工程楼
楼梯LT-1结构详图
比例 1:50
图号 9

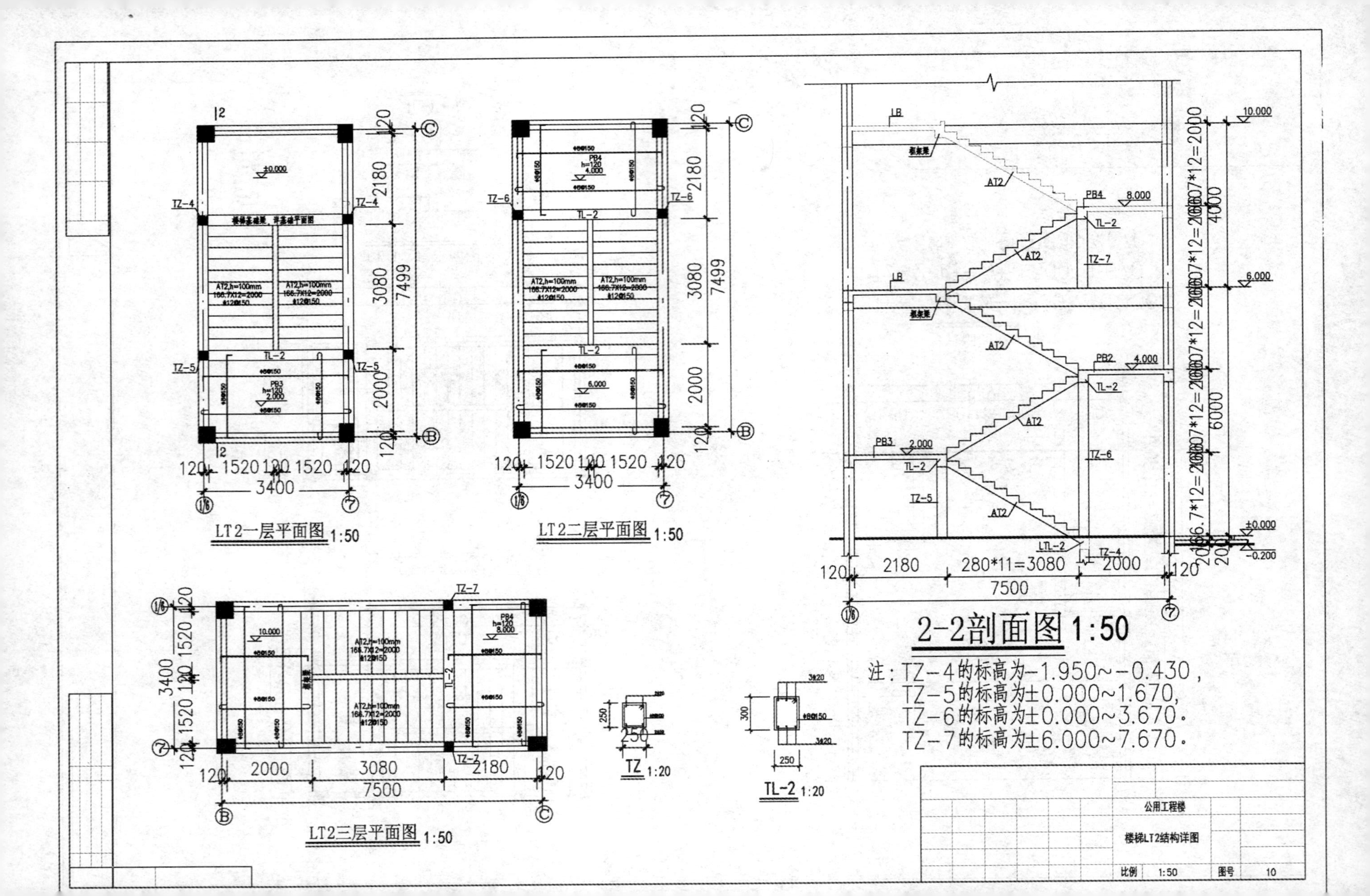

LT2一层平面图 1:50
LT2二层平面图 1:50
LT2三层平面图 1:50
TZ 1:20
TL-2 1:20
2-2剖面图 1:50
注：TZ-4的标高为-1.950~-0.430，
TZ-5的标高为±0.000~1.670，
TZ-6的标高为±0.000~3.670。
TZ-7的标高为±6.000~7.670。
公用工程楼
楼梯LT2结构详图
比例 1:50
图号 10

实训课题

实训课题 1. 计算公用工程楼建筑及装饰工程量。
实训课题 2. 套用定额基价及取费标准计算工程造价。

复习思考题

简述施工图预算的编制程序格式及方法。

项目十一　公用工程楼建筑及装饰工程量清单编制及工程量清单计价实训

【学习目标】

(1) 掌握建筑及装饰装修工程量清单的编制流程、编制方法

(2) 掌握建筑及装饰装修工程量清单计价的编制流程、编制方法

(3) 具有编制建筑及装饰装修工程工程量清单及工程量清单计价的能力

【能力要求】

(1) 通过学习，增强顶岗工作的岗位职责意识和协同工作理念。

(2) 能在教师的指导下掌握建筑工程计量计价的专业知识和专业技能，以及实践操作技巧，逐步具备处理工程造价问题的能力。

学习情境　工程量清单编制及清单计价

行动领域　工程量清单编制及工程量清单计价(投标报价)编制

一、案例描述

根据《建设工程工程量清单计价规范》(GB 50500—2013)编制公用工程楼建筑及装饰工程量清单投标报价。

具体工程做法详见建筑结构施工图。

二、编制依据

(1)《建设工程工程量清单计价规范》(GB 50500—2013)及附录 A、附录 B

(2) 本地区预算定额、费用定额、价格信息、设计标准图集、施工组织设计等。

三、公用工程楼工程量清单计价表

表 11-1-1　单位工程投标报价汇总表

工程名称:公用工程楼(清单计价)　　　　第 1 页　共 2 页

序号	汇总内容	金　额(元)	其中: 暂估价(元)
	〖建筑工程部分〗		
一	分部分项工程	742 279.9	
1	其中:人工费	79 211.75	
二	技术措施费	148 449.8	
2	其中:人工费	35 628.63	
三	组织措施费	28 821.67	
3	其中:人工费	2 860.2	
LS	其中:临时设施费	10 231.71	
AW	其中:环保安全文明费	7 920.08	
FW	安全文明施工费(LS+AW)	18 151.79	
四	其他项目费		
4	其中:人工费		
5	价差部分	283 612.9	
6	风险部分		
7	社会保障费等四项	33 807.03	
五	规费	38 573.84	
六	税金	33 314.01	
七	工程费用	991 439.3	
	单位清单工程总价	991 439.3	
造价员盖执业章:			编制日期:2012 年 6 月 3 日
预算员签字:			神机软件:0791—6493660

单位工程投标报价汇总表

工程名称:公用工程楼(清单计价)　　　　第2页　共2页

序号	汇总内容	金　额(元)	其中: 暂估价(元)
	〖装饰工程部分〗		
一	分部分项工程	335 342.7	
1	其中:人工费	72 262.37	
二	技术措施费	15 970.65	
2	其中:人工费	4 012.49	
三	组织措施费	13 269.79	
3	其中:人工费	1 524.66	
LS	其中:临时设施费	5 011.19	
AW	其中:环保安全文明费	2 538.06	
FW	安全文明施工费(LS+AW)	7 549.25	
四	其他项目费		
4	其中:人工费		
5	价差部分	74 973.76	
6	风险部分		
7	社会保障等四项	20 998.22	
五	规费	22 926.1	
六	税金	13 473.7	
七	工程费用	400 982.9	
	单位清单工程总价	400 982.9	
	单项清单工程造价合计	1 392 422	
造价员盖执业章:			编制日期:2012年6月3日
预算员签字:			神机软件:0791—6493660

表 11-1-2　分部分项工程量清单与计价表

工程名称：公用工程楼(清单计价)　　　　标段：第 2 页　共 2 页

序号	项目编码	项目名称	项目特征	计量单位	工程量	金额(元)		
						综合单价	合价	其中：暂估价
1	010101001001	平整场地	三类土壤	m^2	588.14	6.93	4 075.81	
2	010101003001	挖沟槽土方	三类土壤，条形基础，深度 1.9 m，运土距离 20 m	m^3	123.69	105.37	13 033.22	
3	010101004001	挖基坑土方	三类土壤，独立基础，深度 1.85 m，运土距离 20 m	m^3	281.54	76.48	21532.18	
4	010103001001	土（石）方回填	分层夯填	m^3	246.51	63.07	15 547.39	
5	010401001001	砖基础	普通黏土砖，条形基础，水泥砂浆 M5 砌筑	m^3	56.19	364.57	20 485.19	
6	010401003001	实心砖墙	1/2 砖墙，墙体厚度 120	m^3	8.69	403.18	3 503.63	
7	010401003002	实心砖墙	1 砖墙，墙体厚度 240	m^3	306.82	375.46	115 198.6	
8	010516002001	砌体内钢筋加固	Φ10 以内	t	0.92	6 164.77	5 671.59	
9	010501001001	垫层	C15/40/32.5	m^3	21.49	342.11	7 351.94	
10	010501003001	独立基础	C25/40/32.5	m^3	56.94	342.11	19 479.74	
11	010503001001	现浇基础梁	C25/40/32.5	m^3	26.64	352.26	9 384.21	
12	010502001001	现浇矩形柱	C25/40/32.5	m^3	56.75	397.61	22 564.37	
13	010502001002	现浇矩形柱	C25/40/32.5	m^3	12.83	418.66	5 371.41	
14	010503005001	现浇过梁	C20/40/32.5	m^3	10.73	405.38	4 349.73	
15	010505001001	现浇有梁板	C25/40/32.5	m^3	223.095	367.89	82 074.42	
16	010506001001	现浇直形楼梯	C25/40/32.5	m^2	68.21	103.9	7 087.02	

（续表）

序号	项目编码	项目名称	项目特征	计量单位	工程量	金额（元）		
						综合单价	合价	其中：暂估价
17	010507007001	现浇其他构件	C25/40/32.5	m^3	4.72	427.49	2 017.75	
18	010505008001	现浇雨篷、阳台板	C25/40/32.5	m^3	53.88	44.86	2 417.06	
19	010507007002	现浇其他构件	C25/40/32.5	m^2	10.26	60.41	619.81	
20	010507001001	现浇散水、坡道	C15/40/32.5 混凝土垫层	m^2	42.41	41.71	1 768.92	
21	010507001002	现浇散水、坡道	1:2 水泥砂浆	m^2	47.12	17.16	808.58	
22	010515001001	现浇混凝土钢筋	Φ10 以内	t	26.32	5 732.31	150 874.4	
23	010515001002	现浇混凝土钢筋	Φ20 以内	t	19.86	5 311.62	105 488.8	
24	010515001003	现浇混凝土钢筋	Φ20 以上	t	7.8	5 150.57	40 174.45	
25	010804007001	特种门	2 樘变压器门	m^2	19.8	170.38	3 373.52	
26	010804002001	钢木大门	4 樘	m^2	43.2	173.8	7 508.16	
27	010804007002	特种门	木质防火门	m^2	12.15	329.82	4 007.31	
28	010902001001	屋面卷材防水	SBS 防水卷材	m^2	620.14	82.67	51 266.97	
29	010902004001	屋面排水管	PVC 水管	m	71.4	37.83	2 701.06	
30	011001001001	保温隔热屋面	水泥炉渣保温	m^2	566.26	22.15	12 542.66	
31	011102003001	块料楼地面	地砖 600×600	m^2	548.15	147.61	80 912.42	
32	011102003002	块料楼地面	地砖 600×600	m^2	524.33	102.38	53 680.91	
33	011106002001	块料楼梯面层	地砖 600×600	m^2	68.21	120.72	8 234.31	
34	011105003001	块料踢脚线	地砖	m^2	102.59	81.93	8 405.2	
		合计	893 512.75					

表 11-1-3　措施项目清单与计价表(一)

工程名称:公用工程楼(清单计价)　　　　　　　　　　　　标段:

序号	项目编码	项目名称	项目特征	计量单位	工程量	金额(元)	
						综合单价	合价
1		混凝土模板及支撑工程		项			
2	011702001001	现浇独立基础钢筋混凝土模板	九夹板木支撑	m^2	69.68	26.12	1 820.04
3	011702001002	现浇混凝土基础垫层模板	木模板木支撑	m^2	39.88	19.44	775.27
4	011702002001	现浇矩形柱模板	九夹板钢支撑	m^2	473.3	33.09	15 661.5
5	011702003001	现浇构造柱模板	九夹板木支撑	m^2	101.61	40.06	4 070.5
6	011702005001	现浇基础梁模板	九夹板木支撑	m^2	177.6	30.29	5 379.5
7	011702009001	现浇过梁模板	九夹板木支撑	m^2	127.26	43.73	5 565.08
8	011702014001	现浇有梁板模板	九夹板钢支撑	m^2	1 973.38	36.59	72 205.97
9	011702024001	现浇楼梯模板	九夹板钢支撑	m^2	68.21	87.57	5 973.15
10	011702008001	现浇圈梁压顶模板	九夹板木支撑	m^2	33.28	26.33	876.26
11	011702023001	现浇阳台、雨篷模板	九夹板钢支撑	m^2	53.88	69.41	3 739.81
12	011702027001	现浇台阶模板	木模板木支撑	m^2	10.26	20.04	5.61
13		脚手架工程[建筑]					
14	011701002001	钢管脚手架	钢管	m^2	1 868.18	7.21	13 469.58
15	011701002002	钢管脚手架	钢管	m^2	355.8	8.99	3 198.64
16	011701003001	里脚手架	钢管	m^2	284.35	2.11	599.98
17		垂直运输费[建筑]	钢管				
18	011703001001	垂直运输,20 m 内卷扬机,多层厂房	钢管	m^2	1 205.25	12.37	14 908.94
19		装饰装修脚手架工程[装饰]	钢管	项			
20	011701006001	满堂脚手架　钢管架	钢管	m^2	1 034.33	10.29	10 643.26
21	011703001002	机械垂直运输　多层建筑物	卷扬机	工日	2 247.845	2.37	5 327.39
		合计					164 420.48

表 11-1-4　措施项目清单与计价表(二)

工程名称:公用工程楼(清单计价)　　　　　　　　　　　　　　　　　　　　标段:

序号	项目名称	计算基础	费率(%)	金额(元)
	组织措施项目(以"项"计价的措施项目)			42 472.67
1	安全文明施工费:环保安全文明费(建筑工程)			8 234.47
	安全文明施工费:环保安全文明费(建筑工程)			8 234.47
2	安全文明施工费:临时设施费(建筑工程)			10 231.71
	临设费(建筑清单——建筑子目)	分部分项+技术措施-价差-风险	1.68	10 119.83
	临设费(建筑清单——装饰子目)	定额人工费(含管理费、利润)	6.1	111.88
	临设费(建筑清单——安装子目)	定额人工费(含管理费、利润)	7.53	
3	夜间施工等六项费(建筑工程)			10 669.88
	夜间施工等六项费(建筑清单——建筑子目)	分部分项+技术措施-价差-风险	1.75	10 541.49
	夜间施工等六项费(建筑清单——装饰子目)	定额人工费(含管理费、利润)	7	128.39
	夜间施工等六项费(建筑清单——安装子目)	定额人工费(含管理费、利润)	8.75	
4	安全文明施工费:环保安全文明费(装饰工程)			2 604.88
	环保安全文明费(装饰工程)			2 604.88
5	安全文明施工费:临时设施费(装饰工程)			5 011.19
	临时设施费(装饰清单——建筑子目)	分部分项+技术措施-价差-风险	1.68	283.46
	临时设施费(装饰清单——装饰子目)	定额人工费(含管理费、利润)	6.1	4 727.73
	临时设施费(装饰清单——安装子目)	定额人工费(含管理费、利润)	7.53	
6	夜间施工等六项费(装饰工程)			5 720.54
	夜间施工等六项费(装饰清单——建筑子目)	分部分项+技术措施-价差-风险	1.75	295.27

（续表）

序号	项目名称	计算基础	费率(%)	金额(元)
	夜间施工等六项费(装饰清单——装饰子目)	定额人工费 (含管理费、利润)	7	5 425.27
	夜间施工等六项费(装饰清单——安装子目)	定额人工费 (含管理费、利润)	8.75	
	合计			42 472.67

表 11-1-5　规费、税金项目清单与计价表

工程名称:公用工程楼(清单计价)　　　　　　　　　　　　　　标段:

序号	项目名称	计算基础	费率(%)	金额(元)
	〖建筑工程部分〗			
1	规费	直接费		
1.1	工程排污费	直接费	0.05	
1.2	社会保障费	直接费	4.39	
(1)	养老保险费	直接费	3.25	
(2)	失业保险费	直接费	0.16	
(3)	医疗保险费	直接费	0.98	
1.3	住房公积金	直接费	0.81	
1.4	危险作业意外伤害保险	直接费	0.10	
2	税金	分部分项+措施项目 +其他项目+规费	3.413	
	土建规费、税金			
	合计			

规费、税金项目清单与计价表

表-13

工程名称:公用工程楼(清单计价)　　　　　　　　　　　　　　标段:

序号	项目名称	计算基础	费率(%)	金额(元)
	〖装饰工程部分〗			
1	规费	人工费		
1.1	工程排污费	人工费	0.25	
1.2	社会保障费	人工费	21.95	
(1)	养老保险费	人工费	16.25	
(2)	失业保险费	人工费	0.80	

(续表)

序号	项目名称	计算基础	费率(%)	金额(元)
(3)	医疗保险费	人工费	4.90	
1.3	住房公积金	人工费	4.05	
1.4	危险作业意外伤害保险	人工费	0.50	
2	税金	分部分项＋措施项目＋其他项目＋规费	3.413	
	装饰规费、税金合计			

规费、税金项目清单与计价表

表-13

工程名称:公用工程楼(清单计价)　　　　标段:

序号	项目名称	计算基础	费率(%)	金额(元)
	〖安装工程部分〗			
1	规费	人工费		
1.1	工程排污费	人工费	0.33	
1.2	社会保障费	人工费	29.27	
(1)	养老保险费	人工费	21.67	
(2)	失业保险费	人工费	1.07	
(3)	医疗保险费	人工费	6.53	
1.3	住房公积金	人工费	5.40	
1.4	危险作业意外伤害保险	人工费	0.66	
2	税金	分部分项＋措施项目＋其他项目＋规费	3.413	
	安装规费、税金合计			

表 11-1-6　分部分项工程量清单综合单价分析表

工程名称:公用工程楼(清单计价)

序号	项目编码	项目名称	工作内容	综合单价组成							综合单价
				人工费	材料费	机械费	管理费	利润	价差	风险	
1	010101001	平整场地	人工平整场地	3.3			0.18	0.14	3.3		6.93
			小计	3.3			0.18	0.14	3.3		
2	010101003001	挖沟槽土方	人工挖沟槽三类土深度 2 m 内	50.26			2.74	2.12	50.26		105.37
			小计	50.26			2.74	2.12	50.26		
3	010101004001	挖基坑土方	人工挖基坑三类土深度 2 m 内	36.48			1.99	1.54	36.48		76.48
			小计	36.48			1.99	1.54	36.48		
4	010103001001	土(石)方回填	回填土方夯填	23.16		6.84	1.64	1.27	23.16		63.07
			人工运土方运距 20 m 内	3.34			0.18	0.14	3.34		
			小计	26.5		6.84	1.82	1.41	26.5		
5	010401001001	砖基础	砖基础	30.17	140.98	1.81	9.43	7.3	165.16		364.57
			墙(地)面防水、防潮防水砂浆平面	1.84	3.8	0.13	0.31	0.24	3.39		
			小计	32.01	144.79	1.94	9.74	7.54	168.55		
6	010401003001	实心砖墙	混水砖墙 1/2 砖	49.91	143.2	1.54	10.61	8.21 189.71		403.18	
			小计	49.91	143.2	1.54	10.61	8.21	189.71		
7	010401003001	实心砖墙	混水砖墙 1 砖	39.86	140.73	1.77	9.94	7.69	175.47		375.46
			小计	39.86	140.73	1.77	9.94	7.69	175.47		
8	010516002001	砌体内钢筋加固	砌体钢筋加固	584.21	3109.55	28.16	202.85	156.99	2083.01		6164.77
			小计	584.21	3 109.55	28.16	202.85	156.99	2 083.01		

(续表)

序号	项目编码	项目名称	工作内容	综合单价组成							综合单价
				人工费	材料费	机械费	管理费	利润	价差	风险	
9	010501001001	垫层	现浇独立基础混凝土~C25l40/32.5	26.72	174.82	11.24	11.6	8.97	108.76		342.11
			小计	26.72	174.82	11.24	11.6	8.97	108.76		
10	010501003001	独立基础	现浇独立基础混凝土~C25l40/32.5	26.72	174.82	11.24	11.6	8.98	108.76		342.11
			小计	26.72	174.82	11.24	11.6	8.98	108.76		
11	010503001001	现浇基础梁	现浇基础梁~C25l40/32.5	33.68	175.3	6.72	11.76	9.1	115.71		352.26
			小计	33.68	175.3	6.72	11.76	9.1	115.71		
12	010502001001	现浇矩形柱	现浇矩形柱~C25l40/32.5	54.64	175.9	6.81	12.94	10.01	137.31		397.61
			小计	54.64	175.9	6.81	12.94	10.01	137.31		
13	010502001002	现浇矩形柱	现浇构造柱~C25l40/32.5	64.7	175.87	6.81	13.48	10.43	147.37		418.66
			小计	64.7	175.87	6.81	13.48	10.43	147.37		
14	010503005001	现浇过梁	现浇过梁	65.89	165.22	6.72	12.96	10.03	144.55		405.38
			小计	65.89	165.22	6.72	12.96	10.03	144.55		
15	010505001001	现浇有梁板	现浇有梁板~C25l20/32.5	32.99	187.37	6.87	12.38	9.58	118.69		367.89
			小计	32.99	187.37	6.87	12.38	9.58	118.69		
16	010506001001	现浇直形楼梯	现浇楼梯直形~C25l40/32.5	14.52	45.04	2.78	3.4	2.63	35.54		103.9
			小计	14.52	45.04	2.78	3.4	2.63	35.54		
17	010507007001	现浇其他构件	现浇压顶	66.86	178.93	8.45	13.86	10.72	148.68		427.49
			小计	66.86	178.93	8.45	13.86	10.72	148.68		

（续表）

序号	项目编码	项目名称	工作内容	综合单价组成							综合单价
				人工费	材料费	机械费	管理费	利润	价差	风险	
18	010505008001	现浇雨篷、阳台板	现浇雨篷 C25l20/32.5	6.25	19.98	0.74	1.47	1.14	15.28		44.86
			小计	6.25	19.98	0.74	1.47	1.14	15.28		
19	010507007002	现浇其他构件	现浇台阶（100 m² 投影面积）	7.4	27.3	1.77	1.99	1.54	20.41		60.41
			小计	7.4	27.3	1.77	1.99	1.54	20.41		
20	010507001001	现浇散水、坡道	现浇混凝土散水面一次抹光垫层60 mm厚	7.6	17.39	0.67	1.4	1.08	13.56		41.71
			小计	7.6	17.39	0.67	1.4	1.08	13.56		
21	010507001002	现浇散水、坡道	现浇水泥砂浆防滑坡道	3.63	6.08	0.2	0.54	0.42	6.29		17.16
			小计	3.63	6.08	0.2	0.54	0.42	6.29		
22	010515001001	现浇混凝土钢筋	现浇构件圆钢筋Φ10以内	374.12	3 117.21	41.09	192.52	149	1 858.37		5 732.31
			小计	374.12	3 117.21	41.09	192.52	149	1 858.37		
23	010515001002	现浇混凝土钢筋	现浇构件螺纹钢筋Φ20以内	185.42	3 131.75	94.72	185.95	143.91	1 569.87		5 311.62
			小计	185.42	3 131.75	94.72	185.95	143.91	1 569.87		
24	010515001003	现浇混凝土钢筋	现浇构件螺纹钢筋Φ20以外	125.49	3 093.85	69.57	179.25	138.73	1 543.69		5 150.57
			小计	125.49	3 093.85	69.57	179.25	138.73	1 543.69		
25	010804007001	特种门	变电室门扇门扇制安	38.32	82.09		6.56	5.08	38.32		170.38
			小计	38.32	82.09		6.56	5.08	38.32		
26	010804002001	钢木大门	平开钢木大门一面板门扇制作	9.3	122.24	1.86	7.27	5.63	9.3		173.8
			平开钢木大门一面板门扇安装	6.38	4.4		0.59	0.45	6.38		
			小计	15.68	126.64	1.86	7.86	6.08	15.68		

(续表)

序号	项目编码	项目名称	工作内容	综合单价组成							综合单价
				人工费	材料费	机械费	管理费	利润	价差	风险	
27	010804007002	特种门	实拼式防火门双面石棉板门扇制安	71.14	164.73		12.86	9.95	71.14		329.82
			小计	71.14	164.73		12.86	9.95	71.14		
28	010902001001	屋面卷材防水	混凝土或硬基层上水泥砂浆找平层厚度 20 mm	2.81	3.69	0.16	0.53	0.47	3.8		82.67
			SBS卷材二层	1.89	61.32		3.44	2.67	1.91		
			小计	4.69	65	0.16	3.98	3.14	5.7		
29	010902004001	屋面排水管	屋面排水 PVC 水落管 Φ110	6.79	18.65		1.39	1.07	6.79		37.83
			屋面排水 PVC 水斗 Φ110	0.69	1.53		0.12	0.09	0.69		
			小计	7.49	20.18		1.51	1.17	7.48		
30	011001001001	保温隔热屋面	屋面保温 1∶8 水泥炉渣	3.17	11.76		0.81	0.63	5.78		22.15
			小计	3.17	11.76		0.81	0.63	5.78		
31	011102003001	块料楼地面	混凝土垫层	4.95	21.57	1.55	1.53	1.18	16.18		147.61
			混凝土或硬基层上水泥砂浆找平层厚度 20 mm	2.81	3.69	0.16	0.53	0.47	3.8		
			陶瓷地砖(彩釉砖)楼地面(周长在 2400 mm 以内)水泥砂浆	12.81	60.33	0.65	2.43	2.15	10.82		
			小计	20.57	85.59	2.36	4.49	3.81	30.79		
32	011102003002	块料楼地面	混凝土或硬基层上水泥砂浆找平层厚度 20 mm	3.24	4.25	0.18	0.61	0.54	4.38		102.38
			陶瓷地砖(彩釉砖)楼地面(周长在 2400 mm 以内)水泥砂浆	12.81	60.32	0.65	2.43	2.15	10.81		
			小计	16.05	64.57	0.83	3.04	2.69	15.19		

(续表)

序号	项目编码	项目名称	工作内容	综合单价组成							综合单价
				人工费	材料费	机械费	管理费	利润	价差	风险	
33	011106002001	块料楼梯面层	陶瓷地砖(彩釉砖)楼梯水泥砂浆	33.19	49.12	0.77	6.28	5.57	25.78		120.72
			小计	33.19	49.12	0.77	6.28	5.57	25.78		
34	011105003001	块料踢脚线	陶瓷地砖(彩釉砖)踢脚线水泥砂浆	22.8	33.31	0.51	4.32	3.83	17.16		81.93
			小计	22.8	33.31	0.51	4.32	3.83	17.16		

表 11-1-7 措施项目清单综合单价分析表

工程名称:公用工程楼(清单计价)

序号	项目编号	项目名称	单位	数量	综合单价组成(元)						小计
					人工费	材料费	机械费	管理费	利润	风险费	
1		混凝土模板及支撑工程[建筑]	项								
2	011702001001	现浇独立基础钢筋混凝土模板	m²	1	11.48	12.34	0.51	1.01	0.78		26.12
	A10-17	现浇独立基础钢筋混凝土九夹板模板(木撑)	100 m²	0.01	11.48	12.34	0.51	1.01	0.78		
3	011702001002	现浇混凝土基础垫层模板	m²	1	6.29	11.32	0.39	0.81	0.63		19.44
	A10-32	现浇混凝土基础垫层木模板(木撑)	100 m²	0.01	6.29	11.32	0.39	0.81	0.63		
4	011702002001	现浇矩形柱模板	m²	1	18.48	11.47	1.04	1.19	0.92		33.09
	A10-53	现浇矩形柱九夹板模板(钢撑)	100 m²	0.01	15.09	10.92	0.94	1.06	0.82		
	A10-62换	现浇柱支撑高度超过3.6 m每增加1 m钢撑	100 m²	0.007	3.39	0.55	0.1	0.13	0.1		
5	011702003001	现浇构造柱模板	m²	1	21.93	14.55	1.02	1.45	1.12		40.06
	A10-61	现浇构造柱木模板(木撑)	100 m²	0.01	21.93	14.55	1.02	1.45	1.12		
6	011702005001	现浇基础梁模板	m²	1	13.83	13.87	0.54	1.16	0.9		30.29

（续表）

序号	项目编号	项目名称	单位	数量	综合单价组成（元）						小计
					人工费	材料费	机械费	管理费	利润	风险费	
	A10－66	现浇基础梁九夹板模板（木撑）	100 m²	0.01	13.83	13.87	0.54	1.16	0.9		
7	011702009001	现浇过梁模板	m²	1	23.31	16.83	0.77	1.59	1.23		43.73
	A10－73	现浇过梁九夹板模板（木撑）	100 m²	0.01	23.31	16.83	0.77	1.59	1.23		
8	011702014001	现浇有梁板模板	m²	1	20	12.37	1.88	1.32	1.02		36.59
	A10－99	现浇有梁板九夹板模板（钢撑）	100 m²	0.01	15.72	11.9	1.62	1.16	0.9		
	A10－115换	现浇板支撑高超过3.6 m每增加1 m钢撑	100 m²	0.004	4.28	0.46	0.26	0.16	0.12		
9	011702024001	现浇楼梯模板	m²	1	52.08	27.15	2.91	3.06	2.37		87.57
	A10－117	现浇楼梯直形木模板（木撑）	10 m²	0.1	52.08	27.15	2.91	3.06	2.37		
10	011702008001	现浇圈梁压顶模板	m²	1	14.46	9.82	0.37	0.95	0.73		26.33
	A10－79	现浇圈梁压顶直形九夹板模板（木撑）	100 m²	0.01	14.46	9.82	0.37	0.95	0.73		
11	011702023001	现浇阳台、雨篷模板	m²	1	36.43	25.66	2.81	2.54	1.97		69.41
	A10－119	现浇阳台、雨篷直形木模板（木撑）	10 m²	0.1	36.43	25.66	2.81	2.54	1.97		
12	011702027001	现浇台阶模板	m²	1	12.69	5.77	0.37	0.68	0.53		20.04
	A10－121	现浇台阶 木模板（木撑）	100 m²	0.01	12.69	5.77	0.37	0.68	0.53		
13		A11脚手架工程[建筑]（AB11）									
14	011701002001	钢管脚手架	m²	1	3.38	3.03	0.31	0.27	0.21		7.21
	A11－4	钢管脚手架15 m内单排	100m²	0.01	3.38	3.03	0.31	0.27	0.21		

（续表）

序号	项目编号	项目名称	单位	数量	综合单价组成(元)						小计
					人工费	材料费	机械费	管理费	利润	风险费	
15	011701002002	钢管脚手架	m^2	1	3.95	3.98	0.44	0.35	0.27		8.99
	A11－5	钢管脚手架 15m 内双排	100 m^2	0.01	3.95	3.98	0.44	0.35	0.27		
16	011701003001	里脚手架	m^2	1	1.71	0.22	0.06	0.06	0.05		2.11
	A11－13	里脚手架钢管	100 m^2	0.01	1.71	0.22	0.06	0.06	0.05		
17		A12 垂直运输费[建筑](AB12)									
18	011703001001	垂直运输，20 m 内卷扬机，多层厂房	m^2	1			11.28	0.61	0.48		12.37
	A12－12 换	垂直运输，20 m 内卷扬机，多层厂房现浇框架	100 m^2	0.01			11.28	0.61	0.48		
19		装饰装修脚手架工程[装饰](补充清单项目 BB09)	项								
20	011701006001	满堂脚手架钢管架	m^2	1	6.6	1.48	0.82	0.73	0.65		10.29
	B9－12	满堂脚手架钢管架基本层	100 m^2	0.01	5.34	1.37	0.63	0.59	0.53		
	B9－13	满堂脚手架钢管架增加层	100 m^2	0.004	0.81	0.07	0.12	0.09	0.08		
	B9－13 换	满堂脚手架钢管架增加层	100 m^2		0.14	0.01	0.02	0.02	0.01		
	B9－13 换	满堂脚手架钢管架增加层	100 m^2		0.31	0.03	0.05	0.03	0.03		
21	011703001002	机械垂直运输多层建筑物	工日	1			2.37				2.37
	B10－37	多层建筑物机械垂直运输高度 20 m 内	100 工日	0.01		2.37					

实训课题

任务 1. 作为招标人编制公用工程楼工程量清单。

任务 2. 作为投标人编制公用工程楼工程量清单投标报价。

复习思考题

1. 简述工程量清单的编制程序格式及方法,并自主实践。
2. 简述工程量清单计价的编制程序格式及方法,并自主实践。

参考文献

1. 中华人民共和国住房和城乡建设部.房屋建筑与装饰工程工程量清单计价规范[S].北京:中国计划出版社,2013.
2. 江西省建设工程造价管理站.江西省建筑及装饰装修工程消耗量定额及统一基价表[M].长沙:湖南科学技术出版社,2004.
3. 江西省建设工程造价管理站.江西省建筑安装工程费用定额[M].长沙:湖南科学技术出版社,2004.
4. 中华人民共和国住房和城乡建设部.建筑工程建筑面积计算规范[S].中国计划出版社,2013.
5. 中国建设工程造价管理协会.图释建筑工程建筑面积计算规范[S].北京:中国计划出版社,2007.
6. 袁建新,迟晓明.建筑工程预算[M].北京:中国建筑工业出版社,2005.
7. 尹贻林,严玲.工程造价概论[M].北京:人民交通出版社,2009.
8. 中国建筑标准设计研究院.11G101—1　混凝土结构施工图平面整体表示方法制图规则和构造详图(现浇混凝土框架、剪力墙、梁、板)[S].北京:中国计划出版社,2011.